# Geometrische Transformationen

# Geometrische Transformationen

unter besonderer Berücksichtigung
der Lorentztransformationen

von
Prof. Dr. Walter Benz
Universität Hamburg

Wissenschaftsverlag
Mannheim/Leipzig/Wien/Zürich

Die Deutsche Bibliothek – CIP-Einheitsaufnahme

**Benz, Walter:**
Geometrische Transformationen unter besonderer
Berücksichtigung der Lorentztransformationen
von Walter Benz. – Mannheim; Leipzig;
Wien; Zürich: BI-Wiss.-Verl., 1992
    ISBN 3-411-15071-8

Gedruckt auf säurefreiem Papier
mit neutralem pH-Wert (bibliotheksfest)

Gefördert von der Volkswagenstiftung

© Bibliographisches Institut & F.A. Brockhaus AG, Mannheim 1992
Druck: Progressdruck GmbH, Speyer
Bindearbeit: Klambt GmbH, Speyer
Printed in Germany
ISBN 3-411-15071-8

# Vorwort

Eine Abbildung der Menge der Punkte einer reellen Ebene in sich, die den euklidischen Abstand 1 unverändert läßt, ist bereits eine euklidische Bewegung. Dies ist ein Spezialfall des Satzes von Beckman und Quarles (Abschnitt 1.1). Ein *Ereignis* ist ein Punkt im anschaulichen Raum in einem bestimmten Zeitmoment. Grundlegend in der speziellen Relativitätstheorie ist die Vorstellung zweier kartesischer Koordinatensysteme $K$ und $K'$, die sich geradlinig und gleichförmig gegeneinander bewegen; man mag an zwei mit $K$ bzw. $K'$ verbundene Raumschiffe denken, von denen aus jeder Punkt auf Koordinaten $x_1, x_2, x_3$ bzw. $x'_1, x'_2, x'_3$ bezogen werden kann, und die auch noch Uhren, d.h. Zeitmessungen $x_4$ bzw. $x'_4$, mit sich führen. Jedes Ereignis $E$ kann bezüglich $K$ und auch bezüglich $K'$ festgelegt werden. Das ergibt eine Bijektion $f$ des $\mathbb{R}^4$. Die sich stellende Frage lautet, wie solch eine Bijektion mathematisch beschrieben werden kann. Geht man von der Voraussetzung aus, daß jede Lichtausbreitung im Raum mit ein und derselben Geschwindigkeit $c$ erfolgt, unabhängig vom Beobachter in $K$ oder in $K'$, so muß $f$ — ohne jede Regularitätsvoraussetzung wie Stetigkeit oder gar Differenzierbarkeit — nahezu schon Lorentztransformation sein. Dies ist Konsequenz eines Satzes von A.D. Alexandrov (Abschnitt 6.6). Der Satz von Beckman und Quarles und auch der Satz von A.D. Alexandrov gehören zu einer Klasse von Aussagen, die man *characterizations of geometrical mappings under mild hypotheses* genannt hat. Eine ganze Reihe solcher Charakterisierungssätze — neben dem von Beckman und Quarles und dem von A.D. Alexandrov — sind in diesem Buch abgehandelt: Ich verweise hier insbesondere auf die Abschnitte 2.5, 3.2, 3.4, 5.2, 5.6, 6.7, 6.9, 6.13, 6.14, 6.15. Kennzeichnungen unter schwachen Voraussetzungen bringen es mit sich, daß entsprechend formulierte Sätze schon für harmlos erscheinende Rand– oder Nachbarsituationen ihre Gültigkeit verlieren können: So ist der Satz von A.D. Alexandrov erst ab der Dimension 3 richtig; in der Ebene gilt er nicht. So ist eine injektive Abbildung $f$ des $\mathbb{R}^2$ in sich, die kollineare Lage erhält, bereits eine bijektive affine Abbildung, wenn $f(\mathbb{R}^2)$ nicht in einer Geraden liegt. Aber schon eine injektive Abbildung $f$ von $\mathbb{C}^2$ in sich, $\mathbb{C}$ der Körper der komplexen Zahlen, die kollineare Lage erhält und für die $f(\mathbb{C}^2)$ nicht kollinear ist, braucht nicht die angestrebte Gestalt

$$(x, y) \rightarrow \big(\alpha(x)a + \alpha(y)b + c,\ \alpha(x)p + \alpha(y)q + r\big)$$

zu besitzen, $\alpha$ Monomorphismus von $\mathbb{C}$ und $a, b, c, p, q, r \in \mathbb{C}$ (Bemerkung 1, Abschnitt 3.3).

Das Prinzip der Konstanz der Lichtgeschwindigkeit führt „nahezu" – wie ich schrieb — zu den Lorentztransformationen. Präzise gesprochen, führt es zu Produkten Dilatation mal Lorentztransformation. In der Sprache der Laguerregeometrie sind dies, wie mit Hilfe der zyklographischen Projektion (Abschnitt 4.2) gezeigt wird, aber genau die Laguerretransformationen. Es stellt sich sogar heraus, daß der Satz von A.D. Alexandrov unmittelbare Konsequenz des Fundamentalsatzes der Laguerregeometrie (Abschnitt 4.6) ist (Abschnitt 6.6). So habe ich den Laguerre– und im Gefolge hiermit den Lietransformationen einen ihnen gebührenden Platz eingeräumt, und es wurden insbesondere die zugrunde liegenden wunderschönen $n$–dimensionalen Geometrien von Edmond Laguerre und Sophus Lie in Kapitel 4 in ihren Grundzügen entwickelt. Nicht uninteressant ist die Feststellung, daß das Prinzip der Konstanz der Lichtgeschwindigkeit im beschränkten Raum–Zeit–Stück immer noch zu einer Lietransformation als verbindende Abbildung zwischen den Koordinatensystemen $K$ und $K'$ führt (J. Lester [10]) oder in anderer Sprache zu einer Kugelverwandtschaft der Minkowskischen Kugelgeometrie (Abschnitt 4.10). Auch sind die allgemeinsten Transformationen, die die Maxwell–Gleichungen invariant lassen, immer noch Lietransformationen. E. Hölder [1] hat kürzlich Feynman–Diagramme des Compton–Effekts liegeometrisch behandelt, wobei die Geraden–Kugel–Abbildung von Lie (Abschnitt 5.5) eine zentrale Rolle spielt. Daß neuerdings endliche Laguerregeometrien in Codierungstheorie (H.R. Halder, W. Heise [1]) und Testtheorie (Annals of Discrete Math. 30 (1986), 15–29) eine Rolle spielen, mag hier ebenfalls vermerkt werden, um darzutun, daß die Geometrien von Laguerre und Lie auch außerhalb der Mathematik ihre Bedeutung haben.

Die Transformationen (Automorphismen) vieler Geometrien finden in diesem Buch Berücksichtigung. Den Isometrien ist das Kapitel 2 gewidmet. Hier kommen auch die Bewegungen der hyperbolischen, der elliptischen, der sphärischen Geometrie zur Sprache, auch die der Hjelmslevschen Geometrie $\mathbb{D}^n$ der Wirklichkeit. Besonders sei eine Verallgemeinerung des Satzes von Ulam und Mazur im strikt konvexen Falle in Abschnitt 2.5 erwähnt, nach der weniger als die Invarianz zweier geeigneter Abstände die Isometrien charakterisiert; daß eine Kennzeichnung nicht schon mit der Erhaltung eines einzigen Abstandes möglich ist, haben bereits Beckman und Quarles gezeigt (Abschnitt 1.6).

Im Satz von Schaeffer (Abschnitt 3.2) werden kollineare Abbildungen in eine affine Ebene $\Sigma$ betrachtet, die nur auf einem Teil der Punktmenge von $\Sigma$ erklärt sind. Hier gelingen in interessanten Fällen präzise Charakterisierungen. Für die reelle Möbiusebene sind schon früher von J. Aczél und M. McKiernan [1] konzyklische Abbildungen *aus* der betreffenden Punktmenge *in* die Punktmenge gekennzeichnet worden, und für den Fall projektiver Ebenen führten J. Aczél und W. Benz [1] analoge Untersuchungen durch. Der Satz von Schaeffer findet seine wichtigste Anwendung bei der Charakterisierung von Lorentztransformationen in Abschnit 6.13. — Bereitgestellt wird in Abschnitt 3.3 unter anderem die Aussage, daß eine injektive und kollineare Abbildung des $\mathbb{R}^n$ in sich, $n \geq 2$, eine bijektive affine Abbildung sein muß, wenn ihr Bild nicht in einer Hyperebene liegt. Diese Aussage ist äußerst nützlich: Sie findet ebenfalls (und nicht nur) Anwendung bei der Charakterisierung von Lorentztransformationen in Kapitel 6. In Abschnitt 3.5 geht es um die Kugelgeometrien im $\mathbb{R}^n$, $n \geq 2$. Als besonders interessant gelten hier die Kugelgeometrien von Möbius, Minkowski und Plücker: Die Möbius'sche Kugelgeometrie überträgt die anschauliche Geometrie der Kreise im $\mathbb{R}^2$, die anschauliche Geometrie der Kugeln im $\mathbb{R}^3$ auf die Geometrie der Hyperkugeln im $\mathbb{R}^n$. Die Minkowskische Kugelgeometrie ist in anderer Sprache — wie bereits bemerkt – die Liegeometrie. Die Plückersche Kugelgeometrie erlaubt ein natürliches Pendant zur Geraden–Kugel–Abbildung von Sophus Lie, wie in Abschnitt 5.5 ausgeführt wird. — Ein klassischer Satz von Liouville charakterisiert winkeltreue (und hinreichend oft differenzierbare) Abbildungen bestimmter Teilmengen des $\mathbb{R}^3$ als Beschränkungen von Kugelverwandtschaften. Statt der Winkeltreue genügt die Forderung, daß speziell gelegene rechte Winkel in rechte Winkel übergehen, um zu Beschränkungen von Kugelverwandtschaften zu kommen und dies für beliebiges $n \geq 3$ und für beliebige Kugelgeometrie $\Sigma$ des $\mathbb{R}^n$, wenn die Signatur von $\Sigma$ der Definition rechter Winkel zugrunde gelegt ist (Abschnitt 3.6). Abgesehen davon, daß hier Regularitätsvoraussetzungen gefordert sind, kann man auch von einem Satz vom Beckman–Quarles–Typ sprechen, da nur rechte Winkel in spezieller Lage in rechte Winkel überführt werden müssen, um Beschränkungen von Kugelverwandtschaften zu charakterisieren.

Zu Kapitel 4 habe ich mich schon kurz in diesem Vorwort geäußert. Kapitel 5 stellt den Begriff der Geraden in das Zentrum der Untersuchung, so wie das von Plücker als Quelle interessanter Fragestellungen vorgeschlagen wurde. Hier wird z. B. bewiesen, daß eine Bijektion der Menge der Geraden des $\mathbb{R}^3$, die in beiden Richtungen den Abstand 1 erhält, die Wirkung einer kongruenten Abbildung des $\mathbb{R}^3$ auf die Geradenmenge sein muß. Dies ist ein Satz von June Lester (Abschnitt 5.2).

Kapitel 6, das umfangreichste Kapitel dieses Buches, ist den Lorentztransformationen gewidmet. Mehrere seiner Abschnitte können ohne Kenntnis früherer Teile des Buches gelesen werden, andere nur dann, wenn man bereit ist, gewisse Aussagen zunächst ohne Beweis zu übernehmen. Neben dem Satz von A.D. Alexandrov in Abschnitt 6.6 sei besonders auf den folgenden Satz aufmerksam gemacht: Ist $\rho \neq 0$ eine feste reelle Zahl, und ist $f$ eine Abbildung des $\mathbb{R}^n$ in sich, $n \geq 2$, die den Lorentz–Minkowski–Abstand $\rho$ erhält, so ist $f$ Lorentz-transformation. Dieser Satz wurde für $\rho < 0$ und $n \geq 3$ von W. Benz bewiesen (Abschnitt 6.13), für $\rho > 0$ und $n \geq 3$ von J. Lester (Abschnitt 6.14) und für $n = 2$ von W. Benz [12]. — Der Fall $n = 2$ wird allerdings für Körperebenen in 6.15 behandelt, unter Heranziehung weittragender Ideen von F. Radó.

Die Voraussetzungen zur Lektüre des Buches sind gering gehalten: Benötigt werden Grundkenntnisse aus den Gebieten Lineare Algebra und Analysis. Gelegentliche Einstreuungen, meist unter der Überschrift 'Bemerkung' angegeben, erfordern zum Verständnis weitere Vorkenntnisse. Diese Einstreuungen können jedoch beim ersten Lesen übergangen werden. Ansonsten werden Hilfsbegriffe bzw. Hilfsaussagen, die für den Fortgang der Entwicklungen wichtig sind und die außerhalb der Disziplinen Lineare Algebra und Analysis liegen oder dort als eher am Rande angesiedelt gelten, auf der Basis der erwähnten Grundkenntnisse erklärt bzw. bewiesen. Manche Teile, wie etwa die Kapitel 1 und 2, sind schon als Lesestoff für ein Proseminar geeignet, ohne daß dabei die besonders für die Geometrie Interessierten angesprochen werden müßten. Andere Teile allerdings, wie etwa die Abschnitte 6.13, 6.14, 6.15, sind als Lesestoff wohl eher einem Oberseminar vorbehalten.

Danken möchte ich allen denjenigen, die bei der Herstellung dieses Buches geholfen haben: Die Textverarbeitung wurde von Frau Alice Günther mit LaTeX auf einem PC 486 durchgeführt; sie scheute keine Mühe und keine Zeit, um jeweilige optimale Lösungen bei der Gestaltung des Druckbildes zu erreichen. Zur Findung solcher Lösungen hat auch Herr Hans–Joachim Samaga beigetragen, der zudem größere Teile des Manuskriptes las, manch guten Ratschlag gab, und der die Zeichnungen auf dem Computer anfertigte. Zu danken habe ich Herrn Helmut Pottmann für nützliche Hinweise und weiterhin dem BI-Wissenschaftsverlag für sein stetes und freundliches Entgegenkommen während aller Stadien der Fertigstellung dieser Monographie. — Ohne die Unterstützung der Volkswagen–Stiftung wäre es mir schließlich nicht möglich gewesen, das Buch innerhalb eines Jahres zu schreiben: Durch die großzügige Gewährung eines zweisemestrigen Akademiestipendiums war ich nämlich in dieser Zeit von Vorlesungsverpflichtungen befreit.

Hamburg, Januar 1992                                            Walter Benz

Den Freunden

FERENC RADÓ
1921 – 1990

HELMUT SCHAEFFER
1944 – 1987

zugeeignet

# Inhaltsverzeichnis

# Kapitel 1

# Der Satz von Beckman und Quarles

## 1.1 Formulierung des Satzes

Gegeben sei der $\mathbb{R}^n$ mit $n \in \mathbb{N} := \{1, 2, 3, \ldots\}$. Sind

$$a = (\alpha_1, \ldots, \alpha_n) \text{ und } b = (\beta_1, \ldots, \beta_n)$$

Elemente des $\mathbb{R}^n$, so bezeichnen

$$ab := \sum_{i=1}^{n} \alpha_i \beta_i$$

das euklidische Skalarprodukt und

$$\| a - b \| := \sqrt{(a-b)^2} = \sqrt{\sum_{i=1}^{n}(\alpha_i - \beta_i)^2}$$

*die euklidische Entfernung (auch Abstand oder Distanz) von $a, b \in \mathbb{R}^n$.*

Der Satz von Beckman und Quarles [1] kann nun so ausgesprochen werden:
*Sei $k > 0$ eine feste reelle Zahl und sei $f : \mathbb{R}^n \rightarrow \mathbb{R}^n$ mit $n \in \mathbb{N} \backslash \{1\}$ eine Abbildung, die*

$$\forall_{p,q \in \mathbb{R}^n} \| p - q \| = k \Rightarrow \| f(p) - f(q) \| = k$$

*genügt. Dann ist $f$ eine kongruente Abbildung des $\mathbb{R}^n$, d.h. es gibt eine orthogonale Matrix*

$$Q = \begin{pmatrix} q_{11} & \cdots & q_{1n} \\ \vdots & & \vdots \\ q_{n1} & \cdots & q_{nn} \end{pmatrix}$$

*über* $I\!R$ *und eine weitere Matrix* $t = (t_1 \ldots t_n)$ *über* $I\!R$ *mit*

$$f(x) = xQ + t$$

*für alle* $x \in I\!R^n$. *Dabei sei allgemein* $(\xi_1, \ldots, \xi_n) \in I\!R^n$ *auch mit der Matrix* $(\xi_1 \ldots \xi_n)$ *identifiziert.*

Das Bemerkenswerte an diesem Satz ist also, daß man von einer Abbildung des $I\!R^n$ in sich nur wissen muß, daß sie zumindest eine Distanz erhält, etwa die Distanz $k = 1$, um sicher zu sein, daß sie bereits eine kongruente Abbildung darstellt, also alle Distanzen erhält. Im $I\!R^1$ gilt ein solcher Satz nicht, wie das Beispiel

$$f(x) = \left\{ \begin{array}{ll} x + 1 & x \in \mathbb{Z} := \{0, \pm 1, \pm 2, \pm 3, \ldots\} \\ & \text{für} \\ x & x \in I\!R \backslash \mathbb{Z} \end{array} \right.$$

zeigt, bei dem der Abstand 1 erhalten bleibt, aber beispielsweise nicht der Abstand $\frac{1}{3}$.

## 1.2   Elementare Hilfsbetrachtungen

Diesem Abschnitt sei der $I\!R^n$ mit $n \in I\!N \backslash \{1\}$ zugrunde gelegt.

**Hilfssatz 1:** *Seien* $a, m, b$ *Elemente des* $I\!R^n$ *mit*

$$\| m - a \| = \| b - m \| = \frac{1}{2} \| b - a \| .$$

*Dann ist* $m = \frac{1}{2}(a + b)$.

**Beweis:** Wir setzen

$$\rho := \| m - a \|, \ a' := m - a, \ b' := b - m.$$

Dann gilt

$$(b - a)^2 + (a' - b')^2 = (a' + b')^2 + (a' - b')^2 = 4\rho^2 .$$

Wegen $\| b - a \| = 2\rho$ ist also $(a' - b')^2 = 0$, was $a' = b'$, d.h. $m = \frac{1}{2}(a + b)$ bedeutet. $\qquad\qquad\Box$

Eine Menge von $n$ verschiedenen Punkten (Elementen) des $I\!R^n$, die paarweise den Abstand $\beta > 0$ haben, heiße eine *$\beta$–Menge*.

**Hilfssatz 2:** *Seien $\alpha, \beta$ positive reelle Zahlen mit*

$$\gamma(\alpha, \beta) := 4\alpha^2 - 2\beta^2 \cdot \left(1 - \frac{1}{n}\right) > 0$$

*und sei P eine $\beta$–Menge. Dann gibt es genau zwei verschiedene Punkte des $\mathbb{R}^n$, die von allen $p \in P$ den Abstand $\alpha$ haben. Diese beiden Punkte nennen wir die $\alpha$–assoziierten Punkte von P. Ihr Abstand ist $\sqrt{\gamma(\alpha, \beta)}$.*

**Beweis:** Teil 1: Sei $P =: \{p_1, \ldots, p_n\}$. Aus

$$\beta^2 = (p_i - p_j)^2 = ((p_i - p_n) - (p_j - p_n))^2 = 2\beta^2 - 2(p_i - p_n)(p_j - p_n)$$

folgt dann

$$(p_i - p_n)(p_j - p_n) = \frac{1}{2}\beta^2 \quad \text{für} \quad i, j \in \{1, \ldots, n-1\} \text{ mit } i \neq j. \quad (2.1)$$

Für $r \in \mathbb{N}$ sei $\lambda_r > 0$ durch

$$\lambda_r^2 := \frac{1}{2}\beta^2 \left(\frac{1}{r} - \frac{1}{r+1}\right) \quad (2.2)$$

definiert. Wir erklären weiterhin

$$e_1, \ldots, e_{n-1} \in \mathbb{R}^n$$

rekursiv durch

$$(1+s)\lambda_s e_s := (p_s - p_n) - \sum_{r=1}^{s-1} \lambda_r e_r \quad \text{für} \quad s = 1, \ldots, n-1. \quad (2.3)$$

Für $e_1 = \frac{1}{\beta}(p_1 - p_n)$ gilt $e_1^2 = 1$. Durch Induktion längs
$(1,1); (1,2), (2,2); (1,3), (2,3), (3,3); \ldots; (1, n-1), \ldots, (n-1, n-1)$
für $(i, j)$ wollen wir nun

$$e_i e_j = \begin{cases} 1 & 1 \leq i = j \leq n-1 \\ & \text{für} \\ 0 & 1 \leq i < j \leq n-1 \end{cases} \quad (2.4)$$

zeigen. Dabei betrachten wir die folgenden Schritte von $(i, j)$ zu seinem Nachfolger:

Schritt A:   $(i, i) \quad \rightarrow \quad (1, i+1)$   für $1 \leq i < n-1$,
Schritt B:   $(i-1, j) \quad \rightarrow \quad (i, j)$   für $1 < i < j \leq n-1$,
Schritt C:   $(i-1, i) \quad \rightarrow \quad (i, i)$   für $1 < i \leq n-1$.

Im Falle des Schrittes A erhalten wir mit (2.1), (2.3) offenbar

$$\frac{1}{2}\beta^2 \;=\; (p_1 - p_n)(p_{i+1} - p_n) \;=\; 2\lambda_1 e_1 \cdot \left( (i+2)\lambda_{i+1}e_{i+1} + \sum_{r=2}^{i} \lambda_r e_r \right)$$

$$=\; 2(i+2)\lambda_{i+1}e_1 e_{i+1} + 2\lambda_1 \sum_{r=1}^{i} \lambda_r (e_1 e_r).$$

Das bedeutet $e_1 e_{i+1} = 0$, wenn wir gemäß Induktionsverfahren schon über die Behauptung bis hin zu $(i, i)$ verfügen.

Im Falle des Schrittes B haben wir

$$\frac{1}{2}\beta^2 = (p_i - p_n)(p_j - p_n) = \left( (1+i)\lambda_i e_i + \sum_{r=1}^{i-1} \lambda_r e_r \right)\left( (1+j)\lambda_j e_j + \sum_{r=1}^{j-1} \lambda_r e_r \right)$$

$$= (1+i)(1+j)\lambda_i\lambda_j e_i e_j + (1+i)\lambda_i^2 e_i^2 + \sum_{r=1}^{i-1} \lambda_r^2 e_r^2,$$

d.h. $e_i e_j = 0$, wenn wir

$$\sum_{r=1}^{i-1} \lambda_r^2 = \frac{1}{2}\beta^2\left(1 - \frac{1}{i}\right)$$

beachten.

Im Falle des Schrittes C schließlich gilt

$$\beta^2 = (p_i - p_n)^2 = \left( (1+i)\lambda_i e_i + \sum_{r=1}^{i-1} \lambda_r e_r \right)^2 = (1+i)^2 \lambda_i^2 e_i^2 + \sum_{r=1}^{i-1} \lambda_r^2,$$

was $e_i^2 = 1$ zur Folge hat.

Teil 2: Wir erweitern $e_1, \ldots, e_{n-1}$ zur orthonormierten Basis $e_1, \ldots, e_{n-1}, e_n$ des $\mathbb{R}^n$. Man zeigt nun leicht mit Hilfe von (2.4) und (2.3), daß die beiden Punkte

$$q_\nu \;:=\; p_n + \sum_{r=1}^{n-1} \lambda_r e_r \pm \frac{1}{2}\sqrt{\gamma(\alpha, \beta)}\, e_n, \quad \nu = 1, 2, \qquad (2.5)$$

von allen $p_i \in P$ den Abstand $\alpha$ haben und daß ihre Distanz $\sqrt{\gamma(\alpha, \beta)}$ beträgt. Damit verbleibt der Nachweis, daß ein Punkt $q$ des $\mathbb{R}^n$, der von allen $p_i \in P$ den Abstand $\alpha$ hat, einer der Punkte $q_\nu$ sein muß: Wir beachten zunächst

$$\frac{1}{2}\beta^2 = (q - p_n)(p_s - p_n) \quad \text{für} \quad s \in \{1, \ldots, n-1\}. \qquad (2.6)$$

Dies folgt aus

$$\alpha^2 = (q - p_s)^2 = \left((q - p_n) - (p_s - p_n)\right)^2 = \alpha^2 + \beta^2 - 2(q - p_n)(p_s - p_n).$$

Setzen wir nun

$$q - p_n = \sum_{r=1}^{n} \mu_r e_r$$

mit passenden $\mu_r \in \mathbb{R}$, so führt (2.6) mit Hilfe von (2.3) zu

$$
\begin{aligned}
\frac{1}{2}\beta^2 &= \sum_{r=1}^{n} \mu_r e_r \cdot \left((1+s)\lambda_s e_s + \sum_{r=1}^{s-1} \lambda_r e_r\right) \\
&= (1+s)\mu_s \lambda_s e_s^2 + \sum_{r=1}^{s-1} \mu_r \lambda_r,
\end{aligned}
$$

d.h. zu

$$\frac{1}{2}\beta^2 = (1+s)\mu_s \lambda_s + \sum_{r=1}^{s-1} \mu_r \lambda_r \quad \text{für} \quad s \in \{1, \ldots, n-1\}. \tag{2.7}$$

Für $s = 1$ ergibt (2.7) $\mu_1 = \lambda_1$. Nehmen wir $\mu_i = \lambda_i$ für $i = 1, \ldots, s-1$ ($s < n$) als richtig an, so ergibt (2.7) auch noch $\mu_s = \lambda_s$. Also haben wir

$$q - p_n = \sum_{r=1}^{n-1} \lambda_r e_r + \mu_n e_n.$$

Da $q$ auch von $p_n$ den Abstand $\alpha$ hat, gilt schließlich

$$\alpha^2 = \sum_{r=1}^{n-1} \lambda_r^2 + \mu_n^2,$$

d.h. $\mu_n^2 = \alpha^2 - \frac{\beta^2}{2} \cdot (1 - \frac{1}{n}) = \frac{1}{4}\gamma(\alpha, \beta) > 0.$  □

**Hilfssatz 3:** *Seien $\alpha, \beta$ positive reelle Zahlen mit $\gamma(\alpha, \beta) > 0$. Seien $x, y \in \mathbb{R}^n$ Punkte vom Abstand $\sqrt{\gamma(\alpha, \beta)}$. Dann gibt es eine $\beta$-Menge $P$, deren $\alpha$-assoziierte Punkte $x, y$ sind.*

**Beweis:** Wir erweitern

$$e_n := \frac{y - x}{\sqrt{\gamma(\alpha, \beta)}}$$

zur orthonormierten Basis $e_1, \ldots, e_n$ des $\mathbb{R}^n$. Sei nun $p_n$ ein beliebiger Punkt des $\mathbb{R}^n$. Setzen wir dann

$$p_s - p_n := \sum_{r=1}^{s-1} \lambda_r e_r + (1+s)\lambda_s e_s$$

für $s = 1, \ldots, n-1$ unter Heranziehung der früheren $\lambda_r$, so ist

$$P := \{p_1, \ldots, p_n\}$$

eine $\beta$–Menge. Wählt man hier speziell

$$p_n := \frac{x+y}{2} - \sum_{r=1}^{n-1} \lambda_r e_r,$$

so sind die $\alpha$–assoziierten Punkte von $P$ durch (2.5), d.h. durch

$$q_\nu = \frac{x+y}{2} \pm \frac{1}{2}\sqrt{\gamma} \cdot \frac{y-x}{\sqrt{\gamma}} \in \{x, y\}$$

gegeben.                                                                                    $\square$

**Hilfssatz 4:** *Für die Abbildung $g : \mathbb{R}^n \to \mathbb{R}^n$ gelte $g(0) = 0$ und $\| p - q \| = \| g(p) - g(q) \|$ für alle $p, q \in \mathbb{R}^n$. Dann gibt es eine orthogonale $n \times n$–Matrix $Q$ über $\mathbb{R}$ mit*

$$g(x) = xQ \quad \text{für alle } x \in \mathbb{R}^n.$$

**Beweis:** Wegen $g(0) = 0$ haben wir $\| p - 0 \| = \| g(p) - 0 \|$, d.h. $p^2 = [g(p)]^2$ für alle $p \in \mathbb{R}^n$. Aus $\| p-q \| = \| g(p)-g(q) \|$, d.h. aus $(p-q)^2 = (g(p)-g(q))^2$ folgt hiermit

$$pq \quad = \quad g(p)\,g(q) \qquad\qquad (2.8)$$

für alle $p, q \in \mathbb{R}^n$. Nun ist $E_1 := (1, 0, \ldots, 0)$, $E_2 := (0, 1, 0, \ldots, 0), \ldots, E_n := (0, \ldots, 0, 1)$ orthonormierte Basis des $\mathbb{R}^n$ und damit auch $g(E_1), \ldots, g(E_n)$ wegen (2.8). Setzen wir

$$x =: \sum_{i=1}^{n} x_i E_i, \quad g(x) =: \sum_{i=1}^{n} \xi_i g(E_i),$$

so gilt mit (2.8)

$$x_i = x E_i = g(x) g(E_i) = \xi_i$$

für $i = 1, \ldots, n$. Mit

$$g(x) =: \sum_{i=1}^{n} x_i' E_i \quad \text{und}$$

$$g(E_i) =: \sum_{j=1}^{n} q_{ij} E_j, \quad i = 1, \ldots, n,$$

ist also

$$(x_1' \ldots x_n') = (x_1 \ldots x_n) \begin{pmatrix} q_{11} & \cdots & q_{1n} \\ \vdots & & \vdots \\ q_{n1} & \cdots & q_{nn} \end{pmatrix}.$$

Die Orthogonalität der Matrix $(q_{ij})$ folgt dabei unmittelbar aus der Orthonormiertheit von $g(E_1), \ldots, g(E_n)$. □

## 1.3 Eine Kennzeichnung kongruenter Abbildungen

In diesem Abschnitt soll der folgende Satz bewiesen werden, der die kongruenten Abbildungen des $\mathbb{R}^n$ charakterisiert.

**Satz:** *Sei $\rho > 0$ eine feste reelle Zahl und sei $N > 1$ eine feste natürliche Zahl. Sei schließlich $f : \mathbb{R}^n \to \mathbb{R}^n$ ($n \in \mathbb{N} \backslash \{1\}$) eine Abbildung mit*

$$\forall_{x,y \in \mathbb{R}^n} \ \| x - y \| = \rho \quad \Rightarrow \quad \| f(x) - f(y) \| \leq \rho, \tag{3.1}$$

$$\forall_{x,y \in \mathbb{R}^n} \ \| x - y \| = N \cdot \rho \quad \Rightarrow \quad \| f(x) - f(y) \| \geq N \cdot \rho. \tag{3.2}$$

*Dann gilt $\| x - y \| = \| f(x) - f(y) \|$ für alle $x, y \in \mathbb{R}^n$, d.h. $f$ ist kongruente Abbildung des $\mathbb{R}^n$.*

**Beweis:** a) Wir zeigen zunächst, daß $f$ die Abstände $\rho$ und $2\rho$ erhält. Der Beweis hierfür soll simultan geführt werden. Sind uns Punkte $x, y$ vom Abstand $\rho$ gegeben, so beziehen wir in die Betrachtung den Punkt $z := 2y - x$ ein, für den dann $\| x - z \| = 2\rho$ gilt. Sind uns Punkte $x, z$ vom Abstand $2\rho$ gegeben, so beziehen wir $y := \frac{1}{2}(x + z)$ ein, so daß $\| x - y \| = \rho$ erfüllt ist. Wir setzen

$$p_\lambda := x + \frac{1}{2}\lambda(z - x) \quad \text{für} \quad \lambda = 0, 1, \ldots, N$$

und erhalten mit (3.2)

$$\| f(p_0) - f(p_N) \| \geq N \cdot \rho \quad \text{wegen} \quad \| p_0 - p_N \| = N \cdot \rho$$

und mit (3.1) für $\lambda = 0, \ldots, N-1$

$$\| f(p_\lambda) - f(p_{\lambda+1}) \| \leq \rho \quad \text{wegen} \quad \| p_\lambda - p_{\lambda+1} \| = \rho.$$

Nun gilt hiermit

$$N\rho \leq \| f(p_0) - f(p_N) \| \leq \| f(p_0) - f(p_2) \| + \sum_{\lambda=2}^{N-1} \| f(p_\lambda) - f(p_{\lambda+1}) \|$$

$$\leq \| f(p_0) - f(p_1) \| + \| f(p_1) - f(p_2) \| + \sum_{\lambda=2}^{N-1} \| f(p_\lambda) - f(p_{\lambda+1}) \| \leq N\rho,$$

was

$$\| f(p_\lambda) - f(p_{\lambda+1}) \| = \rho \quad \text{für} \quad \lambda = 0, \ldots, N-1$$

bedeutet und außerdem

$$\| f(p_0) - f(p_2) \| = \| f(p_0) - f(p_1) \| + \| f(p_1) - f(p_2) \| = 2\rho.$$

Mit $p_0 = x$, $p_1 = y$, $p_2 = z$ gilt also

$$\| f(x) - f(y) \| = \rho \quad \text{und} \quad \| f(x) - f(z) \| = 2\rho.$$

b) Aus $\| x - y \| = \rho$ folgt

$$f(x + \lambda(y-x)) = f(x) + \lambda(f(y) - f(x)) \quad \text{für} \quad \lambda = 0, 1, 2, \ldots. \quad (3.3)$$

Dies ist klar für $\lambda = 0$ und $\lambda = 1$. Wir setzen

$$p_\lambda := x + \lambda(y-x) \quad \text{für } \lambda = 0, 1, 2, \ldots.$$

Für $\lambda \in \mathbb{N}$ gilt dann

$$\rho = \left\| p_\lambda - p_{\lambda-1} \right\| = \left\| p_{\lambda+1} - p_\lambda \right\| = \frac{1}{2} \left\| p_{\lambda+1} - p_{\lambda-1} \right\|,$$

was mit a)

$$\rho = \left\| f(p_\lambda) - f(p_{\lambda-1}) \right\| = \left\| f(p_{\lambda+1}) - f(p_\lambda) \right\| = \frac{1}{2} \left\| f(p_{\lambda+1}) - f(p_{\lambda-1}) \right\|$$

bedeutet, d.h.

$$f(p_\lambda) = \frac{1}{2} \left( f(p_{\lambda-1}) + f(p_{\lambda+1}) \right) \quad \text{für} \quad \lambda \in \mathbb{N}$$

wegen Hilfssatz 1 von Abschnitt 2. Mit Hilfe dieser letzten Gleichung ergibt sich (3.3) unmittelbar durch vollständige Induktion.

c) Aus $\| x - y \| = \frac{1}{\mu}\lambda\rho$ und $\lambda, \mu \in \mathbb{N}$ folgt $\| f(x) - f(y) \| = \| x - y \|$. Da $n > 1$ ist, existiert ein $w \in \mathbb{R}^n$ mit $w \cdot (x - y) = 0$ und $\| w \| = 1$. Wir setzen

$$z := \frac{x + y}{2} + \lambda\rho \sqrt{1 - \frac{1}{4\mu^2}} \cdot w$$

und haben $\| z - x \| = \lambda\rho = \| z - y \|$. Wir definieren Punkte $a, b, x', y'$ vermöge

$$x = z + \lambda(a - z),\ y = z + \lambda(b - z)$$

und

$$x' = z + \mu(a - z),\ y' = z + \mu(b - z).$$

Aus $\| a - z \| = \rho = \| b - z \|$ und Beweisschritt b) ergibt sich also

$$f(x) = f(z) + \lambda(f(a) - f(z)),\ f(y) = f(z) + \lambda(f(b) - f(z))$$

und

$$f(x') = f(z) + \mu(f(a) - f(z)),\ f(y') = f(z) + \mu(f(b) - f(z)),$$

d.h.

$$\lambda(f(x') - f(y')) = \mu(f(x) - f(y)).$$

Mit $\| x' - y' \| = \rho$ und Beweisschritt a) folgt damit

$$\| f(x) - f(y) \| = \frac{1}{\mu}\lambda\rho = \| x - y \|.$$

d) Sei $t$ positive rationale Zahl und seien $x, y$ Punkte mit $\| x - y \| < t\rho$. Dann gilt $\| f(x) - f(y) \| \le t\rho$.

Wiederum nehmen wir ein $w \in \mathbb{R}^n$ mit $\| w \| = 1$ und $w \cdot (x - y) = 0$. Mit

$$z := \frac{x + y}{2} + \frac{1}{2}t\rho \sqrt{1 - \left[\frac{\| x - y \|}{t\rho}\right]^2} \cdot w$$

gilt dann

$$\| z - x \| = \frac{1}{2}t\rho = \| z - y \|,$$

was mit Beweisschritt c)

$$\| f(z) - f(x) \| = \frac{1}{2} t\rho = \| f(z) - f(y) \|$$

bedeutet. Damit folgt

$$\| f(x) - f(y) \| \leq \| f(x) - f(z) \| + \| f(z) - f(y) \| = t\rho.$$

e) Seien $r, s$ positive rationale Zahlen, und seien $x, y$ Punkte, die der Ungleichung $r\rho < \| x - y \| < s\rho$ genügen. Dann gilt $r\rho \leq \| f(x) - f(y) \| \leq s\rho$.
Zum Beweis dieser Behauptung betrachten wir den Punkt

$$p := x + \frac{s\rho}{\| x - y \|}(y - x).$$

Offenbar gilt

$$\| p - y \| = \left( \frac{s\rho}{\| x - y \|} - 1 \right) \| y - x \| = s\rho - \| y - x \| < (s - r)\rho.$$

Beweisschritt d) ergibt also

$$\| f(p) - f(y) \| \leq (s - r)\rho.$$

Aus $\| p - x \| = s\rho$ und Beweisschritt c) folgt

$$\| f(p) - f(x) \| = s\rho.$$

Also ist

$$\| f(x) - f(y) \| \geq \| f(x) - f(p) \| - \| f(y) - f(p) \| \geq s\rho - (s - r)\rho = r\rho,$$

außerdem führt $\| x - y \| < s\rho$ nach Beweisschritt d) auf $\| f(x) - f(y) \| \leq s\rho$.

f) Es gilt $\| f(x) - f(y) \| = \| x - y \|$ für alle $x, y \in \mathbb{R}^n$, d.h. $f$ ist kongruente Abbildung des $\mathbb{R}^n$.

Im Falle $\| x - y \| > 0$ betrachten wir zwei Folgen rationaler Zahlen $r_\nu, s_\nu$ $(\nu = 1, 2, \ldots)$ mit $r_\nu \rho < \| x - y \| < s_\nu \rho$ für alle $\nu = 1, 2, \ldots$, von denen wir annehmen, daß sie gegen $\frac{1}{\rho} \| x - y \|$ konvergieren. Mit Beweisschritt e) ist dann

$$r_\nu \rho \leq \| f(x) - f(y) \| \leq s_\nu \rho$$

für $\nu = 1, 2 \ldots$ . Also gilt $\| f(x) - f(y) \| = \| x - y \|$. Mit Hilfssatz 4 von Abschnitt 2 ist dann $g : \mathbb{R}^n \to \mathbb{R}^n$ mit $g(x) := f(x) - f(0)$ orthogonale Abbildung, d.h.

$$x \to f(x) = g(x) + f(0)$$

ist kongruente Abbildung des $\mathbb{R}^n$.                                      □

**Bemerkung**: Die Beweisideen der Beweisschritte ab b) des Satzes dieses Abschnittes stammen von E.M. Schröder [1].

# 1.4 Beweis des Satzes von Beckman und Quarles

Wir beginnen mit dem folgenden Hilfssatz, den wir im weiteren Verlauf des Abschnittes 4 dreimal verwenden wollen:

**Hilfssatz:** *Seien $\alpha, \beta$ positive reelle Zahlen mit $\gamma(\alpha, \beta) = 4\alpha^2 - 2\beta^2(1 - \frac{1}{n}) > 0$. Die Abbildung $f : I\!R^n \to I\!R^n$ ($n \in I\!N \backslash \{1\}$) erhalte die Distanzen $\alpha$ und $\beta$. Ferner seien $x, y \in I\!R^n$ Punkte mit*

$$\| x - y \| = \sqrt{\gamma(\alpha, \beta)}.$$

*Dann gilt*

$$\| f(x) - f(y) \| \in \left\{ 0, \sqrt{\gamma(\alpha, \beta)} \right\}$$

*und im Falle $2 \cdot \sqrt{\gamma(\alpha, \beta)} > \alpha$ sogar*

$$\| f(x) - f(y) \| = \sqrt{\gamma(\alpha, \beta)} \ .$$

**Beweis:** Im Falle $\sqrt{\gamma} = \alpha$ ist nichts zu beweisen, da die Distanz $\alpha$ erhalten bleibt. Sei also von nun ab $\sqrt{\gamma} \neq \alpha$.

Nach Hilfssatz 3 von Abschnitt 2 gibt es eine $\beta$–Menge

$$P = \{p_1, \ldots, p_n\},$$

für die $x, y$ die $\alpha$–assoziierten Punkte sind. Auch

$$P' := \{f(p_1), \ldots, f(p_n)\}$$

ist eine $\beta$–Menge, da $f$ den Abstand $\beta$ erhält. Seien $x', y'$ die nach Hilfssatz 2 von Abschnitt 2 existierenden $\alpha$–assoziierten Punkte von $P'$, die also den Abstand $\sqrt{\gamma}$ besitzen. Aus

$$\| p_i - x \| = \alpha = \| p_i - y \| \ \text{ für } i = 1, \ldots, n$$

folgt

$$\| f(p_i) - f(x) \| = \alpha = \| f(p_i) - f(y) \| \ \text{ für } i = 1, \ldots, n,$$

d.h.

$$\{f(x), f(y)\} \subseteq \{x', y'\}.$$

Damit gilt entweder $f(x) = f(y)$ oder

$$\{f(x), f(y)\} = \{x', y'\}, \ \text{ d.h. } \ \| f(x) - f(y) \| = \sqrt{\gamma}.$$

Sei nun $2\sqrt{\gamma} > \alpha$. Nach dem Vorhergehenden haben wir dann nur $f(x) \neq f(y)$ zu zeigen. Angenommen, es wäre $f(x) = f(y)$. Für

$$z := \frac{\alpha^2}{2\gamma}x + \left(1 - \frac{\alpha^2}{2\gamma}\right)y + \alpha\sqrt{1 - \frac{\alpha^2}{4\gamma}}\,w$$

gilt

$$\| x - z \| = \sqrt{\gamma} \text{ und } \| y - z \| = \alpha;$$

dabei genüge $w \in \mathbb{R}^n$ den Gleichungen $\| w \| = 1$ und $w \cdot (x - y) = 0$. Aufgrund des schon bewiesenen Teiles des Hilfssatzes folgt

$$\| f(x) - f(z) \| \in \{0, \sqrt{\gamma}\} \text{ aus } \| x - z \| = \sqrt{\gamma}.$$

Mit der Annahme $f(x) = f(y)$ bedeutet dies $\| f(y) - f(z) \| \in \{0, \sqrt{\gamma}\}$. Aus $\| y - z \| = \alpha$ folgt aber $\| f(y) - f(z) \| = \alpha$. Somit wäre $\alpha \in \{0, \sqrt{\gamma}\}$, was aber nicht zutrifft. $\qquad\square$

Wir kommen damit zum Beweis des Satzes von Beckman und Quarles:

**Satz:** *Sei $k > 0$ eine feste reelle Zahl und sei $f : \mathbb{R}^n \to \mathbb{R}^n$ ( $n \in \mathbb{N}\backslash\{1\}$ ) Abbildung mit*

$$\forall_{p,q\in\mathbb{R}^n} \| p - q \| = k \Rightarrow \| f(p) - f(q) \| = k.$$

*Dann ist $f$ bis auf eine Translation lineare und sogar orthogonale Abbildung des $\mathbb{R}^n$.*

**Beweis:** a) Im Falle $\alpha := k =: \beta$ ist $\sqrt{\gamma(\alpha, \beta)} = k\sqrt{2(1 + \frac{1}{n})}$ und $2\sqrt{\gamma} > \alpha$.

Nach dem Hilfssatz dieses Abschnittes erhält $f$ also die Distanz $k\sqrt{2(1 + \frac{1}{n})}$.

b) Im Falle

$$\alpha := k\sqrt{2\left(1 + \frac{1}{n}\right)} =: \beta$$

ist $\sqrt{\gamma(\alpha, \beta)} = 2k(1 + \frac{1}{n})$ und $2\sqrt{\gamma} > \alpha$. Nach dem zitierten Hilfssatz erhält $f$ also die Distanz $2k(1 + \frac{1}{n})$.

c) Im Falle

$$\alpha := k \text{ und } \beta := k\sqrt{2\left(1 + \frac{1}{n}\right)}$$

ist $\sqrt{\gamma(\alpha, \beta)} = \frac{2k}{n}$. Hier ist $2\sqrt{\gamma} > \alpha$ nur für $n \in \{2, 3\}$ erfüllt, so daß der zitierte Hilfssatz jetzt nur

$$\| f(x) - f(y) \| \in \left\{0, \frac{2k}{n}\right\}$$

liefert für $\| x - y \| = \frac{2k}{n}$.

d) Wir verwenden nun den Charakterisierungssatz von Abschnitt 3 mit

$$\rho := \frac{2k}{n} \text{ und } N := n + 1.$$

Dort ist (3.1) erfüllt wegen unseres jetzigen Beweisschrittes c). Dort ist außerdem (3.2) erfüllt wegen unseres jetzigen Beweisschrittes b). □

**Bemerkung**: Der in Abschnitt 4 vorgetragene Beweis des Satzes von Beckman und Quarles stammt von W. Benz [1].

## 1.5 Eine Verallgemeinerung

Beckman und Quarles haben ihren Satz gegenüber unserer Formulierung in Abschnitt 1 allgemeiner ausgesprochen. Diese Verallgemeinerung stellt sich allerdings als nicht weittragend heraus:

**Satz**: *Gegeben sei der $\mathbb{R}^n (n \in \mathbb{N} \backslash \{1\})$. Mit $\mathbb{K}^n$ bezeichnen wir die Menge aller nichtleeren Teilmengen von $\mathbb{R}^n$. Sei $k > 0$ eine feste reelle Zahl und sei $f : \mathbb{R}^n \to \mathbb{K}^n$ eine Abbildung mit der folgenden Eigenschaft: Sind $p, q$ beliebige Punkte des $\mathbb{R}^n$ mit $\| p - q \| = k$, sind $p', q'$ beliebige Punkte mit $p' \in f(p)$ und $q' \in f(q)$, so gilt $\| p' - q' \| = k$. Dann enthält jede Menge $f(x)$ genau einen einzigen Punkt $\varphi(x)$, und $\varphi$ ist kongruente Abbildung des $\mathbb{R}^n$.*

**Beweis**: Enthält jede Menge $f(x)(x \in \mathbb{R}^n)$ genau einen Punkt, so ist nach dem Satz von Abschnitt 4 nichts mehr zu zeigen. Angenommen nun, es gibt eine Menge $f(x_0)$, die die beiden Punkte $p_1 \neq p_2$ enthält. Wir betrachten dann zwei Abbildungen $\varphi_i : \mathbb{R}^n \to \mathbb{R}^n$, die den Eigenschaften $\varphi_i(x_0) = p_i$ für $i \in \{1, 2\}$ und

$$\varphi_1(x) = \varphi_2(x) \in f(x) \text{ für } x \in \mathbb{R}^n \backslash \{x_0\}$$

genügen sollen. Nach dem Satz von Abschnitt 4 wären dann $\varphi_1$ und $\varphi_2$ kongruente Abbildungen des $\mathbb{R}^n$, die nur in $x_0$ nicht übereinstimmen. Das geht nicht, da kongruente Abbildungen $x \to xQ + t$ des $\mathbb{R}^n$ offenbar stetige Abbildungen sind. □

# 1.6   Der Fall unendlicher Dimension

Bereits in Abschnitt 1 haben wir darauf hingewiesen, daß der Satz von Beckman und Quarles für den $\mathbb{R}^1$ nicht gilt. Beckman und Quarles haben nun in ihrer Arbeit [1] einen Hilbertraum (zur Definition des Hilbertraumes siehe die Bemerkung am Schluß dieses Abschnittes) unendlicher Dimension angegeben und eine Abbildung dieses Raumes in sich, die eine Distanz $> 0$ erhält, aber nicht alle anderen Distanzen. Der von ihnen benutzte Hilbertraum enthält alle $\mathbb{R}^n, n \in \mathbb{N}$, als Untervektorräume, ist aber nicht der kleinste Vektorraum mit dieser Eigenschaft. Diesen letzteren Vektorraum wollen wir nun für ein Beispiel heranziehen, welches mutatis mutandis das loc. cit. angegebene ist:

Wir betten den $\mathbb{R}^n, n \in \mathbb{N}$, in den $\mathbb{R}^{n+1}$ dadurch ein, daß wir dem Element $(x_1, \ldots, x_n) \in \mathbb{R}^n$ das Element

$$(x_1, \ldots, x_n, 0)$$

des $\mathbb{R}^{n+1}$ zuordnen. Wir können dann den Vektorraum

$$\bigcup_{n=1}^{\infty} \mathbb{R}^n$$

betrachten, den wir hier kurz mit $\mathbb{R}^\infty$ bezeichnen wollen. In anderer Beschreibung kann man die Elemente von $\mathbb{R}^\infty$ als Folgen $(x_1, x_2, \ldots)$ reeller Zahlen $x_i$ einführen, bei denen fast alle Folgenglieder $0$ sind. Da je zwei Elemente $x, y \in \mathbb{R}^\infty$ gemeinsam einem $\mathbb{R}^n$ angehören, hat man auch das Skalarprodukt $xy$, das nicht von $n$ abhängt, sofern nur $x, y \in \mathbb{R}^n$ gilt, und das in der Form

$$xy = \sum_{i=1}^{\infty} x_i y_i$$

für $x = (x_1, x_2, \ldots)$, $y = (y_1, y_2, \ldots)$ aufgeschrieben werden kann. Mit dem Begriff des Skalarproduktes hat man dann auch den Abstandsbegriff

$$\| x - y \| = \sqrt{(x-y)^2}.$$

Da endlich viele Elemente aus $\mathbb{R}^\infty$ schon gemeinsam in einem $\mathbb{R}^n$ liegen, hat man schließlich auch übliche Rechenregeln, wie etwa die Dreiecksungleichung. Wir betrachten nun für $n \in \mathbb{N}$ den $n$–dimensionalen Vektorraum $\mathbb{Q}^n$ über dem Körper $\mathbb{Q}$ der rationalen Zahlen. Auch

$$\mathbb{Q}^\infty := \bigcup_{n=1}^{\infty} \mathbb{Q}^n$$

wird für uns von Interesse sein. Wir wollen uns nun klarmachen, daß $\mathbb{Q}^\infty$ eine abzählbare Menge ist: a) Sind $M, N$ abzählbare Mengen, so auch das kartesische Produkt $M \times N$; mit

$$M = \{m_1, m_2, \ldots\} \text{ und } N = \{n_1, n_2, \ldots\}$$

zeigt dies die Anordnung der Menge $M \times N$, deren Elemente durch

$$
\begin{array}{llll}
(m_1, n_1) & (m_1, n_2) & (m_1, n_3) & \ldots \\
(m_2, n_1) & (m_2, n_2) & (m_2, n_3) & \ldots \\
(m_3, n_1) & (m_3, n_2) & (m_3, n_3) & \ldots \\
\vdots
\end{array}
$$

gegeben sind, in der folgenden Form

$$(m_1, n_1); (m_2, n_1), (m_1, n_2); (m_3, n_1), (m_2, n_2), (m_1, n_3); \ldots;$$
$$(m_i, n_1), (m_{i-1}, n_2), (m_{i-2}, n_3), \ldots, (m_1, n_i); \ldots.$$

Diese Überlegung, zusammen mit der Abzählbarkeit von $\mathbb{Q}$, zeigen, daß $\mathbb{Q}^2, \mathbb{Q}^3, \ldots$ alles abzählbare Mengen sind, da doch $\mathbb{Q}^{n+1}$ und $\mathbb{Q}^n \times \mathbb{Q}$ gleichmächtig sind.

b) Sind $M_1, M_2, M_3, \ldots$ abzählbare Mengen, so ist auch ihre Vereinigung abzählbar; für $M_1 \cup M_2 \cup \ldots$ mit

$$
\begin{array}{lllll}
M_1: & m_{11} & m_{12} & m_{13} & \ldots \\
M_2: & m_{21} & m_{22} & m_{23} & \ldots \\
M_3: & m_{31} & m_{32} & m_{33} & \ldots \\
\vdots & \vdots
\end{array}
$$

wählen wir die entsprechende Anordnung zu vorhin, wobei wir ein Element $m_{ij}$ bei der Aufzählung, das schon früher auftrat, einfach weglassen. — Aus b) ergibt sich also, daß $\mathbb{Q}^\infty$ tatsächlich eine abzählbare Menge ist.

Sei $k > 0$ eine feste reelle Zahl und sei

$$\omega : \mathbb{N} \to \mathbb{Q}^\infty$$

eine feste Bijektion. Durch

$$\psi(\omega(i)) := (x_{i1}, x_{i2}, x_{i3}, \ldots), \ i = 1, 2, \ldots, \text{ mit } x_{ij} := \begin{cases} \dfrac{k}{\sqrt{2}} & j = i \\[2mm] & \text{für} \\[2mm] 0 & j \neq i \end{cases}$$

ist eine Abbildung

$$\psi : \mathbb{Q}^\infty \to \mathbb{R}^\infty$$

definiert. Wir erklären noch eine Abbildung

$$\varphi : \mathbb{R}^\infty \to \mathbb{Q}^\infty,$$

indem wir dem beliebigen

$$a = (a_1, \ldots, a_n, 0, 0, \ldots) \in \mathbb{R}^\infty$$

ein

$$\varphi(a) = (\alpha_1, \ldots, \alpha_n, 0, 0, \ldots) \in \mathbb{Q}^\infty$$

so zuordnen, daß $\sqrt{\sum_{\nu=1}^n (a_\nu - \alpha_\nu)^2} < \frac{k}{2}$, d.h. daß $\| a - \varphi(a) \| < \frac{k}{2}$ ist.

*Die Abbildung $f : \mathbb{R}^\infty \to \mathbb{R}^\infty$ mit*

$$f(x) := \psi(\varphi(x)) \ \text{für} \ x \in \mathbb{R}^\infty$$

*erhält dann den Abstand $k$. Darüber hinaus gilt*

$$\forall_{x,y \in \mathbb{R}^\infty} \ \| f(x) - f(y) \| \in \{0, k\},$$

*so daß $f$ als einzige positive Distanz nur die Distanz $k$ erhält.*

Zum Beweis betrachten wir Elemente $x, y \in \mathbb{R}^\infty$. Dann ist $\varphi(x) = \varphi(y)$ oder aber $\varphi(x) \neq \varphi(y)$. Im ersten Falle ist $f(x) = f(y)$, d.h. $\| f(x) - f(y) \| = 0$, und im zweiten Falle steht das $\frac{k}{\sqrt{2}}$ bei $\psi(\varphi(x))$ und $\psi(\varphi(y))$ an verschiedener Komponente, so daß dann

$$\| f(x) - f(y) \| = \sqrt{\left( \frac{k}{\sqrt{2}} \right)^2 + \left( \frac{k}{\sqrt{2}} \right)^2} = k$$

ist. Für $\| x - y \| = k$ muß $\varphi(x) \neq \varphi(y)$ gelten, da sonst

$$\| x - y \| \leq \| x - \varphi(x) \| + \| \varphi(y) - y \| < \frac{k}{2} + \frac{k}{2}$$

wäre.

**Bemerkung**: Ein reeller Vektorraum $V$ zusammen mit einer Abbildung

$$\sigma : V \times V \to \mathbb{R},$$

die

$$
\begin{aligned}
\sigma(x, y) &= \sigma(y, x), \\
\sigma(\lambda x, y) &= \lambda \cdot \sigma(x, y), \\
\sigma(x + y, z) &= \sigma(x, z) + \sigma(y, z), \\
\sigma(x, x) &> 0 \ \text{für} \ x \neq 0
\end{aligned}
$$

für alle $x, y, z \in V$ und $\lambda \in \mathbb{R}$ genügt, heißt *Prähilbertraum*. Statt $\sigma(x, y)$ wird oft nur $xy$ geschrieben. Es heißt $\sigma$ ein Skalarprodukt von $V$. Der $\mathbb{R}^n$ zusammen mit dem euklidischen Skalarprodukt stellt ein Beispiel eines Prähilbertraumes dar. Durch

$$\| x - y \| := \sqrt{\sigma(x - y, x - y)}$$

definiert man in einem Prähilbertraum $V$ die Distanz zwischen $x, y \in V$. Die Folge $z_1, z_2, \ldots$ von Elementen aus dem Prähilbertraum $V$ heißt Cauchy–Folge, wenn zu jeder reellen Zahl $\varepsilon > 0$ eine natürliche Zahl $N(\varepsilon)$ existiert mit $\| z_n - z_m \| < \varepsilon$ für alle natürlichen Zahlen $n > N$ und $m > N$. Es heißt $z \in V$ Grenzwert der Folge $z_1, z_2, \ldots$, wenn $\| z - z_n \|$ Nullfolge ist. Ein Prähilbertraum $V$ heißt Hilbertraum, wenn er vollständig ist, d.h. wenn jede Cauchy–Folge, gebildet mit Elementen aus $V$, in $V$ einen Grenzwert besitzt. Der Prähilbertraum $\mathbb{R}^\infty$ ist nicht vollständig, da

$$(1, 0, \ldots), (1, \frac{1}{2}, 0, \ldots), (1, \frac{1}{2}, \frac{1}{3}, 0, \ldots), \ldots, (1, \frac{1}{2}, \ldots, \frac{1}{n}, 0, \ldots), \ldots$$

keinen Grenzwert in $\mathbb{R}^\infty$ besitzt.

# Kapitel 2

# Isometrien

## 2.1 Begriff des Abstandsraumes

Sei $M$ eine nichtleere Menge, deren Elemente wir *Punkte* nennen, und sei $W$ eine weitere Menge, deren Elemente *Werte* heißen sollen. Ist schließlich $d$ noch eine Abbildung von $M \times M$ in $W$, so heiße die Struktur $(M, W, d)$ ein *Abstandsraum*. Gilt

$$d(x, y) = k$$

für $x, y \in M$ und $k \in W$, so heiße $k$ der *Abstand* (die *Distanz*, die *Entfernung*) der Punkte $x, y$ (in dieser Reihenfolge). Seien $(M_1, W, d_1), (M_2, W, d_2)$ Abstandsräume mit derselben Wertemenge $W$. Eine Abbildung $f : M_1 \to M_2$ heiße *Isometrie*, wenn gilt

$$\forall_{x, y \in M_1} \ d_1(x, y) = d_2(f(x), f(y)).$$

Besonders wichtig ist hier der Fall $M_1 = M_2$ und $d_1 = d_2$. Eine Isometrie eines Abstandsraumes $(M, W, d)$ in sich braucht nicht bijektiv, ja nicht einmal injektiv zu sein: Sei $M = \{a, b, c\}$, $W = \{0, 1\}$ und sei $d$ vermöge der nachstehenden Tafel

| $d$ | $a$ | $b$ | $c$ |
|---|---|---|---|
| $a$ | 0 | 1 | 1 |
| $b$ | 1 | 0 | 0 |
| $c$ | 1 | 0 | 0 |

festgelegt, also etwa $d(c, b) = 0$ gesetzt usf. Hier ist $f : M \to M$ mit $f(a) = a$ und $f(b) = f(c) = b$ eine Isometrie, die nicht injektiv ist. Die Menge der bijektiven Isometrien eines Abstandsraumes allerdings bildet mit der Hintereinanderschaltung (Permutationsprodukt) als Verknüpfung, eine Gruppe, die wir die *Isometriegruppe* des Raumes nennen. Zu jeder vorgelegten Gruppe $G$ läßt sich ein Abstandsraum $(M, W, d)$ so angeben, daß $G$ zur zugehörigen Isometriegruppe isomorph ist: Setze

$$M = W = G \quad \text{und} \quad d(x, y) = x^{-1}y \text{ für } x, y \in M.$$

Dem Element $g$ aus $G$ ordnen wir die Bijektion

$$g(x) = gx \text{ für } x \in M$$

von $M$ zu, die wir mit $g'$ bezeichnen und die offenbar alle Abstände erhält,

$$d(x, y) = x^{-1}y = (gx)^{-1}(gy) = d(gx, gy).$$

Also besteht $G$ in diesem Sinne nur aus Isometrien. Ist $\pi$ eine weitere Isometrie und bezeichnet $e$ das neutrale Element von $G$, so gilt

$$\pi(x) = \pi(e) \cdot x \text{ für } x \in G$$

wegen

$$x = d(e, x) = d\big(\pi(e), \pi(x)\big) = \big(\pi(e)\big)^{-1}\pi(x).$$

Also gibt es außerhalb von $G$ keine Isometrien von $(M, W, d)$ mehr. Aus

$$(gh)(x) = gh \cdot x = g\big(h(x)\big) \text{ für alle } x \in M$$

folgt $(gh)' = g'h'$, d.h. die behauptete Isomorphie. $\qquad\qquad\qquad\square$

Die Abstandsräume, die in diesem Buch von nun an zur Sprache kommen, werden alle *symmetrisch* sein, d.h. $d(x, y) = d(y, x)$ für alle $x, y \in M$ genügen.

Wir sagen, daß der Abstandsraum $(M, W, d)$ das *Koinzidenzaxiom* erfüllt, wenn es ein $\omega \in W$ gibt mit

$$\forall_{x,y \in M} \; d(x, y) = \omega \Leftrightarrow x = y.$$

Das Koinzidenzaxiom kann offenbar auch so formuliert werden:

$$\forall_{x,y,z \in M} \; d(x, y) = d(z, z) \Leftrightarrow x = y.$$

Falls ein $\omega$ existiert, gilt also $\omega = d(z, z)$ für jedes $z \in M$.

In diesem Buch werden Abstandsräume, die dem Koinzidenzaxiom genügen, aber auch solche, die ihm nicht genügen, eine Rolle spielen.

Die sicherlich bekannteste Klasse der Abstandsräume ist die der *metrischen Räume* $(M, \mathbb{R}, d)$: Hier werden die folgenden Eigenschaften

(i) $d(x, y) = 0 \Leftrightarrow x = y$

(ii) $d(x, y) = d(y, x)$

(iii) $d(x, y) \leq d(x, z) + d(z, y)$

für alle $x, y, z \in M$ gefordert. Solche Räume genügen offenbar dem Koinzidenzaxiom, und sie sind auch alle symmetrisch. Die Eigenschaft (iii) heißt die Dreiecksungleichung.

Ein schönes Beispiel eines Abstandsraumes $(M, \mathbb{R}, d)$, der nicht dem Koinzidenzaxiom genügt, erhalten wir so: Sei $M$ die Menge der Geraden des $\mathbb{R}^3$, und bezeichne $d(x, y)$ für die Geraden $x, y \in M$ wie üblich das Infimum der euklidischen Abstände der Punktepaare $p, q \in \mathbb{R}^3$ mit $p \in x$ und $q \in y$. Dieser Raum, den wir $\mathbb{L}^3$ nennen wollen, ist offenbar symmetrisch. Die folgende Frage ist bisher noch unbeantwortet: Sei $k > 0$ feste reelle Zahl und sei $f : \mathbb{L}^3 \to \mathbb{L}^3$ Abbildung mit

$$\forall_{x,y \in \mathbb{L}^3} \; d(x, y) = k \; \Rightarrow \; d(f(x), f(y)) = k.$$

Ist dann $f$ die Wirkung einer kongruenten Abbildung des $\mathbb{R}^3$ auf $\mathbb{L}^3$ ? June Lester hat in [1] diese Frage bejaht unter der zusätzlichen Voraussetzung, daß $f$ bijektiv ist und daß auch $f^{-1}$ den Abstand $k$ erhält (zum Beweis s. Kapitel 5, Abschnitt 2).

Zwei Abstandsräume $(M_1, W_1, d_1)$ und $(M_2, W_2, d_2)$ heißen isomorph, wenn es eine Bijektion $f : M_1 \to M_2$ gibt mit

$$d_1(a, b) = d_1(c, d) \; \Leftrightarrow \; d_2(f(a), f(b)) = d_2(f(c), f(d)) \qquad (1.1)$$

für alle $a, b, c, d$ aus $M_1$. Es gilt die Aussage

**A.1.1:** *Isomorphe Abstandsräume besitzen isomorphe Isometriegruppen.*

**Beweis:** Der bijektiven Isometrie $\alpha$ von $(M_1, W_1, d_1)$ ordnen wir die Abbildung $x \to \alpha'(x) = (f\alpha f^{-1})(x)$ von $M_2$ zu, wobei $f^{-1}$ die zu $f$ inverse Abbildung bezeichnet.

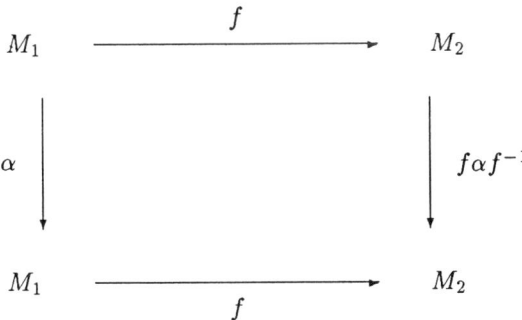

Es ist $\alpha'$ eine Bijektion von $M_2$, die für $x, y \in M_2$ wegen

$$d_1(f^{-1}(x), f^{-1}(y)) = d_1((\alpha f^{-1})(x), (\alpha f^{-1})(y))$$

und (1.1),

$$d_2((ff^{-1})(x), (ff^{-1})(y)) = d_2((f\alpha f^{-1})(x), (f\alpha f^{-1})(y)),$$

d.h.

$$d_2(x, y) = d_2(\alpha'(x), \alpha'(y))$$

genügt, also Isometrie von $(M_2, W_2, d_2)$ ist. Sind $\alpha, \beta$ bijektive Isometrien von $(M_1, W_1, d_1)$, so entspricht dem Produkt $\alpha\beta$ die Isometrie $f\alpha\beta f^{-1} = f\alpha f^{-1} \cdot f\beta f^{-1}$ von $(M_2, W_2, d_2)$.                                                       $\square$

## 2.2   Reelle normierte Vektorräume

In den folgenden Abschnitten 3 bis 5 und auch später noch einmal im Zusammenhang der Dilatationen benötigen wir einige Grundbegriffe und Grundtatsachen aus der Theorie der reellen normierten Vektorräume, die wir jetzt zusammenstellen möchten.

Ein Vektorraum $V$ über $\mathbb{R}$ zusammen mit einer Abbildung $\varphi : V \to \mathbb{R}$, die man elementweise $\varphi(x) = \parallel x \parallel$ schreibt, heißt *reeller normierter Vektorraum*, wenn die folgenden Eigenschaften erfüllt sind

(i)    $\forall_{x \in V}$            $\parallel x \parallel = 0 \;\Rightarrow\; x = 0$,

(ii)   $\forall_{x \in V, \lambda \in \mathbb{R}}$       $\parallel \lambda x \parallel = |\lambda| \cdot \parallel x \parallel$,

(iii)  $\forall_{x, y, z \in V}$      $\parallel x + y \parallel \leq \parallel x \parallel + \parallel y \parallel$ .

Es heißt $\parallel x \parallel$ auch die *Norm* des Elementes $x$. Die Eigenschaft (iii) heißt auch *Dreiecksungleichung*. Aus

$$\parallel 0 \parallel = \parallel 2 \cdot 0 \parallel = 2 \cdot \parallel 0 \parallel$$

folgt $\parallel 0 \parallel = 0$ und aus

$$0 = \parallel 0 \parallel = \parallel x + (-x) \parallel \leq \parallel x \parallel + \parallel (-1)x \parallel = 2 \parallel x \parallel$$

folgt offenbar $\parallel x \parallel \geq 0$ für alle $x \in V$. Es stellt $(V, \mathbb{R}, d)$ mit $d(x, y) = \parallel x - y \parallel$ einen Abstandsraum dar, der offenbar sogar metrischer Raum ist. Sind $X, Y$ reelle normierte Vektorräume, so hat man nach Abschnitt 1 den Begriff der Isometrie $f : X \to Y$, den wir hier noch einmal hinschreiben: Für eine solche muß $\| a - b \| = \| f(a) - f(b) \|$ für alle $a, b \in X$ gelten. Übrigens haben wir in dieser Gleichung die Normfunktionen für die Räume $X, Y$ nicht gesondert geschrieben, etwa in der Form $\| \|_1$ bzw. $\| \|_2$.

Jeder Prähilbertraum $V$ (zur Definition s. Abschnitt 6 von Kapitel 1) ist ein reeller normierter Vektorraum, wenn man die Normfunktion durch

$$\| x \| = \sqrt{x^2} \tag{2.1}$$

für $x \in V$ festlegt, so wie wir es im speziellen Fall schon in Abschnitt 1 von Kapitel 1 taten. Denn $\| x \| = 0$ bedeutet $x^2 = 0$, d.h. $x = 0$, da für $y \neq 0$ doch $y^2 > 0$ gelten muß. Weiterhin ist

$$\| \lambda x \| = \sqrt{\sigma(\lambda x, \lambda x)} = \sqrt{\lambda^2 \cdot x^2} = |\lambda| \cdot \| x \|$$

für $x \in V$ und $\lambda \in \mathbb{R}$. Nun verschafft man sich zunächst die Cauchy–Schwarzsche Ungleichung

$$(xy)^2 \leq x^2 \cdot y^2 \tag{2.2}$$

für alle $x, y$ eines Prähilbertraumes $V$: Sie gilt trivialerweise für $y = 0$; im Falle $y \neq 0$ folgt sie unmittelbar aus

$$\left( x - \frac{xy}{y^2} \cdot y \right)^2 \geq 0. \tag{2.3}$$

Um nun zum Beweis von (iii) in der Definition des reellen normierten Vektorraumes zu kommen, schließen wir so: Aus

$$(xy)^2 \leq x^2 \cdot y^2$$

folgt

$$xy \leq |xy| \leq \| x \| \cdot \| y \|,$$

d.h.

$$(x + y)^2 \leq ( \| x \| + \| y \| )^2,$$

d.h. die Behauptung.

**Bemerkung 1:** Gilt in (2.2) im Falle $y \neq 0$ das Gleichheitszeichen, so führt (2.3) auf

$$\left( x - \frac{xy}{y^2} \cdot y \right)^2 = 0.$$

Das Gleichheitszeichen liegt in (2.2) also genau dann vor, wenn $x, y$ linear abhängig sind.

**Bemerkung 2**: *Ist $p > 1$ eine reelle Zahl, sind $x_1, \ldots, x_n, y_1, \ldots, y_n$ weitere reelle Zahlen mit $n \in I\!N$, so gilt die Minkowskische Ungleichung*

$$\left[\sum_{\nu=1}^{n} |x_\nu + y_\nu|^p\right]^{\frac{1}{p}} \leq \left[\sum_{\nu=1}^{n} |x_\nu|^p\right]^{\frac{1}{p}} + \left[\sum_{\nu=1}^{n} |y_\nu|^p\right]^{\frac{1}{p}}. \tag{2.4}$$

**Beweis**: Haben wir (2.4) für den Fall bewiesen, daß alle $x_\nu$ und $y_\nu$ nichtnegativ sind, so gilt (2.4) allgemein: Dies folgt aus

$$\left[\sum_{\nu=1}^{n} |x_\nu + y_\nu|^p\right]^{\frac{1}{p}} \leq \left[\sum_{\nu=1}^{n} ||x_\nu| + |y_\nu||^p\right]^{\frac{1}{p}} \leq \left[\sum_{i=1}^{\nu} |x_\nu|^p\right]^{\frac{1}{p}} + \left[\sum_{i=1}^{\nu} |y_\nu|^p\right]^{\frac{1}{p}}. \tag{2.5}$$

Wir können sogar annehmen, daß alle $x_\nu$ und $y_\nu$ positiv sind; denn gibt es Größen 0 darunter, so ersetzen wir sie durch $t > 0$, schreiben (2.4) für die neue Situation auf und lassen dann links und rechts in der erhaltenen Ungleichung $t$ gegen 0 gehen.
Wir definieren dann

$$z_\nu(t) = y_\nu + t(x_\nu - y_\nu)$$

für $\nu = 1, \ldots, n$ und $0 \leq t \leq 1$. Alle $z_\nu(t)$ sind positiv. Für

$$\varphi(t) := \left[\sum_{\nu=1}^{n} (z_\nu(t))^p\right]^{\frac{1}{p}}$$

gilt

$$\varphi''(t) = (p-1)[\varphi(t)]^{1-2p}\left(-\left[\sum_{\nu=1}^{n} z_\nu^{p-1}(x_\nu - y_\nu)\right]^2 + \sum_{\nu=1}^{n} z_\nu^p \cdot \sum_{\nu=1}^{n} z_\nu^{p-2}(x_\nu - y_\nu)^2\right).$$

Wegen $p > 1$ und (2.2) (die $x_\nu$ in (2.2) ersetze durch $z_\nu^{\frac{p-2}{2}} \cdot (x_\nu - y_\nu)$, die dortigen $y_\nu$ durch $z_\nu^{\frac{p}{2}}$) ist also $\varphi''(t) \geq 0$ in [0,1]. Also gilt $\varphi'(\tau) \leq \varphi'(\sigma)$ für $0 \leq \tau \leq \sigma \leq 1$. Aus $\varphi(\frac{1}{2}) = \varphi(0) + \frac{1}{2}\varphi'(\tau)$ und $\varphi(1) = \varphi(\frac{1}{2}) + \frac{1}{2}\varphi'(\sigma)$ mit $\tau \leq \sigma$ folgt also $2\varphi(\frac{1}{2}) \leq \varphi(0) + \varphi(1)$.                    $\square$

Mit Hilfe der Ungleichung (2.4) erhält man weitere Beispiele reeller normierter Vektorräume: Sei $V$ der $I\!R^n, n \in I\!N$, sei $p > 1$ eine feste reelle Zahl und sei

$$\| x \| = \sqrt[p]{\sum_{i=1}^{n} |x_i|^p} \tag{2.6}$$

für $x = (x_1, \ldots, x_n)$ gesetzt. — Es ergibt sich die Frage, ob diesem gerade definierten normierten Raum ein geeignetes Skalarprodukt von $V$ zugrundegelegt werden kann derart, daß $V$ Prähilbertraum ist mit Gültigkeit von (2.1). Das ist sicherlich so für $p = 2$ oder für $n = 1$. Für $n > 1, p > 1$ mit $p \neq 2$ gibt es ein solches Skalarprodukt aber nicht. Sonst müßte nämlich die *Parallelogrammgleichung*

$$\| x + y \|^2 + \| x - y \|^2 = 2 \| x \|^2 + 2 \| y \|^2 \qquad (2.7)$$

für alle $x, y \in V$ gelten. Für

$$x = (1, 0, \ldots), \quad y = (0, 1, 0 \ldots)$$

ergäbe aber (2.7) den Widerspruch $2^{\frac{2}{p}} = 2$.

Für die Norm (2.1) eines Prähilbertraumes gilt trivialerweise immer die Parallelogrammgleichung. Es ist interessant, daß auch umgekehrt die Gültigkeit von (2.7) für alle $x, y$ eines reellen normierten Vektorraumes $V$ die Einführung eines Skalarproduktes gestattet, das $V$ als Prähilbertraum erweist mit Gültigkeit von (2.1) für die Ausgangsnorm. — Man definiert nämlich durch

$$xy := \frac{1}{4}(\| x + y \|^2 - \| x - y \|^2)$$

für $x, y \in V$ ein Skalarprodukt:

a) Offenbar gilt

$$x^2 = \frac{1}{4} \| 2x \|^2 = \| x \|^2 > 0$$

für $x \neq 0$ und auch $\| x \| = \sqrt{x^2}$ für alle $x \in V$.

b) $xy - yx$ liegt auf der Hand. Für $x, y, z \in V$ gilt außerdem

$$4(x + y)z - 4xz - 4yz = \| x + y + z \|^2 - \| x + y - z \|^2 - \| x + z \|^2$$
$$+ \| x - z \|^2 - \| y + z \|^2 + \| y - z \|^2 \, .$$

Die rechte Seite stellt sich als 0 heraus, wenn man mit (2.7)

$$\| x + z - y \|^2 + \| x + z + y \|^2 = 2 \| x + z \|^2 + 2 \| y \|^2,$$
$$\| x + y - z \|^2 + \| x - (y - z) \|^2 = 2 \| x \|^2 + 2 \| y - z \|^2$$

beachtet.

c) $(\lambda x)y = \lambda \cdot (xy)$ für $\lambda \in \mathbb{R}$ und $x, y \in V$ ergibt sich zunächst für $\lambda = 0$, dann
für $\lambda \in \mathbb{N}$, schließlich für $\lambda > 0$ rational. Aus $0 = 0y = (z+(-z))y = zy+(-z)y$
folgt $-(zy) = (-z)y$, d.h. $-[(\lambda x)y] = (-\lambda x)y = [(-\lambda)x]y$. Gilt also die
Ausgangsaussage von c) für $\lambda > 0$, so gilt sie auch für $\lambda < 0$. — Für $\lambda \in \mathbb{R}\backslash\mathbb{Q}$
betrachtet man eine Folge $\lambda_n \in \mathbb{Q}$, die gegen $\lambda$ konvergiert. Dann ist

$$\begin{aligned}
|(\lambda x)y - \lambda(xy)| &\leq |(\lambda x)y - (\lambda_n x)y| + |\lambda_n(xy) - \lambda(xy)| \\
&= |[(\lambda - \lambda_n)x]y| + |\lambda_n - \lambda| \cdot |xy|.
\end{aligned}$$

Wir zeigen nun nur noch, daß $|(\mu_n x)y|$ mit $\mu_n = \lambda - \lambda_n$ eine Nullfolge ist: Dies
folgt aus

$$\begin{aligned}
|(\mu_n x)y| &= \tfrac{1}{4}\Big| \, \|\mu_n x + y\|^2 - \|\mu_n x - y\|^2 \, \Big| \\
&= \tfrac{1}{4}\Big| \, \|\mu_n x + y\| - \|\mu_n x - y\| \, \Big| \cdot \Big| \, \|\mu_n x + y\| + \|\mu_n x - y\| \, \Big| \\
&\leq \|\mu_n x\| \cdot (\|\mu_n x\| + \|y\|),
\end{aligned}$$

wenn wir $\Big| \, \|a\| - \|b\| \, \Big| \leq \|a - b\|$ für alle $a, b \in V$ beachten. $\qquad\qquad\square$

Der reelle normierte Vektorraum $V$ heißt strikt konvex, wenn für alle $a, b \in V$
mit $\|a + b\| = \|a\| + \|b\|$ folgt, daß $a, b$ linear abhängig sind. — Da das
Gleichheitszeichen in (2.2) nach Bemerkung 1 die lineare Abhängigkeit von $x, y$
bedeutet, hat man sofort, daß Prähilberträume strikt konvex sind.

Wir zeigen die Aussage

**A.2.1:** *V sei reeller normierter Vektorraum. Dann sind gleichwertig*

*(1) V ist strikt konvex,*

*(2)* $\forall_{a,b \in V} \quad (\|a\| = 1 = \|b\| \text{ und } \|a + b\| = 2) \quad \Rightarrow \quad a = b,$

*(3)* $\forall_{a,b,m \in V} \quad \|m - a\| = \|b - m\| = \tfrac{1}{2}\|b - a\| \quad \Rightarrow \quad m = \tfrac{1}{2}(a + b).$

**Beweis:** Aus (1) folgt (2): Sind $a, b$ Elemente aus $V$ mit $\|a\| = 1 = \|b\|$
und $\|a + b\| = 2$, so folgt also $b = \lambda a$ wegen $\|a + b\| = \|a\| + \|b\|$ und
$\|a\| = 1$. Mit $\|b\| = 1$ bedeutet dies $|\lambda| = 1$. Wäre $\lambda = -1$, so hätte man
den Widerspruch $\|a + b\| = 0$.

Aus (2) folgt (3): Seien die Voraussetzungen von (3) erfüllt mit $a \neq b$. Dann
ist $\rho := \|b - a\| > 0$. Setze $x := \frac{2}{\rho}(m - a)$ und $y := \frac{2}{\rho}(b - m)$. Wegen
$\|x\| = 1 = \|y\|$ und $\|x + y\| = 2$ ist dann $x = y$, d.h. $m = \tfrac{1}{2}(a + b)$.

Aus (3) folgt (1): Als Hilfsaussage, die wir später noch einmal benutzen wollen, beweisen wir zunächst: Aus $\| a + b \| = \| a \| + \| b \|$ folgt $\| sa + tb \| = s \| a \| + t \| b \|$ für alle nicht negativen reellen Zahlen $s, t$. Dies beweisen wir für $0 \le s \le t$. (Ist nämlich $0 \le t \le s$, so wird die folgende Überlegung mit vertauschten Rollen von $s, t$ und von $a, b$ durchgeführt.) Wir haben

$$\| sa + tb \| \le \| sa \| + \| tb \| = s \| a \| + t \| b \|$$

und

$$\| sa + tb \| \; = \; \| t(a + b) - (t - s)a \| \ge \Big| \; \| t(a + b) \| - \| (t - s)a \| \; \Big|$$

$$= \; \Big| t \| a + b \| - (t - s) \| a \| \; \Big| = s \| a \| + t \| b \|,$$

wenn wir $\| a + b \| = \| a \| + \| b \|$ beachten. — Um nun (1) zu beweisen, gehen wir von $\| a + b \| = \| a \| + \| b \|$ aus. Im Falle $a = 0$ oder $b = 0$ sind $a, b$ linear abhängig. Sei also $a \ne 0$ und $b \ne 0$. Wegen der bewiesenen Hilfsaussage gilt dann

$$\left\| \frac{a}{\| a \|} + \frac{b}{\| b \|} \right\| = \frac{1}{\| a \|} \| a \| + \frac{1}{\| b \|} \| b \| = 2.$$

Setzen wir nun

$$M := \frac{a}{\| a \|}, \quad A := 0, \quad B := \frac{a}{\| a \|} + \frac{b}{\| b \|},$$

so haben wir

$$1 = \| M - A \| = \| B - M \| = \frac{1}{2} \| B - A \|, \quad \text{d.h.}$$

$\dfrac{a}{\| a \|} = \dfrac{b}{\| b \|}$ mit (3), d.h. also die lineare Abhängigkeit von $a, b$. $\qquad\square$

Sei $V$ reeller normierter Vektorraum. Dann heißt $S := \big\{ x \in V \mid \| x \| = 1 \big\}$ die *Einheitssphäre* von $V$. Unter einer *Strecke* von $V$ verstehen wir eine Menge

$$\big\{ (1 - \lambda)a + \lambda b \mid 0 \le \lambda \le 1 \big\},$$

wobei $a, b$ verschiedene Elemente aus $V$ sind.

Der Aussage A.2.1 stellen wir nun noch die folgende Aussage an die Seite

**A.2.2**: *Der reelle normierte Vektorraum $V$ ist genau dann strikt konvex, wenn seine Einheitssphäre $S$ keine Strecke enthält.*

**Beweis:** Sei $V$ nicht strikt konvex. Dann gibt es linear unabhängige Elemente $a, b$ aus $V$ mit $\| a + b \| = \| a \| + \| b \|$. Für $0 \le \lambda \le 1$ folgt dann aus der Hilfsaussage (s. Beweis $(3) \Rightarrow (1)$ von A.2.1)

$$\left\| (1 - \lambda) \cdot \frac{a}{\| a \|} + \lambda \cdot \frac{b}{\| b \|} \right\| = \frac{1 - \lambda}{\| a \|} \cdot \| a \| + \frac{\lambda}{\| b \|} \cdot \| b \| = 1.$$

Also enthält dann $S$ eine Strecke. — Sei nun $V$ strikt konvex. Angenommen nun, es gibt Elemente $a \ne b$ aus $V$ mit

$$\{ (1 - \lambda)a + \lambda b \mid 0 \le \lambda \le 1 \} \subseteq S.$$

Dann ist $\| a \| = 1 = \| b \|$ und $\| \frac{a+b}{2} \| = 1$. Aus A.2.1 (hier $(1) \Rightarrow (2)$) folgt damit der Widerspruch $a = b$. $\qquad\qquad\qquad\qquad\qquad\qquad\qquad\qquad\qquad\qquad\quad\square$

Es wurde schon bemerkt, daß Prähilberträume strikt konvex sind. Der $\mathbb{R}^2$ mit der Norm $\| (x_1, x_2) \| := |x_1| + |x_2|$ ist nicht strikt konvex, da die Einheitssphäre (hier natürlich Einheitskreis genannt) aus Strecken besteht; rascher ist dies verifiziert über $\| (1,0) + (0,1) \| = \| (1,0) + (0,1) \|$ und die lineare Unabhängigkeit von $(1,0)$, $(0,1)$.

**Hilfssatz:** *Sei $p > 1$ reell, sei $n \in \mathbb{N}$ und gelte*

$$1 = \sum_{\nu=1}^{n} |x_\nu|^p = \sum_{\nu=1}^{n} |y_\nu|^p = \sum_{\nu=1}^{n} \left| \frac{x_\nu + y_\nu}{2} \right|^p$$

*für die reellen Zahlen $x_1, \ldots, x_n, y_1, \ldots, y_n$. Dann ist $x_\nu = y_\nu$ für $\nu = 1, \ldots, n$.*

**Beweis:** Schreiben wir (2.5) für unsere jetzigen $x_\nu, y_\nu$ auf, so können die $\le$-Zeichen dort durch =–Zeichen ersetzt werden, da die Ausdrücke links und rechts gleich 2 sind. Also ist $|x_\nu + y_\nu| = |x_\nu| + |y_\nu|$ für alle $\nu = 1, \ldots, n$, was bedeutet, daß $x_\nu$ und $y_\nu$ das gleiche Vorzeichen haben. Es genügt also, den Hilfssatz nur für den Fall $x_\nu \ge 0$ und $y_\nu \ge 0$ für alle $\nu = 1, \ldots, n$ zu beweisen. Gilt $x_\nu = y_\nu = 0$ für ein $\nu$, so lassen wir $x_\nu, y_\nu$ weg, beweisen dann also den Hilfssatz für ein kleineres $n$. Damit ist

$$z_\nu(t) := y_\nu + t(x_\nu - y_\nu), \ t \in [0,1],$$

in $0 < t < 1$ positiv. Da

$$\psi(t) := \sum_{\nu=1}^{n} [z_\nu(t)]^p$$

in $]0, 1[$ zweimal differenzierbar, in $[0,1]$ stetig ist, da $\psi(0) = \psi(\frac{1}{2}) = \psi(1)$ gilt, so gibt es Stellen in $]0, \frac{1}{2}[$ und $]\frac{1}{2}, 1[$, in denen $\psi'(t)$ verschwindet. Also gibt es eine Stelle $t_0$ in $]0,1[$, in der $\psi''(t)$ verschwindet. Dies bedeutet

$$0 = \psi''(t_0) = p \cdot (p-1) \sum_{\nu=1}^{n} [z_\nu(t_0)]^{p-2} \cdot (x_\nu - y_\nu)^2,$$

d.h. $x_\nu = y_\nu$ für $\nu = 1, \ldots, n$. □

Der $\mathbb{R}^n, n \in \mathbb{N}$, mit der Norm (2.6) (hier $p > 1$) ist ebenfalls strikt konvex. Dies folgt aus dem vorstehenden Hilfssatz zusammen mit A.2.1 (hier $(2) \Rightarrow (1)$).

Sind $V, W$ reelle Vektorräume, so heißt $f : V \to W$ eine lineare Abbildung, wenn

(i) $f(x + y) = f(x) + f(y)$,

(ii) $f(\lambda x) = \lambda f(x)$

für alle $x, y \in V$ und $\lambda \in \mathbb{R}$ gelten.

Wir zeigen nun

**A.2.3**: *Seien $X, Y$ reelle normierte Vektorräume, sei $f : X \to Y$ Isometrie, die der Jensenschen Funktionalgleichung*

$$f\left(\frac{a+b}{2}\right) = \frac{f(a) + f(b)}{2} \tag{2.8}$$

*für alle $a, b \in X$ genügt. Dann ist die Abbildung $x \to f(x) - f(0)$ linear.*

**Beweis**: Setzen wir $g(x) := f(x) - f(0)$, so ist auch $g : X \to Y$ Isometrie, die der Jensenschen Funktionalgleichung genügt. Also haben wir

$$g\left(\frac{a+0}{2}\right) = \frac{g(a) + g(0)}{2},$$

d.h. $g(\frac{a}{2}) = \frac{1}{2}g(a)$ für alle $a \in X$. Dies bedeutet

$$g(a + b) = g(a) + g(b)$$

für alle $a, b \in X$. Also haben wir

$$g(\lambda a) = \lambda g(a)$$

für alle rationalen $\lambda$. Sei nun $\lambda \in \mathbb{R}$ beliebig gegeben und sei $\lambda_n$ Folge rationaler Zahlen, die gegen $\lambda$ konvergiert. Unter Berücksichtigung der Tatsache, daß $g$ Isometrie ist, gilt

$$\| g(\lambda a) - \lambda g(a) \| \le \| g(\lambda a) - g(\lambda_n a) \| + \| \lambda_n g(a) - \lambda g(a) \|$$

$$= \| \lambda a - \lambda_n a \| + |\lambda_n - \lambda| \cdot \| g(a) \| = |\lambda - \lambda_n| \cdot (\| a \| + \| g(a) \|)$$

für alle $a \in V$. Also ist $g$ linear.                                            $\square$

## 2.3   Satz von Ulam und Mazur

**Satz von Ulam und Mazur:** *Seien $X, Y$ reelle normierte Vektorräume und sei $f : X \to Y$ surjektive Isometrie. Dann ist $x \to f(x) - f(0)$ linear.*

**Beweis:** 1) Setzen wir $g(x) = f(x) - f(0)$, so ist $g$ surjektive Isometrie mit $g(0) = 0$. Aus $g(a) = g(b)$ folgt $0 = \| g(a) - g(b) \| = \| a - b \|$, d.h. $a = b$. Also ist $g$ sogar bijektiv. Mit Hilfe von A.2.3 ist nun der Satz bewiesen, wenn wir zeigen, daß $g$ der Jensenschen Gleichung (2.8) genügt. Seien also $a, b$ Elemente aus $X$. Wir möchten dann

$$g\left(\frac{a + b}{2}\right) = \frac{g(a) + g(b)}{2} \tag{3.1}$$

zeigen. Ohne Einschränkung sei $a \ne b$. Wir setzen

$$M_1 := \left\{ m \in X \mid \| m - a \| = \| b - m \| = \frac{1}{2} \| b - y \| \right\}. \tag{3.2}$$

Wegen $\frac{a+b}{2} \in M_1$ ist $M_1 \ne \emptyset$. Aus $m, m' \in M_1$ folgt mit (3.2)

$$\| m - m' \| \le \| m - a \| + \| a - m' \| = \| b - a \|.$$

Also existiert der Durchmesser von $M_1$, d.h. es existiert

$$d(M_1) := \sup_{m, m' \in M_1} \| m - m' \|.$$

Wir setzen

$$M_{n+1} := \left\{ x \in M_n \mid \forall_{y \in M_n} \| y - x \| \le \frac{1}{2} d(M_n) \right\}. \tag{3.3}$$

Wegen $M_1 \supseteq M_2 \supseteq M_3 \supseteq \ldots$ existieren somit alle Durchmesser $d(M_n)$, soweit $M_n \ne \emptyset$ ist. Ist $M_{n+1} \ne \emptyset$, so ergibt (3.3) sofort

$$d(M_{n+1}) \le \frac{1}{2} d(M_n). \tag{3.4}$$

2) Wir setzen $\sigma(x) := (a+b) - x$ für $x \in X$. Dann folgt mit Hilfe vollständiger Induktion $\sigma(M_n) := \{\sigma(x) \mid x \in M_n\} \subseteq M_n$: Im Falle $x \in M_1$ gilt nämlich $\| \sigma(x) - a \| = \| b - \sigma(x) \| = \frac{1}{2} \| b - a \|$, d.h. $\sigma(x) \in M_1$. Gelte nun $\sigma(M_n) \subseteq M_n$, $n \geq 1$, und sei $x$ ein Element von $M_{n+1}$. Für beliebiges $y \in M_n$ gilt dann $\sigma(y) \in M_n$ und

$$\| y - \sigma(x) \| = \| x - \sigma(y) \| \leq \frac{1}{2} d(M_n)$$

nach Definition von $M_{n+1}$. Aber $\sigma(x) \in M_n$ (beachte $x \in M_{n+1} \subseteq M_n$) und $\| y - \sigma(x) \| \leq \frac{1}{2} d(M_n)$ für alle $y \in M_n$ bedeuten nach Definition von $M_{n+1}$ dann $\sigma(x) \in M_{n+1}$.

3) Für $m_0 := \frac{a+b}{2}$ gilt $\bigcap_{n \in \mathbb{N}} M_n = \{m_0\}$ : Wir wissen bereits, daß $m_0$ in $M_1$ liegt. Gelte nun $m_0 \in M_n$, $n \geq 1$. Für beliebiges $y \in M_n$ gilt

$$\| m_0 - y \| = \frac{1}{2} \| \sigma(y) - y \| \leq \frac{1}{2} d(M_n)$$

wegen $\sigma(y) \in M_n$. Aus $\| m_0 - y \| \leq \frac{1}{2} d(M_n)$ folgt dann aber $m_0 \in M_{n+1}$. — Ist nun noch $x$ in allen $M_n$ enthalten, so haben wir $\| x - m_0 \| \leq d(M_n)$ für alle $n \in \mathbb{N}$. Dies bedeutet $x = m_0$ wegen (3.4).

4) Die Überlegungen, die wir für $a, b$ in $X$ anstellten, denken wir uns nun für $g(a), g(b)$ in $Y$ durchgeführt. Wir beachten dabei, daß $g$ bijektiv ist, daß also ein beliebiges $y \in Y$ mit einem einzigen Element $x \in X$ als $g(x)$ geschrieben werden kann. Die Mengen, die $M_n$ entsprechen, nennen wir jetzt $K_n$. Also

$$K_1 := \{g(x) \mid x \in X \text{ und } \|g(x) - g(a)\| = \|g(b) - g(x)\| = \tfrac{1}{2} \| g(b) - g(a) \|\}$$
$$= \{g(x) \mid x \in X \text{ und } \| x - a \| = \| b - x \| = \tfrac{1}{2} \| b - a \|\}$$
$$= \{g(x) \mid x \in M_1\} = g(M_1),$$

da $g$ Isometrie ist. Außerdem

$$K_{n+1} := \left\{ g(x) \in K_n \mid \forall_{g(y) \in K_n} \| g(y) - g(x) \| \leq \frac{1}{2} d(K_n) \right\}$$

für $n \in \mathbb{N}$. Wir zeigen nun $K_n = g(M_n)$ (was dann sofort auch $d(K_n) = d(M_n)$ bedeutet, da $g$ isometrisch ist) für $n = 1, 2, \ldots$.

Sei dies bis hin zu $n \geq 1$ bewiesen. Dann ist

$$K_{n+1} = \left\{ g(x) \in g(M_n) \mid \forall_{y \in M_n} \| y - x \| \leq \tfrac{1}{2} d(M_n) \right\}$$
$$= \left\{ g(x) \mid x \in M_{n+1} \right\} = g(M_{n+1}).$$

5) Aus $\left\{\dfrac{g(a)+g(b)}{2}\right\} = \bigcap\limits_{n\in\,\mathbb{N}} K_n$  und  $g(m_0) \in \bigcap\limits_{n\in\,\mathbb{N}} g(M_n) = \bigcap\limits_{n\in\,\mathbb{N}} K_n$

folgt dann $g\left(\dfrac{a+b}{2}\right) = \dfrac{g(a)+g(b)}{2}$.                                        $\square$

## 2.4   Ein Beispiel

Die Voraussetzung der Surjektivität im Satz von Ulam und Mazur kann nicht ohne Gefährdung des Resultates weggelassen werden. Das nachfolgende Beispiel, das von J.A. Baker [1] angegeben wurde, zeigt dies. Es zeigt aber noch mehr: Baker setzte sich das Ziel, eine nicht surjektive Isometrie $f$ mit $f(0) = 0$ anzugeben, die immer noch nicht linear ist, obwohl sie in einem zu erläuternden Sinne einer linearen Abbildung schon ganz nahe ist.

*Sei $X$ der $\mathbb{R}^2$ mit der euklidischen Norm $\|(x_1, x_2)\| = \sqrt{x_1^2 + x_2^2}$ und sei $Y$ der $\mathbb{R}^3$ mit der Norm*

$$\|(x_1, x_2, x_3)\| = max\left\{\sqrt{x_1^2 + x_2^2}, |x_3|\right\}.$$

*Wir definieren die Abbildung $f : X \to Y$ durch*

$$f(x_1, x_2) := (x_1, x_2, g(x_1, x_2)) \tag{4.1}$$

*mit*

$$g(x_1, x_2) = \begin{cases} x_1 & 0 \le x_1 \le x_2 \quad oder \quad 0 \ge x_1 \ge x_2 \\ x_2 & f\ddot{u}r \quad 0 \le x_2 \le x_1 \quad oder \quad 0 \ge x_2 \ge x_1 \\ 0 & sonst \end{cases}$$

*Dann gilt: Es ist $f$ nicht surjektive Isometrie mit $f(0) = 0$. Die Abbildung $f$ ist nicht linear. Sie genügt aber der Gleichung*

$$f(\lambda x) = \lambda f(x)$$

*für alle $x \in X$ und alle $\lambda \in \mathbb{R}$.*

**Beweis**: a) $Y$ ist reeller normierter Vektorraum: Wir schauen uns nur die Dreiecksungleichung

$$\|(x_1, x_2, x_3) + (y_1, y_2, y_3)\| \le \|(x_1, x_2, x_3)\| + \|(y_1, y_2, y_3)\|$$

an: Diese folgt aber aus

$$\sqrt{(x_1 + y_1)^2 + (x_2 + y_2)^2} \leq \max \left\{ \sqrt{x_1^2 + x_2^2}, |x_3| \right\} + \max \left\{ \sqrt{y_1^2 + y_2^2}, |y_3| \right\}$$

und

$$|x_3 + y_3| \leq \max \left\{ \sqrt{x_1^2 + x_2^2}, |x_3| \right\} + \max \left\{ \sqrt{y_1^2 + y_2^2}, |y_3| \right\}.$$

b) Es gilt offenbar

$$g(\lambda x_1, \lambda x_2) = \lambda g(x_1, x_2)$$

für alle $\lambda, x_1, x_2 \in \mathbb{R}$. Hieraus folgt aber

$$f(\lambda x) = \lambda f(x)$$

für alle $x \in \mathbb{R}^2$ und alle $\lambda \in \mathbb{R}$. Daß $f(0) = 0$ ist, liegt auf der Hand, und ebenso, daß $f$ nicht linear ist:

$$f((1,0) + (0,1)) \neq f((1,0)) + f((0,1)).$$

Es ist $f$ auch nicht surjektiv, da es kein $x \in X$ gibt mit $f(x) = (0,0,1)$: Wegen (4.1) könnte ja nur (0,0) das Urbild sein, das aber $f(0) = 0$ genügt.

c) $f$ ist Isometrie: Man verifiziert zunächst

$$|g(x_1, x_2) - g(y_1, y_2)| \leq \sqrt{(x_1 - y_1)^2 + (x_2 - y_2)^2} \qquad (4.2)$$

für alle $x_1, x_2, y_1, y_2 \in \mathbb{R}$. Gegeben seien nun Elemente $a, b \in X$. Dann ist

$$\| a - b \| = \sqrt{(a_1 - b_1)^2 + (a_2 - b_2)^2}$$

und

$$\| f(a) - f(b) \| = \max \left\{ \sqrt{(a_1 - b_1)^2 + (a_2 - b_2)^2}, |g(a_1, a_2) - g(b_1, b_2)| \right\}.$$

Mit (4.2) folgt dann aber

$$\| a - b \| = \| f(a) - f(b) \|. \qquad \square$$

## 2.5   Eine Verallgemeinerung des Satzes von Ulam und Mazur im strikt konvexen Falle

Es gilt der

**Satz:** *Seien X und Y reelle normierte Vektorräume derart, daß die Dimension von X wenigstens 2 und Y strikt konvex ist. Sei $\rho > 0$ eine feste reelle Zahl, und sei $N > 1$ eine feste natürliche Zahl. Sei schließlich $f : X \to Y$ eine Abbildung, die*

$$\| a - b \| = \rho \quad \Rightarrow \quad \| f(a) - f(b) \| \leq \rho \tag{5.1}$$

*und*

$$\| a - b \| = N \cdot \rho \quad \Rightarrow \quad \| f(a) - f(b) \| \geq N \cdot \rho \tag{5.2}$$

*genügt für alle $a, b \in X$. Dann ist $f$ Isometrie, d.h. es gilt $\| a - b \| = \| f(a) - f(b) \|$ für alle $a, b \in X$. Darüber hinaus ist $x \to f(x) - f(0)$ linear.*

Bevor wir diesen Satz, der von W. Benz und H. Berens [1] gezeigt wurde, beweisen, führen wir Hilfsbetrachtungen durch. Zuvor weisen wir noch auf das folgende Resultat von F. Radó, D. Andreascu, D. Valcán [1] hin, daß nämlich im Falle, daß $X$ und $Y$ sogar Prähilberträume sind, die Zahl $N$ in (5.2) durch eine beliebige reelle Zahl größer als $\sqrt{3}$ ersetzt werden darf.

Die Funktion $f : \mathbb{R} \to \mathbb{R}$ heißt *konvex*, wenn sie der Ungleichung

$$f\left(\frac{p+q}{2}\right) \quad \leq \quad \frac{f(p) + f(q)}{2} \tag{5.3}$$

genügt für alle $p, q \in \mathbb{R}$.

Einer kleinen Umformung von

$$\left(e^{\frac{1}{2}p} - e^{\frac{1}{2}q}\right)^2 \geq 0$$

entnimmt man z.B., daß $f(t) = e^t$ eine konvexe Funktion ist. Aus $(p - q)^2 \geq 0$ ersieht man, daß auch etwa $f(t) = t^2$ konvex ist.

**A.5.1:** *Sei $f : \mathbb{R} \to \mathbb{R}$ stetig und konvex. Dann gilt*

$$f(p + \delta \cdot (q - p)) \quad \leq \quad f(p) + \delta \cdot (f(q) - f(p)) \tag{5.4}$$

*für alle reellen Zahlen* $p, q, \delta$ *mit* $p < q$ *und* $0 \le \delta \le 1$.

**Beweis:** Wir definieren $g : \mathbb{R} \to \mathbb{R}$ durch

$$g(t) := f(p + t(q - p)) - f(p) - t \cdot (f(q) - f(p))$$

für fest vorgegebene $p, q \in \mathbb{R}$ mit $p < q$. Auch $g$ ist stetig und konvex. Die Behauptung von A.5.1 kann nun so ausgesprochen werden: Für alle $\delta \subset [0, 1]$ gilt $g(\delta) \le 0$. Offenbar ist $g(0) = g(1) = 0$, so daß für $\delta = 0$ oder $\delta = 1$ die Behauptung stimmt. Wird das Supremum in $[0,1]$ von $g$ in $t = 0$ oder in $t = 1$ angenommen, so sind wir fertig. Sei also $\alpha \in \,]0, 1[$ eine Stelle mit

$$g(\alpha) \;=\; \sup_{t \in [1,0]} g(t). \tag{5.5}$$

a) Für $\alpha = \frac{1}{2}$ gilt dann für $0 \le \delta \le 1$

$$g(\delta) \le g\left(\frac{1}{2}\right) \le \frac{g(0) + g(1)}{2} = 0,$$

wenn wir die Konvexität von $g$ berücksichtigen.

b) Für $0 < \alpha < \frac{1}{2}$ ist $0 < 2\alpha < 1$ und

$$g(\alpha) \le \frac{g(0) + g(2\alpha)}{2},$$

d.h. $g(2\alpha) \ge 2g(\alpha)$. Dies bedeutet $g(\alpha) \le 0$ wegen $2\alpha \in \,]0, 1[$ und (5.5).

c) Für $\frac{1}{2} < \alpha < 1$ ist $0 < 2\alpha - 1 < 1$ und

$$g(\alpha) \le \frac{g(1) + g(2\alpha - 1)}{2},$$

d.h. $g(2\alpha - 1) \ge 2g(\alpha)$. Wie unter b) bedeutet dies $g(\alpha) \le 0$. $\qquad\square$

**A.5.2:** *Sei* $V$ *reeller normierter Vektorraum der Dimension wenigstens 2. Dann gibt es zu jedem* $a \in V$ *mit* $\| a \| < 1$ *ein* $b \in V$ *mit*

$$\| a - b \| = 1 = \| a + b \|.$$

**Beweis:** 1) Ist $a = 0$, so kann man $b = \dfrac{x}{\| x \|}$ setzen für ein $x \neq 0$ aus $V$. Sei also $a \neq 0$. Einem festen $s \in S = \{ x \in V \mid \| x \| = 1 \}$ ordnen wir

$$f(t) := \| a + ts \| \quad \text{für } t \in \mathbb{R}$$

zu. $f$ ist stetig, da $t_n \to t$ wegen

$$\Big| \, \| a + ts \| - \| a + t_n s \| \, \Big| \leq |t - t_n|$$

$f(t_n) \to f(t)$ zur Folge hat. Aus

$$f(2) = \| a + 2s \| \geq \Big| \, \| a \| - \| -2s \| \, \Big| = \Big| \, \| a \| - 2 \, \Big| \geq 2 - \| a \| > 1$$

und $f(0) = \| a \| < 1$ folgt $f(0) < 1 < f(2)$. Nach dem Zwischenwertsatz gibt es also ein $t^* > 0$ mit $f(t^*) = 1$. Angenommen nun, es gäbe reelle Zahlen $t_1, t_2$ mit $0 < t_1 < t_2$ und $f(t_1) = f(t_2) = 1$. Da $f(t)$ konvex ist, bedeutet dies mit A.5.1 aber

$$1 = f(t_1) = f \left( 0 + \frac{t_1}{t_2}[t_2 - 0] \right) \leq f(0) + \frac{t_1}{t_2} \Big( f(t_2) - f(0) \Big)$$

$$< \| a \| + 1 \cdot (1 - \| a \|) = 1.$$

Es ist also $t^*$ die einzige positive reelle Zahl mit $\| a + t^* s \| = 1$. Wir definieren nun die Funktion $\tau : S \to \mathbb{R}$, wobei $\tau(s)$ der eindeutig bestimmte Wert $t^* > 0$ sei mit $\| a + t^* s \| = 1$.

2) Aus $\| a + \tau(s)s \| = 1$ für $s \in S$ und
$\tau(s) - \| a \| \leq \Big| \, \| a \| - \tau(s) \, \Big| \leq \| a - [-\tau(s)s] \| \leq \| a \| + \tau(s)$ folgt

$$0 < 1 - \| a \| \leq \tau(s) \leq 1 + \| a \| . \tag{5.6}$$

Hiermit zeigen wir: Gegeben sei ein Element $s \in S$ und eine Folge $s_n \in S$ derart, daß $\| s - s_n \|$ Nullfolge ist. Dann konvergiert $\tau(s_n)$ gegen $\tau(s)$: Wegen (5.6) ist die Folge $\tau(s_n)$ beschränkt. Ist $\tau_0$ Grenzwert einer beliebigen konvergenten Teilfolge $\tau(s_{n(i)})$, so zeigt

$$\Big| \, \| a + \tau_0 s \| - \| a + \tau(s_{n(i)})s_{n(i)} \| \, \Big| \leq \| \tau_0 s - \tau(s_{n(i)}) s_{n(i)} \|$$

$$\leq |\tau_0| \cdot \| s - s_{n(i)} \| + \| s_{n(i)} \| \cdot |\tau_0 - \tau(s_{n(i)})| \, ,$$

daß $1 = \| a + \tau(s_{n(i)})s_{n(i)} \|$ gegen $\| a + \tau_0 s \|$ konvergiert. Also ist $\tau_0 = \tau(s)$, wenn wir $\tau_0 > 0$ wegen (5.6) beachten. Damit haben wir

$$\underline{\lim} \, \tau(s_n) = \overline{\lim} \, \tau(s_n),$$

d.h. $\lim \tau(s_n) = \tau(s)$.

3) Wegen dim $V \geq 2$ existieren zwei linear unabhängige Vektoren in $V$. Seien $e_1, e_2$ solche Vektoren mit $\| e_1 \| = 1 = \| e_2 \|$. Dann ist

$$z(t) := \cos t \cdot e_1 + \sin t \cdot e_2 \neq 0$$

für alle $t \in \mathbb{R}$. Offenbar gilt

$$s(t) := \frac{z(t)}{\| z(t) \|} \in S.$$

Mit $\varphi(s) := \tau(s) - \tau(-s)$ für $s \in S$ interessiert uns nun die Funktion $\varphi(s(t))$, die $\mathbb{R}$ in $\mathbb{R}$ abbildet. Sie ist stetig: Aus $t_n \to t$ folgt

$$
\begin{aligned}
\| s(t) - s(t_n) \| \ &= \ \left\| \frac{z(t)}{\|z(t)\|} - \frac{z(t_n)}{\|z(t_n)\|} \right\| \\
&= \ \left\| \frac{z(t) - z(t_n)}{\|z(t)\|} + z(t_n) \cdot \frac{\|z(t_n)\| - \|z(t)\|}{\|z(t)\| \cdot \|z(t_n)\|} \right\| \\
&\leq \ \frac{\|z(t) - z(t_n)\|}{\|z(t)\|} + \frac{\big| \|z(t_n)\| - \|z(t)\| \big|}{\|z(t)\|} \ \longrightarrow \ 0,
\end{aligned}
$$

d.h. $\tau(s(t_n)) \to \tau(s(t))$ nach 2). Mit 2) folgt genauso $\tau(-s(t_n)) \to \tau(-s(t))$ aus $\| [-s(t)] - [-s(t_n)] \| = \| s(t) - s(t_n) \| \to 0$. Also gilt $\varphi(s(t_n)) \to \varphi(s(t))$.

4) Wegen $\varphi(s(0)) = -\varphi(s(\pi))$ ist $\varphi(s(0)) = 0$ oder aber $\varphi(s(0))$ und $\varphi(s(\pi))$ haben verschiedenes Zeichen. Also existiert ein $t_0 \in [0, \pi]$ mit $\varphi(s(t_0)) = 0$. Setze $s(t_0) =: s^*$ und $b := \tau(s^*) \cdot s^*$. Also gilt

$$
\begin{aligned}
\| a + b \| &= 1 \quad \text{und} \\
\| a - b \| &= \| a + \tau(-s^*) \cdot (-s^*) \| = 1.
\end{aligned}
$$
$\square$

**A.5.3:** *Sei $V$ reeller normierter Vektorraum der Dimension wenigstens 2. Seien $x, y$ Elemente aus $V$ und sei $k$ eine reelle Zahl mit $2k > \| x - y \|$. Dann gibt es ein $z \in V$ mit*

$$\| z - x \| = k = \| z - y \|.$$

**Beweis:** Setze $a = \dfrac{x - y}{2k}$. Dann gilt $\| a \| < 1$. Also existiert nach A.5.2 ein $b \in V$ mit $\| a - b \| = 1 = \| a + b \|$. Setze

$$z := \frac{x + y}{2} + kb.$$

Dann gilt $\| z - x \| = \| \frac{y-x}{2} + kb \| = k \| -a + b \| = k$ und
$\| z - y \| = \| \frac{x-y}{2} + kb \| = k \| a + b \| = k.$                                    $\square$

Wir kommen nun zum Beweis des zu Beginn des Abschnittes 5 formulierten
Satzes:
1) Wir haben den Beweis des Charakterisierungssatzes in Abschnitt 3 von Kapitel 1 so abgefaßt, daß er jetzt mit anzugebenden Varianten übernommen
werden kann. Der dortige Schritt a) kann übernommen werden. Beim Schritt
b) beachten wir, daß der Bildraum $Y$ strikt konvex ist, was bedeutet, daß (3)
von A.2.1, Kapitel 2, zur Verfügung steht. Bei Schritt c) beachten wir, daß

$$\frac{1}{\mu} \lambda \rho = \| x - y \| < 2 \lambda \rho$$

ist, daß also mit Hilfe von A.5.3 ein $z \in X$ zur Verfügung steht, das

$$\| z - x \| = \lambda \rho = \| z - y \|$$

erfüllt. Bei Schritt d) beachten wir, daß

$$\| x - y \| < t \rho$$

nach A.5.3 die Existenz eines $z \in X$ zur Folge hat, welches

$$\| z - x \| = \frac{1}{2} t \rho = \| z - y \|$$

genügt. Schritt e) kann übernommen werden. Das Wesentliche von Schritt f)
kann mutatis mutandis übernommen werden bis hin zur Aussage $\| x - y \| = \| f(x) - f(y) \|$ für alle $x, y$ (jetzt aus $X$). Damit ist also $f : X \to Y$ eine
Isometrie.

2) Für $a, b \in X$ gilt trivialerweise

$$\left\| \frac{a+b}{2} - a \right\| = \left\| b - \frac{a+b}{2} \right\| = \frac{1}{2} \| b - a \|$$

und also

$$\left\| f \left( \frac{a+b}{2} \right) - f(a) \right\| = \left\| f(b) - f \left( \frac{a+b}{2} \right) \right\| = \frac{1}{2} \| f(b) - f(a) \|,$$

da $f$ Isometrie ist. Da $Y$ strikt konvex ist, folgt aus (3) von A.2.1

$$f \left( \frac{a+b}{2} \right) = \frac{f(a) + f(b)}{2}.$$

Damit genügt die Isometrie $f$ der Jensenschen Funktionalgleichung (2.8). Also ist $x \to f(x) - f(0)$ nach A.2.3 linear. $\qquad\square$

Trivialerweise gilt der zu Beginn dieses Abschnittes formulierte Satz nicht mehr, wenn man die Forderung dim $X \geq 2$ streicht: Das zeigt das in Abschnitt 1 von Kapitel 1 angegebene einfache Beispiel, bei dem $f$ die Distanzen $1, 2, 3, \ldots$ erhält. Der Satz verliert aber auch seine Gültigkeit, wenn man die Voraussetzung streicht, daß $Y$ strikt konvex ist. Das folgt ja schon — soweit nur die Linearität betroffen ist — aus dem in Abschnitt 4 angegebenen Beispiel einer Isometrie $f$ mit $f(0) = 0$, die weder surjektiv noch linear ist. Wenn wir also die Voraussetzung streichen, daß $Y$ strikt konvex ist, sollte zumindest die Forderung aufgenommen werden, daß $f : X \to Y$ surjektiv ist. Aber auch bei dieser Änderung gilt der Satz keineswegs. Der Satz kann sogar dann nicht gerettet werden, wenn man $f$ als bijektiv und stetig (bzgl. der Normen von $X$ und $Y$) voraussetzt, und außerdem, daß für das $\rho > 0$ alle Distanzen $\rho, 2\rho, 3\rho, \ldots$ durch $f$ erhalten bleiben (W. Benz, H. Berens [1]):

*Sei $X = Y$ der $\mathbb{R}^2$ mit der Norm*

$$\| (x_1, x_2) \| = max \{ |x_1|, |x_2| \}.$$

*Da (1,0), (1,1) nicht linear abhängig sind, aber*

$$\| (1, 0) + (1, 1) \| = \| (1, 0) \| + \| (1, 1) \|$$

*gilt, ist $Y$ nicht strikt konvex. Für $t \in \mathbb{R}$ bezeichne $[t]$ wie üblich die größte ganze Zahl kleiner oder gleich $t$. Sei nun $\rho > 0$ fest gegeben. Sei*

$$\psi(t) := \rho \cdot \left( \left[ \frac{t}{\rho} \right] + \left( \frac{t}{\rho} - \left[ \frac{t}{\rho} \right] \right)^2 \right)$$

*für $t \in \mathbb{R}$ gesetzt. Dann ist*

$$f((x_1, x_2)) := (\psi(x_1), \psi(x_2))$$

*eine stetige Bijektion des $\mathbb{R}^2$, die alle Distanzen $N \cdot \rho$ mit $N \in \mathbb{N}$ erhält. Es gilt $f(0) = 0$. Die Abbildung $f$ ist weder Isometrie noch lineare Abbildung.*

**Beweis:** 1) $\psi : \mathbb{R} \to \mathbb{R}$ ist stetig, streng monoton wachsend und surjektiv, also auch bijektiv: Für

$$t = n\rho + \xi \quad \text{mit} \ n \in \mathbb{Z} \ \text{und} \ 0 \leq \xi < \rho$$

gilt

$$\psi(t) = n\rho + \frac{\xi^2}{\rho}.$$

Sei $N \in \mathbb{N}$. Dann gilt für $t_1, t_2 \in \mathbb{R}$

$$|t_1 - t_2| \leq N\rho \quad \Rightarrow \quad |\psi(t_1) - \psi(t_2)| \leq N\rho$$

und

$$|t_1 - t_2| = N\rho \quad \Rightarrow \quad |\psi(t_1) - \psi(t_2)| = N\rho \quad .$$

2) $f : \mathbb{R}^2 \to \mathbb{R}^2$ ist bijektiv: Für $a_1, a_2 \in \mathbb{R}$ ist nämlich

$$(a_1, a_2) = (\psi(x_1), \psi(x_2))$$

eindeutig nach $x_1, x_2$ auflösbar, da $\psi : \mathbb{R} \to \mathbb{R}$ bijektiv ist. $f$ ist stetig: Sei $(x_1, x_2) \in \mathbb{R}^2$ und sei $\left( x_1^{(n)}, x_2^{(n)} \right) \in \mathbb{R}^2$ Folge mit

$$\left\| (x_1, x_2) - \left( x_1^{(n)}\ x_2^{(n)} \right) \right\| \to 0.$$

Wegen $\| (a_1, a_2) \| = \max\{|a_1|, |a_2|\}$ folgt also

$$x_1^{(n)} \to x_1 \quad \text{und} \quad x_2^{(n)} \to x_2,$$

d.h.

$$\psi\left( x_1^{(n)} \right) \to \psi(x_1) \quad \text{und} \quad \psi\left( x_2^{(n)} \right) \to \psi(x_2),$$

d.h.

$$\left\| (\psi(x_1), \psi(x_2)) - \left( \psi(x_1^{(n)}), \psi(x_2^{(n)}) \right) \right\| \to 0.$$

3) $f$ erhält die Distanz $N \cdot \rho$ für alle $N \in \mathbb{N}$: Wegen

$$N\rho = \| (a_1 - b_1, a_2 - b_2) \| = \max\{|a_1 - b_1|, |a_2 - b_2|\}$$

gibt es ein $i \in \{1, 2\}$ mit

$$|a_i - b_i| = N\rho \quad \text{und} \quad |a_j - b_j| \leq N\rho$$

für $\{i, j\} := \{1, 2\}$. Also folgt aus Schritt 1)

$$\| (\psi(a_1), \psi(a_2)) - (\psi(b_1), \psi(b_2)) \| = N\rho.$$

4) $f$ ist weder Isometrie noch linear: Für $a = 0$ und $b = (\frac{1}{2}\rho, 0)$ gilt

$$\| a - b \| = \frac{1}{2}\rho \neq \frac{1}{4}\rho = \| f(a) - f(b) \| .$$

Außerdem haben wir

$$f\left( \left( \frac{\rho}{2}, 0 \right) + \left( \frac{\rho}{2}, 0 \right) \right) = (\rho, 0) \neq \left( \frac{\rho}{2}, 0 \right) = f\left( \left( \frac{\rho}{2}, 0 \right) \right) + f\left( \left( \frac{\rho}{2}, 0 \right) \right). \qquad \square$$

## 2.6 Ein Abstandsraum im Ringfall und seine Isometrien

Sei $R$ ein kommutativer Ring mit Einselement 1, d.h. für die Elemente einer additiv geschriebenen abelschen Gruppe $(R, +)$ sei noch eine Multiplikation

$$a, b \rightarrow a \cdot b = ab$$

$(a, b \in R)$ definiert mit

(i)    $a \cdot b$       $= b \cdot a$
(ii)   $a \cdot (b + c)$   $= a \cdot b + a \cdot c$
(iii) $a \cdot (b \cdot c)$   $= (a \cdot b) \cdot c$
(iv) $1 \cdot a$       $= a$

für alle $a, b, c \in R$.

Es heißt $a \subset R$ eine *Einheit* von $R$, wenn es ein $b \in R$ gibt mit $ab = 1$. Die Menge $U$ der Einheiten von $R$ bildet gegenüber der Multiplikation des Ringes eine Gruppe, die die *Einheitengruppe* von $R$ heißt. Definiert man für die einelementige Menge $R = \{0\}$

$$0 + 0 = 0 \text{ und } 0 \cdot 0 = 0,$$

so liegt auch ein kommutativer Ring mit Einselement 1=0 vor. Dieser Ring sei von nun an ausgeschlossen. Dann gilt $1 \neq 0$. Denn aus $a \cdot 0 = a \cdot (0+0) = a \cdot 0 + a \cdot 0$ folgt $a \cdot 0 = 0$. Ist nun $a \neq 0$ ein Ringelement und wäre 1=0, so hätte man $a = 1 \cdot a = a \cdot 1 = a \cdot 0 = 0$.

$a \in R$ heißt *Nullteiler* von $R$, wenn es in $R$ ein $b \neq 0$ mit $ab = 0$ gibt.

Beispiel: Legt man Matrizen–Addition und –Multiplikation zugrunde, so bildet

$$R := \left\{ \begin{pmatrix} \alpha & \beta \\ 0 & \alpha \end{pmatrix} \middle| \alpha, \beta \text{ reell} \right\}$$

einen kommutativen Ring mit dem Einselement

$$\begin{pmatrix} 1 & 0 \\ 0 & 1 \end{pmatrix}.$$

Hier sind genau die Matrizen

$$\begin{pmatrix} \alpha & \beta \\ 0 & \alpha \end{pmatrix}$$

mit $\alpha \neq 0$ die Einheiten und die mit $\alpha = 0$ die Nullteiler:

$$\begin{pmatrix} \alpha & \beta \\ 0 & \alpha \end{pmatrix} \begin{pmatrix} \frac{1}{\alpha} & -\frac{\beta}{\alpha^2} \\ 0 & \frac{1}{\alpha} \end{pmatrix} = \begin{pmatrix} 1 & 0 \\ 0 & 1 \end{pmatrix} \text{ für } \alpha \neq 0,$$

$$\begin{pmatrix} 0 & \beta \\ 0 & 0 \end{pmatrix} \begin{pmatrix} 0 & 1 \\ 0 & 0 \end{pmatrix} = \begin{pmatrix} 0 & 0 \\ 0 & 0 \end{pmatrix}.$$

Eine Einheit $a$ des Ringes $R$ kann nicht Nullteiler sein: Denn sonst hätte man Elemente $b, c \in R$ mit

$$b \neq 0, \ ab = 0, \ ac = 1,$$

was $0 = c \cdot (ab) = (ac) \cdot b = b$ ergäbe. Die Menge $\overline{U}$ der Nichtnullteiler von $R$ umfaßt also die Einheitengruppe. Im Beispiel vorhin ist offenbar $\overline{U} = U$. Für $R := \mathbb{Z}$ ist dies nicht der Fall.

Für $n \in \mathbb{N}$ definieren wir

$$R^n := \left\{ (x_1, \ldots, x_n) \mid x_i \in R \right\}$$

und

$$\begin{array}{rcl} (x_1, \ldots, x_n) + (y_1, \ldots, y_n) & := & (x_1 + y_1, \ldots, x_n + y_n), \\ \lambda \cdot (x_1, \ldots, x_n) & := & (\lambda x_1, \ldots, \lambda x_n) \end{array}$$

für $x_i, y_i, \lambda \in R$.

Unser Ausgangspunkt ist jetzt ein kommutativer Ring $R$ mit Einselement 1, das $1 + 1 \in \overline{U}$ genügen soll, eine natürliche Zahl $n > 1$ und eine feste Matrix

$$G = \begin{pmatrix} g_{11} & \cdots & g_{1n} \\ \vdots & & \vdots \\ g_{n1} & \cdots & g_{nn} \end{pmatrix}$$

mit den Eigenschaften

  (i) *Alle $g_{ij}$ sind Elemente von $R$,*

 (ii) *Stets gilt $g_{ij} = g_{ji}$,*

(iii) *Die (analog zum Fall der reellen Zahlen gebildete) Determinante von $G$ ist Nichtnullteiler von $R$.*

*Für $x = (x_1, \ldots, x_n)$ und $y = (y_1, \ldots, y_n)$ aus $R^n$ definieren wir ein Skalarprodukt*

$$xy := \sum_{i,j=1}^{n} g_{ij} x_i y_j.$$

Offenbar gilt dann

(i)   $xy \quad\quad \in R$,
(ii)  $xy \quad\quad = yx$,
(iii) $x(y+z) \quad = xy + xz$,
(iv)  $\lambda(xy) \quad = (\lambda x)y$

für alle $x, y, z \in R^n$ und alle $\lambda \in R$.

Der diesem Abschnitt zugrunde gelegte Abstandsraum ist der folgende: Es sei $M$ der $R^n$, es sei $W$ gleich $R$, und es sei

$$d(x, y) = (x - y)^2 = \sum_{i,j=1}^{n} g_{ij}(x_i - y_i)(x_j - y_j)$$

für $x, y \in M$ gesetzt.

Die Matrix $G$ heißt auch die metrische Matrix des Abstandsraumes, oder auch kurz nur die Metrik. Ist

$$G = \begin{pmatrix} 1 & & 0 \\ & \ddots & \\ 0 & & 1 \end{pmatrix}$$

die Einheitsmatrix, so spricht man von der euklidischen Metrik, im Falle

$$G = \begin{pmatrix} 1 & & & 0 \\ & \ddots & & \\ & & 1 & \\ 0 & & & -1 \end{pmatrix}$$

von der Lorentz–Minkowski–Metrik.

Ein geordnetes $(n+1)$–tupel $(T; A_1, \ldots, A_n)$ von Elementen aus $R^n$ heiße ein $d$–Simplex, wenn

$$(A_i - T)(A_j - T) = g_{ij}$$

für alle $i, j \in \{1, \ldots, n\}$ gilt.

Als Beispiel für ein $d$–Simplex geben wir $(E; E_1, \ldots, E_n)$ an mit

$$\begin{aligned} E &= (0, \ldots, 0), \\ E_i &= (\delta_{i1}, \ldots, \delta_{in}) \text{ für } i = 1, \ldots, n \end{aligned}$$

mit

$$\delta_{ij} = \begin{cases} 1 & i = j \\ 0 & i \neq j \end{cases} \quad \text{für} \qquad :$$

Denn $(E_i - E)(E_j - E) = \sum g_{\nu\mu}\delta_{i\nu}\delta_{j\mu} = g_{ij}$.

Wir zeigen nun

**A.6.1**: *Ist $f$ Isometrie des Abstandsraumes $(R^n, R, d)$, so gibt es ein d–Simplex $(T; A_1, \ldots, A_n)$ mit*

$$f(x_1, \ldots, x_n) \;=\; T + \sum_{i=1}^{n} x_i(A_i - T). \tag{6.1}$$

*Insbesondere ist $f$ bijektiv. Ist umgekehrt $(T; A_1, \ldots, A_n)$ ein beliebiges d–Simplex, so stellt (6.1) eine bijektive Isometrie dar.*

**Beweis**: 1) Sei $(T; A_1, \ldots, A_n)$ ein d–Simplex. Wir wollen zeigen, daß dann (6.1) eine bijektive Isometrie darstellt: Wegen

$$(f(x) - f(y))^2 \;=\; \sum_{i,j=1}^{n} (A_i - T)(A_j - T)(x_i - y_i)(x_j - y_j)$$

$$=\; \sum_{i,j=1}^{n} g_{ij}(x_i - y_i)(x_j - y_j) = (x - y)^2$$

ist $f$ Isometrie. Setzen wir

$$A_i - T \;=:\; (p_{i1}, \ldots, p_{in}), \; i = 1, \ldots, n, \tag{6.2}$$

und

$$\Pi := \begin{pmatrix} p_{11} & \cdots & p_{1n} \\ \vdots & & \vdots \\ p_{n1} & \cdots & p_{nn} \end{pmatrix},$$

so folgt

$$\Pi\, G\, \Pi^T \;=\; G, \tag{6.3}$$

wobei $\Pi^T$ die zu $\Pi$ transponierte Matrix bezeichnet. Aus (6.3) folgt für die zugehörigen Determinanten

$$|\Pi| \cdot |G| \cdot |\Pi| = |G|,$$

d.h.

$$(|\Pi|^2 - 1)\,|G| = 0,$$

d.h. $|\Pi|^2 = 1$, da $|G|$ kein Nullteiler ist. Damit ist $|\Pi|$ Einheit, und es kann $\Pi^{-1}$ in klassischer Weise gebildet werden.

Identifizieren wir auch hier gelegentlich

$$x = (x_1, \ldots, x_n) \in R^n$$

mit der Matrix

$$x = (x_1 \ldots x_n),$$

so hat $f$ die Gestalt

$$f(x) = x\Pi + T \quad , \quad |\Pi|^2 = 1. \tag{6.4}$$

Also ist $f$ bijektiv:

$$f^{-1}(x) = x\Pi^{-1} - T'\Pi^{-1} .$$

2) Sei $f$ beliebige Isometrie von $(R^n, R, d)$. Wir setzen

$$T = f(E) \text{ und } A_i = f(E_i), \; i = 1, \ldots, n,$$

wobei $(E; E_1, \ldots, E_n)$ das bereits definierte $d$–Simplex darstellt. Aus

$$d(E, E_i) = d(T, A_i)$$

folgt dann

$$(A_i - T)^2 = g_{ii};$$

dies zusammen mit $2 := 1 + 1 \in \overline{U}$ und

$$d(E_i, E_j) = d(A_i, A_j) \text{ für } i \ne j$$

ergibt dann auch

$$
\begin{aligned}
(A_i - T)(A_j - T) &= g_{ij} \text{ für } i \ne j : \\
E_i^2 - 2E_iE_j + E_j^2 &= (E_i - E_j)^2 = (A_i - A_j)^2 \\
&= (A_i - T)^2 - 2(A_i - T)(A_j - T) + (A_j - T)^2.
\end{aligned}
$$

Mit 1) ist also

$$g(x) := T + \sum_{i=1}^{n} x_i(A_i - T)$$

bijektive Isometrie. Da die Hintereinanderschaltung zweier Isometrien in einem beliebigen Abstandsraum wieder eine Isometrie ergibt, betrachten wir jetzt die Isometrie

$$h = g^{-1}f,$$

die alle Elemente $E, E_1, \ldots, E_n$ festläßt wegen

$$g(E) = T \text{ und } g(E_i) = A_i.$$

Können wir zeigen, daß $h$ die identische Abbildung ist, so ist A.6.1 bewiesen.

3) Für $x \in R^n$ müssen wir also $y := h(x) = x$ zeigen. Aus

$$d(x, E) = d(h(x), h(E)) = d(y, E)$$

folgt $x^2 = y^2$, und zusammen mit

$$d(x, E_i) = d(y, E_i)$$

dann $(x - y)E_i = 0$ für $i = 1, \ldots, n$. Also haben wir zu zeigen, daß $zE_i = 0$ für $i = 1, \ldots, n$ zu $z = 0$ führt. Wegen

$$zE_i = \sum_{\nu,\mu=1}^{n} g_{\nu\mu} z_\nu \delta_{i\mu} = \sum_{\nu=1}^{n} g_{\nu i} z_\nu$$

ist also

$$0 = (z_1 \ldots z_n) G. \tag{6.5}$$

Bezeichnet $G_{ij}$ die mit $(-1)^{i+j}$ multiplizierte Unterdeterminante von $|G|$, die dadurch entsteht, daß man in $|G|$ die i. Zeile und die j. Spalte streicht, so gilt hier genauso wie in der gewöhnlichen Determinantenrechnung

$$G \cdot \begin{pmatrix} G_{11} & \cdots & G_{1n} \\ \vdots & & \vdots \\ G_{n1} & \cdots & G_{nn} \end{pmatrix}^T = |G| \cdot \begin{pmatrix} 1 & & 0 \\ & \ddots & \\ 0 & & 1 \end{pmatrix}.$$

Hiermit ergibt (6.5)

$$0 = (z_1 \ldots z_n) |G| \cdot \begin{pmatrix} 1 & & 0 \\ & \ddots & \\ 0 & & 1 \end{pmatrix} = (z_1|G| \ldots z_n|G|),$$

d.h. $z_i|G| = 0$, d.h. $z_i = 0$ für $i = 1, \ldots, n$, da $|G|$ nicht Nullteiler ist. $\qquad \square$

**Bemerkung**: Die Aussage A.6.1 interessiert natürlich in erster Linie im Falle $R = \mathbb{R}$. Für den Fall der Lorentz–Minkowski–Metrik werden wir sie im Zusammenhang der später zu behandelnden Lorentz–Transformationen verwenden. Ist $R$ der Ring $\mathbb{D}$ der dualen Zahlen, den wir in der Form eines Matrizenringes

$$\mathbb{D} := \left\{ \begin{pmatrix} \alpha & \beta \\ 0 & \alpha \end{pmatrix} \Big| \, \alpha, \beta \in \mathbb{R} \right\}$$

bereits eingeführten, so beschreibt der $\mathbb{D}^n$ die sogenannte Hjelmslevsche Geometrie der Wirklichkeit. Eine Gerade ist dabei etwa als Menge

$$\{x + \lambda v \mid \lambda \in \mathbb{D}\}$$

definiert, wobei nicht alle Komponenten von $v = (v_1, \ldots, v_n)$ Nullteiler sein dürfen. Der Abstand zweier Punkte

$$x = (x_1, \ldots, x_n) \text{ und } y = (y_1, \ldots, y_n)$$

ist durch

$$\delta(x, y) = \sqrt{\sum_{i=1}^{n} (x_i - y_i)^2}$$

mit $Re\ \delta \geq 0$ erklärt, wobei gesetzt ist

$$Re \begin{pmatrix} \alpha & \beta \\ 0 & \alpha \end{pmatrix} := \alpha \text{ und } Du \begin{pmatrix} \alpha & \beta \\ 0 & \alpha \end{pmatrix} := \beta.$$

Man schreibt meistens

$$\begin{pmatrix} \alpha & \beta \\ 0 & \alpha \end{pmatrix} = \alpha \cdot \begin{pmatrix} 1 & 0 \\ 0 & 1 \end{pmatrix} + \beta \cdot \begin{pmatrix} 0 & 1 \\ 0 & 0 \end{pmatrix} =: \alpha + \beta\varepsilon$$

mit also $\varepsilon^2 = 0$. Von dieser Schreibweise ausgehend hat man die Bezeichnungen Realteil und Dualteil eingeführt. Übrigens ist

$$\delta(x, y) = \left\{ \begin{array}{l} 0 \\ \sqrt{\Sigma a_i^2} \, + \, \dfrac{\Sigma a_i b_i}{\sqrt{\Sigma a_i^2}} \varepsilon \end{array} \right. \text{ für } \Sigma a_i^2 \left\{ \begin{array}{l} = 0 \\ > 0 \end{array} \right. ,$$

wenn wir

$$a_i := Re(x_i - y_i) \text{ und } b_i := Du(x_i - y_i)$$

setzen.

Die Abstandsräume $(\mathbb{D}^n, \mathbb{D}, \delta)$ und $(\mathbb{D}^n, \mathbb{D}, d)$ mit

$$G = \begin{pmatrix} 1 & & 0 \\ & \ddots & \\ 0 & & 1 \end{pmatrix}$$

sind isomorph: Man verifiziert, daß $\delta(x, y) = \delta(u, v)$ offenbar $d(x, y) = d(u, v)$ zur Folge hat für alle $x, y, u, v \in \mathbb{D}^n$. Gilt umgekehrt

$$\sum_{i=1}^{n}(x_i - y_i)^2 = \sum_{i=1}^{n}(u_i - v_i)^2,$$

so folgt

$$\Sigma a_i^2 = \Sigma \alpha_i^2 \text{ und } \Sigma a_i b_i = \Sigma \alpha_i \beta_i,$$

wenn wir

$$a_i = Re(x_i - y_i), \; b_i = Du(x_i - y_i), \; \alpha_i = Re(u_i - v_i), \; \beta_i = Du(u_i - v_i)$$

setzen. Im Falle $\Sigma a_i^2 = 0$ sind alle $a_i$ und alle $\alpha_i$ Null. Dann ist

$$\delta(x, y) = \sqrt{0} = \delta(u, v).$$

Im Falle $\Sigma a_i^2 > 0$ aber ist

$$\delta(x, y) = \sqrt{\Sigma a_i^2} + \frac{\Sigma a_i b_i}{\sqrt{\Sigma a_i^2}} \varepsilon = \delta(u, v). \quad —$$

Die Isomorphie von $(\mathbb{D}^n, \mathbb{D}, \delta)$ und $(\mathbb{D}^n, \mathbb{D}, d)$ hat nach A.1.1 zur Folge, daß die zugehörigen Isometriegruppen isomorph sind. Wir haben also mit A.6.1 auch die Isometriegruppen der Hjelmslevschen Geometrien $\mathbb{D}^n$ in Form von Gruppen von Matrizen angegeben.

Zum Gebiet allgemein der Hjelmslevschen Geometrie s. F. Bachmann [1].

Der Aussage A.6.1 stellen wir noch eine Aussage A.6.2 zur Seite, die über das Transitivitätsverhalten der Isometriegruppe von $(R^n, R, d)$ Auskunft gibt:

**A.6.2:** *Sind* $(T; A_1, \ldots, A_n)$ *und* $(S; B_1, \ldots, B_n)$ *$d$–Simplices, so gibt es genau eine Isometrie in der Isometriegruppe, die $T$ nach $S$ überführt und $A_i$ nach $B_i$ für alle $i = 1, \ldots, n$.*

**Beweis:** Aufgrund des Schrittes 1) des Beweises von A.6.1 gibt es eine bijektive Isometrie $f$ mit $f(E) = T$ und $f(E_i) = A_i$ $(i = 1, \ldots, n)$, nämlich (6.1). Ist nun noch $g$ eine bijektive Isometrie mit $g(E) = S$ und $g(E_i) = B_i$ $(i = 1, \ldots, n)$, so überführt $gf^{-1}$ offenbar $T, A_1, \ldots, A_n$ sukzessive in $S, B_1, \ldots, B_n$.

Sind nun $h_1$ und $h_2$ bijektive Isometrien, die $T, A_1, \ldots, A_n$ nacheinander in $S, B_1, \ldots, B_n$ überführen, so lassen $g^{-1}h_1f$ und $g^{-1}h_2f$ alle $E, E_1, \ldots, E_n$ fest. Eine beliebige Isometrie hat aber das Aussehen (6.1) mit geeignetem zugrunde liegenden $d$–Simplex; läßt diese alle Elemente $E, E_1, \ldots, E_n$ fest, so handelt es sich genau um die identische Abbildung $id$. Also gilt

$$g^{-1}h_1f = id = g^{-1}h_2f,$$

d.h. $h_1 = h_2 = gf^{-1}$.                                                       $\square$

## 2.7  Hyperbolische Bewegungen

Die Punkte der reellen $n(\geq 2)$–*dimensionalen hyperbolischen Geometrie* werden als Punkte

$$x = (x_1, \ldots, x_n)$$

des $\mathbb{R}^n$ erklärt, die

$$x_1^2 + \ldots + x_n^2 < 1$$

genügen. Ist $g$ Gerade des $\mathbb{R}^n$, also eine Punktmenge der Form $\{x + \lambda v \,|\, \lambda \in \mathbb{R}\}$ mit $x, v \in \mathbb{R}^n$ und $v \neq 0$, ist

$$I^n := \left\{ x \in \mathbb{R}^n \;\middle|\; x_1^2 + \ldots + x_n^2 < 1 \right\},$$

so heißt $g \cap I^n$ eine *hyperbolische Gerade*, sofern nur $g \cap I^n \neq \emptyset$ ist. Der *hyperbolische Abstand* von $x, y \in I^n$ wird durch $h(x, y) \geq 0$ mit

$$\cosh h(x, y) \;=\; \frac{1 - \sum_{i=1}^n x_i y_i}{\sqrt{1 - \sum_{i=1}^n x_i^2} \sqrt{1 - \sum_{i=1}^n y_i^2}} \tag{7.1}$$

definiert, wobei wir noch nachweisen müssen, daß die rechte Seite von (7.1) größer oder gleich 1 ist für $x, y \in I^n$. Wir zeigen in A.7.2, daß $(I^n, \mathbb{R}, h)$ ein metrischer Raum ist. Man spricht vom Cayley-Klein–Modell der $n$–dimensionalen hyperbolischen Geometrie, wenn man die Begriffe dieser Geometrie wie Punkt, Gerade, Abstand so einführt, wie wir es getan haben. Die nichtleeren Schnitte von $\nu(\leq n)$–dimensionalen affinen Teilräumen des $\mathbb{R}^n$ mit $I^n$ sind die $\nu$–dimensionalen Teilräume der hyperbolischen Geometrie. Ein anderes Modell der hyperbolischen Geometrie ist das sogenannte Poincaré–Modell. Hier wird die Punktmenge durch

$$\mathbb{H}^n := \left\{ (x_1, \ldots, x_n) \in \mathbb{R}^n \;\middle|\; x_n > 0 \right\}$$

erklärt. Die hyperbolischen Teilräume sind jetzt die Halbkreise, die Halbkugeln
usf., die in $\mathbb{H}^n$ verlaufen und auf der Hyperebene $x_n = 0$ senkrecht stehen, und
außerdem alle auf dieser Hyperebene senkrechten affinen Teilräume des $\mathbb{R}^n$,
soweit sie $\mathbb{H}^n$ angehören. Der Abstand zweier Punkte $x, y \in \mathbb{H}^n$ wird durch
$\delta(x, y) \geq 0$ mit

$$\cosh \delta(x, y) \;=\; 1 + \frac{1}{2 x_n y_n} \sum_{i=1}^{n} (x_i - y_i)^2 \tag{7.2}$$

definiert. Auch $(\mathbb{H}^n, \mathbb{R}, \delta)$ ist ein metrischer Raum, wie in A.7.2 gezeigt werden
wird.

**A.7.1:** $f : \mathbb{H}^n \to I^n$ *mit*

$$f(x) := \frac{1}{\sum_{i=1}^{n} x_i^2 + 1} \cdot \left( 2x_1, \ldots, 2x_{n-1}, \sum_{i=1}^{n} x_i^2 - 1 \right) \tag{7.3}$$

*ist eine bijektive Abbildung, die*

$$\hat{\delta}(x, y) = \hat{h}(f(x), f(y)) \tag{7.4}$$

*für alle* $x, y \in \mathbb{H}^n$ *genügt, wobei* $\hat{h}(x, y)$ *bzw.* $\hat{\delta}(x, y)$ *die rechten Seiten von*
*(7.1) bzw. (7.2) bedeuten sollen.*

**Beweis:** Das einzige Urbild von $(y_1, \ldots, y_n) \in I^n$ in $\mathbb{H}^n$ ist durch

$$f^{-1}(y) \;=\; \frac{1}{1 - y_n} \left( y_1, \ldots, y_{n-1}, \sqrt{1 - \sum_{i=1}^{n} y_i^2} \right) \tag{7.5}$$

gegeben. In der Tat verifiziert man nun noch

$$\hat{h}(f(x), f(y)) = 1 + \frac{1}{2 x_n y_n} \sum_{i=1}^{n} (x_i - y_i)^2 =: \hat{\delta}(x, y)$$

für alle $x, y \in \mathbb{H}^n$.                                                                    □

**Bemerkungen:** 1) Für $x, y \in I^n$ gilt

$$\hat{h}(x, y) = \hat{\delta}(f^{-1}(x), f^{-1}(y)) \geq 1$$

wegen (7.4) und der Tatsache, daß $\hat{\delta}(p, q)$ nach Definition immer $\geq 1$ ist für
$p, q \in \mathbb{H}^n$. Für $x, y \in I^n$ ist also stets $h(x, y) \geq 0$ nach (7.1) definiert.

2) Wir nennen (7.3) die Schröder–Abbildung.

Aus (7.4) folgt

$$\delta(x, y) \quad = \quad h(f(x), f(y)) \tag{7.6}$$

für alle $x, y \in \mathbb{H}^n$. Nach A.1.1 sind also die Isometriegruppen $\mathfrak{H}^n_\delta$ bzw. $\mathfrak{H}^n_h$ von $(\mathbb{H}^n, \mathbb{R}, \delta)$ bzw. $(I^n, \mathbb{R}, h)$ isomorph. $\mathfrak{H}^n_\delta$ operiert transitiv auf $\mathbb{H}^n$. Dies soll heißen, daß zu je zwei Elementen $a, b \in \mathbb{H}^n$ immer ein $\alpha \in \mathfrak{H}^n_\delta$ mit $\alpha(a) = b$ existiert: Ist $p \in \mathbb{H}^n$ gegeben, so ist

$$\varphi_p(x) := p_n \cdot x + (p_1, \ldots, p_{n-1}, 0)$$

offenbar eine bijektive Isometrie von $(\mathbb{H}^n, \mathbb{R}, \delta)$, die $(0, \ldots, 0, 1)$ in $p$ überführt. Ist noch $q \in \mathbb{H}^n$ gegeben, so wird $p$ durch $\varphi_q \varphi_p^{-1}$ in $q$ überführt. Damit operiert natürlich auch $\mathfrak{H}^n_h$ transitiv auf $I^n$: Sind nämlich $a, b$ Punkte aus $I^n$, ist $\alpha$ bijektive Isometrie von $(\mathbb{H}^n, \mathbb{R}, \delta)$, die $f^{-1}(a)$ nach $f^{-1}(b)$ überführt, so ist $f\alpha f^{-1}$ Isometrie von $(I^n, \mathbb{R}, h)$, die $a$ in $b$ abbildet.

**A.7.2**: *Die Abstandsräume $(I^n, \mathbb{R}, h)$ und $(\mathbb{H}^n, \mathbb{R}, \delta)$ sind metrische Räume.*

**Beweis**: Wir zeigen, daß $(I^n, \mathbb{R}, h)$ metrischer Raum ist. Wegen (7.6) ist dann auch $(\mathbb{H}^n, \mathbb{R}, \delta)$ ein metrischer Raum. Aus (7.1) folgt $h(x, y) = h(y, x)$ für alle $x, y \in I^n$ und außerdem $h(x, x) = 0$ für alle $x \in I^n$. Gelte nun $h(x, y) = 0$ für Elemente $x, y \in I^n$. Wir nehmen ein $\alpha \in \mathfrak{H}^n_h$ mit $\alpha(x) = 0 := (0, \ldots, 0) \in I^n$. Also ist $0 = h(x, y) = h(\alpha(x), \alpha(y)) = h(0, \alpha(y))$, was mit (7.1) $\alpha(y) = 0$ ergibt, d.h. $x = y$, da $\alpha$ bijektiv ist. Die Dreiecksungleichung ist nun auch sofort verifiziert: Gegeben seien $a, b, c \in I^n$. Wir wollen

$$h(a, b) \quad \leq \quad h(a, c) + h(c, b) \tag{7.7}$$

beweisen. Wir nehmen ein $\alpha \in \mathfrak{H}^n_h$ mit $\alpha(c) = 0$. Setzen wir $\alpha(a) =: x$ und $\alpha(b) =: y$, so ist (7.7) bewiesen, wenn wir

$$h(x, y) \quad \leq \quad h(x, 0) + h(0, y) \tag{7.8}$$

gezeigt haben. Aus (2.2) folgt aber

$$-xy \quad \leq \quad |xy| \leq \sqrt{x^2 y^2}, \text{ d.h.}$$

$$1 - xy \quad \leq \quad 1 + \sqrt{x^2} \cdot \sqrt{y^2}, \text{ d.h.}$$

$$\frac{1 - xy}{\sqrt{1 - x^2}\sqrt{1 - y^2}} \quad \leq \quad \frac{1}{\sqrt{1 - x^2}} \cdot \frac{1}{\sqrt{1 - y^2}} + \sqrt{\frac{1}{1 - x^2} - 1}\sqrt{\frac{1}{1 - y^2} - 1}, \text{ d.h.}$$

$$\cosh h(x, y) \quad \leq \quad \cosh h(x, 0) \cdot \cosh h(0, y) + \sinh h(x, 0) \cdot \sinh h(0, y)$$

$$= \quad \cosh(h(x, 0) + h(0, y)),$$

d.h. (7.8), da $\cosh t$ für $t \geq 0$ monoton wachsend ist.                    □

Sei nun $K$ ein kommutativer Körper: Dies ist ein kommutativer Ring $K$ mit Einselement $1 \neq 0$, in dem jedes $a \neq 0$ Einheit ist. Wir setzen $K$ als geordneten Körper voraus, d.h. es soll noch eine feste Teilmenge $P$ von $K$ gegeben sein, ein sogenannter Positivitätsbereich von $K$, der den folgenden Eigenschaften genügt:

(i) $K \backslash \{0\} = P \cup (-P)$,

(ii) $P + P \subseteq P$ und $P \cdot P \subseteq P$.

Dabei bedeutet

$$
\begin{aligned}
-P &:= \left\{ -p \,\middle|\, p \in P \right\}, \\
P + P &:= \left\{ p + p' \,\middle|\, p, p' \in P \right\}, \\
P \cdot P &:= \left\{ p \cdot p' \,\middle|\, p, p' \in P \right\}.
\end{aligned}
$$

Anstelle von $a - b \in P$ schreibt man

$$a > b \quad \text{oder} \quad b < a$$

und anstelle von

$$a > b \quad \text{oder} \quad a = b$$

schreibt man $a \geq b$ oder $b \leq a$.

Sei $n \geq 2$ eine natürliche Zahl und sei

$$\mathbb{IH}_K^n := \left\{ (x_1, \ldots, x_n) \in K^n \,\middle|\, x_n > 0 \right\}.$$

Für $x, y \in \mathbb{IH}_K^n$ setzen wir

$$\chi(x, y) := \frac{1}{x_n y_n} \sum_{i=1}^n (x_i - y_i)^2.$$

(Dabei beachten wir, daß aus $k > 0$ wegen (i) $k \neq 0$ folgt.)

Der Abstandsraum, der uns nun beschäftigen soll, ist der Raum $(\mathbb{IH}_K^n, K, \chi)$. Im Falle $K = \mathbb{R}$ ist er isomorph zum bisher betrachteten Abstandsraum $(\mathbb{IH}^n, \mathbb{R}, \delta)$, da für $K = \mathbb{R}$ doch

$$\cosh \delta(x, y) = 1 + \frac{1}{2} \chi(x, y)$$

für alle $x, y \in \mathbb{H}^n$ gilt. Wir wollen die Isometriegruppe von $(\mathbb{H}^n_K, K, \chi)$ bestimmen; im Falle $K = \mathbb{R}$ handelt es sich also um die Isometriegruppe von $(\mathbb{H}^n, \mathbb{R}, \delta)$.

Beispiele von Isometrien sind gegeben durch

$$\alpha(x) := k \cdot x \qquad \text{für festes } k > 0 \tag{7.9}$$

oder durch

$$\sigma(x) := \frac{1}{\sum_{i=1}^n x_i^2} \cdot x \tag{7.10}$$

(Wir beachten dabei, daß aus $a \in K \backslash \{0\}$ jedenfalls $a \in P$ oder $-a \in P$ folgt, d.h. $a^2 \in P$ wegen $a \cdot a = (-a)(-a)$ und $P \cdot P \subseteq P$. Für alle $x_i \neq 0$ ist also $x_i^2 > 0$. Mit $x_n > 0$ ist damit $\sum_{i=1}^n x_i^2 > 0$, wenn wir $P + P \subseteq P$ berücksichtigen.)

Betrachten wir auch den Abstandsraum $(K^n, K, d_n)$ mit

$$d_n(x, y) = \sum_{i=1}^n (x_i - y_i)^2,$$

so führt jede Isometrie $g$ dieses Raumes, für die $x$ und $g(x)$ stets dieselbe $n$-te Komponente haben für alle $x \in K^n$, ebenfalls zu einer Isometrie von $(\mathbb{H}^n_K, K, \chi)$, wenn man die Beschränkung von $g$ auf $\mathbb{H}^n_K$ nimmt. Mit anderen Worten liegen die Isometrien $\gamma$ von $(K^{n-1}, K, d_{n-1})$ vor, die man in der folgenden Weise zu Isometrien $\hat{\gamma}$ von $(K^n, K, d_n)$ erweitert:

$$\hat{\gamma}(x_1, \ldots, x_n) := (x_1', \ldots, x_{n-1}', x_n),$$

wobei

$$(x_1', \ldots, x_{n-1}') := \gamma(x_1, \ldots, x_{n-1}).$$

Die Isometrien von $(K^{n-1}, K, d_{n-1})$ sind mit Hilfe von A.6.1 im Falle $n-1 \geq 2$ bekannt. Der Fall $n - 1 = 1$ ist trivial: Alle Isometrien $\gamma$ von $(K^1, K, d_1)$ sind durch

$$\gamma(x) = x + t$$

bzw.

$$\gamma(x) = -x + t$$

gegeben. — Alle genannten Beispiele von Isometrien von $(\mathbb{H}^n_K, K, \chi)$ sind bijektive Abbildungen von $\mathbb{H}^n_K$. Das ist klar für die Abbildungen (7.9), die im Falle $K = \mathbb{R}$ Streckungen darstellen, beschränkt auf $\mathbb{H}^n$, mit Zentrum 0 und Streckungsfaktor $k$, und dies ist auch klar für die Abbildung (7.10), die im

3*

Falle $K = \mathbb{R}$ die sogenannte Inversion an der Einheitssphäre des $\mathbb{R}^n$ ist, be-schränkt auf $\mathbb{H}^n$: Für $x \in \mathbb{H}^n$ liegen $0, x, \sigma(x)$ gemeinsam auf einer Geraden, und außerdem ist das Produkt der euklidischen Entfernungen $0, x$ und $0, \sigma(x)$ gleich 1:

$$\sigma(x) = 0 + \frac{1}{\sum_{i=1}^{n} x_i^2} \cdot (x - 0), \qquad \sqrt{\sum_{i=1}^{n} x_i^2} \cdot \sqrt{\sum_{i=1}^{n} \left(\frac{x_i}{\sum x_j^2}\right)^2} = 1.$$

Die Abbildungen der dritten und letzten Beispielklasse sind nach A.6.1 bijektiv. Sei $\mathfrak{H}_K^n$ die Menge aller Produkte

$$\alpha_1 \cdots \alpha_\lambda$$

von Isometrien der drei Beispielklassen. Mit $\alpha_1 \cdots \alpha_\lambda$ ist dann auch

$$(\alpha_1 \cdots \alpha_\lambda)^{-1} = \alpha_\lambda^{-1} \cdots \alpha_1^{-1}$$

in $\mathfrak{H}_K^n$, da jede der drei Beispielklassen gegen Inversenbildung abgeschlossen ist. Also ist $\mathfrak{H}_K^n$ Gruppe. Es gilt

**A.7.3**: *Ist $f$ Isometrie von $(\mathbb{H}_K^n, K, \chi)$, so gilt $f \in \mathfrak{H}_K^n$. Insbesondere ist also jede Isometrie dieses Raumes bijektiv. Es heißt $\mathfrak{H}_K^n$ die Gruppe der hyperboli-schen Bewegungen von $(\mathbb{H}_K^n, K, \chi)$.*

**Beweis:** Sei $A = (0, \ldots, 0, 1)$, $B = 2A$ und sei $f$ Isometrie von $(\mathbb{H}_K^n, K, \chi)$. Aus

$$f(A) =: (a_1, \ldots, a_n)$$

folgt dann $a_n > 0$. Außerdem ist $g \in \mathfrak{H}_K^n$ für

$$g(x) := \frac{1}{a_n} x - \frac{1}{a_n}(a_1, \ldots, a_{n-1}, 0),$$

da

$$x \to y = (x_1 - a_1, \ldots, x_{n-1} - a_{n-1}, x_n)$$

der dritten Beispielklasse angehört und

$$y \to g(x) = \frac{1}{a_n} y$$

der ersten. Es gilt $gf(A) = A$. Außerdem ist $gf$ Isometrie. Wir zeigen nun die Existenz einer Isometrie $h \in \mathfrak{H}_K^n$ mit

$$hgf(A) = A \quad \text{und} \quad hgf(B) = B. \tag{7.11}$$

Mit

$$gf(B) =: (b_1, \ldots, b_n)$$

und $\chi(A, B) = \chi(A, gf(B))$ erhalten wir

$$b_1^2 + \ldots + b_{n-1}^2 + (b_n - 1)^2 = \frac{1}{2} b_n. \tag{7.12}$$

Im Falle $b_n = 2$ führt (7.12) auf

$$b_1^2 + \ldots + b_{n-1}^2 = 0,$$

d.h. auf $b_1 = \ldots = b_{n-1} = 0$ wegen $P + P \subseteq P$. Hier wird (7.11) durch $h := id$ (Identität) erreicht. Im Falle $b_n \neq 2$ setzen wir

$$h(x) = \frac{k}{\sum_{i=1}^n (x_i - \alpha_i)^2} (x_1 - \alpha_1, \ldots, x_n - \alpha_n) + (\alpha_1, \ldots, \alpha_n)$$

mit

$$k = \alpha_1^2 + \ldots + \alpha_{n-1}^2 + 1$$

und

$$\alpha_i = \frac{2b_i}{2 - b_n} \quad \text{für} \quad i = 1, \ldots, n-1, \quad \alpha_n = 0.$$

Die Abbildung $\alpha$ mit

$$x \to (x_1 - \alpha_1, \ldots, x_n - \alpha_n)$$

gehört wegen $\alpha_n = 0$ zur dritten Beispielklasse, die Abbildung $\kappa$ mit $x \to kx$ zur ersten. Wegen $h = \alpha^{-1} \kappa \sigma \alpha$ ist also $h \in \mathfrak{H}_K^n$. Offenbar gilt $hgf(A) = A$. Außerdem ist

$$hgf(B) = h(b_1, \ldots, b_n) = B$$

wegen (7.12). Wir zeigen nun, daß

$$r := hgf$$

in $\mathfrak{H}_K^n$ liegt. Dann gilt $f = g^{-1} h^{-1} r \in \mathfrak{H}_K^n$, und wir sind fertig. Von $r$ werden wir nur benutzen, daß es Isometrie von $(\mathbb{IH}_K^n, K, \chi)$ ist und daß es $A$ festläßt und auch $B$. Für jedes $x \in \mathbb{IH}_K^n$ haben $x$ und $r(x)$ wegen

$$\chi(A, x) = \chi(A, r(x)) \quad \text{und} \quad \chi(B, x) = \chi(B, r(x))$$

dieselbe $n$-te Komponente. Gilt

$$r(x_1, \ldots, x_{n-1}, a) = (y_1, \ldots, y_{n-1}, a), \ a > 0,$$

so kann man für dieselben Größen $x_i, y_i$ $(i = 1, \ldots, n-1)$ auch

$$r(x_1, \ldots, x_{n-1}, b) = (y_1, \ldots, y_{n-1}, b)$$

für alle $b > 0$ nachweisen: Setzen wir nämlich

$$r(x_1, \ldots, x_{n-1}, b) =: (z_1, \ldots, z_{n-1}, b),$$

so haben wir doch

$$\frac{(a-b)^2}{ab} = \frac{1}{ab} \left[ \sum_{i=1}^{n-1} (y_i - z_i)^2 + (a-b)^2 \right],$$

d.h. $z_i = y_i$ für $i = 1, \ldots, n-1$. Wir können damit $r$ zu einer Isometrie $\hat{r}$ von $(K^n, K, d_n)$ fortsetzen, indem wir definieren

$$\hat{r}(x_1, \ldots, x_{n-1}, c) := (y_1, \ldots, y_{n-1}, c)$$

für alle $c \leq 0$ : Sind nämlich irgend zwei Punkte

$$(x_1, \ldots, x_{n-1}, a) \quad \text{und} \quad (\xi_1, \ldots, \xi_{n-1}, b)$$

von $K^n$ gegeben mitsamt ihren Bildern

$$(y_1, \ldots, y_{n-1}, a) \quad \text{und} \quad (\eta_1, \ldots, \eta_{n-1}, b)$$

unter $\hat{r}$, so folgt

$$\sum_{i=1}^{n-1} (x_i - \xi_i)^2 + (a-b)^2 = \sum_{i=1}^{n-1} (y_i - \eta_i)^2 + (a-b)^2$$

aus

$$\chi((x_1, \ldots, x_{n-1}, 1), (\xi_1, \ldots, \xi_{n-1}, 1)) = \chi((y_1, \ldots, y_{n-1}, 1), (\eta_1, \ldots, \eta_{n-1}, 1)).$$

Damit gehört $r$ zur dritten Beispielklasse, d.h. es gilt $r \in \mathfrak{H}_K^n$.                    □

**Bemerkung:** Im Zusammenhang dieses Abschnittes und des Kapitels 1 verweisen wir auf A.V. Kuz'minyh [1], A.K. Guts [1] und B. Farrahi [1]. Die Aussage A.7.3 ist Spezialfall eines Satzes in W. Benz [3]. Zur Charakterisierung hyperbolischer Geometrien als spezielle metrische Räume s. L.M. Blumenthal [1].

## 2.8   Elliptische Bewegungen

Sei $n \geq 2$ natürliche Zahl.  Die Punkte der reellen $(n-1)$–*dimensionalen elliptischen Geometrie* können dann als Ursprungsgeraden

$$\mathbb{R} \cdot x := \{ rx \mid r \in \mathbb{R} \}, \ 0 \neq x \in \mathbb{R}^n,$$

des $\mathbb{R}^n$ definiert werden. Ein $\nu(\leq n)$-dimensionaler affiner Teilraum des $\mathbb{R}^n$ durch 0, aufgefaßt als Menge von Ursprungsgeraden, heißt dann ein $(\nu - 1)$-*dimensionaler elliptischer Teilraum*. Wir schreiben

$$\mathbb{E}^n := \left\{ \mathbb{R}x \mid 0 \neq x \in \mathbb{R}^n \right\}.$$

Unter dem *elliptischen Abstand* (oder der *elliptischen Entfernung*) der Punkte $\mathbb{R}x, \mathbb{R}y$ versteht man die Zahl

$$e(\mathbb{R}x, \mathbb{R}y) \in \left[ 0, \frac{\pi}{2} \right],$$

die

$$\cos e(\mathbb{R}x, \mathbb{R}y) \quad := \quad \frac{\left| \sum_{i=1}^n x_i y_i \right|}{\sqrt{\sum_{i=1}^n x_i^2} \cdot \sqrt{\sum_{i=1}^n y_i^2}} \tag{8.1}$$

genügt, wobei gesetzt ist

$$x =: (x_1, \ldots, x_n) \quad \text{und} \quad y -: (y_1, \ldots, y_n).$$

Die rechte Seite von (8.1) hängt nicht von den gewählten Repräsentanten

$$0 \neq (\xi_1, \ldots, \xi_n) \in \mathbb{R}x, \ 0 \neq (\eta_1, \ldots, \eta_n) \in \mathbb{R}y$$

ab: Wegen $\xi = \alpha x$ und $\eta = \beta y$ mit $\alpha, \beta \in \mathbb{R}\backslash\{0\}$ folgt aus (8.1) doch offenbar

$$\frac{\left| \sum_{i=1}^n \xi_i \eta_i \right|}{\sqrt{\sum_{i=1}^n \xi_i^2} \sqrt{\sum_{i=1}^n \eta_i^2}} = \frac{\left| \sum_{i=1}^n x_i y_i \right|}{\sqrt{\sum_{i=1}^n x_i^2} \sqrt{\sum_{i=1}^n y_i^2}}.$$

Die rechte Seite von (8.1) ist nach der Cauchy–Schwarzschen Ungleichung eine Zahl in $[0,1]$, so daß $e(\mathbb{R}x, \mathbb{R}y) \in \left[ 0, \frac{\pi}{2} \right]$ durch (8.1) eindeutig festgelegt ist. $e(\mathbb{R}x, \mathbb{R}y)$ kann nach (8.1) als Winkelmaß des kleineren Winkels interpretiert werden, den die beiden Geraden $\mathbb{R}x, \mathbb{R}y$ miteinander einschließen. — Wir schreiben den gerade definierten Abstandsraum auch in der Form $(\mathbb{E}^n, \mathbb{R}, e)$ auf. Es ist leicht zu sehen, daß die zugehörige Isometriegruppe transitiv auf $\mathbb{E}^n$ operiert: Ist nämlich $\mathbb{R}v$ Punkt, so sei ohne Einschränkung $v^2 = 1$ unter Zugrundelegung des euklidischen Skalarproduktes. Wir erweitern dann $v$ zu einer orthonormierten Basis $v, v_2, \ldots, v_n$ des $\mathbb{R}^n$ und bilden die orthogonale Matrix $Q$, deren Zeilen nacheinander $v, v_2, \ldots, v_n$ sind. Die Abbildung

$$x \to y \ = \ xQ \tag{8.2}$$

des $\mathbb{R}^n$ induziert eine Bijektion $\varphi_v$ von $\mathbb{E}^n$, die elliptische Abstände erhält, da (8.2) Skalarprodukte unverändert läßt. Nun ist

$$\varphi_v (\mathbb{R} \cdot (1, 0, \ldots, 0)) = \mathbb{R} \cdot v.$$

Für die Punkte $\mathbb{R}v, \mathbb{R}w$ gilt also

$$\mathbb{R}w = (\varphi_w \varphi_v^{-1})(\mathbb{R}v),$$

wenn wir ein zu $\varphi_v$ analog gebildetes $\varphi_w$ verwenden.

**A.8.1**: *Der Abstandsraum $(\mathbb{E}^n, \mathbb{R}, e)$ ist ein metrischer Raum.*

**Beweis**: Aus $e(\mathbb{R}x, \mathbb{R}y) = 0$ folgt mit (8.1) und der Bemerkung 1 von Abschnitt 2, daß $x, y$ linear abhängig sind. Also gilt dann $\mathbb{R}x = \mathbb{R}y$. Umgekehrt bedeutet $\mathbb{R}x = \mathbb{R}y$ nach (8.1) doch offenbar $\cos e(\mathbb{R}x, \mathbb{R}y) = 1$, d.h. $e(\mathbb{R}x, \mathbb{R}y) = 0$. Sicherlich gilt immer $e(\mathbb{R}x, \mathbb{R}y) = e(\mathbb{R}y, \mathbb{R}x)$. Zur Dreiecksungleichung

$$e(\mathbb{R}a, \mathbb{R}b) \leq e(\mathbb{R}a, \mathbb{R}c) + e(\mathbb{R}c, \mathbb{R}b) :$$

Sei $\varphi$ bijektive Isometrie mit $\varphi(\mathbb{R}c) = \mathbb{R}(1, 0, \ldots, 0)$. Wir setzen $\varphi(\mathbb{R}a) =: \mathbb{R}x$ und $\varphi(\mathbb{R}b) =: \mathbb{R}y$. Anstelle der bisherigen Ungleichung ist dann

$$e(\mathbb{R}x, \mathbb{R}y) \leq e(\mathbb{R}x, \mathbb{R}(1, 0, \ldots, 0)) + e(\mathbb{R}(1, 0, \ldots, 0), \mathbb{R}y)$$

nachzuweisen. Hier ist die rechte Seite kleiner oder gleich $\frac{\pi}{2} + \frac{\pi}{2} = \pi$. Da aber $\cos t$ in $[0, \pi]$ monoton fällt, ist also zu beweisen

$$\cos e(\mathbb{R}x, \mathbb{R}y) \geq \cos[e(\mathbb{R}x, \mathbb{R}(1, 0, \ldots, 0)) + e(\mathbb{R}(1, 0, \ldots, 0), \mathbb{R}y)],$$

d.h.

$$\frac{|xy|}{\sqrt{x^2}\sqrt{y^2}} \geq \frac{|x_1 y_1|}{\sqrt{x^2}\sqrt{y^2}} - \sqrt{1 - \frac{x_1^2}{x^2}} \cdot \sqrt{1 - \frac{y_1^2}{y^2}}.$$

Aus

$$|xy - x_1 y_1| \geq \left| |xy| - |x_1 y_1| \right| \geq |x_1 y_1| - |xy|$$

und

$$|xy - x_1 y_1| = |x_2 y_2 + \ldots + x_n y_n| \leq \sqrt{x_2^2 + \ldots + x_n^2} \cdot \sqrt{y_2^2 + \ldots + y_n^2}$$

folgt dies aber sofort.                                                                    □

Die Abstandsräume $(\mathbb{E}^n, \mathbb{R}, e)$ und $(\mathbb{E}^n, \mathbb{R}, \varepsilon)$ mit

$$\varepsilon(\mathbb{R}x, \mathbb{R}y) := \frac{(\sum_{i=1}^n x_i y_i)^2}{\sum_{i=1}^n x_i^2 \cdot \sum_{i=1}^n y_i^2} \tag{8.3}$$

sind isomorph, wie die identische Abbildung

$$id \ : \ \mathbb{E}^n \to \mathbb{E}^n$$

zeigt: Es gilt

$$e(\mathbb{R}x, \mathbb{R}y) = e(\mathbb{R}a, \mathbb{R}b)$$

genau dann, wenn

$$\varepsilon(\mathbb{R}x, \mathbb{R}y) = \varepsilon(\mathbb{R}a, \mathbb{R}b)$$

zutrifft. — Es liegen hier also die gleichen Isometriegruppen $\mathfrak{E}^n$ vor. Wir wollen jetzt einen etwas allgemeineren Standpunkt einnehmen. Sei $K$ ein kommutativer Körper, von dem wir voraussetzen, daß er pythagoräisch ist; dies soll bedeuten, daß zu jedem $k \in K$ ein $l \neq 0$ aus $K$ existiert mit $1 + k^2 = l^2$. Es ist also etwa $\mathbb{R}$ ein pythagoräischer Körper, und auch etwa der Körper aller reellen und über $\mathbb{Q}$ algebraischen Zahlen hat diese Eigenschaft. $\mathbb{Q}$ oder der Körper $\mathbb{C}$ der komplexen Zahlen sind nicht pythagoräisch. Durch Induktion zeigt man leicht, daß

$$\sum_{i=1}^{m} a_i^2$$

in $K$ ein Quadrat $\neq 0$ ist für $m \in \mathbb{N}$ und $a_1, \ldots, a_m \in K$ unter der Voraussetzung, daß wenigstens ein $a_i \neq 0$ ist: Für $m = 1$ ist nichts zu zeigen. Ist die Aussage richtig bis hin zu $m \geq 1$, so sei in

$$\sum_{i=1}^{m+1} a_i^2$$

ohne Einschränkung $a_1 \neq 0$. Also ist nach Induktionsannahme

$$\sum_{i=1}^{m} a_i^2 = l^2$$

mit $0 \neq l \in K$. Da $K$ pythagoräisch ist, haben wir auch

$$1 + \left( \frac{a_{m+1}}{l} \right)^2 = l_1^2$$

mit $0 \neq l_1 \in K$. Dann gilt aber

$$\sum_{i=1}^{m+1} a_i^2 = (l\, l_1)^2$$

mit $0 \neq l l_1 \in K$. —

Wir definieren nun den Abstandsraum $(\mathbb{E}_K^n, K, \varepsilon)$ für $n \in \mathbb{N}\backslash\{1\}$ : Die Punkte seien die Mengen

$$Kx := \{kx \mid k \in K\} \text{ mit } 0 \neq x \in K^n.$$

Außerdem sei gesetzt $\mathbb{E}_K^n := \{Kx \mid 0 \neq x \in K^n\}$ und

$$\varepsilon(Kx, Ky) \quad := \quad \frac{(\sum_{i=1}^n x_i y_i)^2}{\sum_{i=1}^n x_i^2 \cdot \sum_{i=1}^n y_i^2} \ . \tag{8.4}$$

Wegen $x \neq 0$ und $y \neq 0$ ist also der Nenner von (8.4) ebenfalls $\neq 0$. Die Isometriegruppe von $(\mathbb{E}_K^n, K, \varepsilon)$ sei mit $\mathfrak{E}_K^n$ bezeichnet. Im Falle $K = \mathbb{R}$ liegt die klassische elliptische Isometriegruppe $\mathfrak{E}^n$ vor. — Wie im vorigen Abschnitt wird auch hier der Abstandsraum $(K^n, K, d_n)$ nützlich sein. Ist nämlich $g$ eine Isometrie dieses Raumes, die $x = 0$ festläßt, so hat sie nach A.6.1 die Form

$$g(x) = \sum_{i=1}^n x_i A_i,$$

wobei $A_i \in K^n$, $i = 1, 2, \ldots, n$, mitsamt $T = 0$ ein $d_n$–Simplex ist. Also induziert $g$ eine Bijektion $f$ von $\mathbb{E}_K^n$ durch

$$f(Kx) := Kg(x),$$

die die Abstände (8.4) erhält, da

$$\sum_{i=1}^n x_i y_i = \frac{1}{2}(d_n(0, x) + d_n(0, y) - d_n(x, y))$$

gilt und $g$ doch $d_n$–Abstände unverändert läßt.


**A.8.2**: *Ist $f$ Isometrie von $(\mathbb{E}_K^n, K, \varepsilon)$, so wird sie in beschriebener Weise von einer Isometrie $g$ von $(K^n, K, d_n)$ induziert. Insbesondere ist also jede Isometrie des Raumes $(\mathbb{E}_K^n, K, \varepsilon)$ bijektiv. Die Isometriegruppe $\mathfrak{E}_K^n$ dieses Raumes heißt auch die Gruppe der elliptischen Bewegungen von $(\mathbb{E}_K^n, K, \varepsilon)$.*

**Beweis:** a) Sei $f$ beliebige Isometrie des Raumes $\Lambda := (\mathbb{E}_K^n, K, \varepsilon)$. Wir betrachten

$$E_1 = (1, 0, \ldots, 0), \quad E_2 = (0, 1, 0, \ldots, 0), \ldots, \quad E_n = (0, \ldots, 0, 1)$$

und

$$KA_i := f(KE_i), \ i = 1, \ldots, n,$$

wobei wir $A_i$ so wählen, daß $A_i^2 = 1$ ist unter Benutzung des $d_n$ zugrunde-liegenden, also euklidischen, Skalarprodukts; denn ist wenigstens ein $b_j \neq 0$ in

$$B = (b_1, \ldots, b_n),$$

so gilt (wie vorweg bewiesen) $\sum_{i=1}^n b_i^2 = l^2$ mit $0 \neq l \in K$ und also

$$\left(\frac{1}{l} B\right)^2 = 1.$$

Es gilt $A_i A_j = 0$ für $i \neq j$: Dies folgt aus

$$(A_i A_j)^2 = A_i^2 A_j^2 \, \varepsilon(KA_i, KA_j) = \varepsilon(KA_i, KA_j) = \varepsilon(KE_i, KE_j) = 0.$$

Damit ist nach A.6.1

$$\varphi(x) := x_1 A_1 + \ldots + x_n A_n$$

eine bijektive Isometrie des Raumes $(K^n, K, d_n)$, die $x = 0$ festläßt. Also ist

$$q(Kx) = K\varphi(x)$$

eine bijektive Isometrie von $\Lambda$. Wir beachten

$$q(KE_i) = K\varphi(E_i) = KA_i = f(KE_i)$$

für $i = 1, \ldots, n$. Sei $E := (1, 1, \ldots, 1)$ und sei

$$q^{-1} f(KE) =: K(e_1, \ldots, e_n). \tag{8.5}$$

Aus

$$\varepsilon(KE_i, KE) = \varepsilon(KE_i, q^{-1} f(KE))$$

folgt

$$e_i^2 = \frac{1}{n}(e_1^2 + \ldots + e_n^2)$$

für $i = 1, \ldots, n$, d.h.

$$e_1^2 = \ldots = e_n^2 \neq 0,$$

wenn man noch $(e_1, \ldots, e_n) \neq 0$ berücksichtigt. Wir setzen

$$v_i := \frac{e_i}{e_1} \quad \text{für } i = 1, \ldots, n$$

und haben $K(e_1, \ldots, e_n) = K(v_1, \ldots, v_n)$ und $v_i^2 = 1$ für $i = 1, \ldots, n$. Es ist

$$T = 0; \quad B_i := v_i A_i \ (i = 1, \ldots, n)$$

ein $d_n$-Simplex. Mit

$$\psi(x) \quad := \quad x_1 B_1 + \ldots + x_n B_n \tag{8.6}$$

erhalten wir dann die bijektive Isometrie

$$g(Kx) := K\psi(x)$$

von $\Lambda$. Wir haben

$$g(KE_i) = K\psi(E_i) = KA_i = f(KE_i)$$

und

$$g(KE) = K\psi(E) = K\left(\sum_{i=1}^{n} v_i A_i\right) = q(K(e_1, \ldots, e_n)) = f(KE)$$

mit (8.5). Wir betrachten nun die Isometrie $p := g^{-1}f$ von $\Lambda$. Wir wollen zeigen, daß $p$ die identische Isometrie $id$ von $\Lambda$ ist. Dann gilt $f = g$, und es wird $f$ also durch (8.6) induziert.

b) Für $i \neq j$ und $i, j \in \{1, \ldots, n\}$ sei $E_{ij}$ der Punkt von $K^n$, dessen $i$-te und $j$-te Komponente 1 und dessen übrige Komponenten 0 sind. Sei $Ky$ das Bild von $E_{ij}$ gegenüber $p$. Dann gilt

$$\varepsilon(KE_{ij}, KE_\nu) \quad = \quad \varepsilon(Ky, KE_\nu) \text{ für } \nu = 1, \ldots, n,$$

$$\varepsilon(KE_{ij}, KE) \quad = \quad \varepsilon(Ky, KE),$$

d.h.

$$y_i^2 = y_j^2 \text{ und } y_\nu = 0 \text{ für } \nu \notin \{i, j\},$$

und

$$(y_i + y_j)^2 = 2(y_i^2 + y_j^2).$$

Also ist $y_i = y_j$ und damit $Ky = KE_{ij}$. Ist schließlich $Kx$ ein beliebiger Punkt von $\mathbb{E}_K^n$ und ist $Ky$ sein Bild unter $p$, so gilt, wenn wir $x^2 = 1$ und $y^2 = 1$ annehmen:

$$\varepsilon(Kx, KE_i) = \varepsilon(Ky, KE_i),$$

d.h. $x_i^2 = y_i^2$ für $i = 1, \ldots, n$, und

$$\varepsilon(Kx, KE_{ij}) = \varepsilon(Ky, KE_{ij}),$$

d.h. $(x_i + x_j)^2 = (y_i + y_j)^2$ für $i \neq j$. Also ist $x_i x_j = y_i y_j$ für $i \neq j$.

Sei $y_{i_0} \neq 0$. Wegen $y \neq 0$ existiert ein solches $i_0$. Mit

$$k := \frac{x_{i_0}}{y_{i_0}}$$

gilt dann $y = kx$: Wegen $y \neq 0$ ist $k \neq 0$. Also haben wir

$$p(Kx) = Ky = Kx,$$

d.h. $p = id$.                                                                    $\square$

Natürlich erhebt sich noch die Frage, wann zwei $d_n$–Simplizes mit $T = 0$ die gleiche Isometrie von $(\mathbb{E}_K^n, K, \varepsilon)$ induzieren. Diese beantwortet

**A.8.3**: *Die beiden $d_n$–Simplizes*

$$T = 0; \qquad C_1, \ldots, C_n,$$
$$T = 0; \qquad D_1, \ldots, D_n$$

*induzieren dieselbe Isometrie*

$$K\left(\sum_{i=1}^{n} x_i C_i\right) = K\left(\sum_{i=1}^{n} x_i D_i\right) \quad \textit{für alle } (x_1, \ldots, x_n) \neq 0$$

*genau dann, wenn $C_i = D_i$ für alle $i = 1, \ldots, n$ gilt oder aber $C_i = -D_i$ für alle $i = 1, \ldots, n$.*

**Beweis:** Für $x = E_i$ folgt $KC_i = KD_i$ und für $x = E_{ij}$ folgt

$$K(C_i + C_j) = K(D_i + D_j)$$

für $i \neq j$. Also haben wir mit passenden $k_i, k_{ij} \in K$

$$D_i = k_i C_i$$

und

$$D_i + D_j = k_{ij}(C_i + C_j),$$

d.h.

$$(k_i - k_{ij})C_i = (k_{ij} - k_j)C_j.$$

Multiplikation beider Seiten mit $C_i$ bzw. $C_j$ ergibt

$$k_i = k_{ij} = k_j =: k.$$

Also ist $D_i = kC_i$ für $i = 1, \ldots, n$; aus

$$1 = D_i^2 = k^2 C_i^2 = k^2$$

folgt dann $k = 1$ oder $k = -1$.                                    $\square$

Die metrische Matrix $G$, die $d_n$ zugrunde liegt, ist die Einheitsmatrix. Schreiben wir also

$$g(x) = x_1 A_1 + \ldots + x_n A_n,$$

wobei $T = 0$; $A_1, \ldots, A_n$ $d_n$–Simplex ist, in der Form (6.4) auf, d.h. in der Form (beachte (6.2))

$$g(x) = x\Pi, \ |\Pi|^2 = 1,$$

so gilt nach (6.3)

$$\Pi \cdot \Pi^T = \begin{pmatrix} 1 & & & 0 \\ & 1 & & \\ & & \ddots & \\ 0 & & & 1 \end{pmatrix}. \tag{8.7}$$

Wir können jetzt $|\Pi| \in \{1, -1\}$ wegen $(|\Pi| - 1)(|\Pi| + 1) = 0$ aus $|\Pi|^2 = 1$ herleiten. Da $\Pi$ und $-\Pi$ nach A.8.3 und (6.2) dieselbe elliptische Isometrie induzieren, kann man sich im Falle, daß $n$ ungerade ist, bei der Darstellung von $\mathfrak{E}_K^n$ auf diejenigen Matrizen $\Pi$ mit (8.7) beschränken, für die $|\Pi| = 1$ gilt. Im Falle $K = \mathbb{R}$ und $n = 3$ etwa, also im Falle der reellen elliptischen Ebene, ist damit $\mathfrak{E}^3 = \mathfrak{E}^3{}_{\mathbb{R}}$ die orthogonale Gruppe

$$O_+^3(\mathbb{R}) := \left\{ \Pi = \begin{pmatrix} p_{11} & p_{12} & p_{13} \\ \cdot & \cdot & \cdot \\ p_{31} & p_{32} & p_{33} \end{pmatrix} \middle| \Pi\,\Pi^T = \begin{pmatrix} 1 & 0 & 0 \\ 0 & 1 & 0 \\ 0 & 0 & 1 \end{pmatrix} \text{ und } |\Pi| = 1 \right\}.$$

**Bemerkung:** An Literatur über nichteuklidische (d.h. hyperbolische bzw. elliptische) Geometrie zitieren wir R. Artzy [1], H. Karzel, K. Sörensen, D. Windelberg [1], R. Nevanlinna, P.E. Kustaanheimo [1].

## 2.9  Sphärische Bewegungen

Sei $n \geq 2$ natürliche Zahl. Die Menge der Punkte der $(n-1)$–*dimensionalen sphärischen Geometrie* ist dann durch

$$\mathbb{S}^n := \left\{ (x_1, \ldots, x_n) \in \mathbb{R}^n \ \middle| \ x_1^2 + \ldots + x_n^2 = 1 \right\}$$

erklärt. Ist $V$ ein $\nu(\leq n)$–dimensionaler affiner Teilraum des $\mathbb{R}^n$ durch 0, so heißt

$$V \cap \mathbb{S}^n$$

ein $(\nu - 1)$-*dimensionaler sphärischer Teilraum* der $(n - 1)$-dimensionalen sphärischen Geometrie. Unter dem *sphärischen Abstand* (oder der *sphärischen Entfernung*) der Punkte $x, y \in \mathbb{S}^n$ versteht man die Zahl

$$s(x, y) \in [0, \pi],$$

die

$$\cos s(x, y) := \sum_{i=1}^{n} x_i y_i \tag{9.1}$$

genügt, wobei gesetzt ist

$$x := (x_1, \ldots, x_n) \quad \text{und} \quad y =: (y_1, \ldots, y_n).$$

Die rechte Seite von (9.1) ist nach der Cauchy–Schwarzschen Ungleichung

$$\sum_{i=1}^{n} x_i y_i \leq \left| \sum_{i=1}^{n} x_i y_i \right| \leq \sqrt{\sum_{i=1}^{n} x_i^2} \cdot \sqrt{\sum_{i=1}^{n} y_i^2} \leq 1$$

eine Zahl in $[-1, +1]$, so daß $s(x, y) \in [0, \pi]$ durch (9.1) eindeutig festgelegt ist. $s(x, y)$ kann nach (9.1) als Winkelmaß des Winkels zwischen den von 0 nach $x$ bzw. $y$ abgetragenen Vektoren interpretiert werden. Als erster stellte Felix Klein (1849–1925) einen Zusammenhang zwischen sphärischer und elliptischer Geometrie dadurch her, daß er die Paare $\{x, -x\}$ sphärischer Punkte als elliptische Punkte erklärte; anstelle dieser Paare $\{x, -x\}$ kann man dann natürlich auch ihre Verbindungsgeraden $\mathbb{R}x$ im $\mathbb{R}^n$ nehmen, so wie wir die elliptischen Punkte im vorigen Abschnitt einführten. Es bezeichne $(\mathbb{S}^n, \mathbb{R}, s)$ den vorweg definierten Abstandsraum. Auch im vorliegenden Falle ist es leicht zu sehen, daß die Isometriegruppe von $(\mathbb{S}^n, \mathbb{R}, s)$ transitiv auf $\mathbb{S}^n$ operiert: Ist $v \in \mathbb{S}^n$ gegeben, so wählen wir eine orthonormierte Basis $v, v_2, \ldots, v_n$ des $\mathbb{R}^n$ und bilden die orthogonale Matrix $Q$, deren Zeilen nacheinander $v, v_2, \ldots, v_n$ sind. Die Abbildung

$$\varphi_v : y = xQ$$

ist eine bijektive Isometrie von $(\mathbb{S}^n, \mathbb{R}, s)$, die $(1, 0, \ldots, 0)$ in $v$ überführt. Für $v, w \in \mathbb{S}^n$ gilt also

$$w = \varphi_w \varphi_v^{-1}(v),$$

wenn wir ein zu $\varphi_v$ analog gebildetes $\varphi_w$ verwenden.

**A.9.1:** *Der Abstandsraum* $(\mathbb{S}^n, \mathbb{R}, s)$ *ist ein metrischer Raum.*

**Beweis:** Aus $x = y \in \mathbb{S}^n$ folgt $s(x,y) = 0$ nach (9.1). Aus $s(x,y) = 0$ folgt $xy = 1$, wobei $xy$ wiederum das euklidische Skalarprodukt bedeute. Dann sind $x, y$ linear abhängig wegen

$$(xy)^2 = 1 = x^2 y^2$$

und Bemerkung 1 von Abschnitt 2. Also ist $x = y$. Die Aussage $s(x,y) = s(y,x)$ liegt auf der Hand. Zur Dreiecksungleichung

$$s(a,b) \leq s(a,c) + s(c,b) :$$

Sei $\varphi$ bijektive Isometrie von $(\mathbb{S}^n, \mathbb{R}, s)$ mit $\varphi(c) = (1,0,\ldots,0)$. Wir setzen $\varphi(a) =: x$ und $\varphi(b) =: y$. Dann ist

$$s(x,y) \quad \leq \quad s(x,(1,0,\ldots,0)) + s((1,0,\ldots,0),y) \qquad (9.2)$$

zu beweisen. Ist hier die rechte Seite größer als $\pi$, so sind wir fertig, da die linke Seite kleiner oder gleich $\pi$ ist. Ohne Einschränkung sei also die rechte Seite von (9.2) in $[0,\pi]$ enthalten. Da $\cos t$ in $[0,\pi]$ monoton fällt, ist (9.2) dann gleichwertig mit

$$\cos s(x,y) \quad \geq \quad \cos \big( s(x,(1,0,\ldots,0)) + s((1,0,\ldots,0),y) \big),$$

d.h. mit

$$xy \quad \geq \quad x_1 y_1 - \sqrt{1 - x_1^2} \cdot \sqrt{1 - y_1^2}.$$

Diese Ungleichung folgt aber aus:

$$x_1 y_1 - xy \leq \Big| \sum_{i=2}^{n} x_i y_i \Big| \leq \sqrt{\sum_{i=2}^{n} x_i^2} \cdot \sqrt{\sum_{i=2}^{n} y_i^2}. \qquad \square$$

Sei nun $R$ ein beliebiger kommutativer Ring mit $1 \neq 0$. Wir definieren dann den Abstandsraum $(\mathbb{S}_R^n, R, \sigma)$ für $n \in \mathbb{N} \setminus \{1\}$ : Es sei

$$\mathbb{S}_R^n := \big\{ x \in R^n \mid x^2 = 1 \big\}$$

gesetzt und außerdem

$$\sigma(x,y) := xy$$

für $x, y \in \mathbb{S}_R^n$. Wiederum sei in den vorstehenden Formeln das euklidische Skalarprodukt verwendet. Die Abbildung

$$id : \mathbb{S}_{\mathbb{R}}^n \quad \to \mathbb{S}_{\mathbb{R}}^n$$

zeigt, daß die Abstandsräume $(\mathbb{S}^n, \mathbb{R}, s)$ und $(\mathbb{S}^n, \mathbb{R}, \sigma)$ isomorph sind. Die Isometriegruppe von $(\mathbb{S}^n_R, R, \sigma)$ sei mit $\mathfrak{S}^n_R$ bezeichnet. Im Falle $R = \mathbb{R}$ schreiben wir nur $\mathfrak{S}^n$. Es heißt $\mathfrak{S}^n_R$ auch die Gruppe der sphärischen Bewegungen des Raumes $(\mathbb{S}^n_R, R, \sigma)$.

**A.9.2**: *Ist*

$$T = 0; \ A_1, \ldots, A_n$$

*ein $d_n$–Simplex des $R^n$, so ist $f \,\big|\, \mathbb{S}^n_R$ mit*

$$f(x) = \sum_{i=1}^{n} x_i A_i$$

*Isometrie von $(\mathbb{S}^n_R, R, \sigma)$. Andere Isometrien von $(\mathbb{S}^n_R, R, \sigma)$ gibt es nicht. Insbesondere ist also jede Isometrie dieses Raumes bijektiv.*

**Beweis:** a) Aus $f(0) = 0$ und $d_n(0, x) = d_n(f(0), f(x))$ folgt $x^2 = [f(x)]^2$. Aus $x^2 = 1$ ergibt sich also $[f(x)]^2 = 1$ und vice versa. Bezeichnen wir die Beschränkung $f \,\big|\, \mathbb{S}^n_R$ von $f$ auf $\mathbb{S}^n_R$ mit $\varphi$, so gilt also

$$\varphi(\mathbb{S}^n_R) := \big\{ \varphi(x) \,\big|\, x^2 = 1 \big\} \subseteq \mathbb{S}^n_R.$$

Da $f : R^n \to R^n$ injektiv ist, ist auch $\varphi$ injektiv. Wir müssen noch zeigen, daß $\varphi$ surjektiv ist. Da $f : R^n \to R^n$ bijektiv ist, existiert zu $y \in R^n$ mit $y^2 = 1$ ein $x \in R^n$ mit $y = f(x)$. Aus $x^2 = [f(x)]^2 = y^2 = 1$ folgt also $\varphi(x) = y$. Da noch

$$xy = f(x)f(y)$$

für alle $x, y \in R^n$ zur Verfügung steht, ist also $\varphi$ bijektive Isometrie.

b) Sei nun $g$ beliebige Isometrie von $\Sigma := (\mathbb{S}^n_R, R, \sigma)$. Wir setzen

$$A_i := g(E_i), \ i = 1, \ldots, n,$$

wobei die Punkte

$$E_1 = (1, 0, \ldots, 0), \quad E_2 = (0, 1, 0, \ldots, 0), \ldots, \quad E_n = (0, \ldots, 0, 1)$$

aus $R^n$ Verwendung finden. Wir beachten dabei $E_i \in \mathbb{S}^n_R$. Also liegen auch die Punkte $A_i$ in $\mathbb{S}^n_R$, d.h. es gilt $A_i^2 = 1$. Für $i \neq j$ folgt

$$0 = \sigma(E_i, E_j) = \sigma(g(E_i), g(E_j)),$$

d.h. $A_i A_j = 0$. Also ist

$$T = 0; \ A_1, \ldots, A_n$$

ein $d_n$–Simplex. Sei

$$f(x) := \sum_{i=1}^{n} x_i A_i$$

und $\varphi := f \,\big|\, \mathbb{S}_R^n$. Wir setzen $p := \varphi^{-1} g$. Also läßt $p$ die Punkte $E_i$, $i = 1, \ldots, n$, einzeln fest. Ist nun $x$ beliebiger Punkt aus $\mathbb{S}_R^n$, ist $y = p(x)$, so folgt aus

$$x_i = \sigma(x, E_i) = \sigma(y, E_i) = y_i,$$

offenbar $x = y$, d.h. $p = $ id. Also ist $g = \varphi$.                                    □

**Bemerkung**: Zur sphärischen Geometrie und auch zu den nichteuklidischen Geometrien zitieren wir H. Schwerdtfeger [1].

## 2.10   Mittelsenkrechten

Ein wichtiger Begriff in der Elementargeometrie ist der der Mittelsenkrechten zweier Punkte, der schon auf G.W. Leibniz zurückgeht. Im Buch [2] von E.M. Schröder wird er als ein tragender Pfeiler einem Axiomensystem für den Anschauungsraum zugrunde gelegt. Für den Fall eines Abstandsraumes $(M, W, d)$ kann dieser Begriff so definiert werden: Sind $p \neq q$ verschiedene Elemente von $M$, so heiße

$$m(p, q) := \big\{ x \in M \mid d(p, x) = d(q, x) \big\}$$

Mittelsenkrechte der Punkte $p, q$. Mittelsenkrechten stehen in der hyperbolischen, elliptischen, sphärischen Geometrie in engstem Zusammenhang mit den jeweiligen dortigen Teilräumen, die sich im wesentlichen als Schnitte von Mittelsenkrechten darstellen lassen.

Wir wollen in den Fällen

1) $(\mathbb{H}_K^2, K, \chi)$, $K$ angeordneter kommutativer Körper

2) $(\mathbb{E}_K^3, K, \varepsilon)$, $K$ pythagoräischer kommutativer Körper

3) $(\mathbb{S}_R^3, R, \sigma)$, $R$ kommutativer Ring

die Mittelsenkrechten angeben:

**Fall 1**: Seien $p = (p_1, p_2)$, $q = (q_1, q_2)$ verschiedene Punkte aus $\mathbb{H}_K^2$. Ist $p_2 = q_2$, so erhält man

$$m(p, q) = \left\{ \left( \frac{p_1 + q_1}{2}, x_2 \right) \; \middle| \; x_2 > 0 \text{ beliebig} \right\};$$

ist $p_2 \neq q_2$, so gilt

$$m(p, q) = \left\{ (x_1, x_2) \in \mathbb{H}_K^2 \; \middle| \; (x_1 - a)^2 + x_2^2 = R \right\}$$

mit

$$R := \frac{p_2 q_2}{(p_2 - q_2)^2} ((p_1 - q_1)^2 + (p_2 - q_2)^2) > 0$$

und

$$a := \frac{p_2 q_1 - q_2 p_1}{p_2 - q_2}.$$

Für $K = \mathbb{R}$ liegen also offenbar die hyperbolischen Geraden der hyperbolischen Ebene vor.

**Fall 2**: Seien $Kp, Kq$ verschiedene Punkte mit $p^2 = 1 = q^2$. Dann ist

$$m(Kp, Kq) = \left\{ Kx \in \mathbb{E}_K^3 \; \middle| \; (p + q)x = 0 \;\text{ oder }\; (p - q)x = 0 \right\}.$$

Wegen $(p+q)(p-q) = 0$ liegen im Falle $K = \mathbb{R}$ zwei aufeinander senkrecht stehende Ebenen durch den Ursprung vor, wobei wiederum die Ebenen als Mengen von Ursprungsgeraden aufzufassen sind. Die Mittelsenkrechten bestehen hier also aus bestimmten Paaren elliptischer Geraden der elliptischen Ebene.

**Fall 3**: Für $p \neq q$ mit $p^2 = 1 = q^2$ gilt

$$m(p, q) = \left\{ x \in \mathbb{S}_R^3 \; \middle| \; (p - q)x = 0 \right\}.$$

Im Falle $R = \mathbb{R}$ liegt damit genau eine sphärische Gerade (d.h. ein Großkreis) der sphärischen Ebene vor.

# Kapitel 3

# Kollineationen und Kugelverwandtschaften

## 3.1  Begriff des Blockraumes

Sei $M$ eine nichtleere Menge, deren Elemente wir *Punkte* nennen, und sei $\mathbb{B}$ eine Menge von nichtleeren Teilmengen von $M$, deren Elemente wir *Blöcke* nennen. Es heiße die Struktur $\Sigma = (M, \mathbb{B})$ ein *Blockraum*. Blockräume sind sehr zahlreich in der Geometrie vertreten: Ist etwa $M = \mathbb{R}^3$, so kann man für $\mathbb{B}$ die Menge der Geraden des $\mathbb{R}^3$ nehmen; für das gleiche $M$ könnte $\mathbb{B}$ auch die Menge der Kreise des $\mathbb{R}^3$ sein oder vielleicht die Menge der Ebenen. Sind

$$\Sigma = (M, \mathbb{B}) \quad \text{und} \quad \Sigma' = (M', \mathbb{B}')$$

zwei Blockräume, so heißen sie isomorph, wenn es eine bijektive Abbildung

$$f : M \to M'$$

gibt mit

$$f(b) := \big\{ f(P) \mid P \in b \big\} \in \mathbb{B}'$$

für jedes $b \in \mathbb{B}$ und

$$f^{-1}(b') \in \mathbb{B}$$

für jedes $b' \in \mathbb{B}'$; wir drücken das so aus, daß wir sagen, daß für $f$ Bilder und Urbilder von Blöcken wieder Blöcke sind. Eine Bijektion $g$ von $M$, für die Bilder und Urbilder von Blöcken wieder Blöcke sind, heißt eine *Blockverwandtschaft* von $\Sigma = (M, \mathbb{B})$. Hintereinanderschaltung als Verknüpfung genommen, bildet die Menge der Blockverwandtschaften eines Blockraumes $\Sigma = (M, \mathbb{B})$ eine Gruppe, die in vielen konkreten Fällen ihren eigenen wichtigen Namen trägt — wie etwa affine Gruppe, Gruppe der Kreisverwandtschaften, Laguerregruppe usf. Im Falle

$$M := \{1, 2, 3\}, \ \mathbb{B} := \big\{ \{1\}, \{2, 3\} \big\}$$

z.B. besteht die Gruppe aus den Bijektionen

$$id \text{ und } \begin{pmatrix} 1 & 2 & 3 \\ 1 & 3 & 2 \end{pmatrix},$$

wobei die zweite Bijektion bedeuten soll, daß 1 in 1, 2 in 3, 3 in 2 übergeht, und im Falle

$$M := \{1,2,3\}, \; \mathbb{B} := \{\, \{1\}, \{1,2\} \,\}$$

besteht die Gruppe sogar nur aus der identischen Abbildung. — In den folgenden Abschnitten sollen nun mehrere konkrete Gruppen von Blockverwandtschaften zur Sprache kommen. Dabei werden wir unser Augenmerk besonders auch Fragen der Art zuwenden, ob z.B. Bijektionen $f$ von $M$, die

$$\forall_{b \in \mathbb{B}} \quad f(b) \in \mathbb{B}$$

genügen, bereits Blockverwandtschaften sind. Ist etwa $\mathbb{B}$ die Menge der Geraden von $\mathbb{R}^2 =: M$, so ist eine Bijektion $f$ von $M$, die Geraden auf Geraden abbildet, bereits Blockverwandtschaft: Denn ist $g$ Gerade des $\mathbb{R}^2$, sind $P \neq Q$ Punkte von $g$, so sei $h$ die Gerade durch $f^{-1}(P)$, $f^{-1}(Q)$. Also ist $f(h)$ Gerade durch $P, Q$, d.h. es gilt $f(h) = g$, d.h. es ist $f^{-1}(g) = h \in \mathbb{B}$. — In dem vorliegenden Falle ist also $f^{-1}(b) \in \mathbb{B}$ für alle $b \in \mathbb{B}$ eine Folgerung. Daß wir diesen Sachverhalt nicht immer vorfinden, zeigt das folgende Beispiel: Sei

$$M := \mathbb{N} = \{1, 2, 3, \ldots\}$$

und sei

$$\mathbb{B} := \{\, \{1\} \,\} \cup \{\, \{2n\} \mid n \in \mathbb{N} \,\}.$$

Schließlich definieren wir die Bijektion

$$f : \mathbb{N} \to \mathbb{N}$$

vermittels

$$f(x) = \begin{cases} 2 & x = 1 \\ x + 2 & \text{für} \quad x \text{ gerade} \\ x - 2 & x > 1 \text{ ungerade} \end{cases}.$$

Offenbar gilt hier

$$f(b) \in \mathbb{B}$$

für alle $b \in \mathbb{B}$. Es gilt aber nicht

$$f^{-1}(b) \in \mathbb{B}$$

für alle $b \in \mathbb{B}$ : Denn das Urbild $\{3\}$ des Blocks $\{1\}$ ist kein Block.


Nicht von ungefähr war $M$ im vorstehenden Beispiel eine unendliche Menge:

**A.1.1**: *Sei* $\Sigma = (M, \mathbb{B})$ *Blockraum mit endlicher Punktmenge* $M$ *und sei* $f : M \to M$ *injektive Abbildung mit*

$$\forall_{b \in \mathbb{B}} \qquad f(b) \in \mathbb{B} . \tag{1.1}$$

*Dann ist* $f$ *Blockverwandtschaft von* $\Sigma$, *d.h. es gilt auch*

$$\forall_{b \in \mathbb{B}} \qquad f^{-1}(b) \in \mathbb{B}.$$

**Beweis:** Da $M$ endliche Menge ist, so muß natürlich die injektive Abbildung $f : M \to M$ bijektiv sein. Da $\mathbb{B}$ Menge von Teilmengen von $M$ ist, gilt $|\mathbb{B}| =: m \in \mathbb{N}$. Sind $b, b'$ verschiedene Blöcke, so gilt $f(b) \neq f(b')$. Also ist

$$\left| \{ f(b) \mid b \in \mathbb{B} \} \right| = |\mathbb{B}| = m.$$

Aus (1.1) folgt damit

$$\{ f(b) \mid b \in \mathbb{B} \} = \mathbb{B}.$$

Ist also $b' \in \mathbb{B}$, so gilt $b' = f(b)$ mit einem $b \in \mathbb{B}$, d.h. es ist $f^{-1}(b') = b \in \mathbb{B}$.
□

## 3.2  Satz von Schaeffer

In diesem Abschnitt sei $K$ ein kommutativer Körper. Der Körper kleinster Elementezahl ist die Menge $F_2 = \{0, 1\}$ mit den Verknüpfungsvorschriften

$$0 + 0 = 0, \quad 0 + 1 = 1 + 0 = 1, \quad 1 + 1 = 0,$$

$$0 \cdot 0 = 0, \quad 0 \cdot 1 = 1 \cdot 0 = 0, \quad 1 \cdot 1 = 1.$$

Unter einem *Monomorphismus* von $K$ versteht man eine injektive Abbildung $\sigma : K \to K$, die den Gleichungen

$$\sigma(\xi + \eta) = \sigma(\xi) + \sigma(\eta), \ \sigma(\xi \eta) = \sigma(\xi)\sigma(\eta)$$

für alle $\xi, \eta \in K$ genügt. Surjektive Monomorphismen von $K$ heißen Automorphismen von $K$. Es gibt aber Monomorphismen, die keine Automorphismen sind: Ist $F_2[x]$ der Polynomring in einer Unbestimmten $x$ über dem Körper $F_2$, so bezeichne $K$ den Quotientenkörper von $F_2[x]$. Dieser besteht aus allen Brüchen

$$\frac{a_0 + a_1 x + \ldots + a_n x^n}{b_0 + b_1 x + \ldots + b_m x^m}, \tag{2.1}$$

wobei Zähler und Nenner Polynome sind mit $b_m \neq 0$ und $n, m \in \mathbb{N} \cup \{0\}$. Man bestätigt nun, daß die Abbildung $\sigma : K \to K$ mit $\sigma(t) = t^2$ ein Monomorphismus von $K$ ist: Offenbar gilt

$$(a + b)^2 = a^2 + b^2 \text{ (wegen } 1 + 1 = 0)$$

und

$$(ab)^2 = a^2 b^2$$

für alle $a, b \in K$, und offenbar hat $a^2 = b^2$ doch

$$(a - b)^2 = a^2 - b^2 = 0,$$

d.h. $a = b$ zur Folge. — Für

$$x := \frac{x}{1} \in K$$

existiert kein $t \in K$ mit $t^2 = x$. Ist dies gezeigt, so ist $\sigma$ ein Monomorphismus von $K$, der nicht Automorphismus von $K$ sein kann. Gäbe es doch ein $t \in K$ mit $t^2 = x$, so hätte man

$$\sum_{\nu=0}^{n} a_\nu x^{2\nu} = \sum_{\mu=0}^{m} b_\mu x^{2\mu+1},$$

wenn $t$ durch (2.1) mit $a_n \neq 0 \neq b_m$ gegeben ist und wir $c^2 = c$ für $c \in F_2$ beachten. Aus dieser Gleichung folgt aber, daß alle Koeffizienten verschwinden müssen, was $a_n \neq 0 \neq b_m$ widerspricht. — Monomorphismen, die nicht Automorphismen sind, gibt es etwa auch im Falle des Körpers $\mathbb{C}$ der komplexen Zahlen (s. Bemerkung 2 des folgenden Abschnittes). Bei Körpern endlicher Elementezahl kann es sie natürlich nicht geben. Für $\mathbb{R}$ existieren sie auch nicht:

**A.2.1:** *Sei* $f : \mathbb{R} \to \mathbb{R}$ *beliebige Abbildung, die*

$$f(\xi + \eta) = f(\xi) + f(\eta), \ f(\xi\eta) = f(\xi)f(\eta)$$

*für alle* $\xi, \eta \in \mathbb{R}$ *erfüllt. Dann gilt* $f(t) = t$ *für alle* $t \in \mathbb{R}$ *oder aber* $f(t) = 0$ *für alle* $t \in \mathbb{R}$.

**Beweis:** Aus $f(0) = f(0 + 0) = f(0) + f(0)$ folgt $f(0) = 0$. Gibt es ein $\alpha_0 \neq 0$ in $\mathbb{R}$ mit $f(\alpha_0) = 0$, so folgt

$$f(t) = f\left(\alpha_0 \cdot \frac{t}{\alpha_0}\right) = f(\alpha_0) \cdot f\left(\frac{t}{\alpha_0}\right) = 0$$

für alle $t \in \mathbb{R}$. Sei also von nun ab $f(t) \neq 0$ für $t \neq 0$ aus $\mathbb{R}$. Aus $f(1) = f(1 \cdot 1) = f(1) \cdot f(1)$ folgt dann $f(1) = 1$. Durch Induktion erhält man hieraus

$f(n) = n$ für $n \in \mathbb{N}$, d.h. $f(g) = g$ für $g \in \mathbb{Z}$ wegen $0 = f(n + (-n)) = n + f(-n)$. Für $g \neq 0$ aus $\mathbb{Z}$ ist $1 = f(g \cdot \frac{1}{g}) = g \cdot f(\frac{1}{g})$, d.h. es gilt

$$f\left(\frac{n}{g}\right) = n f\left(\frac{1}{g}\right) = \frac{n}{g}$$

für $n \in \mathbb{N}$ und $g \in \mathbb{Z} \backslash \{0\}$. Also ist $f(r) = r$ für jede rationale Zahl. Ist $t \geq 0$ reell, so gilt $f(t) = f(\sqrt{t}) \cdot f(\sqrt{t}) \geq 0$. Aus $a \leq b$ folgt also $f(a) \leq f(b)$. Ist nun $t$ beliebige reelle Zahl, sind $\alpha_\nu, \beta_\nu$ Folgen rationaler Zahlen, die beide gegen $t$ konvergieren mit

$$\alpha_\nu \leq t \leq \beta_\nu$$

für alle $\nu = 1, 2, \ldots$, so gilt

$$\alpha_\nu = f(\alpha_\nu) \leq f(t) \leq f(\beta_\nu) = \beta_\nu.$$

Also ist

$$|f(t) - t| \leq \beta_\nu - \alpha_\nu$$

für alle $\nu = 1, 2, \ldots$, d.h. es gilt $f(t) = t$.                    □


Wir definieren nun die sogenannte *affine Ebene* $A^2(K)$ über $K$: Ihre *Punkte* sind die Elemente $(x_1, x_2)$ von $K^2$, ihre *Geraden* sind die Punktmengen

$$\{a + \lambda v \mid \lambda \in K\}$$

mit $a, v \in K^2$, wobei $v \neq 0$ vorausgesetzt ist. Zwei Geraden $g, h$ heißen *parallel*, in Zeichen $g \parallel h$, wenn $g = h$ oder $g \cap h = \emptyset$ gilt. Diese Parallelitätsrelation ist eine Äquivalenzrelation. Eine Punktmenge $T$ heißt *kollinear*, wenn es eine Gerade $g$ mit $T \subseteq g$ gibt. Ist $P$ Punkt, ist $g$ Gerade, so verwendet man im Falle $P \in g$ geometrische Sprechweisen, wie etwa, daß $P$ auf $g$ liege, $g$ durch $P$ gehe, daß $P$ (bzw. $g$) mit $g$ (bzw. $P$) inzidiere. Sind $P, Q$ verschiedene Punkte, so ist

$$PQ := \{P + \lambda(Q - P) \mid \lambda \in K\}$$

die einzige Gerade, die $P, Q$ enthält; sie heißt die Verbindungsgerade von $P, Q$. Ist $P$ Punkt, ist $g = AB$ Gerade, so ist

$$h = \{P + \lambda(A - B) \mid \lambda \in K\} = \{P + \lambda(Q - P) \mid \lambda \in K\}$$

$$\text{mit } Q := P + (A - B)$$

die einzige Gerade durch $P$, die zu $g$ parallel ist. — Die Punkte $A, B, C, D$ heißen die Eckpunkte eines Vierecks, wenn es sich um vier verschiedene Punkte handelt, von denen keine drei kollinear liegen. — Nennt man die Geraden von $A^2(K)$ auch Blöcke, so liegt mit der Punktmenge $K^2$ ein Blockraum vor. Im

Falle $K = \{0,1\}$ können alle Blockverwandtschaften leicht angegeben werden: Dies sind einfach die Bijektionen von $K^2$, da die Blöcke hier genau die zweielementigen Punktmengen sind.

Die maximalen Mengen paarweise paralleler Geraden von $A^2(K)$ heißen *Parallelbüschel*. Ist $g$ Gerade, so bezeichne $[g]$ das Parallelbüschel, dem $g$ angehört.

Die *projektive Ebene* $\Pi^2(K)$ über $K$ kann so definiert werden: Ihre *Punkte* sind die Punkte von $A^2(K)$ und auch die Parallelbüschel von $A^2(K)$. Ist $g$ Gerade von $A^2(K)$, so heißt $g \cup [g]$ Gerade von $\Pi^2(K)$; auch die Menge $\Pi$ aller Parallelbüschel von $A^2(K)$ heißt Gerade von $\Pi^2(K)$. Wir wollen nun Koordinaten für die Punkte und Geraden von $\Pi^2(K)$ einführen: Dem Punkt $(x,y)$ von $A^2(K)$ sei zugeordnet

$$K(x,y,1) := \big\{(kx,ky,k) \mid k \in K\big\}.$$

Dem Parallelbüschel $[g]$ mit $g = \big\{a + \lambda v \mid \lambda \in K\big\}$ sei zugeordnet

$$K(v_1,v_2,0),$$

wenn wir $v =: (v_1,v_2)$ setzen. Gehen wir umgekehrt von $K(a_1,a_2,a_3)$ mit $(a_1,a_2,a_3) \neq 0$ aus, so liegt im Falle $a_3 \neq 0$ der Punkt

$$\left(\frac{a_1}{a_3}, \frac{a_2}{a_3}\right)$$

zugrunde; im Falle $a_3 = 0$ liegt das Büschel $[g]$ mit

$$g = \big\{\lambda(a_1,a_2) \mid \lambda \in K\big\}$$

zugrunde. Die Koordinaten der Geraden von $\Pi^2(K)$ werden so festgelegt: $g \cup [g]$ mit

$$g = \big\{(a_1,a_2) + \lambda(v_1,v_2) \mid \lambda \in K\big\}$$

sei zugeordnet

$$K(-v_2,v_1,v_2a_1 - v_1a_2);$$

$\Pi$ sei zugeordnet

$$K(0,0,1).$$

Gehen wir von einer beliebigen anderen Darstellung

$$\big\{(a_1 + \lambda_0 v_1, a_2 + \lambda_0 v_2) + \lambda(kv_1, kv_2) \mid \lambda \in K\big\}$$

von $g$ aus, $\lambda_0, k \in K$ mit $k \neq 0$, so zeigt

$$K(-kv_2, kv_1, kv_2 \cdot [a_1 + \lambda_0 v_1] - kv_1 \cdot [a_2 + \lambda_0 v_2]) = K(-v_2, v_1, v_2a_1 - v_1a_2),$$

daß die Koordinaten von $g$ wohldefiniert sind. Sei nun umgekehrt $K(u_1, u_2, u_3)$ mit $(u_1, u_2, u_3) \neq 0$ gegeben. Im Falle $(u_1, u_2) = (0, 0)$ liegt $\Pi$ zugrunde; im Falle $(u_1, u_2) \neq (0, 0)$ liegt eindeutig $g \cup [g]$ mit

$$g = \{(a_1, a_2) + \lambda(u_2, -u_1) \mid \lambda \in K\}$$

zugrunde, wenn $u_1 a_1 + u_2 a_2 + u_3 = 0$ gilt. Die Geraden von $\Pi^2(K)$ wurden als Punktmengen eingeführt. Man bestätigt leicht, daß

$$P = K(x_1, x_2, x_3)$$

genau dann auf

$$g = K(u_1, u_2, u_3)$$

liegt, wenn

$$u_1 x_1 + u_2 x_2 + u_3 x_3 = 0 \qquad (2.2)$$

gilt. Auch $\Pi^2(K)$ kann als Blockraum aufgefaßt werden. Die Blockverwandtschaften heißen hier *Kollineationen*. Ist die Determinante von

$$A = \begin{pmatrix} a_{11} & a_{12} & a_{13} \\ a_{21} & a_{22} & a_{23} \\ a_{31} & a_{32} & a_{33} \end{pmatrix}$$

von Null verschieden, so stellt

$$K(x_1, x_2, x_3) \ \rightarrow \ K(y_1, y_2, y_3)$$

mit

$$(y_1 \ y_2 \ y_3) = (x_1 \ x_2 \ x_3)A$$

eine Kollineation dar, wie man sofort überprüft: Überführt man nämlich die Gerade $K(u_1, u_2, u_3)$ in die Gerade $K(v_1, v_2, v_3)$ mit

$$(v_1 \ v_2 \ v_3) = (u_1 \ u_2 \ u_3)(A^T)^{-1},$$

so ergibt (2.2) mit $u := (u_1, u_2, u_3)$ usf. offenbar

$$0 = u x^T = (v A^T) \cdot x^T = v \cdot (x A)^T = v y^T,$$

so daß die Gerade, die $Kv$ zugrunde liegt, genau das Bild der Geraden ist, der $Ku$ zugrunde liegt.

Eine Abbildung $\varphi : \Gamma \rightarrow \Delta$ heißt injektiv in $\gamma_0 \in \Gamma$, wenn die Gleichung $\varphi(\gamma) = \varphi(\gamma_0)$ nur die Lösung $\gamma = \gamma_0$ in $\Gamma$ besitzt.

Wir kommen damit zum

**Satz** *(1. Teil des Satzes von Schaeffer): In $A^2(K)$ mit $|K| \geq 3$ seien die folgenden Punkte gegeben:*

$$N = (0,0), \ A = (0,1), \ B = (1,0), \ E = (1,1).$$

*Es bezeichne $\Delta$ die Menge aller auf den Verbindungsgeraden $EA, EN, NA, AB$, $NB$ gelegenen Punkte von $A^2(K)$. Die Abbildung $\sigma : \Delta \to K^2$ habe die Eigenschaften*

*(1) $\sigma(N) = N$, $\sigma(A) = A$, $\sigma(B) = B$, $\sigma(E)$ sind Eckpunkte eines Vierecks,*

*(2) Sind $X, Y, Z \in \Delta$ kollinear, so auch $\sigma(X)$, $\sigma(Y)$, $\sigma(Z)$,*

*(3) Die Einschränkung von $\sigma$ auf die Gerade $AN$ (bzw. $BN$) ist injektiv in den Punkten $A$ und $N$ (bzw. $B$ und $N$).*

*Dann gibt es einen Monomorphismus $\alpha : K \to K$ und Elemente $a, b \in K$ mit*

$$\sigma(x,y) = \left( \frac{\alpha(x) \cdot (a+1)}{\alpha(x) \cdot a + \alpha(y) \cdot b + 1}, \frac{\alpha(y) \cdot (b+1)}{\alpha(x) \cdot a + \alpha(y) \cdot b + 1} \right)$$

*und*

$$\alpha(x) \cdot a + \alpha(y) \cdot b + 1 \neq 0$$

*für alle $(x,y) \in \Delta$. Insbesondere ist $\sigma$ injektiv.*

**Beweis**: Bei den folgenden Erörterungen werden wir auch die projektive Ebene $\Pi^2(K)$ heranziehen. Die Menge der Punkte dieser Ebene bezeichnen wir mit

$$\mathbb{P} := K^2 \cup \Pi.$$

(a) Sei $\tau : \mathbb{P} \to \mathbb{P}$ die Kollineation

$$(x \ y \ z) \to (x \ y \ z) \begin{pmatrix} 1 & 0 & 1 \\ 0 & 1 & 1 \\ 0 & 0 & -1 \end{pmatrix},$$

die $\tau^2 = id$ genügt. Es gilt

$$\tau(N) = N, \qquad\qquad \tau(A) = K(0,1,0) =: A',$$
$$\tau(B) = K(1,0,0) =: B', \quad \tau(E) = E.$$

Mit $\Delta' := \tau(\Delta)$ betrachten wir

$$\sigma' \quad : \quad \Delta' \to \mathbb{P},$$
$$\sigma' \quad := \quad \tau \sigma \tau.$$

Dabei besteht $\Delta'$ aus allen Punkten auf den Geraden (von $\Pi^2(K)$) $NA'$, $NB'$, $A'B'$, $A'E$, $NE$ bis auf $A, B, K(1,-1,0)$ und $K(\frac{1}{2}, \frac{1}{2}, 1)$ (im Falle $1 + 1 \neq 0$). Es gilt

(4) $\sigma'(N) = N$, $\sigma'(A') = A'$, $\sigma'(B') = B'$,

(5) $\sigma'(E) =: K(a, b, 1)$ mit $0 \neq a, b \in K$,

(6) Sind $X, Y, Z \in \Delta'$ kollinear, so auch $\sigma'(X)$, $\sigma'(Y)$, $\sigma'(Z)$.

Hier liegt (4) auf der Hand. Da $\tau$ kollineare Lage erhält, gilt auch (6). Setzen wir $\sigma(E) =: (p, q)$, so folgt aus (1) offenbar $p \neq 0$ und $q \neq 0$ und auch $p + q \neq 1$; also ist

$$\sigma'(E) = K(p, q, p + q - 1) = K\left(\frac{p}{p + q - 1}, \frac{q}{p + q - 1}, 1\right)$$

wie in (5) beschrieben.

(b) Wir erklären $\varepsilon : \mathbb{P} \to \mathbb{P}$ vermittels

$$(x\ y\ z) \to (x\ y\ z) \begin{pmatrix} a^{-1} & 0 & 0 \\ 0 & b^{-1} & 0 \\ 0 & 0 & 1 \end{pmatrix}$$

und wir setzen

$$\begin{aligned} \mu & : & \Delta' \to \mathbb{P} \\ \mu & := & \varepsilon\sigma' = \varepsilon\tau\sigma\tau. \end{aligned}$$

Die Eigenschaft (6) gilt entsprechend auch für $\mu$, da $\varepsilon$ Kollineation ist. Weiterhin haben wir:

(7) $\mu$ läßt die Punkte $N, A', B', E$ einzeln fest.

(8) Für alle $X \in [(A'N) \cap \Delta'] \backslash \{A', N\}$ gilt $\mu(X) \neq A', N$
    und für alle $Y \in [(B'N) \cap \Delta'] \backslash \{B', N\}$ gilt $\mu(Y) \neq B', N$.

Hier kann für etwa $[(A'N) \cap \Delta']$ natürlich auch $(A'N) \backslash \{A\}$ geschrieben werden. Um (8) einzusehen, schauen wir uns z.B.

$$\mu(X) = A' \text{ mit } X \in (A'N) \backslash \{A', N, A\}$$

an. Mit $\mu(X) = \mu(A')$ und $\mu = \varepsilon\tau\sigma\tau$ gilt dann

$$\sigma\tau(X) = \sigma\tau(A') = \sigma(A),$$

d.h.

$$\sigma[\tau(X)] = \sigma(A) \text{ mit } \tau(X) \in (A'N) \backslash \{A', N, A\}.$$

Mit (3) bedeutet dies $\tau(X) = A$, d.h. $X = A'$. Es war aber $X \neq A'$ vorausgesetzt.

(c) Wir definieren nun Abbildungen

$$\alpha_1, \alpha_2 \ : \ K\backslash\{1\} \to K \quad \text{und}$$
$$\alpha_3 \ : \ K\backslash\{-1\} \to K$$

vermittels

$$\mu[K(0, y, 1)] =: K(0, \alpha_1(y), 1),$$
$$\mu[K(x, 0, 1)] =: K(\alpha_2(x), 0, 1),$$
$$\mu[K(1, z, 0)] =: K(1, \alpha_3(z), 0).$$

Daß hier die $\alpha_i$ wohldefiniert sind, erhalten wir so: $K(0, y, 1)$ mit $y \neq 1$ liegt in $(NA')\backslash\{A, A'\}$. Das Bild dieses Punktes unter $\mu$ ist damit nach (8) von $A'$ verschieden. Beachten wir nun, daß $\mu$ auf $\Delta'$ kollineare Lage erhält, so ist

$$\mu[K(0, y, 1)] \in (NA')\backslash\{A'\};$$

also ist $\alpha_1$ wohldefiniert. Mutatis mutandis verfahren wir im Falle $\alpha_2$. Der Nachweis, daß auch $\alpha_3$ wohldefiniert ist, stellt sich als etwas schwieriger heraus: $K(1, z, 0)$ mit $z \neq -1$ liegt auf

$$(A'B')\backslash\{A', K(1, -1, 0)\}.$$

Da $\mu$ auf $\Delta'$ kollineare Lage erhält, haben wir jedenfalls

$$\mu[K(1, z, 0)] \in A'B';$$

also ist $\mu[K(1, z, 0)] = K(\xi, \eta, 0)$ mit $(\xi, \eta) \neq (0, 0)$. Die Schwierigkeit, von der wir sprachen, ist nun der Nachweis von $\xi \neq 0$. Ist er erbracht, so ist auch $\alpha_3$ wohldefiniert. Im Falle $\xi = 0$ haben wir

$$\mu(X) = A' = \mu(A') \tag{2.3}$$

mit $X := K(1, z, 0) \in (A'B')\backslash\{A', K(1, -1, 0)\}$. Aus (2.3) folgt

$$\sigma[\tau(X)] = \sigma(A) = A$$

mit $Y := \tau(X) \in (AB)\backslash\{A, K(1, -1, 0)\}$. Es ist also $Y \neq A$ ein Punkt von $A^2(K)$ auf der Geraden $AB$. Wäre $Y = B$, so hätte man

$$A = \sigma(A) = \sigma(Y) = \sigma(B) = B.$$

In $A^2(K)$ gilt damit $Y = (1 - r, r)$ mit passendem $r \notin \{0, 1\}$. Die Punkte

$$\left(0, 2 - \frac{1}{r}\right), \ (1 - r, r), \ (1, 1) \in \Delta$$

sind kollinear, also auch ihre Bilder

$$P := \sigma \left( 0, 2 - \frac{1}{r} \right), \; \sigma(Y) = A, \; \sigma(E).$$

Wegen (3) ist $P \neq A$. Also hätte man den Widerspruch

$$\sigma(E) \in PA = NA$$

zu (1). Damit ist tatsächlich $\xi \neq 0$ und also $\alpha_3$ wohldefiniert.

(d) In den folgenden Schritten (d)-(p) wollen wir zeigen, daß es einen Monomorphismus $\alpha : K \to K$ gibt mit

$$\alpha_1(x) = \alpha_2(x) = \alpha_3(x) = \alpha(x) \tag{2.4}$$

für alle $x \in K$. Dabei beachten wir zunächst $\alpha_1(0) = \alpha_2(0) = \alpha_3(0) = 0$
sowie $\alpha_3(1) = 1$ im Falle $-1 \neq 1$; außerdem sei dabei $\alpha_1(1) = \alpha_2(1) = 1$ und
$\alpha_3(-1) = -1$ definiert. — Für $x \in K$ mit $2x \neq 1$ gilt $\alpha_1(x) = \alpha_2(x)$: Sei $x \neq 0$
und $x \neq 1$. Nun sind die Punktetripel

$$K(0, x, 1), \; K(x, x, 1), \; B'$$

bzw.

$$K(x, 0, 1), \; K(x, x, 1), \; A'$$

kollinear, was sich aber auf die Bilder unter $\mu$ überträgt.

(e) Für $x \neq -1$ aus $K$ gilt $\alpha_1(x) = \alpha_3(x)$: Sei $x \notin \{-1, 0, 1\}$. Nun sind die
Punktetripel

$$K(0, x, 1), \; K(1, x, 1), \; B'$$

bzw.

$$N, \; K(1, x, 1), \; K(1, x, 0) \tag{2.5}$$

kollinear, was sich wiederum auf die Bilder unter $\mu$ überträgt. Wegen

$$\mu[K(0, x, 1)] = K(0, \alpha_1(x), 1)$$

ist also

$$\mu[K(1, x, 1)] = K(1, \alpha_1(x), 1) \tag{2.6}$$

unter Berücksichtigung der Tatsache, daß

$$K(1, x, 1) \in EA' \cap [NK(1, x, 0)]$$

doch

$$\mu[K(1,x,1)] \in EA' \cap [NK(1,\alpha_3(x),0)]$$

zur Folge hat, also insbesondere

$$\mu[K(1,x,1)] = K(0,1,0)$$

nicht möglich ist. Die Kollinearität des Bildes des Tripels (2.5) zusammen mit (2.6) ergibt $\alpha_1(x) = \alpha_3(x)$.

(f) Für alle $x, z \in K$ mit $-1 \notin \{-x, z, xz\}$ gilt $\alpha_1(-xz) = -\alpha_2(x)\alpha_3(z)$ : Dies ist klar für $0 \in \{x, z\}$. Sei also $xz \neq 0$. Aus der Kollinearität der Punkte

$$K(0,-xz,1),\ K(x,0,1),\ K(1,z,0)$$

folgt die der Bildpunkte

$$K(0,\alpha_1(-xz),1),\ K(\alpha_2(x),0,1),\ K(1,\alpha_3(z),0)$$

unter $\mu$. Da die beiden ersten dieser Punkte nach (8) verschieden sind, enthält ihre Verbindungsgerade den dritten Punkt. Dies liefert die Behauptung.

(g) $\alpha_2(-1) = -1$ : Im Falle $1 + 1 = 0$ folgt dies aus der Definition von $\alpha_2(1)$. Im Falle $|K| = 3, K = \{0, 1, -1\}$, argumentieren wir so: Aus $X := K(-1, 0, 1)$ folgt $\mu(X) \neq B', N$ mit (8). Wegen $\mu(X) \in B'N = \{X, N, B, B'\}$ schließen wir nun noch $\mu(X) = B$ aus, da dann $\mu(X) = X$, d.h. $\alpha_2(-1) = -1$ folgt. Wäre $\mu(X) = B$, so müßten die Punkte $B, \mu[K(0, -1, 1)], E$ kollinear sein, da $X, K(0, -1, 1), E$ es sind und damit auch ihre Bilder unter $\mu$. Aber $\mu[K(0, -1, 1)] = K(0, \alpha_1(-1), 1)$ liegt nicht auf $BE$. — Sei beim Beweis von (g) nun der Fall $|K| > 3$ und $1 + 1 \neq 0$ betrachtet. Wir setzen dann in (f) $x = -1$, und wir wählen dort $z$ verschieden von $-1, 1, 0$. Also gilt $\alpha_1(z) = -\alpha_2(-1)\alpha_3(z) = -\alpha_2(-1)\alpha_1(z)$ wegen (e) und (f). Können wir $\alpha_1(z) \neq 0$ zeigen, so haben wir die Behauptung bewiesen. $\alpha_1(z) = 0$ für $z \notin \{-1, 1, 0\}$ bedeutete aber $\mu[K(0, z, 1)] = N$, was (8) widerspricht.

(h) Im Falle $2 \neq 0$ gilt $\alpha_1(\frac{1}{2}) = \frac{1}{2}$ : Dies folgt aus der Kollinearität der Bildpunkte von

$$K(-1,0,1),\ E,\ K(0,\frac{1}{2},1)$$

unter $\mu$.

(i) Im Falle $2 \neq 0$ gilt $\alpha_2(-\frac{1}{2}) = -\frac{1}{2}$. Dies folgt aus der Kollinearität der Bildpunkte von

$$K\left(-\frac{1}{2},0,1\right),\ K\left(0,\frac{1}{2},1\right),\ K(1,1,0)$$

unter $\mu$.

(j) Im Falle $2 \neq 0$ gilt $\alpha_1(-\frac{1}{2}) = -\frac{1}{2}$: Dies folgt mit Hilfe von (d) (hier $\alpha_1(x) = \alpha_2(x)$ für $x \neq \frac{1}{2}$) und (i), wenn man $-\frac{1}{2} \neq \frac{1}{2}$ beachtet.

(k) Im Falle $2 \neq 0$ gilt $\alpha_2(\frac{1}{2}) = \frac{1}{2}$ und $\alpha_1(-1) = -1$: Dies folgt aus der Kollinearität der Bilder unter $\mu$ der beiden Tripel

$$K\left(0, -\frac{1}{2}, 1\right), \; K\left(\frac{1}{2}, 0, 1\right), \; K(1, 1, 0)$$

bzw.

$$K(0, -1, 1), \; K\left(\frac{1}{2}, 0, 1\right), \; K(1, 1, 1).$$

(l) Für alle $x \in K$ gilt $\alpha_1(-x) = -\alpha_2(x)$ : Im Falle $2=0$ gilt $2x = 0 \neq 1$ und also $\alpha_1(x) = \alpha_2(x)$ nach (d). Sei $2 \neq 0$. Mit $z = 1$ und $x \neq 1, -1$ ergibt (f) dann $\alpha_1(-x) = -\alpha_2(x)\alpha_3(1) = -\alpha_2(x)$. Für $x \in \{1, -1\}$ ziehe man (g) bzw. (k) heran.

(m) $\alpha_1(x) = \alpha_2(x) = \alpha_3(x) =: \alpha(x)$ für alle $x \in K$ folgt nun mit Hilfe von (d), (e), (g), (h), (k).

(n) Es gilt $\alpha(yz) = \alpha(y)\alpha(z)$ für alle $y, z \in K$: Für $yz \neq 1$ folgt aus (f), wenn wir dort $x := -y$ setzen, offenbar $\alpha(yz) = \alpha(y)\alpha(z)$ unter Zuhilfenahme von (l) und (m). Im Falle $yz = 1$ wählen wir ein Element $t \in K \backslash \{0, 1, \frac{1}{y}\}$; sollte $|K| = 3$ und $y = -1$ sein, so ist ja auch $z = -1$ und also die Behauptung mit $\alpha(-1) = -1$ bereits bewiesen. Ansonsten haben wir

$$\alpha(t) = \alpha(tyz) = \alpha(ty)\alpha(z) = \alpha(t)\alpha(y)\alpha(z)$$

und also $\alpha(y)\alpha(z) = 1$, wobei wir $\alpha(s) \neq 0$ für $s \neq 0$ aus $K$ beachten (vgl. die Abschlußbemerkung von (g)).

(o) $\alpha(1 - z) = 1 - \alpha(z)$ für alle $z \in K$: Sei ohne Einschränkung $z \notin \{0, 1, -1\}$, wobei wir $1 = \alpha(1) = \alpha(2 \cdot \frac{1}{2}) = \alpha(2) \cdot \frac{1}{2}$ im Falle $2 \neq 0$ beachten. Nun liegen die Punkte

$$K(0, 1 - z, 1), \; E, \; K(1, z, 0)$$

kollinear, also auch ihre Bildpunkte unter $\mu$. Dies ergibt die Behauptung.

(p) Es gilt $\alpha(y+z) = \alpha(y) + \alpha(z)$ für alle $y, z \in K$: Dies ist klar für $y = 0$. Sei $y \neq 0$. Dann gilt mit Hilfe von (o), (p), (l), (m)

$$
\begin{aligned}
\alpha(y+z) &= \alpha\left[y\left(1 - \frac{-z}{y}\right)\right] = \alpha(y)\left[1 - \alpha\left(\frac{-z}{y}\right)\right] \\
&= \alpha(y) + \alpha\left(y\frac{z}{y}\right) = \alpha(y) + \alpha(z).
\end{aligned}
$$

(q) Aus $\alpha(s) \neq 0$ für $s \neq 0$ aus $K$ folgt, daß $\alpha : K \to K$ injektiv ist, da $\alpha(x) = \alpha(y)$ auf $0 = \alpha(x - y)$ führt. Es ist also $\alpha$ ein Monomorphismus von $K$. Für alle Punkte $K(x, y, z) \in \Delta'$ gilt

$$
\mu[K(x, y, z)] = K(\alpha(x), \alpha(y), \alpha(z)) : \tag{2.7}
$$

Dies ist nach Definition klar für die Punkte von $\Delta'$, die auf $NA', NB', A'B'$ liegen. Es verbleiben die Punkte $K(1, y, 1)$ mit $y \neq 0$ und die Punkte $K(y, y, 1)$. Für $y \notin \{0, 1\}$ sind aber

$$
K(0, y, 1), \ K(1, y, 1), \ K(y, y, 1), \ B'
$$

kollineare Punkte und damit auch ihre Bilder

$$
K(0, \alpha(y), 1), \ \mu[K(1, y, 1)], \ \mu[K(y, y, 1)], \ B'
$$

unter $\mu$. Mit $\mu[K(1, y, 1)] \in A'E$ und $\mu[K(y, y, 1)] \in NE$ ergibt dies

$$
\mu[K(1, y, 1)] = K(1, \alpha(y), 1), \ \mu[K(y, y, 1)] = K(\alpha(y), \alpha(y), 1).
$$

Wir bemerken noch, daß für $k \neq 0$ aus $K$ auch gilt

$$
K(\alpha(kx), \alpha(ky), \alpha(kz)) = K(\alpha(x), \alpha(y), \alpha(z))
$$

wegen (n) und $\alpha(k) \neq 0$.

(r) Aus $\mu = \varepsilon\tau\sigma\tau$ folgt $\sigma = \tau\varepsilon^{-1}\mu\tau$ wegen $\tau^2 = $ id. Für $(x, y) \in \Delta$ wollen wir $\sigma(x, y)$ berechnen: In $\Pi^2(K)$ hat dieser Punkt $(x, y)$ die Koordinaten $K(x, y, 1)$. Nun ist

$$
\begin{aligned}
\tau\varepsilon^{-1}\mu\tau[K(x, y, 1)] &= \tau\varepsilon^{-1}\mu[K(x, y, x + y - 1)] \\
&= \tau\varepsilon^{-1}[K(\alpha(x), \alpha(y), \alpha(x) + \alpha(y) - 1)] \\
&= \tau[K(a \cdot \alpha(x), b \cdot \alpha(y), \alpha(x) + \alpha(y) - 1)] \\
&= K(a \cdot \alpha(x), b \cdot \alpha(y), (a - 1) \cdot \alpha(x) + (b - 1) \cdot \alpha(y) + 1).
\end{aligned}
$$

Da $\sigma(x,y)$ in $A^2(K)$ liegt, ist also

$$(a-1) \cdot \alpha(x) + (b-1) \cdot \alpha(y) + 1 \neq 0$$

für alle $(x,y) \in \Delta$. Dies beweist die Behauptung des Satzes (soweit die Darstellung von $\sigma(x,y)$ betroffen ist), wenn wir noch eine kleine Bezeichnungsänderung vornehmen, nämlich $a-1$ bzw. $b-1$ durch $a$ bzw. $b$ ersetzen. Es verbleibt der Nachweis der Injektivität von $\sigma$. Da $\alpha$ injektiv ist, muß nach (2.7) auch $\mu$ injektiv sein:

Wäre nämlich $K(x,y,z) \neq K(\xi,\eta,\zeta)$ mit $(x,y,z) \neq (0,0,0) \neq (\xi,\eta,\zeta)$ und gleichzeitig

$$K(\alpha(x),\alpha(y),\alpha(z)) = K(\alpha(\xi),\alpha(\eta),\alpha(\zeta)),$$

so hätte man mit einem $k \neq 0$ aus $K$

$$\alpha(\xi) = k\alpha(x), \ \alpha(\eta) = k\alpha(y), \ \alpha(\zeta) = k\alpha(z).$$

Von den Größen $x,y,z$ ist wenigstens eine $\neq 0$. Sei etwa $z \neq 0$. Dann gilt

$$\alpha\left(\frac{\zeta}{z}\right) = \frac{\alpha(\zeta)}{\alpha(z)} =: k$$

mit $r := \frac{\zeta}{z} \neq 0$ wegen $k \neq 0$. Also hätten wir

$$\alpha(\xi) = \alpha(rx), \ \alpha(\eta) = \alpha(ry), \ \alpha(\zeta) = \alpha(rz),$$

d.h. den Widerspruch $K(\xi,\eta,\zeta) = K(x,y,z)$. — Da also $\mu$ injektiv ist und $\varepsilon, \tau : \mathrm{IP} \to \mathrm{IP}$ bijektiv sind, muß $\sigma = \tau\varepsilon^{-1}\mu\tau$ injektiv sein. □

**Bemerkung 1**: H. Schaeffer (1944–1987), [1], hat seinen Satz auch für den Fall nichtkommutativer Körper ausgesprochen und bewiesen.

**Bemerkung 2**: Sei $K$ kommutativer Körper mit $|K| \geq 3$, sei $\alpha : K \to K$ Monomorphismus. In $A^2(K)$ betrachten wir die Punkte

$$N = (0,0), \ A = (0,1), \ B - (1,0), \ E = (1,1).$$

Sei $\Delta$ die Menge aller auf den Verbindungsgeraden $EA, EN, NA, AB, NB$ gelegenen Punkte von $A^2(K)$ und seien $a,b$ Elemente aus $K$ mit

$$\alpha(x) \cdot a + \alpha(y) \cdot b + 1 \neq 0 \tag{2.8}$$

für alle $(x,y) \in \Delta$. Definiert man dann

$$\sigma(x,y) \quad := \quad \left( \frac{\alpha(x) \cdot (a+1)}{\alpha(x) \cdot a + \alpha(y) \cdot b + 1}, \frac{\alpha(y) \cdot (b+1)}{\alpha(x) \cdot a + \alpha(y) \cdot b + 1} \right) \tag{2.9}$$

für alle $(x, y) \in \Delta$, so gelten nun auch umgekehrt die Eigenschaften (1), (2), (3) in der Formulierung des 1. Teiles des Satzes von Schaeffer; die dortige Eigenschaft (3) ist dabei nur ein kleiner Bestandteil der Aussage, daß $\sigma$ sogar injektiv ist. — Daß $\sigma$ die Punkte $N, A, B$ einzeln unverändert läßt, liegt auf der Hand. Wäre $N, A, B, \sigma(E)$ kein Viereck, so wäre $a = -1$ oder $b = -1$ oder

$$\frac{a+1}{a+b+1} + \frac{b+1}{a+b+1} = 1.$$

Der letzte Fall ergäbe $1 = 0$, die anderen widersprächen (2.8) wegen

$$\alpha(1) \cdot a + \alpha(0) \cdot b + 1 = 0$$

bzw.

$$\alpha(0) \cdot a + \alpha(1) \cdot b + 1 = 0. \quad —$$

Daß $\sigma$ auf $\Delta$ kollineare Lage erhält und auch injektiv ist, folgt so: Bezeichnet $\mathbb{P}$ wieder die Menge der Punkte von $\mathrm{II}^2(K)$, so ist $\delta : \mathbb{P} \to \mathbb{P}$ mit

$$\delta[K(x, y, z)] := K(\alpha(x), \alpha(y), \alpha(z))$$

eine injektive Abbildung, die kollineare Lage in $\mathbb{P}$ erhält. Weiterhin ist $\gamma$ mit

$$\gamma : (x\,y\,z) \to (x\,y\,z) \begin{pmatrix} a+1 & 0 & a \\ 0 & b+1 & b \\ 0 & 0 & 1 \end{pmatrix}$$

Kollineation von $\mathrm{II}^2(K)$. Also ist $\gamma \cdot \delta$ injektiv, und es erhält in $\mathbb{P}$ kollineare Lage. Auf $\Delta$ stimmen aber $\sigma$ und $\gamma \cdot \delta$ überein.

**Bemerkung 3**: Ist $\alpha : K \to K$ Automorphismus des kommutativen Körpers $K$, sind $a, b$ Elemente aus $K$ mit Gültigkeit von (2.8) für alle $(x, y) \in \Delta$, wobei $\Delta$ wie in Bemerkung 2 definiert sei, so folgt $a = b = 0$: Wäre etwa $a \neq 0$, so nähmen wir das $k \in K$ mit $\alpha(k) = -\frac{1}{a}$. Der Punkt $(x, y) := (k, 0)$ liegt in $\Delta$; für ihn ergäbe sich der Widerspruch

$$0 \neq \alpha(x) \cdot a + \alpha(y) \cdot b + 1 = \alpha(k) \cdot a + 1 = 0.$$

Wir wollen nun aber zeigen, daß im Falle, daß $\alpha : K \to K$ ein nicht surjektiver Monomorphismus ist, Elemente $a, b \in K$ mit $a \cdot b \neq 0$ existieren, die (2.8) für alle $(x, y) \in \Delta$ genügen: Da $\alpha$ nicht surjektiv ist, gibt es ein $t \in K$ mit $\alpha(z) \neq t$ für alle $z \in K$. Wegen $\alpha(0) = 0$ ist $t \neq 0$. Wir setzen $a := b := -\frac{1}{t}$. Für $x, y \in K$ gilt dann

$$\alpha(x) \cdot a + \alpha(y) \cdot b + 1 = \frac{1}{t}\Big(t - \alpha(x+y)\Big) \neq 0.$$

Wir heben hervor, daß — aufgrund der Bemerkungen 2 und 3 — kompliziertere Nenner mit $(a, b) \neq (0, 0)$ in der formelmäßigen Darstellung von $\sigma(x, y)$ also wirklich auftreten.

Das geordnete Punktequadrupel $PQRS$, bestehend aus 4 verschiedenen und nicht kollinear gelegenen Punkten der affinen Ebene $A^2(K)$, heißt ein *Parallelogramm*, wenn $PQ \parallel RS$ und $PS \parallel QR$ gelten. Die Punkte $P, Q, R, S$ heißen auch die Eckpunkte des Parallelogramms. Unter einer Kollineation von $A^2(K)$ wird eine Blockverwandtschaft des Blockraumes $A^2(K)$ verstanden. Sind $a_{i1}, a_{i2}, a_{i3}$ mit $i = 1, 2$ Elemente von $K$, die

$$\begin{vmatrix} a_{11} & a_{12} \\ a_{21} & a_{22} \end{vmatrix} \neq 0$$

genügen, so ergibt

$$\varphi(x, y) := (x a_{11} + y a_{12} + a_{13}, x a_{21} + y a_{22} + a_{23})$$

eine spezielle Kollineation von $A^2(K)$, die Affinität von $A^2(K)$ gennant wird.

**Satz** (*2. Teil des Satzes von Schaeffer*):
(a) *Der kommutative Körper $K, |K| \geq 3$, habe die Eigenschaft, daß jeder Monomorphismus $\alpha : K \to K$ von $K$ surjektiv ist. Die ansonsten beliebige Punktmenge $\Gamma \subseteq K^2$ von $A^2(K)$ enthalte alle Punkte auf den Verbindungsgeraden der Eckpunkte eines Parallelogramms. Dann läßt sich jede injektive Abbildung $\gamma : \Gamma \to K^2$, die*

(i) *Sind $X, Y, Z \in \Gamma$ kollinear, so auch $\gamma(X), \gamma(Y), \gamma(Z)$,*

(ii) *$\gamma(\Gamma)$ ist nicht kollinear*

*genügt, in eindeutiger Weise zu einer Kollineation von $A^2(K)$ erweitern.*

(b) *Ist $G$ eine beschränkte Punktmenge des $\mathbb{R}^2$ und ist $\gamma : (\mathbb{R}^2 \backslash G) \to \mathbb{R}^2$ eine injektive Abbildung, die*

(i) *Sind $X, Y, Z \in \mathbb{R}^2 \backslash G$ kollinear, so auch $\gamma(X), \gamma(Y), \gamma(Z)$,*

(ii) *$\gamma(\mathbb{R}^2 \backslash G)$ ist nicht kollinear* *genügt, so läßt sich $\gamma$ in eindeutiger Weise zu einer Affinität von $A^2(\mathbb{R})$ erweitern.*

**Beweis** (Teil a): ($a_1$) Liegen die Punkte

$$(u_1, u_2),\ (v_1, v_2),\ (w_1, w_2) \in K^2$$

nicht kollinear, so ist

$$\begin{vmatrix} w_1 - u_1 & v_1 - u_1 \\ w_2 - u_2 & v_2 - u_2 \end{vmatrix} \neq 0,$$

und die Affinität

$$\varphi(x, y) := (x(w_1 - u_1) + y(v_1 - u_1) + u_1,\ x(w_2 - u_2) + y(v_2 - u_2) + u_2)$$

überführt sukzessive $N = (0,0)$ in $(u_1, u_2)$, $A = (0,1)$ in $(v_1, v_2)$, $B = (1,0)$ in $(w_1, w_2)$.

($a_2$) Nach Voraussetzung gibt es ein Parallelogramm $PQRS$ mit der Eigenschaft $PQ \cup QR \cup RS \cup SP \cup PR \cup QS \subseteq \Gamma$.  Wir behaupten zunächst, daß $\gamma(P), \gamma(Q), \gamma(S)$ nicht kollinear liegen: Angenommen, sie lägen doch kollinear. Ist dann $X \neq P$ ein Punkt aus $\Gamma$, so möge die Parallele $g$ durch $X$ zu $SQ$ die Geraden $PQ, PS$ in resp. $U, V$ schneiden. Wegen $X \neq P$ ist $U \neq V$. Da $\gamma(P), \gamma(Q), \gamma(S)$ kollinear sind, läge $X \in UV$ ebenfalls auf dieser Geraden. Also wäre $\gamma(\Gamma)$ kollinear, was (ii) widerspricht. Genauso zeigen wir, daß keine 3 Punkte von $\gamma(P), \gamma(Q), \gamma(R), \gamma(S)$ kollinear sind, so daß ein Viereck vorliegt.

($a_3$) Seien $\varphi$ bzw. $\psi$ die gemäß ($a_1$) existierenden Affinitäten mit

$$\varphi(N) = P,\ \varphi(A) = S,\ \varphi(B) = Q$$

bzw.

$$\psi(N) = \gamma(P),\ \psi(A) = \gamma(S),\ \psi(B) = \gamma(Q).$$

Aus $PQ \parallel RS$ und $PS \parallel QR$ folgt offenbar

$$NB \parallel \varphi^{-1}(R)A \quad \text{und} \quad NA \parallel B\varphi^{-1}(R),$$

d.h. $\varphi^{-1}(R) = E := (1,1)$. Wir schreiben

$$\gamma' := \psi^{-1}\gamma\varphi$$

und

$$\Gamma' := \varphi^{-1}(\Gamma).$$

Dann können wir sagen, daß $\gamma' : \Gamma' \to K^2$ eine injektive Abbildung ist, die den folgenden Eigenschaften genügt:

(i') Sind $X, Y, Z \in \Gamma'$ kollinear, so auch $\gamma'(X), \gamma'(Y), \gamma'(Z)$,

(ii') $\gamma'(\Gamma')$ ist nicht kollinear.

Außerdem enthält $\Gamma'$ alle Punkte auf den Verbindungsgeraden des Parallelogramms $NBEA$.

($a_4$) Mit ($a_2$) und $\gamma' = \psi^{-1}\gamma\varphi$ ist $\gamma'(N) = N$, $\gamma'(A) = A$, $\gamma'(B) = B$, $\gamma'(E)$ ein Viereck. Sei

$$\Delta := EA \cup EN \cup NA \cup AB \cup NB.$$

Schränken wir $\gamma'$ auf $\Delta \subseteq \Gamma'$ ein, so ergibt der erste Teil des Satzes von Schaeffer

$$\gamma'(x,y) = (\alpha(x), \alpha(y)) \tag{2.10}$$

für alle $(x,y) \in \Delta$, da der Monomorphismus $\alpha$ nach Voraussetzung ein Automorphismus von $K$ ist und da in diesem Falle nach Bemerkung 3 doch $a = b = 0$ sein muß.

($a_5$) $\delta'(x,y) := (\alpha(x), \alpha(y))$ ist Kollineation von $A^2(K)$. Die Kollineation $\delta := \psi\delta'\varphi^{-1}$ erweitert damit die auf $\varphi(\Delta)$ eingeschränkte Abbildung $\gamma$, in Zeichen $\gamma|\varphi(\Delta)$, zu einer Kollineation von $A^2(K)$. Wir wissen aber zunächst noch nicht, ob für beliebiges $X \in \Gamma$ auch $\delta(X) = \gamma(X)$ gilt, und ob darüber hinaus die folgende Eigenschaft erfüllt ist

(∗) Ist $\omega$ Kollineation von $A^2(K)$ mit $\omega(X) = \gamma(X)$ für alle $X \in \Gamma$, so gilt $\omega = \delta$.

Nun erhalten aber $\gamma, \delta$ und $\omega$ kollineare Lage, und alle diese Abbildungen stimmen auf $\varphi(\Delta)$ überein. Für $X \in K^2\backslash\varphi(\Delta)$ zeigen wir sodann: Erhält

$$\rho : \varphi(\Delta) \cup \{X\} \to K^2$$

kollineare Lage, und ist $\rho(Y) = \gamma(Y)$ für alle $Y \in \varphi(\Delta)$, so hängt $\rho(X)$ nur von $\gamma|\varphi(\Delta)$ ab. In der Tat! Ist

$$\{U\} := PX \cap SR \quad \text{und} \quad \{V\} := QX \cap SR,$$

so sind $P, U, X$ und $Q, V, X$ jeweils kollinear, also auch $\gamma(P), \gamma(U), \rho(X)$ bzw. $\gamma(Q), \gamma(V), \rho(X)$. Da die beiden letzten Geraden nicht parallel sind, hängt also

$$\rho(X) \in [\gamma(P)\gamma(U)] \cap [\gamma(Q)\gamma(V)]$$

tatsächlich nur von $\gamma|\varphi(\Delta)$ ab.

Zum Beweis des Teiles (b): Da $G$ eine beschränkte Teilmenge von $\mathbb{R}^2$ ist, gibt es einen Kreis um den Ursprung $(0,0)$, er habe den Radius $\lambda > 0$, der $G$ umfaßt. Die Punktmenge

$$\Gamma := \mathbb{R}^2\backslash G \subseteq \mathbb{R}^2$$

enthält offenbar alle Punkte auf den Verbindungsgeraden der Eckpunkte

$$P = (2\lambda, -2\lambda), \ Q = (3\lambda, -2\lambda), \ R = (3\lambda, 2\lambda), \ S = (2\lambda, 2\lambda)$$

des Parallelogramms $PQRS$. — Der einzige Monomorphismus von $\mathbb{R}$ ist nach A.2.1 die identische Abbildung. Also können wir den vorweg gegebenen Beweis des Teiles (a) benutzen. Die Abbildung $\delta'$ von ($a_5$) ist auf $\mathbb{R}^2$ die identische Abbildung. Damit ist $\delta = \psi\varphi^{-1}$ eine Affinität, die $\gamma$ in eindeutiger Weise zu einer Kollineation von $A^2(\mathbb{R})$ erweitert.   □

## 3.3   Kollineationen

Sei $K$ kommutativer Körper, sei $n \in \mathbb{N}\backslash\{1\}$. Ist $V$ ein $\nu$–dimensionaler Untervektorraum des Vektorraumes $K^n$, ist $a \in K^n$, so heißt

$$a + V := \{a + v \mid v \in V\}$$

ein $\nu$–dimensionaler affiner Teilraum des $K^n$. Für $\nu = 1$ liegen Geraden vor, für $\nu = n - 1$ Hyperebenen. Die Blockverwandtschaften von $K^n$ mit den Geraden als Blöcken heißen Kollineationen von $K^n$.

**A.3.1:** *Der kommutative Körper $K, |K| \geq 3$, habe die Eigenschaft, daß jeder Monomorphismus $\alpha : K \to K$ von $K$ surjektiv ist. Sei $n \in \mathbb{N}\backslash\{1\}$ und sei $\gamma : K^n \to K^n$ injektive Abbildung, die den folgenden Bedingungen genügt*

*(i) Sind $X, Y, Z$ kollinear, so auch $\gamma(X), \gamma(Y), \gamma(Z)$,*

*(ii) $\gamma(K^n)$ liegt in keiner Hyperebene.*

*Dann gibt es Matrizen*

$$A = \begin{pmatrix} a_{11} & \cdots & a_{1n} \\ \vdots & & \vdots \\ a_{n1} & \cdots & a_{nn} \end{pmatrix} \quad und \quad t = (t_1 \ldots t_n)$$

*über $K$ mit $|A| \neq 0$, und es gibt einen Automorphismus $\alpha : K \to K$ mit*

$$\gamma(x_1, \ldots, x_n) = (\alpha(x_1), \ldots, \alpha(x_n))A + t$$

*für alle $x = (x_1, \ldots, x_n) \in K^n$. Insbesondere ist $\gamma$ bijektiv.*

**Beweis:** Der Fall $n = 2$ liegt auf der Hand, wenn man den 2. Teil des Satzes von Schaeffer, Teil (a), mitsamt Beweis heranzieht. Sei sodann der Satz A.3.1 bis hin zu $n - 1 \geq 2$ bewiesen. Wir wollen ihn nun für $n$ nachweisen.

(a) Seien $P_0, P_1, \ldots, P_m$ paarweise verschiedene Punkte des $K^n$ mit $m \in \mathbb{N}$. Ist dann $X \in K^n$ ein weiterer Punkt mit

$$X - P_0 = \sum_{i=1}^{m} \lambda_i (P_i - P_0)$$

und $\lambda_1, \ldots, \lambda_m \in K$, so existieren $\mu_1, \ldots, \mu_m \in K$ mit

$$X' - P_0' = \sum_{i=1}^{m} \mu_i (P_i' - P_0'),$$

wobei allgemein $\gamma(T)$ für $T \in K^n$ durch $T'$ bezeichnet werde:

Ist $m = 1$, so liegen also $P_0, P_1, X$ gemeinsam auf einer Geraden. Dies gilt dann auch für $P_0', P_1', X'$. Wegen $P_0' \neq P_1'$ folgt damit

$$X' = P_0' + \mu_1 (P_1' - P_0').$$

Sei nun die Aussage bewiesen bis hin zu $m \geq 1$ und gelte

$$X - P_0 = \sum_{i=1}^{m+1} \lambda_i (P_i - P_0).$$

Mit

$$Y - P_0 := \sum_{i=1}^{m} \lambda_i (P_i - P_0)$$

haben wir dann

$$Y' - P_0' = \sum_{i=1}^{m} \mu_i (P_i' - P_0') \tag{3.1}$$

und

$$X = Y + \lambda (P_{m+1} - P_0), \tag{3.2}$$

wobei wir $\lambda := \lambda_{m+1}$ setzen. Liegt $Y$ auf der Verbindungsgeraden $g$ von $P_0$ und $P_{m+1}$, so gilt dasselbe für $X$ wegen (3.2). Dann ist aber

$$X' = P_0' + \mu (P_{m+1}' - P_0'),$$

und wir sind fertig. Sei also $Y \notin g$. Wegen $|K| \geq 3$ gibt es ein $\tau \in K \backslash \{0, -\lambda\}$. Wir setzen

$$A := P_0 + \tau (P_{m+1} - P_0), \quad B := \frac{\tau}{\tau + \lambda} Y + \frac{\lambda}{\tau + \lambda} A.$$

Wegen $Y \notin g$ ist $A \neq Y$. Die Punkte $A, Y, B$ sind kollinear und also auch die Punkte $A', Y', B'$. Es ist $P_0 \neq B$, da man sonst

$$Y = P_0 + \frac{\lambda}{\tau}(P_0 - A) \in g$$

hätte. Wegen

$$X = P_0 + \left(1 + \frac{\lambda}{\tau}\right)(B - P_0)$$

sind $P_0, B, X$ kollinear, also auch $P_0', B', X'$. Aus

$$B' = \alpha Y' + (1 - \alpha)A', \quad X' = \beta P_0' + (1 - \beta)B', \quad A' = P_0' + \varepsilon(P_{m+1}' - P_0')$$

mit passenden $\alpha, \beta, \varepsilon \in K$ folgt dann

$$X' - P_0' = \sum_{i=1}^{m} \alpha(1 - \beta)\mu_i(P_i' - P_0') + (1 - \alpha)(1 - \beta)\varepsilon(P_{m+1}' - P_0'),$$

wenn wir (3.1) berücksichtigen.

(b) Wir setzen $E := (0, \dots, 0)$ und

$$E_1 = (1, 0, \dots, 0), \quad E_2 = (0, 1, \dots, 0), \quad \dots, \quad E_n = (0, \dots, 0, 1).$$

Unsere Behauptung ist nun, daß es keine Hyperebene des $K^n$ gibt, die alle Punkte $E', E_1', \dots, E_n'$ enthält. Gäbe es nämlich doch eine solche Hyperebene $H$, so wollen wir $X' \in H$ für alle $X \in K^n$ beweisen: Für $X = (x_1, \dots, x_n)$ gilt

$$X - E = \sum_{i=1}^{n} x_i(E_i - E).$$

Mit (a) folgt hieraus

$$X' - E' = \sum_{i=1}^{n} \xi_i(E_i' - E')$$

mit passenden $\xi_i \in K$, d.h. $X' \in H$. Damit wäre $\gamma(K^n) \subseteq H$, was (ii) widerspricht.

(c) Wir setzen $E' =: (e_1, \dots, e_n)$ und

$$E_i' - E' =: (e_{i1}, \dots, e_{in}) \quad \text{für} \quad i = 1, \dots, n.$$

Wären

$$E_1' - E', \dots, E_n' - E'$$

linear abhängig, so sei $V$ der hiervon erzeugte Untervektorraum von $K^n$. Dann läge $E' + V$ in einer Hyperebene, was

$$E', E'_1, \ldots, E'_n \in E' + V$$

wegen (b) widerspricht. Also ist

$$D := \begin{pmatrix} e_{11} & \cdots & e_{1n} \\ \vdots & & \vdots \\ e_{n1} & \cdots & e_{nn} \end{pmatrix}$$

regulär. Die Kollineation

$$x \to x \cdot D + (e_1, \ldots, e_n)$$

sei mit $\delta$ bezeichnet. Anstelle von $\gamma$ arbeiten wir jetzt mit $\tau := \delta^{-1}\gamma$. Es gilt

(iii) Sind $X, Y, Z$ kollinear, so auch $\tau(X), \tau(Y), \tau(Z)$,

(iv) $\tau(K^n)$ liegt in keiner Hyperebene,

(v) $\tau(E) = E$, $\tau(E_i) = E_i$ für $i = 1, \ldots, n$.

Ein beliebiger Punkt $X = (x_1, \ldots, x_n)$ mit $x_n = 0$ hat die Darstellung

$$X - E = \sum_{i=1}^{n-1} x_i(E_i - E).$$

Mit (a) (hier $\tau$ anstelle von $\gamma$) gilt also

$$\tau(X) - E = \sum_{i=1}^{n-1} \xi_i(E_i - E)$$

mit passenden $\xi_i \in K$. Es ist also $\tau$, eingeschränkt auf

$$K^{n-1} := \left\{ (x_1, \ldots, x_n) \in K^n \mid x_n = 0 \right\},$$

injektive Abbildung von $K^{n-1}$ in $K^{n-1}$, die entsprechenden Eigenschaften zu (i), (ii) genügt. Dies bedeutet wegen der Induktionsvoraussetzung und wegen $\tau(E) = E$, $\tau(E_i) = E_i$ für $i = 1, \ldots, n - 1$

$$\tau(x_1, \ldots, x_{n-1}, 0) = (\alpha(x_1), \ldots, \alpha(x_{n-1}), 0) \qquad (3.3)$$

mit passendem Automorphismus $\alpha : K \to K$. Ist $i$ eine feste ganze Zahl mit $1 \leq i \leq n - 1$ und hätten wir den $K^{n-1}$ durch

$$\left\{ (x_1, \ldots, x_n) \in K^n \mid x_i = 0 \right\}$$

repräsentiert, so hätten wir eine zu (3.3) entsprechende Formel bekommen, allerdings mit demselben Automorphismus $\alpha$, da $n - 1 \geq 2$ ist und (etwa im Falle $n = 3$ und $i = 1$) doch

$$(0, \beta(x_2), 0) = \tau(0, x_2, 0) = (0, \alpha(x_2), 0)$$

für alle $x_2 \in K$ auf $\beta = \alpha$ führt.

(d) Ist also $A =: (a_1, \ldots, a_n) \in K^n$ gegeben mit $\prod_{i=1}^n a_i = 0$, so gilt

$$\tau(a_1, \ldots, a_n) = (\alpha(a_1), \ldots, \alpha(a_n)).$$

Sei nun $\prod_{i=1}^n a_i \neq 0$. Im Falle $|K| = 3$ ist $\alpha = id$. In jeder Hyperebene $x_i = 0$ ist also $\tau$ die identische Abbildung. Jede Gerade von $K^n$ enthält genau drei verschiedene Punkte, so auch die Gerade

$$(-a_1, 0, \ldots, 0), \quad A, \quad (0, -a_2, \ldots, -a_n),$$

die unter $\tau$ festbleibt, da ihre von $A$ verschiedenen Punkte unverändert bleiben. Da $\tau$ injektiv ist, folgt also $\tau(A) = A$. — Wir kommen zum Fall $|K| > 3$. Seien dann $a_1, p_1, p_2, 0$ verschiedene Elemente von $K$ und sei

$$P_i \quad := \quad (p_i, 0, \ldots, 0),$$

$$Q_i \quad := \quad \left(0, \frac{a_2 p_i}{p_i - a_1}, \ldots, \frac{a_n p_i}{p_i - a_1}\right)$$

für $i = 1, 2$. Es sind $P_1, A, Q_1$ und $P_2, A, Q_2$ jeweils kollinear. Aus

$$\tau(A) \in [\tau(P_1)\tau(Q_1)] \cap [\tau(P_2)\tau(Q_2)] = \{(\alpha(a_1), \ldots, \alpha(a_n))\}$$

folgt dann

$$\tau(A) = (\alpha(a_1), \ldots, \alpha(a_n)).$$

Mit $\gamma = \delta\tau$ ist schließlich

$$\gamma(x) = (\alpha(x_1), \ldots, \alpha(x_n))D + (e_1, \ldots, e_n)$$

mit $|D| \neq 0$.                                                                                      □

Sei $V$ Vektorraum über dem kommutativen Körper $K$. Der *projektive Raum* $\Pi(V)$ über $V$ wird dann so erklärt: Seine *Punkte* bzw. *Geraden* sind die ein- bzw. zweidimensionalen Untervektorräume von $V$. Allgemein heißt ein $(\nu+1)$-dimensionaler Untervektorraum von $V$ ein $\nu$-dimensionaler projektiver Teilraum von $\Pi(V)$. Die projektiven Teilräume $S, T$ werden miteinander *inzident* genannt, wenn $S \subseteq T$ oder $T \subseteq S$ gilt. Ist $P$ Punkt, ist $g \supseteq P$ Gerade, so schreiben wir gelegentlich auch $P \in g$. Die Blockverwandtschaften der Menge der Punkte von $\Pi(V)$ mit den Geraden als Blöcken heißen Kollineationen von $\Pi(V)$. Man zeigt leicht, daß zwei verschiedene Punkte mit genau einer Geraden inzidieren und daß jede Gerade mindestens drei verschiedene Punkte enthält. Wir beweisen nun den folgenden Satz

**A.3.2**: *Sei $K$ kommutativer Körper, sei $n \in I\!N \backslash \{1\}$. Wir betrachten dann den projektiven Raum $\Pi^n(K) := \Pi(K^{n+1})$, dessen $(n-1)$-dimensionale projektive Teilräume Hyperebenen heißen. Sei $I\!P$ die Menge aller Punkte von $\Pi^n(K)$ und sei $\gamma : I\!P \to I\!P$ injektive Abbildung, die den folgenden Bedingungen genügt*

*(i) Sind $X, Y, Z$ kollinear, so auch $\gamma(X), \gamma(Y), \gamma(Z)$,*

*(ii) $\gamma(I\!P)$ liegt in keiner Hyperebene.*

*Dann gibt es einen Monomorphismus $\alpha : K \to K$, und es gibt eine Matrix*

$$A = \begin{pmatrix} a_{11} & \cdots & a_{1,n+1} \\ \vdots & & \vdots \\ a_{n+1,1} & \cdots & a_{n+1,n+1} \end{pmatrix}$$

*mit $|A| \neq 0$ und*

$$\gamma[K(x_1, \ldots, x_{n+1})] = K(\alpha(x_1), \ldots, \alpha(x_{n+1}))\, A.$$

**Beweis:** (a) Wir beginnen mit dem Fall $n = 2$. Sind $P, Q, R$ nicht kollineare Punkte des $\Pi^2(K)$, so können auch $\gamma(P), \gamma(Q), \gamma(R)$ nicht kollinear sein: Angenommen, die Punkte $\gamma(P), \gamma(Q), \gamma(R)$ lägen alle auf der Geraden $g$. Sei dann

$$X \notin PQ \cup QR \cup RP$$

ein sonst beliebiger Punkt von $\Pi^2(K)$. Sei

$$S \in PX \cap QR.$$

Dann gilt
$$\gamma(X) \in \gamma(P)\gamma(S) \subseteq g,$$

und $\gamma(I\!P)$ wäre kollinear im Widerspruch zu (ii). — Die Punkte

$$E_1 := K(1,0,0), \ E_2 := K(0,1,0), \ E_3 := K(0,0,1), \ E := K(1,1,1)$$

sind zu je dreien nicht kollinear, was sich also auf ihre Bilder unter $\gamma$ überträgt. Daher können wir Elemente $a_{ij}$ $(i, j \in \{1, 2, 3\})$ aus $K$ so wählen, daß gilt

$$\gamma(E_i) \quad = \quad K(a_{i1}, a_{i2}, a_{i3}) \text{ für } i = 1, 2, 3,$$

$$\gamma(E) \quad = \quad K\left(\sum_{i=1}^{3} a_{i1}, \sum_{i=1}^{3} a_{i2}, \sum_{i=1}^{3} a_{i3}\right).$$

Mit

$$A \quad := \quad \begin{pmatrix} a_{11} & a_{12} & a_{13} \\ a_{21} & a_{22} & a_{23} \\ a_{31} & a_{32} & a_{33} \end{pmatrix},$$

$$\delta[K(x_1, x_2, x_3)] \quad := \quad K(x_1, x_2, x_3) \cdot A,$$

$$\sigma' \quad := \quad \delta^{-1}\gamma$$

gilt dann $|A| \neq 0$ und $\sigma'(E) = E$ und $\sigma'(E_i) = E_i$ für $i = 1, 2, 3$. Im Falle $|K| = 2$ enthält jede Gerade genau drei verschiedenen Punkte, und es gilt dort

$$\mathbb{P} = \{E, E_1, E_2, E_3, K(1, 1, 0), K(1, 0, 1), K(0, 1, 1)\}.$$

Die Injektivität von $\sigma'$ und Aussagen wie

$$\{K(1, 1, 0)\} = E_1E_2 \cap EE_3 = \sigma'(E_1)\sigma'(E_2) \cap \sigma'(E)\sigma'(E_3) \ni \sigma'[K(1, 1, 0)]$$

bewirken dann $\sigma' = \mathrm{id}$, d.h. $\gamma = \delta$. — Im Falle $|K| \geq 3$ gehen wir den Beweis des 1. Teiles des Satzes von Schaeffer unter jetzt stärkeren Voraussetzungen hindurch, um für alle Punkte $K(x, y, z) \in \Delta'$ (s. Abschnitt 2, Kapitel 3)

$$\sigma'[K(x, y, z)] = K(\alpha(x), \alpha(y), \alpha(z)) \tag{3.4}$$

einzusehen, wobei $\alpha : K \to K$ Monomorphismus von $K$ ist. (3.4) läßt sich dann aber auch sofort auf ganz $\mathbb{P}$ übertragen, was A.3.2 für $n = 2$ beweist.

(b) Wir wollen nun den Satz A.3.2 für vorgegebenes $n \in \mathbb{N}$ beweisen, wobei wir annehmen, daß er für $n - 1$ mit $n - 1 \geq 2$ gilt. Sind

$$P_1, \ldots, P_n, P_{n+1}$$

Punkte von $\Pi^n(K)$, die nicht gemeinsam einer Hyperebene angehören, so gilt dasselbe für ihre Bilder: Angenommen, die eindimensionalen Untervektorräume $\gamma(P_i)$ $(i = 1, \ldots, n + 1)$ von $K^{n+1}$ lägen alle in dem $n$–dimensionalen Untervektorraum $V$. Sei $X \in \mathbb{P}$, $X = Kx$. Sei

$$P_i = Kp_i \quad (i = 1, \ldots, n + 1).$$

In $x = \sum\limits_{i=1}^{n+1} \alpha_i p_i$ führen wir nur die Summanden mit $\alpha_i \neq 0$ auf,

$$x = \sum_{\nu=1}^{m} \alpha_{i_\nu} p_{i_\nu}.$$

Dann ist

$$
\begin{aligned}
S_1 &:= Ks_1 \in P_{i_1} P_{i_2} && \text{für} && s_1 &&:= \alpha_{i_1} p_{i_1} + \alpha_{i_2} p_{i_2}, \\
S_2 &:= Ks_2 \in S_1 P_{i_3} && \text{für} && s_2 &&:= s_1 + \alpha_{i_3} p_{i_3}, \\
&\ldots \\
S_{m-1} &:= Ks_{m-1} \in S_{m-2} P_{i_m} && \text{für} && s_{m-1} &&:= s_{m-2} + \alpha_{i_m} p_{i_m}.
\end{aligned}
$$

Da $\gamma$ kollineare Lage erhält, folgt

$$\gamma(S_i) \subseteq V \text{ für } i = 1, \ldots, m-1,$$

d.h. $\gamma(X) \subseteq V$ wegen $X = S_{m-1}$. Also wäre $\gamma(\mathrm{IP}) \subseteq V$, was (ii) widerspricht.

Sei

$$E_1 := K(1, 0, \ldots, 0),\ E_2 := K(0, 1, 0, \ldots, 0),\ \ldots,\ E_{n+1} := K(0, \ldots, 0, 1)$$

und

$$E := K(1, 1, \ldots, 1).$$

Keine $n+1$ dieser Punkte liegen in einer Hyperebene. Also gilt Analoges für die Bilder unter $\gamma$. Wie im Falle $n = 2$ wählen wir dann $a_{ij}$ $(i, j \in \{1, \ldots, n+1\})$ aus $K$ derart, daß gilt

$$\gamma(E_i) = K(a_{i1}, \ldots, a_{in}, a_{i,n+1})$$

für $i = 1, \ldots, n+1$, und

$$\gamma(E) = K\left( \sum_{i=1}^{n+1} a_{i1}, \ldots, \sum_{i=1}^{n+1} a_{i,n+1} \right).$$

Mit

$$
A := \begin{pmatrix} a_{11} & \cdots & a_{1,n+1} \\ \vdots & & \vdots \\ a_{n+1,1} & \cdots & a_{n+1,n+1} \end{pmatrix},
$$

$$
\begin{aligned}
\delta[K(x_1, \ldots, x_{n+1})] &:= K(x_1, \ldots, x_{n+1}) \cdot A, \\
\sigma' &:= \delta^{-1} \gamma
\end{aligned}
$$

folgt dann $|A| \neq 0$ und

$$\sigma'(E) = E, \ \sigma'(E_i) = E_i \text{ für } i = 1, \ldots, n+1.$$

(c) Für $j \in \{1, \ldots, n+1\}$ betrachten wir die Hyperebene

$$\mathbb{P}_j := \Big\{ K(x_1, \ldots, x_{n+1}) \in \mathbb{P} \ \Big| \ x_j = 0 \Big\}.$$

Es gilt $\sigma'(\mathbb{P}_j) \subseteq \mathbb{P}_j$: Ist $X = Kx \in \mathbb{P}_j$, ist $E_i =: Ke_i$ und

$$x = \sum_{\substack{i=1 \\ i \neq j}}^{n+1} \alpha_i e_i,$$

so erhalten wir wie unter (b), daß $X$ derjenigen Hyperebene angehört, die alle Punkte $E_i, i \in \{1, \ldots, n+1\}\setminus\{j\}$, enthält. Also liegt $\sigma'(X)$ in der Hyperebene, die alle $\sigma'(E_i) = E_i, i \neq j$, umfaßt. Also ist $\sigma'(X) \in \mathbb{P}_j$.

(d) Für $j \in \{1, \ldots, n+1\}$ ist auch $K(a_1, \ldots, a_{n+1})$ mit $a_j = 0$ und $a_i = 1$ für $i \neq j$ Fixpunkt unter $\sigma'$: Dies folgt aus

$$\begin{aligned} \{K(a_1, \ldots, a_{n+1})\} &= EE_j \cap \mathbb{P}_j \\ &\supseteq [\sigma'(E)\sigma'(E_j)] \cap \sigma'(\mathbb{P}_j) \ni \sigma'[K(a_1, \ldots, a_{n+1})]. \end{aligned}$$

(e) Sei $j \in \{1, \ldots, n+1\}$ fest. Betrachten wir dann den $\Pi^{n-1}(K)$ mit der Punktmenge $\mathbb{P}_j$, so gilt dort nach Induktionsnahme A.3.2, d.h.

$$\sigma'[K(x_1, \ldots, x_n)] = K(\alpha(x_1), \ldots, \alpha(x_{n+1})). \tag{3.5}$$

Wegen $n \geq 3$ hängt dabei der Monomorphismus $\alpha$ nicht von $j$ ab (vgl. die Schlußbemerkung von (c) im Beweis von A.3.1).

(f) Gegeben nun $X = K(x_1, \ldots, x_{n+1})$ mit $\prod_i x_i \neq 0$. Sei

$$P := K(0, x_2, \ldots, x_{n+1}), \quad Q := K(x_1, 0, x_3, \ldots, x_{n+1}).$$

Dann gilt

$$\{X\} = E_1 P \cap E_2 Q. \tag{3.6}$$

Mit $\sigma'(E_i) = E_i$ für $i = 1, 2$ und

$$\begin{aligned} \sigma'(P) &= K\big(0, \alpha(x_2), \ldots, \alpha(x_{n+1})\big), \\ \sigma'(Q) &= K\big(\alpha(x_1), 0, \alpha(x_3), \ldots, \alpha(x_{n+1})\big) \end{aligned}$$

folgt dann aus (3.6)

$$\sigma'(X) = K\left(\alpha(x_1), \ldots, \alpha(x_{n+1})\right).$$

Mit $\gamma = \delta\sigma'$ beweist dies A.3.2. $\qquad\Box$

**Bemerkung 1**: Trivialerweise sind auch umgekehrt die in A.3.1, A.3.2 erhaltenen Abbildungen injektive Abbildungen, die den jeweiligen Eigenschaften (i), (ii) genügen. Wir wollen nun zeigen, daß der Satz A.3.1 nicht in der folgenden Form verbessert werden kann: Unter den Annahmen streiche man, daß jeder Monomorphismus $\alpha : K \to K$ von $K$ surjektiv ist; in der Behauptung ersetze man Automorphismus durch Monomorphismus und streiche dort die Bijektivitätsaussage für $\gamma$. In der Tat! Sei $\alpha$ ein nicht surjektiver Monomorphismus des Körpers $K$ und seien $a_1, \ldots, a_n$ Elemente von $K \setminus \{0\}$ mit

$$\sum_{i=1}^{n} \alpha(x_i) \cdot a_i \neq -1 \tag{3.7}$$

für alle $x_1, \ldots, x_n \in K$. (Liegt $t \in K$ nicht im Bild von $\alpha$, so sind etwa

$$a_1 = \ldots = a_n := -\frac{1}{t}$$

passende Elemente.) Wegen (3.7) sind alle $a_i \neq -1$. Dann ist

$$\hat{\gamma} : K(x_1, \ldots, x_{n+1}) \to K\left(\alpha(x_1), \ldots, \alpha(x_{n+1})\right) \cdot A$$

mit $A = (a_{ij})$ und

$$a_{ij} = \begin{cases} 1 + a_i & i = j \\ a_i & \text{für} \quad i < j = n+1 \\ 0 & \text{sonst} \end{cases}$$

eine injektive Abbildung der Menge $\mathbb{P}$ der Punkte von $\Pi^n(K)$ in sich, die (i) und (ii) von A.3.2 genügt. In $\mathbb{P}$ interessieren uns jetzt nur die Punkte

$$K(\xi_1, \ldots, \xi_{n+1})$$

mit $\xi_{n+1} \neq 0$. Wir können diese Punkte durch

$$(x_1, \ldots, x_n, 1)$$

mit $x_i \xi_{n+1} = \xi_i$ charakterisieren, d.h. kürzer durch $(x_1, \ldots, x_n) \in K^n$. Offenbar kommt auch umgekehrt jedes $(x_1, \ldots, x_n) \in K^n$ von einem Punkt aus $\mathbb{P}$ in der beschriebenen Weise, nämlich von

$$K(x_1, \ldots, x_n, 1).$$

Ist $g$ (projektive) Gerade von $\Pi^n(K)$ mit $g \cap K^n \neq \emptyset$, so ist $g \cap K^n$ (affine) Gerade des $K^n$ (s. Def. zu Beginn von 3.3). Jede Gerade des $K^n$ kann so dargestellt werden. Sei nun $\gamma$ die Einschränkung von $\hat{\gamma}$ auf $K^n$. Offenbar ist

$$\gamma : K(x_1, \ldots, x_n, 1) \rightarrow K(\alpha(x_1), \ldots, \alpha(x_n), 1)A,$$

d.h. es ist

$$\gamma(x_1, \ldots, x_n) =: (y_1, \ldots, y_n) \tag{3.8}$$

mit

$$y_i = \frac{\alpha(x_i) \cdot (1 + a_i)}{1 + \sum_{i=1}^{n} \alpha(x_i) \cdot a_i} \tag{3.9}$$

für $i = 1, \ldots, n$. Es ist also $\gamma$ in der Tat eine injektive Abbildung von $K^n$ in sich wegen (3.7), die aufgrund von

$$\gamma = \hat{\gamma} | K^n$$

kollineare Lage erhält und auch (ii) von A.3.1 genügt. Wir müssen nun zeigen, daß (3.8) mit (3.9) nicht die Gestalt

$$\varepsilon(x_1, \ldots, x_n) = (\beta(x_1), \ldots, \beta(x_n)) B + t$$

hat mit Monomorphismus $\beta : K \rightarrow K$ und regulärer Matrix B. Angenommen doch! $\gamma$ läßt $0, (1, 0, \ldots, 0) \in K^n$ fest usf.; das bedeutet

$$\varepsilon(x_1, \ldots, x_n) = (\beta(x_1), \ldots, \beta(x_n))$$

und also

$$\beta(x_i) \cdot \left[1 + \sum_{i=1}^{n} \alpha(x_i) \cdot a_i\right] = \alpha(x_i) \cdot (1 + a_i) \tag{3.10}$$

für alle $i = 1, \ldots, n$ und alle $(x_1, \ldots, x_n) \in K^n$. Schreiben wir (3.10) im Falle $i = 1$ und $(x_1, \ldots, x_n) = (1, 1, 0, \ldots, 0)$ auf, so erhalten wir $a_2 = 0$, was nicht sein sollte.

**Bemerkung 2:**  Wir wollen zeigen, daß es genau $2^{\aleph}$ viele Monomorphismen $\alpha : \mathbb{C} \rightarrow \mathbb{C}$ des Körpers $\mathbb{C}$ der komplexen Zahlen gibt, die nicht surjektiv sind, die also keine Automorphismen von $\mathbb{C}$ darstellen. Da die Mächtigkeit der Menge aller Abbildungen $f : \mathbb{C} \rightarrow \mathbb{C}$ durch $2^{\aleph}$ gegeben ist, brauchen wir also nur zu zeigen, daß es wenigstens $2^{\aleph}$ viele nicht surjektive Monomorphismen $\alpha : \mathbb{C} \rightarrow \mathbb{C}$ gibt. Sei $B$ eine Transzendenzbasis von $\mathbb{C}$ über dem Körper $\mathbb{Q}$ der rationalen

Zahlen. Die Mächtigkeit von $B$ ist $\aleph$. Sei $b \in B$ und sei $B_0 := B \backslash \{b\}$. Sei $\beta : B \to B_0$ Bijektion. Dann kann $\beta$ zu einem Isomorphismus

$$\beta_1 : \mathbb{Q}(B) \to \mathbb{Q}(B_0)$$

erweitert werden (mit also $\beta = \beta_1|B$), wobei etwa $\mathbb{Q}(B)$ den Durchschnitt aller Unterkörper von $\mathbb{C}$ bezeichnet, die $B$ enthalten. Nun kann $\beta_1$ zu einem Isomorphismus

$$\beta_2 : \overline{\mathbb{Q}(B)} \to \overline{\mathbb{Q}(B_0)}$$

erweitert werden, wobei etwa $\overline{\mathbb{Q}(B)}$ den algebraischen Abschluß von $\mathbb{Q}(B)$ bezeichnet. Es ist $\overline{\mathbb{Q}(B)} = \mathbb{C}$ und $b_0 \in \mathbb{C} \backslash \overline{\mathbb{Q}(B_0)}$. Also ist $\beta_2$ ein nicht surjektiver Monomorphismus von $\mathbb{C}$. Da es $2^{\aleph}$ viele Bijektionen $\beta : B \to B_0$ gibt und da $\beta_2|B = \beta$ ist, gibt es also wenigstens $2^{\aleph}$ viele nicht surjektive Monomorphismen $\alpha : \mathbb{C} \to \mathbb{C}$.

**Bemerkung 3**: Im Zusammenhang der Abschnitte 2 und 3 des Kapitels 3 verweisen wir auch auf D.S. Carter, A. Vogt [1] und auch auf F. Radó [1].

## 3.4 Dilatationen

Es seien $K$ ein kommutativer Körper und $X$ ein Vektorraum über $K$. Charakterisiert werden sollen in diesem Abschnitt Abbildungen

$$f(x) = \lambda x + t \tag{4.1}$$

von $X$ in sich mit $\lambda \in K$ und $t \in X$, die *Dilatationen* von $X$ heißen. Hat die Abbildung $f$ von (4.1) einen Fixpunkt $x_0 \in X$, so gilt $f = id$ oder aber $\lambda \neq 1$ und

$$x_0 = \frac{1}{1 - \lambda} \cdot t.$$

Ist $f$ fixpunktfrei, oder ist $f = id$, so heißt $f$ *Translation*.

**A.4.1**: *Bezeichne $k > 0$ eine feste reelle Zahl, und sei $X$ ein reeller normierter Vektorraum mit $\dim X \geq 3$. Eine Abbildung $f : X \to X$ mit*

$$\forall_{x,y \in X} \ \| x - y \| = k \Rightarrow \ x - y, \ f(x) - f(y) \ \text{linear abhängig} \tag{4.2}$$

*ist dann notwendigerweise Dilatation von $X$.*

**Bemerkung 1**: In Artin [1] sind Dilatationen (im ebenen Fall) als Abbildungen $f$ eingeführt, für die die Verbindungsgeraden $xy, f(x)f(y)$ stets parallel sind.

Wir hingegen fordern die Parallelität nur noch in den Fällen $\| x - y \| = k$. — Sei $\Delta$ die Menge der Dilatationen (4.1) mit $\lambda \neq 0$. Es ist dann $\Delta$ eine Gruppe von Blockverwandtschaften des Blockraumes $(X, \mathbb{B})$ mit

$$\mathbb{B} := \{ b(a, v) \mid a, v \in X \text{ und } v \neq 0 \},$$

wobei

$$b(a, v) := \{ a + \lambda v \mid \lambda \in K \}$$

gesetzt ist. Hier sind also die $b(a, v)$ die (affinen) Geraden von $X$. Zum Randfall $X = \mathbb{R}^2$: Legen wir hier als Norm die euklidische Norm

$$\| (x_1, x_2) \|^2 = x_1^2 + x_2^2$$

zugrunde, so gilt A.4.1 nicht mehr. In der Tat! Sei $B$ Transzendenzbasis von $\mathbb{R}$ über $\mathbb{Q}$, die die feste reelle Zahl $k_0 > 0$ enthalten möge, falls $k_0$ transzendent ist. $b \neq k_0$ sei ein Element von $B$ und $B_0$ sei durch $B \backslash \{b\}$ definiert. Sei $F := \mathbb{R} \cap \mathbb{Q}(B_0)$ (vgl. Bemerkung 2 von Abschnitt 3). Dann gibt es eine Derivation $d : \mathbb{R} \to \mathbb{R}$ mit $d(b) = 1$ und $d(x) = 0$ für alle $x \in F$. Dann ist

$$f(x_1, x_2) := (d(x_2), -d(x_1)) \tag{4.3}$$

keine Dilatation; (4.2) gilt aber für alle Elemente $k \in F$ und damit insbesondere für $k_0$. Damit ist die Abbildung $f$ von (4.3) einer Dilatation sehr nahe; denn würde (4.2) für alle $k \in \mathbb{R}$ gelten, so müßte $f$ Dilatation sein.

**Beweis von A.4.1:** (a) Wir können ohne Einschränkung $k = 1$ annehmen; im Falle $k \neq 1$ würden wir nämlich einfach in $X$ mit der neuen Norm

$$\| x \|_{\text{neu}} := \frac{1}{k} \| x \|$$

arbeiten, für die $\| x - y \|_{\text{neu}} = 1$ genau dann gilt, wenn $\| x - y \| = k$ ist.

(b) Zu $x, y \in X \backslash \{0\}$ existieren Elemente

$$a_1, \ldots, a_n, a_{n+1}, \ldots, a_{n+m} \in S := \left\{ z \in X \mid \| z \| = 1 \right\}$$

mit

(i) $n, m \in \mathbb{N}$,

(ii) $a_\nu, a_\mu$ sind linear unabhängig für alle $\nu \neq \mu$ mit $\nu, \mu \in \{1, \ldots, n+m\}$,

(iii) $x = a_1 + \ldots + a_n$ und $y = a_{n+1} + \ldots + a_{n+m}$.

Zum Beweis dieser Behauptung nehmen wir endlich viele reelle Zahlen $\gamma_1, \ldots, \gamma_r$ mit $\gamma_1 = 0$, $\gamma_r = 1$ und

$$0 < \gamma_{i+1} - \gamma_i < \frac{2}{\| x \|}$$

für $i = 1, \ldots, r - 1$. Dann gilt $\gamma_1 x = 0$, $\gamma_r x = x$ und

$$\| \gamma_{i+1} x - \gamma_i x \| < 2$$

für $i = 1, \ldots, r - 1$. Seien ebenso $\delta_1, \ldots, \delta_s$ reelle Zahlen mit $\delta_1 = 0$, $\delta_s = 1$ und

$$0 < \delta_{i+1} - \delta_i < \frac{2}{\| y \|}$$

für $i = 1, \ldots, s - 1$. Hier gilt $\delta_1 y = 0$, $\delta_s y = y$ und

$$\| \delta_{i+1} y - \delta_i y \| < 2$$

für $i = 1, \ldots, s - 1$. Seien $z, z' \in X$ so gewählt, daß $x, z, z'$ linear unabhängig sind: Wegen $\dim X \geq 3$ existieren solche Elemente. Sind $x, y$ linear unabhängig, so sei $z' = y$ gewählt. Mit dem oben eingeführten $r$ seien $\rho_1, \ldots, \rho_{r-1}$ paarweise verschiedene reelle Zahlen. Wir setzen

$$V_i := \operatorname{span} \{x, z + \rho_i(z' - x)\}, \ i = 1, \ldots, r - 1,$$

wobei span $M$ den kleinsten Untervektorraum von $X$ bezeichnet, der $M \subseteq X$ umfaßt. Alle $V_i$ haben die Dimension 2, und es gilt

$$V_i \cap V_j = \operatorname{span} \{x\} \ \text{für} \ i \neq j.$$

Wegen A.5.2, Kapitel 2, gibt es zu $p \in V_i$ mit $\| p \| < 1$ ein $q \in V_i$ mit

$$\| p - q \| = 1 = \| p + q \|.$$

Ein solches $q \in V_i$ nehmen wir bezüglich

$$p := \frac{1}{2} (\gamma_{i+1} x - \gamma_i x) \in V_i.$$

Wir setzen dann

$$t_i := q + \frac{1}{2} (\gamma_i + \gamma_{i+1}) x \in V_i$$

und haben

$$\| t_i - \gamma_i x \| = 1 = \| \gamma_{i+1} x - t_i \|.$$

Wir definieren nun $a_1, \ldots, a_n$ in dieser Reihenfolge durch

$$t_1 - \gamma_1 x, \ \gamma_2 x - t_1, \ \ldots, \ t_{r-1} - \gamma_{r-1} x, \ \gamma_r x - t_{r-1}.$$

Diese Elemente sind paarweise linear unabhängig. Dies ist klar für das Paar

$$t_i - \gamma_i x \quad \text{und} \quad \gamma_{i+1} x - t_i.$$

Es gilt wegen $V_i \neq V_j$ für $i \neq j$ auch für die anderen Paare. Wir beachten noch

$$x = a_1 + \ldots + a_n.$$

Mit der früher eingeführten Zahl $s$ wählen wir jetzt paarweise verschiedene und zweidimensionale Untervektorräume

$$W_1, \ldots, W_{s-1}$$

von $X$ mit $y \in W_j$ für $j = 1, \ldots, s - 1$ und

$$W_j \neq \text{span } \{y, a_i\} \tag{4.4}$$

für alle $i \in \{1, \ldots, n\}$ und alle $j \in \{1, \ldots, s - 1\}$ : Natürlich gehen durch $y$ unendlich viele verschiedene zweidimensionale Untervektorräume von $X$; davon sind $s-1$ viele auszuwählen, wobei diese noch verschieden von den endlich vielen Räumen span $\{y, a_i\}$ zu nehmen sind. — Wegen (4.4) gilt

$$a_i \notin W_j$$

für alle $i = 1, \ldots, n$ und $j = 1, \ldots, s - 1$, da $y, a_i$ linear unabhängig sind für $i = 1, \ldots, n$. (Im Falle $a_i = t_\nu - \gamma_\nu x = \alpha y$ und $z' = y$ etwa hätte man

$$t_\nu = \mu x + \sigma \cdot [z + \rho_\nu (y - x)]$$

wegen $t_\nu \in V_\nu$, d.h. man hätte $\sigma = 0$, $\alpha = 0$, $\mu = \gamma_\nu$. Aber $t_\nu - \gamma_\nu x = 0$ widerspricht $\| a_i \| = 1$. — Im Falle $a_i = t_\nu - \gamma_\nu x = \alpha y$ und $y = \varphi x$ etwa hätte man $t_\nu = \kappa x$, d.h. $p = \varepsilon x$ und $q = \delta x$. Aus $|\varepsilon + \delta| = |\varepsilon - \delta|$ folgt aber $p = 0$ oder $q = 0$, was nicht stimmt.) Wegen A.5.2, Kapitel 2, gibt es zu

$$P := \frac{1}{2}(\delta_{j+1} y - \delta_j y) \in W_j$$

ein $Q \in W_j$ mit $\| P - Q \| = 1 = \| P + Q \|$. Wir setzen

$$T_j := Q + \frac{1}{2}(\delta_j + \delta_{j+1})y \in W_j$$

und haben

$$\| T_j - \delta_j y \| = 1 = \| \delta_{j+1} y - T_j \|.$$

Die $a_{n+1}, \ldots, a_{n+m}$ seien in dieser Reihenfolge durch

$$T_1 - \delta_1 y, \; \delta_2 y - T_1, \; \ldots, \; T_{s-1} - \delta_{s-1} y, \; \delta_s y - T_{s-1}$$

definiert. Sie sind paarweise linear unabhängig, und ihre Summe ist $y$. Wären schließlich $a_i$ und $a_{n+j}$ linear abhängig mit $i \in \{1, \ldots, n\}$ und $j \in \{1, \ldots, m\}$, so wäre

$$\text{span } \{y, a_i\} = \text{span } \{y, a_{n+j}\},$$

was nicht geht, da die rechte Seite ein $W_l$ ist.

(c) $\varphi(x) := f(x) - f(0)$ ist additiv, d.h. es gilt $\varphi(x + y) = \varphi(x) + \varphi(y)$ für alle $x, y \in X$. Zum Beweis dieser Aussage betrachten wir zunächst Elemente

$$P_1, \ldots, P_k \in S := \left\{ z \in X \,\middle|\, \| z \| = 1 \right\}$$

mit der Eigenschaft, daß je zwei von ihnen mit verschiedenem Index linear unabhängig sind. Durch Induktion wollen wir dann

$$\varphi\left(\sum_{\lambda=1}^{k} P_\lambda\right) = \sum_{\lambda=1}^{k} \varphi(P_\lambda) \tag{4.5}$$

beweisen: Der Fall $k = 1$ ist trivial. Zum Fall $k = 2$: Aus $\| P_i - 0 \| = 1$ für $i = 1, 2$ folgt mit (4.2)

$$\varphi(P_i) = f(P_i) - f(0) = a_i(P_i - 0) \tag{4.6}$$

für $i = 1, 2$ mit passenden $a_i \in \mathbb{R}$. Aus

$$\| (P_1 + P_2) - P_i \| = 1 \quad \text{für} \quad i = 1, 2$$

folgt mit (4.2)

$$\varphi(P_1 + P_2) - \varphi(P_i) = b_i \left((P_1 + P_2) - P_i\right) \tag{4.7}$$

für $i = 1, 2$ mit passenden $b_i \in \mathbb{R}$. (4.6) und (4.7) ergeben

$$(b_1 - a_2)P_2 = \varphi(P_1 + P_2) - \varphi(P_1) - \varphi(P_2) = (b_2 - a_1)P_1.$$

Da $P_1, P_2$ linear unabhängig sind, folgt $b_1 - a_2 = 0$ und $b_2 - a_1 = 0$, d.h. es folgt (4.5) für $k = 2$. Wir nehmen nun an, daß (4.5) für $k \geq 2$ richtig ist, und wir wollen zeigen, daß dann (4.5) auch für $k + 1$ gilt. Aus

$$\left\| \sum_{\nu=1}^{k+1} P_\nu - \sum_{\substack{\nu=1 \\ \nu \neq i}}^{k+1} P_\nu \right\| = 1$$

folgt

$$\varphi\left(\sum_{\nu=1}^{k+1} P_\nu\right) - \varphi\left(\sum_{\substack{\nu=1 \\ \nu \neq i}}^{k+1} P_\nu\right) = c_i P_i \tag{4.8}$$

für $i = 1, \ldots, k+1$ und passenden $c_i \in \mathbb{R}$. Weiterhin gilt

$$\varphi(P_i) = d_i P_i \tag{4.9}$$

für $i = 1, \ldots, k+1$ und passenden $d_i \in \mathbb{R}$. Aus (4.8), (4.9) und der Induktionsannahme folgt

$$\varphi\left(\sum_{\nu=1}^{k+1} P_\nu\right) - \sum_{\nu=1}^{k+1} \varphi(P_\nu) = (c_i - d_i)P_i.$$

Benutzen wir diese Gleichung für $i = 1$ und $i = 2$, so erhalten wir $c_1 - d_1 = 0 = c_2 - d_2$, da $P_1, P_2$ linear unabhängig sind. Also gilt (4.5) auch für $k+1$ Summanden. —

Die Aussage (c) trifft zu für $x = 0$ oder $y = 0$. Sei also $x, y \in X \backslash \{0\}$. Also existieren nach (b) paarweise linear unabhängige Elemente

$$a_1, \ldots, a_n, a_{n+1}, \ldots, a_{n+m}$$

mit $\| a_\nu \| = 1$ für $\nu = 1, \ldots, n + m$ und

$$x = a_1 + \ldots + a_n, \quad y = a_{n+1} \ldots + a_{n+m}.$$

Also gilt nach (4.5)

$$\varphi(x + y) = \sum_{\nu=1}^{n+m} \varphi(a_\nu) = \sum_{\nu=1}^{n} \varphi(a_\nu) + \sum_{\mu=1}^{m} \varphi(a_{n+\mu}) = \varphi(x) + \varphi(y).$$

(d) Es existiert eine Funktion $h : X \to \mathbb{R}$ mit $\varphi(x) = h(x) \cdot x$ für alle $x \in X$. Zum Beweis dieser Aussage sei $x \neq 0$ ein Element von $X$. Es seien weiterhin $V \neq W$ Untervektorräume von $X$, beide von der Dimension 2, beide $x$ enthaltend. Schließlich betrachten wir Elemente

$$c_1, \ldots, c_n \quad \in \quad V \cap S,$$
$$d_1, \ldots, d_m \quad \in \quad W \cap S$$

mit $S := \left\{ z \in X \mid \| z \| = 1 \right\}$ und

$$\sum_{\nu=1}^{n} c_\nu = x = \sum_{\mu=1}^{m} d_\mu.$$

Aus $z \in S$ folgt $\varphi(z) = f(z) - f(0) = g(z) \cdot (z - 0)$ nach (4.2) mit passendem $g(z) \in \mathbb{R}$. Mit (c) gilt dann

$$\begin{aligned}
\varphi(x) &= \sum \varphi(c_\nu) &= \sum g(c_\nu) \cdot c_\nu, \\
\varphi(x) &= \sum \varphi(d_\mu) &= \sum g(d_\mu) \cdot d_\mu,
\end{aligned}$$

d.h.

$$\varphi(x) \in V \cap W = \text{span } \{x\}.$$

(e) Es existiert ein $\lambda \in \mathbb{R}$ mit $h(x) = \lambda$ für alle $x \neq 0$ aus $X$. Um dies zu beweisen, seien $x, y$ Elemente $\neq 0$ aus $X$. Dann gilt

$$h(x)x + h(y)y - \varphi(x) + \varphi(y) = \varphi(x + y) - h(x + y)(x + y). \qquad (4.10)$$

Sind $x, y$ hier linear unabhängig, so folgt

$$h(x) = h(x + y) = h(y).$$

Sind $x, y$ linear abhängig, so sei $z \in X$ so gewählt, daß $x, z$ linear unabhängig sind. Dann sind auch $y, z$ linear unabhängig. (4.10), verwendet für $x, z$ bzw. $y, z$, liefert dann $h(x) = h(z) = h(y)$. $\qquad \square$

**Bemerkung 2**: Hinsichtlich weiterer Untersuchungen zur Charakterisierung von Dilatationen verweisen wir auf H. Schaeffer [2], H.J. Samaga [1], W. Benz [4]. A.4.1 wurde in W. Benz [5] publiziert.

# 3.5 Kugelverwandtschaften beliebiger Signatur

Wir wollen in diesem Abschnitt die Kugelgeometrie der Signatur $(\varepsilon_1, \ldots, \varepsilon_n)$ einführen und insbesondere ihre Automorphismengruppe bestimmen, die sich als Gruppe der Blockverwandtschaften eines Blockraumes ergibt. Die Automorphismengruppen, die zu den verschiedenen Signaturen $(\varepsilon_1, \ldots, \varepsilon_n)$ gehören, heißen auch die Kugelgruppen. Gegeben sei der $(n + 1)$-dimensionale projektive Raum $\Pi^{n+1}(K)$ über dem kommutativen Körper $K$ mit $1 + 1 \neq 0$ und $n \in \mathbb{N} \backslash \{1\}$. Gegeben seien ferner Elemente

$$\varepsilon_1, \varepsilon_2, \ldots, \varepsilon_n \text{ aus } K$$

mit $\varepsilon_1 = 1$ und $\varepsilon_i^2 = 1$ für $i = 2, \ldots, n$. Dann heißen alle Punkte

$$K(\xi_o, \xi_1, \ldots, \xi_{n+1})$$

von $\Pi^{n+1}(K)$, die der Gleichung

$$-\xi_0^2 + \sum_{\nu=1}^{n} \varepsilon_\nu \xi_\nu^2 + \xi_{n+1}^2 = 0 \qquad (5.1)$$

genügen, *Punkte der Kugelgeometrie der Signatur* $(\varepsilon_1, \ldots, \varepsilon_n)$.

Ist $E$ Hyperebene des $\Pi^{n+1}(K)$, so ist $E$ also ein $(n+1)$–dimensionaler Untervektorraum des $K^{n+2}$. Sei

$$v_i = (v_{i0}, v_{i1}, \ldots, v_{i,n+1}), \quad i = 1, \ldots, n+1$$

Basis von $E$. Dann hat das Gleichungssystem

$$\sum_{\nu=0}^{n+1} v_{i\nu} u_\nu = 0, \quad i = 1, \ldots, n+1, \tag{5.2}$$

einen Lösungsraum $K(u_0, u_1, \ldots, u_{n+1})$ der Dimension 1, der nicht von der gewählten Basis von $E$ abhängt. Für einen Punkt $Kx$ gilt

$$\sum_{\nu=0}^{n+1} u_\nu x_\nu = 0 \tag{5.3}$$

genau dann, wenn $Kx$ zu $E$ gehört. Ist

$$x = \lambda_1 v_1 + \ldots + \lambda_{n+1} v_{n+1}, \tag{5.4}$$

so folgt (5.3) natürlich aus (5.2). Gilt vice versa (5.3) für den Punkt $Kx$, so beachte man, daß das Gleichungssystem (5.3) bei gegebenem $u \neq 0$ einen Lösungsraum der Dimension $n+1$ besitzt, der also von $v_1, \ldots, v_{n+1}$ wegen (5.2) aufgespannt wird. Daraus folgt (5.4). — Es heißen

$$(u_0, u_1, \ldots, u_{n+1})$$

*Hyperebenenkoordinaten* von $E$, die also bis auf einen gemeinsamen Faktor $k \neq 0$ eindeutig bestimmt sind.

Seien $\mathbb{P}$ bzw. $\mathbb{H}$ die Menge aller Punkte bzw. Hyperebenen von $\Pi^{n+1}(K)$. Sei

$$\delta : \mathbb{P} \cup \mathbb{H} \to \mathbb{P} \cup \mathbb{H}$$

Bijektion mit

$$\delta(\mathbb{P}) = \mathbb{H} \quad \text{und} \quad \delta(\mathbb{H}) = \mathbb{P}.$$

Dann heißt $\delta$ eine *Dualität* von $\Pi^{n+1}(K)$, wenn

$$\forall_{P \in \mathbb{P}, H \in \mathbb{H}} \quad P \subseteq H \Leftrightarrow \delta(P) \supseteq \delta(H)$$

gilt. Eine Dualität $\pi$ heißt *Polarität*, wenn $\pi^{-1} = \pi$ ist. Ist $\pi$ Polarität, so heißen $P, Q \in \mathbb{P}$ zueinander *konjugiert*, wenn $P \subseteq \pi(Q)$ gilt. $\pi(P)$ wird *Polare* von $P$ und $P$ *Pol* von $\pi(P)$ genannt. Im Falle $P \subseteq \pi(P)$ heißen $P$ und auch $\pi(P)$

*selbstkonjugiert.* Die Menge aller selbstkonjugierten Punkte einer Polarität $\pi$ heißt eine *reguläre Quadrik.* — Ordnet man dem Punkt

$$K(\xi_0, \xi_1, \ldots, \xi_{n+1})$$

die Hyperebene

$$K(-\xi_0, \varepsilon_1 \xi_1, \ldots, \varepsilon_n \xi_n, \xi_{n+1})$$

zu, so liegt eine Polarität $\pi$ vor. Die selbstkonjugierten Punkte dieser Polarität $\pi$ sind genau die Lösungen von (5.1). Es stellt also (5.1) die Gleichung einer Quadrik dar, die wir im Folgenden mit $Q$ bezeichnen wollen. —

**Bemerkung 1**: Folgende Überlegung führt zu allen Dualitäten von $\Pi^{n+1}(K)$: Sei $\pi_0$ die Polarität, die dem Punkt $Kx$ die Hyperebene $Ku = Kx$ zuordnet. Ist dann $\alpha$ beliebige Kollineation von $\Pi^{n+1}(K)$, so ist auch $\alpha\pi_0$ Dualität. Andere Dualitäten von $\Pi^{n+1}(K)$ gibt es nicht, da das Produkt zweier Dualitäten eine Kollineation sein muß.

Nachdem wir die Punkte der Kugelgeometrie der Signatur $(\varepsilon_1, \ldots, \varepsilon_n)$ erklärt haben, sollen nun die Kugeln dieser Geometrie definiert werden: Ist

$$E = K(u_0, u_1, \ldots, u_{n+1})$$

Hyperebene, die bezüglich $Q$ (d.h. genauer bzgl. der $Q$ zugrundeliegenden Polarität $\pi$) nicht selbstkonjugiert ist, d.h. für die

$$-u_0^2 + \sum_{\nu=1}^{n} \varepsilon_\nu u_\nu^2 + u_{n+1}^2 \neq 0 \qquad (5.5)$$

gilt, so heißt $Q \cap E$, falls nichtleer, eine Kugel der Kugelgeometrie der Signatur $(\varepsilon_1, \ldots, \varepsilon_n)$.

Die Menge $Q$ der Punkte der Kugelgeometrie bezeichnen wir auch mit

$$\mathbb{M}^n = \mathbb{M}_K^n(\varepsilon_1, \ldots, \varepsilon_n),$$

die Menge der Kugeln mit

$$\mathbb{K}^n = \mathbb{K}_K^n(\varepsilon_1, \ldots, \varepsilon_n).$$

Der für uns in diesem Abschnitt wichtige Blockraum ist der Raum $(\mathbb{M}^n, \mathbb{K}^n)$. Ziel ist es nun zunächst, die Kugelgeometrie $(\mathbb{M}^n, \mathbb{K}^n)$ im $K^n$ darzustellen. Zu

$$a = (a_1, \ldots, a_n) \quad \text{und} \quad b = (b_1, \ldots, b_n)$$

aus $K^n$ definieren wir das Skalarprodukt

$$ab := \sum_{\nu=1}^{n} \varepsilon_\nu a_\nu b_\nu. \tag{5.6}$$

Es heißt $a \in K^n$ *isotrop*, wenn

$$a^2 = \sum_{\nu=1}^{n} \varepsilon_\nu a_\nu^2 = 0$$

ist. Die Punkte des $K^n$ sollen jetzt eigentliche Punkte heißen. Das Symbol $\infty$ heiße uneigentlicher Punkt. Uneigentlicher Punkt werde auch jede Hyperebene

$$K(u, \alpha) = \big\{ x \in K^n \,\big|\, ux = \alpha \big\}$$

des $K^n$ genannt mit $\alpha \in K$, wenn $u \in K^n \backslash \{0\}$ isotrop ist. Solche Hyperebenen heißen isotrop. Die nachstehend angegebene Abbildung $\mu$ stellt eine Bijektion dar zwischen $\mathbb{M}^n$ und der Menge $\overline{K^n}$ aller eigentlichen und uneigentlichen Punkte:

$$\mu[K\xi] \quad := \quad (x_1, \ldots, x_n)$$
$$\text{mit} \quad x_i \quad := \quad \frac{\xi_i}{\xi_0 - \xi_{n+1}} \quad \text{für} \quad \xi_0 \neq \xi_{n+1},$$
$$\mu[K(1, 0, \ldots, 0, 1)] \quad := \quad \infty,$$
$$\mu[K(\xi_0, u_1, \ldots, u_n, \xi_0)] \quad := \quad K(u, \xi_0), \text{ falls } u \neq 0.$$

Wir beachten dabei $u^2 = 0$, da

$$(\xi_0, u_1, \ldots, u_n, \xi_0)$$

der Gleichung (5.1) genügt. Das Urbild von

$$x = (x_1, \ldots, x_n) \in K^n$$

ist

$$\mu^{-1}(x) = K\left( \frac{x^2 + 1}{2}, x_1, \ldots, x_n, \frac{x^2 - 1}{2} \right). \tag{5.7}$$

Wie stellen sich nun die Kugeln aus $\mathbb{K}^n$ in $\overline{K^n}$ dar? Sofern nur die eigentlichen Punkte der Kugeln betroffen sind, handelt es sich um die Punktmengen

$$\big\{ x \in K^n \,\big|\, \rho x^2 + ax = \alpha \big\}, \tag{5.8}$$

wobei $\rho, \alpha \in K$ und $a \in K^n$ gelte mit

$$4\rho\alpha + a^2 \neq 0. \tag{5.9}$$

Dabei ist stets das Skalarprodukt (5.6) zu verwenden. In der Tat! Ist

$$E : u_0\xi_0 + u_1\xi_1 + \ldots + u_{n+1}\xi_{n+1} = 0$$

eine Hyperebene des $\Pi^{n+1}(K)$ mit (5.5) und $Q \cap E \neq 0$, so gilt mit (5.7)

$$u_0\frac{x^2+1}{2} + \sum_{\nu=1}^{n} u_\nu x_\nu + u_{n+1}\frac{x^2-1}{2} = 0,$$

d.h.

$$\frac{u_0 + u_{n+1}}{2}\,x^2 + ax = -\frac{u_0 - u_{n+1}}{2}$$

mit $a := (\varepsilon_1 u_1, \varepsilon_2 u_2, \ldots, \varepsilon_n u_n)$ und

$$a^2 \neq u_0^2 - u_{n+1}^2$$

wegen (5.5). Setzen wir

$$\begin{aligned}
\rho + \alpha &:= u_{n+1}, \\
\rho - \alpha &:= u_0,
\end{aligned}$$

so erhalten wir also (5.8) und (5.9). — Wenn (5.8) der eigentliche Teil einer Kugel $\kappa$ ist, so möchten wir nun auch den uneigentlichen Teil dieser Kugel $\kappa$ angeben: $\infty \in \kappa$ gilt genau dann, wenn $K(1, 0, \ldots, 0, 1)$ zu $E$ gehört, also genau dann, wenn $u_0 + u_{n+1} = 2\rho$ Null ist. Es ist (5.8) dann die Hyperebene $ax = \alpha$ des $K^n$ mit $a^2 \neq 0$ wegen (5.9). Wann ist die isotrope Hyperebene $K(v, \beta)$ mit $v \neq 0 = v^2$ ein uneigentlicher Punkt von (5.8)? Offenbar genau dann, wenn

$$K(\beta, v_1, \ldots, v_n, \beta)$$

zu $E$ gehört, d.h. wenn

$$2\rho\beta + av = 0 \tag{5.10}$$

gilt. Halten wir fest : *Im Falle $\rho = 0$, d.h. im Falle $u_0 + u_{n+1} = 0$ besteht $\mu(Q \cap E)$ aus allen $x \in K^n$ mit $ax = \alpha$, aus $\infty$ und aus allen $K(v, \beta)$ mit $\beta \in K, v \in K^n\backslash\{0\}$ isotrop und $av = 0$. Dabei ist*

$$\alpha = \frac{u_{n+1} - u_0}{2} \quad und \quad a = (\varepsilon_1 u_1, \ldots, \varepsilon_n u_n), \ a^2 \neq 0.$$

*Im Falle $\rho \neq 0$ gilt*

$$\mu(Q \cap E) = \left\{x \in K^n \,\middle|\, \rho x^2 + ax = \alpha\right\} \cup \left\{K\left(v, -\frac{av}{2\rho}\right)\,\middle|\, v \neq 0 \ \ isotrop\right\}.$$

Natürlich schreiben wir $a \perp b$ (und wir sagen $a$ senkrecht zu $b$) im Falle $a, b \in K^n$ und $ab = 0$. Damit erhält $av = 0$, was für $\rho = 0$ auftritt, eine einfache geometrische Bedeutung. Wie aber lassen sich für $\rho \neq 0$ die isotropen Hyperebenen

$$K\left(v, -\frac{av}{2\rho}\right) \tag{5.11}$$

in Bezug zur Fläche (5.8) geometrisch deuten? Hier können wir zwei geometrisch befriedigende Antworten geben:

**1. Antwort**: Im Falle $\rho \neq 0$ kann (5.8) in der Form

$$(x - m)^2 = r \neq 0 \tag{5.12}$$

mit

$$m := -\frac{a}{2\rho} \quad \text{und} \quad r := \frac{4\rho\alpha + a^2}{4\rho^2} \neq 0$$

nach (5.9) geschrieben werden. Wir nennen $m = -\frac{a}{2\rho}$ den Mittelpunkt von (5.12). *Die isotrope Hyperebene $K(v, \beta)$ ist nun genau dann ein uneigentlicher Punkt von (5.12), wenn sie den Mittelpunkt von (5.12) enthält.* Denn es heißt $m \in K(v, \beta)$ doch

$$\beta = vm = -\frac{av}{2\rho}.$$

**2. Antwort**: *Genau die Asymptoten der Fläche (5.8) sind die isotropen Hyperebenen (5.11)*: Zunächst heißt die Menge $\Gamma$ aller Punkte

$$K(x_0, x_1, \ldots, x_n)$$

des $\Pi^n(K)$, die

$$\sum_{\nu=1}^{n} \rho \varepsilon_\nu x_\nu^2 + \sum_{\nu=1}^{n} \varepsilon_\nu a_\nu x_\nu x_0 = \alpha x_0^2 \tag{5.13}$$

genügen, die projektive Erweiterung der Fläche (5.8) in den projektiven Abschluß $\Pi^n(K)$ des $K^n$. Der Fläche (5.13) liegt die Polarität $\gamma$ zugrunde mit

$$\gamma : K(x_0, x_1, \ldots, x_n) \quad \rightarrow \quad K(x_0, x_1, \ldots, x_n) \cdot A,$$
$$\gamma : K(u_0, u_1, \ldots, u_n) \quad \rightarrow \quad K(u_0, u_1, \ldots, u_n) \cdot A^{-1},$$

wobei dem Punkt $Kx$ die Hyperebene $(Kx) \cdot A$ zugeordnet ist und der Hyperebene $Ku$ der Punkt $K(u) \cdot A^{-1}$. Die Matrix $A$ ist hier durch

$$A = \begin{pmatrix} -\alpha & \frac{1}{2}\varepsilon_1 a_1 & \cdots & \frac{1}{2}\varepsilon_n a_n \\ \frac{1}{2}\varepsilon_1 a_1 & \rho\varepsilon_1 & \cdots & 0 \\ \vdots & \vdots & & \vdots \\ \frac{1}{2}\varepsilon_n a_n & 0 & \cdots & \rho\varepsilon_n \end{pmatrix}$$

definiert. Beachte

$$-4\rho \cdot |A| = (4\rho\alpha + a^2) \cdot \rho^n \cdot \varepsilon_1 \cdots \varepsilon_n,$$

d.h. $|A| \neq 0$. Ist nun $P$ ein Punkt von (5.13) mit $x_0 = 0$, so heißt seine Polare $\gamma(P)$, soweit sie in $K^n$ verläuft, Asymptote von (5.8). Für einen solchen Punkt

$$P = K(0, p_1, \ldots, p_n)$$

von (5.13) gilt $\varepsilon_1 p_1^2 + \ldots + \varepsilon_n p_n^2 = 0$. Die Hyperebenenkoordinaten seiner Polaren sind

$$K\left(\frac{1}{2}\sum_{\nu=1}^{n} \varepsilon_\nu a_\nu p_\nu, \rho\varepsilon_1 p_1, \ldots, \rho\varepsilon_n p_n\right).$$

Die Polare selbst hat, soweit nur die Punkte mit $x_0 = 1$ betroffen sind, die Gleichung

$$\rho p x = -\frac{1}{2}ap, \tag{5.14}$$

wobei $p^2 = 0$ für $p := (p_1, \ldots, p_n) \neq 0$ gilt. Also ist (5.14) die isotrope Hyperebene

$$K\left(p, -\frac{pa}{2\rho}\right)$$

des $K^n$. Vice versa liegt (5.11) der Punkt

$$P = K(0, v_1, \ldots, v_n)$$

von (5.13) zugrunde.

Im Falle $K = \mathbb{R}$ und $\varepsilon_1 = \varepsilon_2 = \ldots = \varepsilon_n$ heißt $(\mathbb{M}^n, \mathbb{K}^n)$ die MÖBIUSsche Kugelgeometrie. Da hier aus $u^2 = 0$ offenbar $u = 0$ folgt, gibt es keine isotropen Hyperebenen. Also ist $K^n \cup \{\infty\}$ die Punktmenge $\overline{K^n}$. Kugeln sind hier die um $\infty$ erweiterten Hyperebenen des $K^n$ und die Flächen (5.12) des $K^n$ der Gleichung

$$(x - m)^2 = r \neq 0;$$

da $Q \cap E \neq \emptyset$ ist, gilt $r \geq 0$, d.h. $r > 0$ wegen $r \neq 0$.

Im Falle $K = \mathbb{R}$ und $\varepsilon_1 = \ldots = \varepsilon_{n-1} = -\varepsilon_n$ heißt $(\mathbb{M}^n, \mathbb{K}^n)$ die MINKOW-SKIsche Kugelgeometrie, die wir uns für $n = 2$ ansehen wollen: $\overline{\mathbb{R}^2}$ besteht aus $\mathbb{R}^2$, aus $\infty$ und aus allen Geraden

$$x_1 + x_2 = \alpha$$

und allen Geraden

$$x_1 - x_2 = \alpha.$$

Die Kugeln (jetzt besser Kreise) sind die um $\infty$ erweiterten Geraden

$$a_1 x_1 + a_2 x_2 = a_3 \text{ mit } a_1^2 \neq a_2^2$$

des $\mathbb{R}^2$ und die Hyperbeln

$$(x_1 - m_1)^2 - (x_2 - m_2)^2 = r \neq 0$$

mitsamt beiden Asymptoten als uneigentliche Punkte.

Im Falle $K = \mathbb{R}, n =: 2k$ gerade und $\varepsilon_1 = \ldots = \varepsilon_k = -\varepsilon_{k+1} = \ldots = -\varepsilon_n$ heißt $(\mathbb{M}^n, \mathbb{K}^n)$ die PLÜCKERsche Kugelgeometrie.

Wie schon früher gesagt, heißen die Blockverwandtschaften von $(\mathbb{M}^n, \mathbb{K}^n)$ Kugelverwandtschaften. Mit

$$\Gamma^n = \Gamma^n_K(\varepsilon_1, \ldots, \varepsilon_n)$$

bezeichnen wir die Gruppe der Kugelverwandtschaften von $(\mathbb{M}^n, \mathbb{K}^n)$. Die Abbildung

$$\iota : K(\xi_0, \xi_1, \ldots, \xi_n, \xi_{n+1}) \to K(\xi_0, \xi_1, \ldots, \xi_n, -\xi_{n+1})$$

ist eine Kugelverwandtschaft, die wir auch Inversion an der Einheitskugel

$$x^2 = 1 \tag{5.15}$$

nennen. Denn die Menge der Fixpunkte von $\iota$ ist $Q \cap E$ mit

$$E : \xi_{n+1} = 0,$$

was $\rho + \alpha = 1$, $\rho - \alpha = 0$, $a = 0$, d.h. $\rho = \frac{1}{2} = \alpha$ bedeutet. Mit (5.8) liegt dann wirklich (5.15) vor, wobei die uneigentlichen Punkte von $x^2 = 1$ noch mitzuzählen sind. Ist $x^2 \neq 0$ für $x \in K^n$, so gilt

$$\iota(x) = \frac{x}{x^2},$$

was man (5.7) entnimmt.

Wir geben weitere Beispiele von Kugelverwandtschaften von $(\mathbb{M}^n, \mathbb{K}^n)$ an:

a) Sei $t \in K^n$ und sei $0 \neq \lambda \in K$. Dann ist die Dilatation $\delta$ mit

$$\begin{aligned}
\delta(x) &:= \lambda x + t \quad \text{für } x \in K^n, \\
\delta(\infty) &:= \infty \\
\delta[K(v,\beta)] &:= K(v, \lambda\beta + vt) \quad \text{für } \beta \in K \text{ und } v \in K^n \backslash \{0\} \text{ isotrop}
\end{aligned}$$

eine Kugelverwandtschaft: Wir bemerken, daß $\delta \,|\, K^n$ die Hyperebene $K(v,\beta)$ auf die Hyperebene $K(v, \lambda\beta \mid vt)$ abbildet. Den Nachweis, daß $\delta : \overline{K^n} \rightarrow \overline{K^n}$ Kugelverwandtschaft ist, führen wir leicht in $\overline{K^n}$ durch, wenn wir beachten, daß $K(v,\beta)$ zu $(x-m)^2 = r \neq 0$ genau dann gehört, wenn $vm = \beta$ ist.

b) Gegeben sei $\varepsilon \in K$ mit $\varepsilon^2 = 1$ und eine Abbildung $\tau : K^n \rightarrow K^n$,

$$(y_1 \ldots y_n) = (x_1 \ldots x_n) \begin{pmatrix} a_{11} & \cdots & a_{1n} \\ \vdots & & \vdots \\ a_{n1} & \cdots & a_{nn} \end{pmatrix},$$

mit $a_{ij} \in K$ und

$$A_i A_j = \begin{cases} \varepsilon\varepsilon_i & i = j \\ & \text{für} \\ 0 & i \neq j \end{cases} \tag{5.16}$$

für alle $i, j \in \{1, \ldots, n\}$ mit $A_i := (a_{i1}, \ldots, a_{in})$. Setzt man dann $\tau(\infty) = \infty$ und ordnet man jeder isotropen Hyperebene des $K^n$ ihr Bild als Hyperebene unter $\tau$ zu, so liegt eine Kugelverwandtschaft vor.

**Beweis:** Setzen wir $A := (a_{ij})$ und $B := (\varepsilon\varepsilon_i\varepsilon_j a_{ji})$, so ist $A \cdot B$ die Einheitsmatrix $E$. Also gilt auch $B \cdot A = E$. Diese Gleichung besagt, wenn wir

$$b_{ij} := \varepsilon\varepsilon_i\varepsilon_j a_{ji} \quad \text{und} \quad B_i := (b_{i1}, \ldots, b_{in})$$

setzen, offenbar

$$B_i B_j = \begin{cases} \varepsilon\varepsilon_i & i = j \\ & \text{für} \\ 0 & i \neq j \end{cases}.$$

Die Umkehrabbildung von $\tau$,

$$(x_1 \ldots x_n) = (y_1 \ldots y_n)B,$$

ist also von derselben Art wie $\tau$. Will man zeigen, daß die auf $\mathrm{I\!M}^n$ definierte Fortsetzung $\hat\tau$ von $\tau$ in beiden Richtungen Kugeln auf Kugeln abbildet, so genügt es zu zeigen, daß $\hat\tau$ Kugeln auf Kugeln abbildet.

Die Hyperebene $ax = \alpha$, $a \neq 0$ geht vermöge $\tau$ in eine Hyperebene $\bar{a}x = \alpha$ über mit

$$\bar{a} = \varepsilon \sum_{\nu=1}^{n} a_\nu A_\nu, \quad a =: (a_1, \ldots, a_n).$$

Also ist

$$\bar{a}^2 = \sum_{\nu=1}^{n} a_\nu^2 A_\nu^2 = \varepsilon \sum_{\nu=1}^{n} \varepsilon_\nu a_\nu^2 = \varepsilon a^2.$$

Mit $a^2 = 0$ ($\neq 0$) ist also auch $\bar{a}^2 = 0$ ($\neq 0$). Damit wird die Menge der uneigentlichen Punkte $\neq \infty$ durch $\tau$ permutiert. Also ist $\hat{\tau}$ Permutation von $\overline{K^n}$. Es geht $(x - m)^2 = r \neq 0$ vermöge $\tau$ in

$$\left( y - \sum_{\nu=1}^{n} m_\nu A_\nu \right)^2 = s \neq 0$$

über mit $m =: (m_1, \ldots, m_n)$ : Denn mit

$$y := (y_1, \ldots, y_n) = \sum_{\nu=1}^{n} x_\nu A_\nu$$

gilt

$$
\begin{aligned}
\left( y - \sum m_\nu A_\nu \right)^2 &= \left( \sum (x_\nu - m_\nu) A_\nu \right)^2 &= \sum (x_\nu - m_\nu)^2 \varepsilon \varepsilon_\nu \\
&= \varepsilon (x - m)^2 &= \varepsilon r =: s \neq 0.
\end{aligned}
$$

Ist nun $K(v, \beta)$ uneigentlicher Punkt von $ax = \alpha$, $a^2 \neq 0$, so gilt $av = 0$. Das überträgt sich auf die Bilder wegen

$$\bar{a}\,\bar{v} = \sum a_\nu A_\nu \cdot \sum v_\mu A_\mu = \sum a_\nu v_\nu \varepsilon \varepsilon_\nu = \varepsilon a v.$$

Ist $K(v, \beta)$ uneigentlicher Punkt von $(x - m)^2 = r$, so ist $K(\bar{v}, \beta)$ uneigentlicher Punkt von

$$\left( y - \sum m_\nu A_\nu \right)^2 = \varepsilon r : \tag{5.17}$$

Aus $vm = \beta$ folgt nämlich

$$\bar{v} \cdot \sum m_\mu A_\mu = \varepsilon \sum v_\nu A_\nu \cdot \sum m_\mu A_\mu = \varepsilon \sum v_\nu m_\nu \cdot \varepsilon \varepsilon_\nu = vm,$$

d.h. $\bar{v} \cdot \sum m_\mu A_\mu = \beta$. — Alle uneigentlichen Punkte von $\bar{a}x = \alpha$ bzw. (5.17) treten aber auch als Bilder uneigentlicher Punkte von $ax = \alpha$ bzw. $(x - m)^2 = r$ auf. $\qquad \square$

Für die weiteren Erörterungen des Abschnittes 3.5 setzen wir den Körper $K$ als einen euklidischen Körper voraus. Dies ist ein pythagoräischer Körper (s. Abschnitt 2.8), in dem zu jedem $k \in K$ ein $l \in K$ mit $k \in \{l^2, -l^2\}$ existiert. Wir zeigen

*In einem euklidischen Körper $K$ gibt es eine und nur eine Menge $P \subseteq K$, die den Eigenschaften*

(i) $K \backslash \{0\} = P \cup (-P)$,

(ii) $P + P \subseteq P$ *und* $P \cdot P \subseteq P$

*genügt.*

**Beweis:** $P := \{l^2 \mid 0 \neq l \in K\}$ erfüllt die geforderten Eigenschaften. Hat auch noch $P_0 \subseteq K$ diese Eigenschaften, so gilt $P \subseteq P_0$, da für $l \neq 0$ aus $K$ doch $l \in P_0$ oder $-l \in P_0$, d h $l^2 = (-l)^2 \in P_0 \cdot P_0 \subseteq P_0$ gelten muß. Gäbe es ein $k \in P_0 \backslash P$, so wäre $k \in \{l^2, -l^2\}$, da $K$ euklidisch ist. Also ist $k = -l^2$ wegen $l^2 \in P$. Damit wäre $-l^2, l^2 \in P_0$, was $P_0 + P_0 \subseteq P_0$ widerspricht. $\square$

Man kann damit einen euklidischen Körper auch als einen kommutativen und angeordneten Körper $K$ definieren, in dem jedes positive Element Quadrat ist. Dabei besitzt dann noch $K$ einen und nur einen Positivitätsbereich.

Um die Gruppe $\Gamma^n$ von $(\text{IM}^n, \text{IK}^n)$ zu bestimmen, führen wir zunächst die sogenannte Parallelitätsrelation auf der Menge $\text{IM}^n$ der Punkte ein:

Wir nennen $A, B \in \text{IM}^n$ mit $A \neq B$ parallel, in Zeichen $A \parallel B$, wenn die Verbindungsgerade von $A, B$ in $\Pi^{n+1}(K)$ ganz in $\text{IM}^n$ liegt. Es werde auch $A \parallel A$ für alle $A \in \text{IM}^n$ gesetzt.

Sind $A, B$ verschiedene Punkte von $\text{IM}^n$, und ist $g$ die Verbindungsgerade in $\Pi^{n+1}(K)$ von $A, B$, so gilt entweder $g \subset \text{IM}^n$ oder aber $g \cap \text{IM}^n = \{A, B\}$. Der erste Fall tritt genau dann auf, wenn

$$-a_0 b_0 + \sum_{\nu=1}^{n} \varepsilon_\nu a_\nu b_\nu + a_{n+1} b_{n+1} = 0 \qquad (5.18)$$

ist mit

$$A =: K(a_0, \ldots, a_{n+1}) \text{ und } B =: K(b_0, \ldots, b_{n+1}):$$

Im Falle $|g \cap \mathrm{I\!M}^n| \geq 3$ existiert nämlich ein $\lambda \neq 0$ in $K$ mit

$$-(a_0 + \lambda b_0)^2 + \sum_{\nu=1}^{n} \varepsilon_\nu (a_\nu + \lambda b_\nu)^2 + (a_{n+1} + \lambda b_{n+1})^2 = 0, \qquad (5.19)$$

was (5.18) ergibt. Gilt aber (5.19) für ein $\lambda \neq 0$, so für alle $\lambda$, was $g \subset \mathrm{I\!M}^n$ bedeutet. Weiterhin erzwingt (5.18) die Gleichung (5.19) für alle $\lambda \in K$ — wiederum im Falle $A \neq B$ aus $\mathrm{I\!M}^n$.

Nun gilt:

**Hilfssatz 1**: *Für $A \neq B$ gilt $A \parallel B$ genau dann, wenn ein $C \in \mathrm{I\!M}^n \backslash \{A, B\}$ existiert, so daß $C$ auf allen Kugeln durch $A, B$ liegt. Ist also $\kappa$ Kugelverwandtschaft, so gilt $A \parallel B$ genau dann, wenn $\kappa(A) \parallel \kappa(B)$ ist.*

**Beweis**: Gilt $A \parallel B$ für $A \neq B$, so liegt die Verbindungsgerade $g$ von $A, B$ ganz in $\mathrm{I\!M}^n$. Da jede Kugel durch $A, B$ auch $g$ enthält, wähle man für $C$ einen Punkt aus $g \backslash \{A, B\}$. — Seien vice versa $A, B$ nicht parallele Punkte aus $\mathrm{I\!M}^n$. Wir zeigen dann, daß zu jedem $C \in \mathrm{I\!M}^n \backslash \{A, B\}$ eine Kugel durch $A, B$ existiert, die $C$ nicht enthält. Wegen $A \nparallel B$ hat die Verbindungsgerade $g$ von $A, B$ mit $\mathrm{I\!M}^n$ nur die Punkte $A, B$ gemeinsam. Das nun fest vorgegebene $C \neq A, B$ aus $\mathrm{I\!M}^n$ kann also nicht auf $g$ liegen. Wir setzen $\varepsilon_0 = -1$ und $\varepsilon_{n+1} = 1$ und betrachten (nur für den Beweis dieses Hilfssatzes) das Skalarprodukt

$$PQ := \sum_{\nu=0}^{n+1} \varepsilon_\nu p_\nu q_\nu \qquad (5.20)$$

für $P = (p_0, p_1, \ldots, p_{n+1})$ und $Q = (q_0, q_1, \ldots, q_{n+1})$ aus $K^{n+2}$. Der Vektorraum aller $(u_0, \ldots, u_{n+1}) \in K^{n+2}$ mit

$$\sum_{\nu=0}^{n+1} u_\nu a_\nu = 0, \qquad (5.21)$$

$$\sum_{\nu=0}^{n+1} u_\nu b_\nu = 0 \qquad (5.22)$$

hat die Dimension $n$, da $(a_i), (b_i)$ linear unabhängig sind wegen $A \neq B$. Er besitzt eine Basis $W_1, \ldots, W_n$ mit $W_i W_j = 0$ für $i \neq j$ unter Zugrundelegung des Skalarproduktes (5.20). Für $P = (p_i)$ sei $\overline{P} = (\varepsilon_i p_i)$ gesetzt. Offenbar gilt dann $PQ = \overline{P}\,\overline{Q}$. Es ist

$$\overline{W_1}, \ldots, \overline{W_n}, \frac{(a_i) + (b_i)}{2}, \frac{(a_i) - (b_i)}{2} \qquad (5.23)$$

orthogonale Basis von $K^{n+2}$, da

$$(a_i)^2 = 0 = (b_i)^2$$

und (vgl.(5.18))

$$(a_i)(b_i) \neq 0$$

und schließlich wegen (5.21), (5.22)

$$\overline{W_j} \cdot (a_i) = 0 = \overline{W_j} \cdot (b_i) \text{ für } j = 1, \ldots, n$$

gelten. Für keinen der Vektoren $P_1, \ldots, P_{n+2}$ von (5.23) gilt $P_i^2 = 0$: Mit

$$E_1 := (1, 0, \ldots, 0), \ldots, E_{n+2} := (0, \ldots, 0, 1),$$

$$E_i =: \sum_{\nu=1}^{n+2} \varphi_{i\nu} P_\nu, \quad \Phi := (\varphi_{ij})$$

und

$$(E_i E_j) = \Phi \cdot (P_i P_j) \cdot \Phi^T$$

müßte sonst die Determinante von $(E_i E_j)$ Null sein. — Mit $C = K(c_i)$ gilt nun

$$(c_i) = \sum_{\nu=1}^{n} \alpha_\nu \overline{W_\nu} + \alpha \frac{(a_i) + (b_i)}{2} + \beta \frac{(a_i) - (b_i)}{2}$$

mit passenden $\alpha_\nu, \alpha, \beta \in K$. Wegen $C \not\subseteq g$ können nicht alle $\alpha_\nu$ Null sein. Sei $\alpha_\mu \neq 0$, und sei

$$W_\mu =: (w_0, w_1, \ldots, w_{n+1}).$$

Dann gilt

$$\sum_{\nu=0}^{n+1} w_\nu a_\nu = \overline{W_\mu} \cdot (a_i) = 0,$$

$$\sum_{\nu=0}^{n+1} w_\nu b_\nu = \overline{W_\mu} \cdot (b_i) = 0,$$

$$\sum_{\nu=0}^{n+1} w_\nu c_\nu = \overline{W_\mu} \cdot (c_i) = \alpha_\mu \overline{W_\mu}^2 \neq 0,$$

$$\sum_{\nu=0}^{n+1} \varepsilon_\nu w_\nu^2 = W_\mu^2 \neq 0 \quad .$$

Also ist $K(w_i)$ eine nicht selbstkonjugierte Hyperebene $E$ durch $A, B$, die nicht $C$ enthält. Also ist $E \cap \mathrm{IM}^n$ Kugel durch $A, B$, in der $C$ nicht liegt. $\square$

Kehren wir nun wieder zur Darstellung des $\mathrm{IM}^n$ durch den $\overline{K^n}$ zurück! Hier soll uns zunächst die Deutung der Parallelitätsrelation interessieren:

**Hilfssatz 2**: *Es gilt $\infty \parallel P$ für $P \in \overline{K^n}$ genau dann, wenn $P$ uneigentlicher Punkt ist. $x \in K^n$ ist genau dann parallel zum uneigentlichen Punkt $K(u, \xi_0)$, wenn $ux = \xi_o$ gilt, d.h. wenn $x$ dieser isotropen Hyperebene angehört. Schließlich sind $x, y \in K^n$ genau dann parallel, wenn $(x - y)^2 = 0$ ist.*

**Beweis**: Mit (5.18) haben wir

$$K(1, 0, \ldots, 0, 1) \parallel K(\xi_0, \ldots, \xi_{n+1})$$

genau dann, wenn $\xi_0 = \xi_{n+1}$, d.h. wenn $P$ uneigentlich ist. Ebenfalls mit (5.18) haben wir

$$K\left(\frac{x^2 + 1}{2}, x_1, \ldots, x_n, \frac{x^2 - 1}{2}\right) \parallel K(\xi_0, u_1, \ldots, u_n, \xi_0)$$

genau dann, wenn $-\xi_0 + xu = 0$ ist. Schließlich gilt

$$K\left(\frac{x^2 + 1}{2}, x_1, \ldots, x_n, \frac{x^2 - 1}{2}\right) \parallel K\left(\frac{y^2 + 1}{2}, y_1, \ldots, y_n, \frac{y^2 - 1}{2}\right)$$

mit (5.18) genau dann, wenn

$$-\frac{x^2 + 1}{2} \cdot \frac{y^2 + 1}{2} + xy + \frac{x^2 - 1}{2} \cdot \frac{y^2 - 1}{2} = 0,$$

d.h. wenn $(x - y)^2 = 0$ ist. □

**Hilfssatz 3**: *Ist $\kappa$ Kugelverwandtschaft des $\overline{K^n}$, die $\infty$ festläßt, so ist $\kappa$ eingeschränkt auf den $K^n$, also $\kappa \,|\, K^n$, eine Abbildung der Form*

$$(y_1 \ldots y_n) = t \cdot (\alpha(x_1) \ldots \alpha(x_n)) \begin{pmatrix} a_{11} & \cdots & a_{1n} \\ \vdots & & \vdots \\ a_{n1} & \cdots & a_{nn} \end{pmatrix} + (a_1 \ldots a_n)$$

*mit $t \neq 0$, einem Automorphismus $\alpha$ von $K$ und*

$$\sum_{\nu=1}^{n} \varepsilon_\nu a_{i\nu} a_{j\nu} = \begin{cases} \varepsilon \varepsilon_i & i = j \\ & \text{für} \\ 0 & i \neq j \end{cases}.$$

*Dabei ist $t, a_{ij}, a_k \in K$ und $\varepsilon \in \{1, -1\}$.*

**Beweis**: a) Wegen $\kappa(\infty) = \infty$ und der Hilfssätze 1 und 2 ist

$$\kappa(\overline{K^n} \backslash K^n) = \overline{K^n} \backslash K^n.$$

Also gilt $\kappa(K^n) = K^n$. Da Kugeln auf Kugeln abgebildet werden, gehen Hyperebenen, die nicht isotrop sind, in ebensolche über wegen $\kappa(\infty) = \infty$. Aber auch isotrope Hyperebenen werden durch $\kappa' := \kappa \mid K^n$ punktweise auf isotrope Hyperebenen abgebildet, da diese Inzidenz nach Hilfssatz 2 durch die Parallelitätsrelation beschrieben werden kann. Damit bildet die Bijektion $\kappa'$ des $K^n$ in beiden Richtungen Hyperebenen auf Hyperebenen ab. Ist $V$ ein $(n-2)$-dimensionaler affiner Teilraum des $K^n$, so kann er als Schnitt zweier Hyperebenen $H_1 \neq H_2$ geschrieben werden,

$$V = H_1 \cap H_2.$$

Also ist

$$\kappa'(V) = \kappa'(H_1) \cap \kappa'(H_2)$$

ebenfalls $(n-2)$-dimensionaler affiner Teilraum des $K^n$. Ist $W$ ein $(n-3)$-dimensionaler affiner Teilraum des $K^n$, so sei $H \supset W$ Hyperebene. Entsprechend zu vorhin schreiben wir nun $W$ als Schnitt zweier $(n-2)$-dimensionaler Teilräume $G_1 \neq G_2$ von $H$,

$$W = G_1 \cap G_2.$$

Dies führt zu

$$\kappa'(W) = \kappa'(G_1) \cap \kappa'(G_2)$$

mit $\kappa'(G_i) \subset \kappa'(H), i = 1, 2$ und also zu einem $(n-3)$-dimensionalen Teilraum. So fortfahrend stellt sich $\kappa'$ als in beiden Richtungen geradentreu heraus: Ist $g$ Gerade, so sind auch $\kappa'(g)$ und $(\kappa')^{-1}(g)$ Geraden. Der Beweis von A.3.1 — da $\kappa'$ bijektiv ist, benötigen wir nicht die Voraussetzung, daß jeder Monomorphismus von $K$ surjektiv ist — ergibt dann

$$\kappa'(x_1 \ldots x_n) = (\alpha(x_1) \ldots \alpha(x_n))B + a \tag{5.24}$$

mit geeigneten Matrizen $B, a$, wobei $|B| \neq 0$ ist.

b) Ist $B_\nu = (b_{\nu 1}, \ldots, b_{\nu n})$ die $\nu$-te Zeile von $B$, so läßt sich (5.24) schreiben als

$$\kappa'(x) = \overline{x} + a$$

mit

$$\overline{x} = \sum_{\nu=1}^{n} \alpha(x_\nu) B_\nu. \tag{5.25}$$

Auch $x \to \overline{x}$ ist Kugelverwandtschaft, entsprechend auf $\overline{K^n}$ fortgesetzt, da diese Abbildung Produkt von $\kappa'$ und einer Translation ist. Das Bild der Kugel $x^2 = r \neq 0$ ist damit wieder eine Kugel

$$(\overline{x} - m)^2 = s \neq 0,$$

wobei wir $\overline{\infty} = \infty$ berücksichtigen. Der Punkt $0$ ist parallel zu allen uneigentlichen Punkten $\neq \infty$ der Kugel $x^2 = r$. Das überträgt sich auf die Bilder. Also ist

$$\overline{0} = 0$$

der Mittelpunkt $m$ der Bildkugel, deren Gleichung damit $\overline{x}^2 = s \neq 0$ lautet. Also geht

$$\{x \in K^n \mid x^2 = r\} \tag{5.26}$$

in

$$\{\overline{x} \in K^n \mid s = \overline{x}^2 = (\alpha(x_1)B_1 + \ldots + \alpha(x_n)B_n)^2\}$$

über. $(1, 0, \ldots, 0)$ liegt auf (5.26). Also gilt

$$B_1^2 = s \neq 0.$$

Sei $\varepsilon := \operatorname{sgn} B_1^2$, und sei $t := \sqrt{\varepsilon B_1^2}$ größer als $0 \in K$ gewählt. Seien $i, j$ verschiedene Elemente aus $\{1, 2, \ldots, n\}$.

1. Fall: $\varepsilon_i = \varepsilon_j$.

Betrachte für $r := \varepsilon_i + \varepsilon_j \neq 0$ die folgenden Punkte von (5.26)

(1) $x_i = 1, x_j = 1$ und $x_\nu = 0$ für $\nu \neq i, j$,

(2) $x_i = \sqrt{2}$ und $x_\nu = 0$ für $\nu \neq i$,

(3) $x_j = \sqrt{2}$ und $x_\nu = 0$ für $\nu \neq j$.

Aus $(\sqrt{2})^2 = 1 + 1$ folgt $[\alpha(\sqrt{2})]^2 = 2$. Also gilt

(1)' $(B_i + B_j)^2 = s$,

(2)' $2B_i^2 = s$,

(3)' $2B_j^2 = s$,

d.h.

$$B_i B_j = 0 \text{ und } \varepsilon_i B_i^2 = \varepsilon_j B_j^2. \tag{5.27}$$

2. Fall: $\varepsilon_i = -\varepsilon_j$.

Betrachte für $r = \varepsilon_i \neq 0$ die folgenden Punkte von (5.26)

$(1)''$   $x_i = \sqrt{2}$, $x_j = 1$, sonst $x_\nu = 0$,

$(2)''$   $x_i = 1$, sonst $x_\nu = 0$,

$(3)''$   $x_i = \sqrt{3}$, $x_j = \sqrt{2}$, sonst $x_\nu = 0$.

Also gilt auch hier (5.27). Damit haben wir

$$\frac{B_i}{t} \cdot \frac{B_j}{t} = \left\{ \begin{array}{ll} \varepsilon\varepsilon_i & i = j \\ & \text{für} \\ 0 & i \neq j \end{array} \right. ,$$

wenn wir $B_1^2 = \varepsilon_j B_j^2$ gemäß (5.27) beachten. Mit (vgl. 5.24)

$$\frac{B}{t} =: \left( \begin{array}{ccc} a_{11} & \cdots & a_{1n} \\ \vdots & & \vdots \\ a_{n1} & \cdots & a_{nn} \end{array} \right)$$

ist dann der Hilfssatz 3 bewiesen.      □

Damit haben wir im wesentlichen vorbereitet den Satz

**A.5.1**: *Die Gruppe $\Gamma^n$ aller Kugelverwandtschaften wird erzeugt durch die Inversion an der Einheitskugel $x^2 = 1$ und die (auf $\overline{K^n}$ fortgesetzten) Abbildungen $\gamma$,*

$$\gamma(x_1 \ldots x_n) = t \cdot (\alpha(x_1) \ldots \alpha(x_n)) \left( \begin{array}{ccc} a_{11} & \cdots & a_{1n} \\ \vdots & & \vdots \\ a_{n1} & \cdots & a_{nn} \end{array} \right) + (a_1 \ldots a_n) \quad (5.28)$$

*mit $t \neq 0$, einem Automorphismus $\alpha$ von $K$ und*

$$\sum_{\nu=1}^{n} \varepsilon_\nu a_{i\nu} a_{j\nu} = \left\{ \begin{array}{ll} \varepsilon\varepsilon_i & i = j \\ & \text{für} \\ 0 & i \neq j \end{array} \right. .$$

*Hier ist $t, a_{ij}, a_k \in K$ und $\varepsilon \in \{1, -1\}$. Genauer besitzt eine vorgelegte Kugelverwandtschaft $\pi$ eine Darstellung*

$$\pi = \tau_1 \chi_1 \tau_2 \chi_2 \gamma,$$

*wobei $\chi_i \in \{\iota, id\}, \tau_i$ Translation und $\gamma$ Abbildung der Form (5.28) ist.*

**Beweis**: Sei $\pi(\infty) = P$. Im Falle $P = \infty$ ist dann $\pi$ mit Hilfssatz 3 Fortsetzung einer Abbildung (5.28). Im Falle $P \in K^n$ sei $\tau$ Translation mit

$\tau(P) = (0, \ldots, 0)$. Dann gilt $\iota\tau\pi(\infty) = \infty$. Also ist nach dem vorhergehenden Fall $\gamma := \iota\tau\pi$ eine Abbildung (5.28), und es gilt $\pi = \tau^{-1}\iota\gamma$. Im verbleibenden dritten Fall

$$P = K(u, \xi_0) \qquad\qquad (5.29)$$

überführen wir diese isotrope Hyperebene durch eine Translation $\tau$ in $K(u, 1)$. Es ist $\iota[K(u, 1)] = \frac{1}{2}u \in K^n$. Sei $\tau_0$ Translation mit $\tau_0(\frac{1}{2}u) = (0, \ldots, 0)$. Dann gilt

$$\iota\tau_0\iota\tau\pi(\infty) = \infty.$$

Also ist $\gamma := \iota\tau_0\iota\tau\pi$ eine Abbildung (5.28). Damit gilt auch hier

$$\pi = \tau^{-1}\iota\tau_0^{-1}\iota\gamma.$$

$\square$

**Bemerkung 2**: Im Falle der Signatur $\varepsilon_1 = \ldots = \varepsilon_n = 1$ tritt der dritte Fall (5.29) nicht auf. Schreibt man dann im zweiten Fall

$$\pi = \tau^{-1}\iota\gamma = (\tau^{-1}\iota\tau) \cdot (\tau^{-1}\gamma),$$

so hat $\tau^{-1}\gamma$ die Gestalt (5.28), und die Abbildung $\tau^{-1}\iota\tau$ ist die Inversion an einer zur Einheitskugel $x^2 = 1$ parallel verschobenen Kugel $(x - m)^2 = 1$. — Im Falle einer Signatur, bei der wenigstens ein $\varepsilon_i = -1$ ist, tritt der dritte Fall auf, da $\Gamma^n$ doch transitiv auf $\mathbb{M}^n$ operiert. Ist $\pi(\infty) = K(u, \xi_0)$, so kann $\pi$ nicht die Gestalt (5.28) haben, da sonst $\infty = \pi(\infty) = K(u, \xi_0)$ wäre, und es kann $\pi$ auch nicht die Gestalt $\tau^{-1}\iota\gamma$ ($\gamma$ von der Form (5.28)) haben, da sonst

$$K(u, \xi_0) = \pi(\infty) = \tau^{-1}\iota\gamma(\infty) = \tau^{-1}(0) \in K^n$$

sein müßte. Wir schreiben im dritten Fall

$$\pi = [\tau^{-1}\iota\tau] \cdot [(\tau_o\tau)^{-1}\iota(\tau_o\tau)] \cdot [(\tau_o\tau)^{-1}\gamma],$$

so daß $\pi$ hier Produkt zweier Inversionen und einer Abbildung der Form (5.28) ist.

## 3.6   Satz von Liouville für beliebige Signatur

Der Satz von Liouville über räumliche winkeltreue Abbildungen kann so formuliert werden:

*Sei $G$ ein Gebiet des $\mathbb{R}^3$, und sei $\sigma : G \to \mathbb{R}^3$ eine Abbildung, die wir komponentenweise in der Form*

$$(x_1, x_2, x_3) \to (y_1(x_1, x_2, x_3), \ . \ , y_3(x_1, x_2, x_3))$$

*schreiben, mit $y_1, y_2, y_3 \in C^3(G)$ und in $G$ nirgends verschwindender Funktionaldeterminante. Gilt dann*

$$\sum_{\nu=1}^{3} a_\nu \mathfrak{y}_\nu \perp \sum_{\nu=1}^{3} b_\nu \mathfrak{y}_\nu \tag{6.1}$$

*für alle $(a_1, a_2, a_3), (b_1, b_2, b_3)$ des $\mathbb{R}^3$ mit*

$$(a_1, a_2, a_3) \perp (b_1, b_2, b_3),$$

*wobei*

$$\mathfrak{y}_\nu := \left( \frac{\partial y_1}{\partial x_\nu}, \frac{\partial y_2}{\partial x_\nu}, \frac{\partial y_3}{\partial x_\nu} \right)$$

*gesetzt sei, so gibt es eine Kugelverwandtschaft $\pi$ des Möbiusraumes $\mathbb{R}^3 \cup \{\infty\}$, deren Beschränkung auf $G$ mit $\sigma$ übereinstimmt. Ist insbesondere $G = \mathbb{R}^3$ und somit $\pi(\infty) = \infty$, so ist $\sigma$ äquiforme Abbildung des $\mathbb{R}^3$.*

**Bemerkungen:** 1) $y_\nu \in C^3(G)$ heißt, daß $y_\nu : G \to \mathbb{R}^3$ stetige partielle Ableitungen in $G$ bis zur dritten Ordnung besitzen soll. — Die Abbildungen (5.28) heißen semi–äquiform und im Falle $\alpha = id$ äquiform.

2) Ist $(x_1, x_2, x_3) \in G$, so ist $\sum_{\nu=1}^{3} a_\nu \mathfrak{y}_\nu$ für $(a_1, a_2, a_3) \neq 0$ Tangentenvektor in $\lambda = 0$ der Bildkurve eines in $G$ verlaufenden Geradenstücks

$$(x_1, x_2, x_3) + \lambda(a_1, a_2, a_3).$$

3) Meistens wird $\sigma$ sogar als winkeltreu vorausgesetzt. Wie im Satz formuliert, reicht es aber aus, $\sigma$ als orthogonaltreu vorauszusetzen. Tatsächlich braucht man für $\sigma$ nicht einmal voll die Orthogonaltreue. Es genügt, (6.1) für die folgenden Paare $a, b$ zu fordern

$$(1, 0, 0), (0, 1, 0); \quad (1, 0, 0), (0, 0, 1); \quad (0, 1, 0), (0, 0, 1);$$

$$(1, 2, 0), (2, -1, 0); \quad (1, 0, 2), (2, 0, -1).$$

Seien nun $\varepsilon_1, \varepsilon_2, \ldots, \varepsilon_n$ reelle Zahlen mit $\varepsilon_i^2 = 1$ und $\varepsilon_1 = 1$. Sind dann

$$a = (a_1, \ldots, a_n) \quad \text{und} \quad b = (b_1, \ldots, b_n)$$

Elemente des $\mathbb{R}^n, n \geq 2$, so legen wir im Folgenden ausschließlich das Skalarprodukt

$$ab := \sum_{\nu=1}^{n} \varepsilon_\nu a_\nu b_\nu \tag{6.2}$$

zugrunde. Insbesondere heißt $a$ senkrecht zu $b$, in Zeichen $a \perp b$, wenn $ab = 0$ gilt.

Ziel dieses Abschnittes ist der Beweis des folgenden Satzes, der den Satz von Liouville ($\varepsilon_1 = \ldots = \varepsilon_n = 1$), aber auch den entsprechenden Satz für die Lorentz–Minkowski–Metrik ($\varepsilon_1 = \ldots = \varepsilon_{n-1} = -\varepsilon_n = 1$) als Spezialfälle umfaßt:

**A.6.1**: *Sei $G$ ein Gebiet des $\mathbb{R}^n, n \geq 3$, und sei $\sigma : G \to \mathbb{R}^n$ eine Abbildung,*

$$(x_1, \ldots, x_n) \to (y_1(x_1, \ldots, x_n), \ldots, y_n(x_1, \ldots, x_n)),$$

*mit $y_1, \ldots, y_n \in C^3(G)$. Gilt dann in jedem $(x_1, \ldots, x_n) \in G$*

*(i) $\mathfrak{y}_1^2 \neq 0$,*

*(ii) für alle $a = (a_1, \ldots, a_n)$ und $b = (b_1, \ldots, b_n)$ des $\mathbb{R}^n$ mit $a^2 \neq 0 \neq b^2$ und $a \perp b$ folgt*

$$\sum_{\nu=1}^{n} a_\nu \mathfrak{y}_\nu \perp \sum_{\nu=1}^{n} b_\nu \mathfrak{y}_\nu, \tag{6.3}$$

*so gibt es zu der Kugelgeometrie der Signatur $(\varepsilon_1, \ldots, \varepsilon_n)$ eine Kugelverwandtschaft $\pi$ des $\mathbb{R}^n$, deren Beschränkung auf $G$ mit $\sigma$ übereinstimmt. Ist insbesondere $G = \mathbb{R}^n$, so ist $\sigma$ äquiforme Abbildung der Metrik (6.2).*

**Bemerkungen**: 4) Im Falle der Signatur $\varepsilon_1 = \ldots = \varepsilon_n = 1$ kann die Voraussetzung (i) gestrichen werden, wenn man fordert, daß die Funktionaldeterminante von $\sigma$ in $G$ nirgends verschwindet: Denn hier folgt aus $\mathfrak{y}_1^2 = 0$ doch offenbar $\mathfrak{y}_1 = 0$, was

$$(\mathfrak{y}_1, \ldots, \mathfrak{y}_n) := \begin{vmatrix} \frac{\partial y_1}{\partial x_1} & \cdots & \frac{\partial y_1}{\partial x_n} \\ \vdots & & \vdots \\ \frac{\partial y_n}{\partial x_1} & \cdots & \frac{\partial y_n}{\partial x_n} \end{vmatrix} \neq 0$$

widerspricht.

5) Anstelle von (i) steht sogar die folgende Aussage zur Verfügung

(i)* Aus $a = (a_1, \ldots, a_n) \in \mathbb{R}^n$ mit $a^2 \neq 0$ folgt

$$\left( \sum_{\nu=1}^{n} a_\nu \mathfrak{y}_\nu \right)^2 \neq 0.$$

Denn (ii) ergibt $\mathfrak{y}_\nu \mathfrak{y}_\mu = 0$ für $\nu \neq \mu$ und

$$0 = (\mathfrak{y}_1 + 2\mathfrak{y}_i)(2\mathfrak{y}_1 - \varepsilon_i \mathfrak{y}_i) = 2(\mathfrak{y}_1^2 - \varepsilon_i \mathfrak{y}_i^2)$$

für $i \geq 2$. Also gilt $\mathfrak{y}_1^2 = \varepsilon_i \mathfrak{y}_i^2$ für $i = 1, \ldots, n$ und hiermit

$$(\sum_{\nu=1}^n a_\nu \mathfrak{y}_\nu)^2 = a^2 \cdot \mathfrak{y}_1^2 \neq 0.$$

6) Wie in der Formulierung von A.6.1 bereits berücksichtigt, braucht nicht gefordert zu werden, daß die Funktionaldeterminante von $\sigma$ in $G$ nirgends verschwindet, da dies gefolgert werden kann: Angenommen, in $(x_1, \ldots, x_n) \in G$ würde $(\mathfrak{y}_1, \ldots, \mathfrak{y}_n) = 0$ gelten. Dann gäbe es ein $k$ mit

$$\mathfrak{y}_k = \sum_{\substack{\nu=1 \\ \nu \neq k}}^n \lambda_\nu \mathfrak{y}_\nu \quad \text{mit} \quad \lambda_\nu \in \mathbb{R}.$$

Aus (i)$^*$ folgt $\mathfrak{y}_k^2 \neq 0$. Also hätte man

$$0 \neq \mathfrak{y}_k^2 = \sum_{\substack{\nu=1 \\ \nu \neq k}}^n \lambda_\nu \mathfrak{y}_\nu \mathfrak{y}_k = 0.$$

7) Entsprechend zur Bemerkung 3) braucht (ii) nur für spezielle Paare $a, b$ gefordert zu werden, nämlich für

$$\begin{array}{llll} \alpha) & a = E_i, & b = E_j & \text{für } i \neq j, \\ \beta) & a = E_1 + 2E_i, & b = 2E_1 - \varepsilon_i E_i & \text{für } i \geq 2, \end{array}$$

wobei gesetzt ist

$$E_1 = (1, 0, \ldots, 0), \ E_2 = (0, 1, 0, \ldots, 0), \ldots, \ E_n = (0, \ldots, 0, 1).$$

Wir bemerken, daß bei der Herleitung von (i)$^*$ nur von den Paaren $\alpha), \beta)$ Gebrauch gemacht wurde.

Der Beweis von A.6.1 erfolgt in mehreren Schritten. Anstelle von (ii) fordern wir aber nur

(ii)$'$ (6.3) gilt für alle Paare $\alpha)$ bzw. $\beta)$.

Anstelle von (i) haben wir wegen Bemerkung 7) die Aussage (i)$^*$ zur Verfügung.

(a) Es ist $\mathfrak{y}_1^2 \neq 0$ in $G$. Da außerdem $\mathfrak{y}_1^2$ in $G$ stetig ist und zudem je zwei Punkte in $G$ durch einen in $G$ verlaufenden Polygonzug endlicher Länge verbunden werden können, hat $\mathfrak{y}_1^2$ nur ein Zeichen in $G$ (Zwischenwertsatz längs des Polygonzuges). Wir setzen $\varepsilon := \operatorname{sgn} \mathfrak{y}_1^2$ und wissen also, daß in ganz $G$ entweder $\varepsilon = +1$ oder $\varepsilon = -1$ ist. Sei

$$\varphi(x_1, \ldots, x_n) := \sqrt{\varepsilon \cdot \mathfrak{y}_1^2(x_1, \ldots, x_n)} > 0. \tag{6.4}$$

Offenbar gilt $\varphi \in C^2(G)$ wegen $y_1, \ldots, y_n \in C^3(G)$. Ist $i \neq j$ (solche Indizes sind immer aus $\{1, 2, \ldots, n\}$ zu nehmen), so gilt $\mathfrak{y}_i \mathfrak{y}_j = 0$ aufgrund von (ii)', und damit ist also $\mathfrak{y}_i \mathfrak{y}_{jk} + \mathfrak{y}_{ik} \mathfrak{y}_j = 0$, wobei etwa

$$\mathfrak{y}_{jk} = \frac{\partial^2 \mathfrak{y}}{\partial x_j \partial x_k}$$

gesetzt wurde. Sind $i, j, k$ verschiedene Indizes, so folgt hiermit

$$\mathfrak{y}_k \mathfrak{y}_{ij} = -\mathfrak{y}_i \mathfrak{y}_{kj} = -\mathfrak{y}_i \mathfrak{y}_{jk} = \mathfrak{y}_j \mathfrak{y}_{ki} = -\mathfrak{y}_k \mathfrak{y}_{ij},$$

d.h. $\mathfrak{y}_k \mathfrak{y}_{ij} = 0$. Also ist $\mathfrak{y}_{ij}$ für $i \neq j$ Linearkombination von $\mathfrak{y}_i$ und $\mathfrak{y}_j$, da $\mathfrak{y}_1, \ldots, \mathfrak{y}_n$ überall in $G$ nach Bemerkung 6 linear unabhängig sind. Mit $\mathfrak{y}_i^2 = \varepsilon_i \mathfrak{y}_i^2$ und (6.4) folgt dann

$$\varphi \mathfrak{y}_{ij} = \varphi_j \mathfrak{y}_i + \varphi_i \mathfrak{y}_j \quad \text{für } i \neq j, \tag{6.5}$$

wobei $\varphi_i := \dfrac{\partial \varphi}{\partial x_i}$ gesetzt ist. Sind weiterhin $i, j, k$ verschiedene Indizes (beachte $n \geq 3$), so ergibt $\mathfrak{y}_{ijk} = \mathfrak{y}_{ikj}$ mit (6.5)

$$2\varphi_i \varphi_k = \varphi \cdot \varphi_{ik} \quad \text{für } i \neq k. \tag{6.6}$$

Hier stehen $\mathfrak{y}_{ijk}$ bzw. $\varphi_{ik}$ für $\dfrac{\partial^3 \mathfrak{y}}{\partial x_i \partial x_j \partial x_k}$ bzw. $\dfrac{\partial^2 \varphi}{\partial x_i \partial x_k}$. Weiterhin folgt

$$\varphi \mathfrak{y}_{ii} = \sum_{\nu=1}^{n} (2\delta_{i\nu} - 1)\varepsilon_i \varepsilon_\nu \varphi_\nu \mathfrak{y}_\nu, \tag{6.7}$$

wobei wir das Kroneckersymbol $\delta_{ij} = 0$ für $i \neq j$ und $\delta_{ii} = 1$ benutzt haben. Sind $i, k$ verschiedene Indizes, so gilt mit (6.6)

$$\frac{\partial}{\partial x_k} \left( \frac{\varphi_i}{\varphi^2} \right) = 0, \quad i \neq k. \tag{6.8}$$

Wir ordnen jetzt jedem Punkt $P = (p_1, \ldots, p_n) \in G$ eine ganz in $G$ gelegene offene Umgebung

$$U(P) := \left\{ (x_1, \ldots, x_n) \in \mathbb{R}^n \ \middle| \ \max_{i=1,\ldots,n} |x_i - p_i| < \eta \right\}, \quad \eta > 0,$$

zu, $\eta = \eta(P)$. Diese Zuordnung wird im Abschnitt 3.6 fest beibehalten. Sei jetzt $U$ eine solche Umgebung, und sei $i$ ein fester Index. Sind dann $(x_1, \ldots, x_n)$ und $(\xi_1, \ldots, \xi_n)$ beliebige Punkte aus $U$ mit $x_i = \xi_i$ für den festen Index $i$, so folgt mit (6.8) und mit Hilfe des Mittelwertsatzes mehrerer Veränderlicher

$$\frac{\varphi_i}{\varphi^2}(x_1, \ldots, x_n) = \frac{\varphi_i}{\varphi^2}(\xi_1, \ldots, \xi_n).$$

Also ist in $U$

$$f_i := \frac{\varphi_i}{\varphi^2} \tag{6.9}$$

eine Funktion von $x_i$ alleine, $f_i = f_i(x_i)$. Wir verbleiben in $U$: Seien $i, j$ verschiedene Indizes. Mit $y_k \in C^3(G)$ gilt jedenfalls $\mathfrak{y}_{iij} = \mathfrak{y}_{iji}$. Wir berechnen $\mathfrak{y}_{iij}$ über (6.7) und $\mathfrak{y}_{iji}$ über (6.5). Berücksichtigen wir dann

$$\varphi\varphi_{ii} = 2\varphi_i^2 + \varphi^3 \frac{df_i(x_i)}{dx_i} \tag{6.10}$$

wegen (6.9), so führt $\mathfrak{y}_j \cdot (\mathfrak{y}_{iij} - \mathfrak{y}_{iji}) = 0$ auf

$$\sum_{\nu=1}^n \varepsilon_\nu \varphi_\nu^2 = -\varphi^3 \cdot \left( \varepsilon_i \frac{df_i(x_i)}{dx_i} + \varepsilon_j \frac{df_j(x_j)}{dx_j} \right). \tag{6.11}$$

Sind nun $i, j, k$ verschiedene Indizes (beachte $n \geq 3$), so ergibt (6.11) mit $\varphi > 0$ offenbar

$$\varepsilon_i f_i' + \varepsilon_j f_j' = \varepsilon_i f_i' + \varepsilon_k f_k',$$

d.h. $\varepsilon_j f_j'(x_j) = \varepsilon_k f_k'(x_k)$ für alle $j, k$. Also ist in $U$

$$\varepsilon_i f_i'(x_i) = \text{ const } =: \rho,$$

d.h.

$$f_i(x_i) = \varepsilon_i(\rho x_i + b_i), \tag{6.12}$$

wobei $\rho, b_i$ von $U$ abhängende Konstanten sind. Im Falle $\rho = 0$ gilt in $U$

$$\sum_{\nu=1}^n \varepsilon_\nu b_\nu^2 = 0 \tag{6.13}$$

mit (6.11), (6.12), (6.9). Mit (6.9), (6.12) folgt auch für $\rho = 0$

$$\frac{\partial}{\partial x_i} \left( \frac{1}{\varphi} + \sum_{\nu=1}^n \varepsilon_\nu b_\nu x_\nu \right) = -\frac{\varphi_i}{\varphi^2} + \varepsilon_i b_i = 0,$$

d.h.

$$\frac{1}{\varphi} = C - \sum_{\nu=1}^{n} \varepsilon_\nu b_\nu x_\nu, \quad \varphi > 0, \tag{6.14}$$

$C$ eine Konstante in $U$. Im Falle $\rho \neq 0$ gilt in $U$

$$\varphi \cdot \sum_{\nu=1}^{n} \varepsilon_\nu (\rho x_\nu + b_\nu)^2 = -2\rho \neq 0,$$

d.h. also

$$\varphi = \frac{-2\rho}{\sum_{\nu=1}^{n} \varepsilon_\nu (\rho x_\nu + b_\nu)^2} > 0 \tag{6.15}$$

wegen (6.11), (6.12), (6.9).

(b) Bisher sind $\rho, b_\nu, C$ Konstanten, die von $U$ abhängen. Wir zeigen nun: In ganz $G$ gilt entweder (6.14) und (6.13) mit universellen Konstanten $C, b_\nu$ oder aber (6.15) mit universellen Konstanten $\rho \neq 0$ und $b_\nu$. Sind nämlich $U = U(P), V = U(Q)$ zwei (früher eingeführte) Umgebungen mit $U \cap V \neq \emptyset$, so gilt etwa im Durchschnitt $U \cap V$

$$\overset{(U)}{C} - \sum_{\nu=1}^{n} \varepsilon_\nu \overset{(U)}{b}_\nu x_\nu = \frac{1}{\varphi} = \overset{(V)}{C} - \sum_{\nu=1}^{n} \varepsilon_\nu \overset{(V)}{b}_\nu x_\nu$$

(oder entsprechend einer der anderen Fälle), was auf $\overset{(U)}{C} = \overset{(V)}{C}$ usf. führt. — Seien dann $U_1, V_1$ zwei in Frage stehende Umgebungen derart, daß Punkte $A \in U_1$, $B \in V_1$ existieren, deren Verbindungsstrecke $I$ in $G$ liegt. Das System $U(X)$, $X \in I$, überdeckt die kompakte Menge $I$. Also gibt es endlich viele Mengen $U(X_1,), \ldots, U(X_r)$, die bereits $I$ überdecken. Sei etwa $A \in U(X_1)$ und $B \in U(X_r)$. Dann hat $\varphi$ in $U_1$ und $U(X_1)$ die gleiche Darstellung und auch in $V_1$ und $U(X_r)$. Nun wende man diese Überlegung evtl. mehrfach auf $U(X_1), \ldots, U(X_r)$ an, um einzusehen, daß $\varphi$ in $U_1$ und $V_1$ die gleiche Darstellung hat. — Sind schließlich $U, V$ zwei beliebige der eingeführten Umgebungen, so wähle man Punkte $A \in U$, $B \in V$ und einen $A, B$ verbindenden, in $G$ verlaufenden Polygonzug endlicher Länge mit den aufeinander folgenden Eckpunkten $A, E_1, \ldots, E_s, B$. Jetzt verwende man die vorhergehende Überlegung für $U, U(E_1); U(E_1), U(E_2); \ldots; U(E_s), V$.

(c) Ist $\varphi = $const in $G$, so gibt es eine reelle Zahl $t \neq 0$ und eine bijektive Abbildung $\gamma$ des $\mathbb{R}^n$,

$$\gamma(x_1 \ldots x_n) = t \cdot (x_1, \ldots, x_n) \begin{pmatrix} a_{11} & \cdots & a_{1n} \\ \vdots & & \vdots \\ a_{n1} & \cdots & a_{nn} \end{pmatrix} + (a_1 \ldots a_n),$$

mit

$$\sum_{\nu=1}^{n} \varepsilon_\nu a_{i\nu}, a_{j\nu} = \varepsilon\varepsilon_i \delta_{ij}$$

für alle $i, j \in \{1, \dots, n\}$, deren Beschränkung auf $G$ mit $\sigma$ übereinstimmt.

**Beweis:** Aus (6.5), (6.7) erhalten wir $\mathfrak{y}_{ij} = 0$ in $G$ für alle $i, j$. Über die Umgebungen $U$ schließend haben wir dann mit universellen Konstanten

$$\gamma(x) = (y_1 \dots y_n) = (x_1 \dots x_n) \begin{pmatrix} \alpha_{11} & \cdots & \alpha_{1n} \\ \vdots & & \vdots \\ \alpha_{n1} & \cdots & \alpha_{nn} \end{pmatrix} + (a_1 \dots a_n).$$

Mit $\mathfrak{y}_i = (\alpha_{i1}, \dots, \alpha_{in})$, $\mathfrak{y}_i \mathfrak{y}_j = \varepsilon\varepsilon_i \delta_{ij} \varphi^2$ setze man $t := \varphi$ und beachte

$$\frac{\mathfrak{y}_i}{\varphi} \cdot \frac{\mathfrak{y}_j}{\varphi} = \varepsilon\varepsilon_i \delta_{ij}.$$

(d) Die Abbildungen $\gamma$ von (c) genügen wegen

$$\sum_{\nu=1}^{n} \varepsilon_\nu a_{i\nu} a_{j\nu} = \varepsilon\varepsilon_i \delta_{ij}$$

den Eigenschaften (i), (ii) des Satzes A.6.1 für $G = \mathbb{R}^n$. — Wird $G = \mathbb{R}^n$ in A.6.1 vorausgesetzt, so ist $\varphi = $ const. Denn zunächst kann $\varphi$ nicht die Form (6.15) haben, da $\varphi$ für $(x_1, \dots, x_n) \in G$ mit $\rho x_\nu + b_\nu = 0$ ($\nu = 1, \dots, n$) nicht erklärt wäre. Also hat $\varphi$ die Form (6.14). Wäre hier ein $b_\mu \neq 0$, so ergäbe (6.14) für $(x_1, \dots, x_n) \in G$ mit

$$x_\nu = \frac{\varepsilon_\mu(1+C)}{b_\mu} \delta_{\nu\mu}, \quad \nu = 1, \dots, n,$$

offenbar $\frac{1}{\varphi} = -1$, was nicht sein darf. Also sind alle $b_\nu$ Null, und (6.14) ergibt $\psi = $ const. Die Aussage (c) ergibt also alle Lösungen $\sigma$ im Falle $G = \mathbb{R}^n$. — Liegt im Falle der Signatur $\varepsilon_1 = \dots = \varepsilon_n = 1$ für $\varphi$ die Darstellung (6.14) vor, so ist $\varphi$ bereits eine Konstante wegen (6.13). Bei allgemeiner Signatur tritt sehr wohl $\varphi$ nichtkonstant in der Form (6.14) auf, was den allgemeinen Fall verkompliziert.

(e) Wir beschäftigen uns jetzt mit dem Fall (6.14), (6.13), wobei nicht alle $b_\nu$ Null sind. O.B.d.A. nehmen wir $C = 1$ an: Denn ist etwa $b_r \neq 0$, so setzen wir

$$\bar{x}_i = x_i \text{ für } i \neq r \text{ und } \bar{x}_r = x_r + \varepsilon_r \frac{1-C}{b_r},$$

was $\varphi$ in die Gestalt

$$\frac{1}{\varphi} = 1 - \sum_{\nu=1}^{n} \varepsilon_\nu b_\nu \overline{x}_\nu$$

überführt und $\dfrac{\partial \eta}{\partial \overline{x}_i} = \dfrac{\partial \eta}{\partial x_i}$ bedeutet. Wir schreiben allerdings wieder $x_i$ statt $\overline{x}_i$. Also ist

$$\frac{1}{\varphi} = 1 - \sum_{\nu=1}^{n} \varepsilon_\nu b_\nu x_\nu \text{ und } b^2 = 0,$$

letzteres wegen (6.13), wenn $b := (b_1, \ldots, b_n)$ gesetzt wird. Schreiben wir noch $x := (x_1, \ldots, x_n)$, so ist also in $G$

$$\frac{1}{\varphi} = 1 - bx > 0, \quad b^2 = 0, \quad b \neq 0.$$

Die Abbildung $\lambda : G \to \mathbb{R}^n$,

$$z = \lambda(x) = \varphi x - \frac{1}{2}\varphi x^2 b,$$

genügt trivialerweise der Bedingung $z_i \in C^3(G)$.

Offenbar gilt in $G$

$$z^2 = \varphi x^2, \ 1 + bz = \varphi > 0 \tag{6.16}$$

wegen $b^2 = 0$ und $(1 - bx)\varphi = 1$. Also lautet die Umkehrabbildung von $\lambda$

$$x = \frac{1}{\varphi}\left(z + \frac{1}{2}bz^2\right) = \frac{z + \frac{1}{2}bz^2}{1 + bz}. \tag{6.17}$$

Es ist folglich $\lambda$ injektiv und in beiden Richtungen stetig. Damit ist $\lambda(G) =: H$ wieder ein Gebiet des $\mathbb{R}^n$.

Wir betrachten die Abbildung

$$\sigma\lambda^{-1} \ : \ H \to \mathbb{R}^n,$$
$$\sigma\lambda^{-1}(z_1, \ldots, z_n) \ =: \ (y_1, \ldots, y_n),$$

deren Komponentenfunktionen in $C^3(H)$ liegen. Es gilt für $i, j \in \{1, \ldots, n\}$

$$\frac{\partial \eta}{\partial z_i}\frac{\partial \eta}{\partial z_j} = \left(\sum_{\nu=1}^{n} \frac{\partial \eta}{\partial x_\nu} \cdot \frac{\partial x_\nu}{\partial z_i}\right) \cdot \left(\sum_{\nu=1}^{n} \frac{\partial \eta}{\partial x_\nu} \cdot \frac{\partial x_\nu}{\partial z_j}\right) =$$

$$= \sum_{\nu=1}^{n} \eta_\nu^2 \frac{\partial x_\nu}{\partial z_i}\frac{\partial x_\nu}{\partial z_j} = \eta_1^2 \frac{\partial x}{\partial z_i}\frac{\partial x}{\partial z_j} = \varepsilon\varepsilon_i \delta_{ij},$$

letzteres mit (6.17), d.h. mit

$$\varepsilon_i \varphi^2 \frac{\partial x}{\partial z_i} = \varepsilon_i \varphi E_i - b_i z + \left(\varphi z_i - \frac{1}{2} b_i z^2\right) b$$

und mit (6.16). Für das Gebiet $H$ und für die Abbildung $\sigma \lambda^{-1} : H \to \mathrm{IR}^n$ gelten also die Voraussetzungen (i), (ii) von A.6.1, wobei $\frac{\partial \eta}{\partial z_i}$ an die Stelle von $\frac{\partial \eta}{\partial x_i} = \eta_i$ zu treten hat. Da

$$\Phi := \sqrt{\left|\left(\frac{\partial \eta}{\partial z_1}\right)^2\right|} = 1 = \text{const}$$

gilt, können wir (c) verwenden für $H$ und $\sigma \lambda^{-1}$. Also ist $\sigma \lambda^{-1} = \Gamma \,|\, H$ mit

$$\Gamma(z) = t \cdot z \begin{pmatrix} a_{11} & \cdots & a_{1n} \\ \vdots & & \vdots \\ a_{n1} & \cdots & a_{nn} \end{pmatrix} + (a_1 \ldots a_n),$$

wobei $t \neq 0$ und $\sum_{\nu=1}^{n} \varepsilon_\nu a_{i\nu} a_{j\nu} = \varepsilon \varepsilon_i \delta_{ij}$ gilt. Damit haben wir

$$\sigma = \Gamma \lambda \,|\, G. \tag{6.18}$$

Tatsächlich ist hierbei $\Gamma\lambda$ Beschränkung einer Kugelverwandtschaft $\pi$ auf $G$: Nach Abschnitt 3.5 ist $\Gamma$ Kugelverwandtschaft, wenn man $\Gamma(\infty) = \infty$ setzt und das Bild einer isotropen Hyperebene $F$ als Bild der Punktmenge $F$ erklärt. Weiterhin ist $\lambda : G \to \mathrm{IR}^n$ Beschränkung der Kugelverwandtschaft $\hat{\lambda} : Q \to Q$ mit (s. Abschnitt 3.5)

$$\eta_0 = 2\xi_0 - \sum_{\nu=1}^{n} \varepsilon_\nu b_\nu \xi_\nu,$$

$$\eta_\nu = 2\xi_\nu - b_\nu \cdot (\xi_0 + \xi_{n+1}), \; \nu = 1, \ldots, n,$$

$$\eta_{n+1} = 2\xi_{n+1} + \sum_{\nu=1}^{n} \varepsilon_\nu b_\nu \xi_\nu,$$

deren Koeffizientendeterminante $2^{n+2}$ ist, wenn man $b^2 = 0$ beachtet.

(f) Es verbleibt der Fall, daß $\varphi$ in $G$ die Gestalt (6.15) hat,

$$\varphi = \frac{-2\rho}{\sum_{\nu=1}^{n} \varepsilon_\nu (\rho x_\nu + b_\nu)^2} > 0.$$

O.B.d.A. nehmen wir $b_1 = \ldots = b_n = 0$ an: Wir setzen nämlich

$$\overline{x}_i = x_i + \frac{b_i}{\rho},$$

was $\varphi$ in die Gestalt

$$\varphi = \frac{-2\rho}{\sum_{\nu=1}^{n} \varepsilon_\nu (\rho \overline{x}_\nu)^2} > 0$$

überführt und $\frac{\partial \eta}{\partial \overline{x}_i} = \frac{\partial \eta}{\partial x_i}$ bedeutet. Auch hier schreiben wir wieder $x_i$ anstelle von $\overline{x}_i$. Also ist

$$\varphi = \frac{-2}{\rho \sum_{\nu=1}^{n} \varepsilon_\nu x_\nu^2} > 0 \qquad (6.19)$$

in $G$. Die Abbildung $\chi : G \to \mathbb{R}^n$,

$$z = -\frac{1}{2}\varphi x, \qquad (6.20)$$

wobei $z = (z_1, \ldots, z_n)$ das Bild von $x = (x_1, \ldots, x_n)$ bezeichnet, genügt offenbar der Bedingung $z_i \in C^3(G)$. Wegen (6.19) gilt

$$z^2 = -\frac{1}{2\rho}\varphi \neq 0. \qquad (6.21)$$

Also lautet die Umkehrabbildung von $\chi$

$$x = -\frac{2z}{\varphi} = \frac{z}{\rho z^2} \qquad (6.22)$$

wegen (6.20), (6.21). Es ist $\chi$ die Beschränkung einer Kugelverwandtschaft $\hat{\chi}$ auf $G$: Sei nämlich $\alpha$ die Fortsetzung der Dilatation $x \to \rho x$ auf $\overline{\mathbb{R}^n}$ und bezeichne $\iota$ wieder die Inversion an der Einheitskugel. Dann gilt

$$\iota \alpha(z) = \iota(\rho z) = \frac{\rho z}{(\rho z)^2} = x;$$

also sind $\chi$ und $\alpha^{-1}\iota$ auf $G$ identisch. $\chi : G \to \mathbb{R}^n$ ist injektiv und in beiden Richtungen stetig. Damit ist $\chi(G) =: H$ ein Gebiet des $\mathbb{R}^n$. Wir betrachten die Abbildung

$$\sigma \chi^{-1} \quad : \quad H \to \mathbb{R}^n,$$
$$\sigma \chi^{-1}(z_1, \ldots, z_n) \quad =: \quad (y_1, \ldots, y_n),$$

deren Komponentenfunktionen in $C^3(H)$ liegen. Auch hier haben wir — beachte wiederum $\dfrac{\partial \eta}{z_i} = \displaystyle\sum_{\nu=1}^{n} \eta_\nu \dfrac{\partial x_\nu}{\partial z_i}$ —

$$\frac{\partial \eta}{\partial z_i}\frac{\partial \eta}{\partial z_j} = \eta_1^2 \frac{\partial x}{\partial z_i}\frac{\partial x}{\partial z_j}, \quad \text{d.h.} \quad \frac{\partial \eta}{\partial z_i}\frac{\partial \eta}{\partial z_j} = \eta_1^2 \cdot \frac{4}{\varphi^2}E_i E_j = 4\varepsilon\varepsilon_i \delta_{ij}$$

mit (6.22), d.h. mit

$$-\frac{1}{2}\varphi^2 \frac{\partial x}{\partial z_i} = 4\rho\varepsilon_i z_i z + \varphi E_i,$$

und mit (6.21). Für das Gebiet $H$ und für die Abbildung $\sigma\chi^{-1} : H \to \mathbb{R}^n$ gelten also die Voraussetzungen (i), (ii) von A.6.1. Da

$$\Phi := \sqrt{\left|\left(\frac{\partial \mathfrak{y}}{\partial z_1}\right)^2\right|} = 2 = \text{const}$$

ist, können wir wiederum (c) verwenden für $H$ und $\sigma\chi^{-1}$. Also ist $\sigma\chi^{-1} = \Gamma \,|\, H$ mit einem früher beschriebenen äquiformen $\Gamma : \mathbb{R}^n \to \mathbb{R}^n$. Damit ist $\sigma = \Gamma\chi \,|\, G$ Beschränkung einer Kugelverwandtschaft. □

Zum Abschluß dieses Abschnittes 3.6 wollen wir nun noch zeigen, daß

$$\omega : G \to \mathbb{R}^n \qquad\qquad (6.23)$$

den Bedingungen (i), (ii) von A.6.1 genügt, wenn $G$ Gebiet des $\mathbb{R}^n$ ist und wenn $\omega$ eine Kugelverwandtschaft der Kugelgeometrie der Signatur $(\varepsilon_1, \ldots, \varepsilon_n)$ darstellt. Wir bemerken, daß (6.23) bei Vorgabe von $\omega$ eine Einschränkung für $G$ bedeutet, da eine Kugelverwandtschaft ja auch eigentliche Punkte in uneigentliche überführen kann. Mit A.5.1 überprüfen wir nun nur die Fälle

$$\text{A)} \ \omega = \tau\iota, \qquad \text{B)} \ \omega = \tau_1\iota\tau\iota,$$

da für äquiforme Abbildungen nichts zu zeigen ist.

Fall A): $\tau\iota : G \to \mathbb{R}^n$.

Da Translationen uneigentliche Punkte in uneigentliche überführen, gilt bereits für unser Gebiet $G$

$$\iota : G \to \mathbb{R}^n.$$

Also ist $G$ bereits so beschaffen, daß $x^2 \neq 0$ gilt für alle $x \in G$. Damit ist dort

$$x \to \frac{x}{x^2}$$

auf Gültigkeit von (i), (ii) zu überprüfen. Es ist

$$\sum_{\nu=1}^{n} a_\nu \frac{\partial \mathfrak{y}}{\partial x_\nu} = \frac{a}{x^2} - \frac{2ax}{(x^2)^2}x \qquad\qquad (6.24)$$

für beliebiges $a = (a_1, \ldots, a_n) \in \mathbb{R}^n$. Ist also $a = (1, 0, \ldots, 0)$, so folgt $\mathfrak{y}_1^2 = \frac{1}{(x^2)^2} \neq 0$ in $G$. Mit (6.24) und $a \perp b$ für $a = (a_1, \ldots, a_n)$ und $b = (b_1, \ldots, b_n)$ haben wir außerdem

$$\left(\sum_{\nu=1}^{n} a_\nu \frac{\partial \mathfrak{y}}{\partial x_\nu}\right) \cdot \left(\sum_{\nu=1}^{n} b_\nu \frac{\partial \mathfrak{y}}{\partial x_\nu}\right) = \frac{ab}{(x^2)^2} = 0.$$

Fall B): $\tau_1 \iota \tau \iota : G \to \mathbb{R}^n$.

Wie im Falle A) reicht es,

$$\iota \tau \iota : G \to \mathbb{R}^n$$

zu betrachten. Schreiben wir die Punkte $x \in G$ in der Form (5.7), d.h. in der Form

$$\mathbb{R}\left(\frac{1+x^2}{2}, x_1, \ldots, x_n, \frac{-1+x^2}{2}\right)$$

auf, so hat $\iota(x)$ die Gestalt

$$\mathbb{R}\left(\frac{1+x^2}{2}, x_1, \ldots, x_n, \frac{1-x^2}{2}\right). \tag{6.25}$$

Wendet man hierauf die Translation $\tau$,

$$z \to z + t, \quad t = (t_1, \ldots, t_n)$$

an, so folgt

$$\tau\iota(x) = \mathbb{R}(\eta_0, \eta_1, \ldots, \eta_n, \eta_{n+1})$$

mit

$$\eta_0 = \frac{1+x^2}{2} + \frac{1}{2}t^2x^2 + tx,$$

$$\eta_\nu = x_\nu + t_\nu x^2 \text{ für } \nu = 1, \ldots, n,$$

$$\eta_{n+1} = \frac{1-x^2}{2} + \frac{1}{2}t^2x^2 + tx.$$

Diese drei letzten Formeln sind auch richtig im Fall, daß (6.25) ein uneigentlicher Punkt ist, was $x^2 = 0$ heißt, und wenn gleichzeitig natürlich $\iota\tau\iota(x)$ einen eigentlichen Punkt darstellt, was $\frac{1}{2} + xt \neq 0$ heißt. Damit ist

$$\iota\tau\iota(x) = \mathbb{R}(\zeta_0, \zeta_1, \ldots, \zeta_n, \zeta_{n+1})$$

mit $\zeta_0 = \eta_0, \zeta_\nu = \eta_\nu$ (für $\nu = 1, \ldots, n$), $\zeta_{n+1} = -\eta_{n+1}$. Aus $\iota\tau\iota(x) \in \mathbb{R}^n$ für $x \in G$ folgt also $\zeta_0 \neq \zeta_{n+1}$, d.h. $\eta_0 + \eta_{n+1} \neq 0$. Damit gilt

$$\mathfrak{y} := \iota\tau\iota(x) = \frac{x + tx^2}{1 + t^2x^2 + 2tx}, \quad x \in G, \tag{6.26}$$

mit $1 + t^2x^2 + 2tx = \eta_0 + \eta_{n+1} \neq 0$ für alle $x \in G$. Mit $a = (a_1, \ldots, a_n)$ und

$$N := 1 + t^2x^2 + 2tx$$

gilt

$$\sum_{\nu=1}^{n} a_\nu \frac{\partial \mathfrak{y}}{\partial x_\nu} = \frac{a + 2t(ax)}{N} - 2\frac{x + tx^2}{N^2}(t^2(ax) + at). \tag{6.27}$$

Den Nachweis von (i), (ii) für $x \to \mathfrak{y}$ führen wir in zwei Schritten. Sei $x \in G$ ein Punkt mit $x^2 \neq 0$. Dann gilt dies auch für eine in $G$ gelegene Umgebung $U$ von $x$. In $U$ ist dann auch

$$\left(\frac{x}{x^2} + t\right)^2 = \frac{N}{x^2} \neq 0.$$

Nun zerlegen wir $x \to \mathfrak{y}$ in die Abbildungen

$$x \to u = \frac{x}{x^2}, \quad u \to v = u + t, \quad v \to \mathfrak{y} = \frac{v}{v^2}.$$

Damit gelten (i), (ii), da wir den Fall der Inversion an der Einheitskugel bereits behandelt haben. — Sei nun $x \in G$ ein Punkt mit $x^2 = 0$. Bilden wir dort die Ableitungen $\dfrac{\partial \mathfrak{y}}{\partial x_\nu}$, so vereinfacht sich (6.27) zu

$$\sum_{\nu=1}^{n} a_\nu \frac{\partial \mathfrak{y}}{\partial x_\nu} = \frac{a + 2t(ax)}{N} - \frac{2x(t^2(ax) + at)}{N^2}$$

mit $N = 1 + 2tx$. Für $a, b \in \mathbb{R}^n$ gilt dann

$$\left(\sum_{\nu=1}^{n} a_\nu \frac{\partial \mathfrak{y}}{\partial x_\nu}\right) \cdot \left(\sum_{\nu=1}^{n} b_\nu \frac{\partial \mathfrak{y}}{\partial x_\nu}\right) = \frac{ab}{N^2}.$$

Also sind (i), (ii) auch in diesem zweiten Falle erfüllt.

**Bemerkung**: An Literatur über den Liouvilleschen Satz erwähnen wir W. Blaschke, K. Leichtweiss [1], S. 119 (hier strenge Darstellung des Falles $\sigma$ : $\mathbb{R}^3 \to \mathbb{R}^3$ für die Signatur 1,1,1, der zu den äquiformen Abbildungen des $\mathbb{R}^3$ führt), E. Müller, J.L. Krames [1] (hier Signatur 1,1,-1), Yu. G. Rešetnyak [1] (klassische Signatur unter sehr allgemeinen Voraussetzungen). Die beliebige Signatur $\varepsilon_1, \ldots, \varepsilon_n$ wird in W. Benz [6] behandelt. In Abschnitt 3.5 haben wir einen allgemeineren Standpunkt als in [6] eingenommen; Abschnitt 3.6 folgt unseren Darlegungen in [6].

## 3.7 Cremonasche Geometrien

Die Kugelgruppen sind Beispiele Cremonascher Gruppen, die Kugelgeometrien sind Beispiele Cremonascher Geometrien: Dies soll nun erläutert werden. Gegeben sei ein kommutativer Körper $K$. Für $n \in \mathbb{N}$ bezeichne dann $K[X_1, \ldots, X_n]$ den Ring aller Polynome in $n$ Unbestimmten $X_1, \ldots, X_n$ über $K$. Weiterhin sei $K(X_1, \ldots, X_n)$ der Quotientenkörper des Polynomringes $K[X_1, \ldots, X_n]$. Jedes

Element $k \in K$ kommt in $K[X_1, \ldots, X_n]$ vor und damit auch in $K(X_1, \ldots, X_n)$. Ein Automorphismus $\beta$ von $K(X_1, \ldots, X_n)$, der jedes Element $k \in K$ festläßt, heißt eine *birationale Transformation* des $K^n$. Es bezeichne $B_K^n$ die Gruppe aller birationalen Transformationen des $K^n$, wobei als Verknüpfung die Hintereinanderausführung von Automorphismen zu nehmen ist. Jedem $\beta \in B_K^n$ wird nun eine Abbildung $(\beta)$ zugeordnet. Für $X_i \in K(X_1, \ldots, X_n)$, $i = 1, \ldots, n$, betrachten wir

$$\beta(X_i) =: \frac{f_i(X_1, \ldots, X_n)}{g_i(X_1, \ldots, X_n)}, \quad (i = 1, \ldots, n), \tag{7.1}$$

mit $f_i, g_i \in K[X_1, \ldots, X_n]$. Gegeben sei nun $a = (a_1, \ldots, a_n) \in K^n$ derart, daß $g_i(a) := g_i(a_1, \ldots, a_n) \neq 0$ ist für alle $i = 1, \ldots, n$. Dann sei gesetzt

$$(\beta)(a) = \left( \frac{f_1(a)}{g_1(a)}, \ldots, \frac{f_n(a)}{g_n(a)} \right).$$

Also ist $(\beta)$ eine Abbildung von

$$D_\beta := \left\{ a \in K^n \mid \prod_{i=1}^{n} g_i(a) \neq 0 \right\}$$

in $K^n$. Um $D_\beta$ so groß wie möglich zu erhalten, wird man in (7.1) nur triviale gemeinsame Faktoren in Zähler und Nenner erlauben. Von grundlegender Bedeutung ist nun der folgende Zusammenhang, der das Multiplizieren von Automorphismen mit der Hintereinanderausführung von Abbildungen in Verbindung setzt:

Seien $\beta, \gamma$ birationale Transformationen des $K^n$, und sei $a$ ein Element des $K^n$ mit $a \in D_\beta$ und $(\beta)(a) \in D_\gamma$. Dann gilt

$$(\beta\gamma)(a) = (\gamma)[(\beta)(a)]. \tag{7.2}$$

Zum Beweis dieser Aussage sei

$$\beta(X_i) =: \frac{f_i(X_1, \ldots, X_n)}{g_i(X_1, \ldots, X_n)}, \quad (i = 1, \ldots, n),$$

und

$$\gamma(X_i) =: \frac{\varphi_i(X_1, \ldots, X_n)}{\psi_i(X_1, \ldots, X_n)}, \quad (i = 1, \ldots, n).$$

Wenn wir nun

$$\beta[h(X_1, \ldots, X_n)] = h(\beta(X_1), \ldots, \beta(X_n))$$

für $h(X_1, \ldots, X_n) \in K[X_1, \ldots, X_n]$ beachten, da ja doch $\beta$ ein Automorphismus von $K(X_1, \ldots, X_n)$ ist, so gilt also

$$\beta\gamma(X_i) = \frac{\varphi_i(\beta(X_1), \ldots, \beta(X_n))}{\psi_i(\beta(X_1), \ldots, \beta(X_n))}$$

$$= \frac{\varphi_i\left(\frac{f_1(X_1, \ldots)}{g_1(X_1, \ldots)}, \ldots\right)}{\psi_i\left(\frac{f_1(X_1, \ldots)}{g_1(X_1, \ldots)}, \ldots\right)} \quad \text{für} \quad i = 1, \ldots, n.$$

Mit

$$(\beta)(a) = \left(\frac{f_1(a)}{g_1(a)}, \ldots, \frac{f_n(a)}{g_n(a)}\right)$$

ist dann

$$(\gamma)[(\beta)(a)] = \left(\frac{\varphi_1\left(\frac{f_1(a)}{g_1(a)}, \ldots\right)}{\psi_1\left(\frac{f_1(a)}{g_1(a)}, \ldots\right)}, \ldots\right) = (\beta\gamma)(a). \qquad \square$$

Eine Untergruppe $\Gamma$ von $B_K^n$ heißt eine Cremonasche Gruppe des $K^n$, wenn ein $\gamma \in \Gamma$ und drei kollineare Punkte $a, b, c \in D_\gamma$ existieren derart, daß deren Bildpunkte unter $(\gamma)$ nicht kollinear liegen. — Wir sind nun in der Lage, den Begriff der Cremonaschen Geometrie zu definieren: Sei $\Gamma$ Cremonasche Gruppe des $K^n$ und sei $\widetilde{K^n}$ eine Obermenge von $K^n$ derart, daß sich für jedes $\gamma \in \Gamma$

$$(\gamma) : D_\gamma \to K^n$$

zu einer Bijektion von $\widetilde{K^n}$ fortsetzen läßt, wobei (7.2) auch für alle $a \in \widetilde{K^n}$ gelten soll. Die Struktur $(\Gamma, \widetilde{K^n})$ heißt dann eine Cremonasche Geometrie des $K^n$. Die Situation ist vergleichbar der ebenen metrischen Geometrie $(\Delta, \mathbb{R}^2)$, wobei $\Delta$ die Gruppe der Bewegungen des $\mathbb{R}^2$ bezeichne. Hier wie dort geht es dann darum, sogenannte Invarianten und sogenannte invariante Begriffe aufzustellen und zu studieren: Für $(\Delta, \mathbb{R}^2)$ wären Längenmaß, Inhaltsmaß, Winkelmaß solche Invarianten; es sind gewissen Figuren $F$ wie Punktepaar usf. zugeordnete Größen $\mu(F)$, die

$$\mu[\delta(F)] = \mu(F)$$

für alle $\delta \in \Delta$ genügen. Ist $S$ eine Menge von Teilmengen von $\mathbb{R}^2$, so spricht man von einem invarianten Begriff von $(\Delta, \mathbb{R}^2)$, wenn $\delta(g) \in S$ gilt für alle $g \in S$ und alle $\delta \in \Delta$. So könnte $S$ die Menge aller Geraden des $\mathbb{R}^2$ sein oder etwa die Menge aller Kreise. — Wir haben damit die Grundelemente des sogenannten Kleinschen Erlanger Programms (Felix Klein, 1849–1925) erläutert, nach dem einer Gruppe von Bijektionen einer Menge das System der zugehörigen Invarianten und invarianten Begriffe als geometrische Struktur zugewiesen wird. Für eine weitergehendere Darstellung verweisen wir auf den Anhang unseres Buches [7]. Viele der in [7] behandelten Kettengeometrien sind übrigens

Cremonasche Geometrien (zum neuesten Stand über Kettengeometrien s. A. Herzer [1]). Im verbleibenden Teil des Abschnittes 3.7 soll nun nur noch der Nachweis, daß die Kugelgeometrien Cremonasche Geometrien sind, eine Rolle spielen. Für einen euklidischen Körper $K$, für eine natürliche Zahl $n \geq 2$ und für eine Signatur $\varepsilon_1, \ldots, \varepsilon_n$ sei das jetzt interessierende $\widetilde{K^n}$ mit der Menge $\overline{K^n}$ von Abschnitt 3.5 identifiziert. Als Gruppe von Bijektionen von $\overline{K^n}$ sei die von $\iota$ und den äquiformen Kugelverwandtschaften erzeugte Gruppe $\Gamma_0^n$ zugrunde-gelegt. Wir erklären nun ein

$$\gamma : K(X_1, \ldots, X_n) \to K(X_1, \ldots, X_n)$$

vermittels

$$\gamma\left(\frac{f(X_1, \ldots, X_n)}{g(X_1, \ldots, X_n)}\right) = \frac{f(X_1', \ldots, X_n')}{g(X_1', \ldots, X_n')}; \qquad (7.3)$$

dabei sei

$$X_i' := \frac{X_i}{\sum_{\nu=1}^n \varepsilon_\nu X_\nu^2} \quad \text{für} \quad i = 1, \ldots, n. \qquad (7.4)$$

Wir müssen uns zunächst vergewissern, daß $g(X_1', \ldots, X_n') \neq 0$ gilt für $g(X_1, \ldots, X_n) \neq 0$: Ist

$$g(X_1, \ldots, X_n) = a_0 + \sum_{i=1}^t \sum_{\nu_1, \ldots, \nu_i=1}^n a_{\nu_1 \nu_2 \ldots \nu_i} X_{\nu_1} X_{\nu_2} \ldots X_{\nu_i},$$

so gilt mit $N := \sum_{\nu=1}^n \varepsilon_\nu X_\nu^2$ offenbar

$$g(X_1', \ldots, X_n') = \frac{1}{N^t}\left(a_0 N^t + \sum_{i=1}^t N^{t-i} \sum_{\nu_1, \ldots, \nu_i=1}^n a_{\nu_1 \ldots \nu_i} X_{\nu_1} \ldots X_{\nu_i}\right). \qquad (7.5)$$

Wäre dies das Nullelement in $K(X_1, \ldots, X_n)$, so müßte

$$a_0 N^t = 0 \quad \text{und} \quad N^{t-i} \sum_{\nu_i, \ldots, \nu_i=1}^n a_{\nu_1 \ldots \nu_i} X_{\nu_1} \ldots X_{\nu_i} = 0 \qquad (7.6)$$

für $i = 1, \ldots, t$ sein, da die Gradzahlen hier sukzessive $2t$ und $2(t-i)+i = 2t-i$ für $i = 1, \ldots, t$ sind (falls entsprechende Glieder überhaupt auftreten) und sich also Terme verschiedener Summanden in (7.5) nicht wegheben könnten. Aus (7.6) folgt

$$a_0 = 0 \quad \text{und} \quad \sum_{\nu_1, \ldots, \nu_i=1}^n a_{\nu_1 \ldots \nu_i} X_{\nu_1} \ldots X_{\nu_i} = 0,$$

d.h. also $g(X_1, \ldots, X_n) = 0$, was nicht der Fall war.

Aufgrund der vorstehenden Überlegung ist also zunächst einmal $\gamma$ vermöge (7.3) erklärt. Aus (7.3) ergibt sich sofort, daß

$$\gamma(A + B) = \gamma(A) + \gamma(B),$$
$$\gamma(A \cdot B) = \gamma(A) \cdot \gamma(B)$$

für alle $A, B \in K(X_1, \ldots, X_n)$ gilt. Da aus (7.4) noch

$$X_i = \frac{X_i'}{\sum_{\nu=1}^n \varepsilon_\nu X_\nu'^2}$$

folgt, ist $\gamma \cdot \gamma = id$; also ist $\gamma$ bijektiv. Damit ist $\gamma$ ein Automorphismus von $K(X_1, \ldots, X_n)$. Dann ist aber $(\gamma)$ die Inversion an der Einheitskugel – soweit die Bilder der Punkte aus

$$D_\gamma = \left\{ a \in K^n \;\middle|\; a^2 = \sum_{\nu=1}^n \varepsilon_\nu a_\nu^2 \neq 0 \right\}$$

betroffen sind. — Die äquiformen Kugelverwandtschaften lassen sich ebenso wie die Inversion $\iota$ auf Automorphismen von $K(X_1, \ldots, X_n)$ zurückführen, so daß $\Gamma_0^n$ wirklich eine Cremonasche Gruppe $\Gamma$ zugrundeliegt, wenn wir noch beachten, daß

$$a = (1, 0, \ldots, 0), \; b = (1, 2, 0, \ldots, 0), \; c = (1, -2, 0, \ldots, 0)$$

Elemente von $D_\gamma$ sind mit $a, b, c$ kollinear und $(\gamma)(a), (\gamma)(b), (\gamma)(c)$ nicht kollinear.

**Bemerkung:** Beispiele Cremonascher Geometrien wurden bereits im 19. Jahrhundert eingehender studiert: Hier ist zunächst die Möbiussche Kreisgeometrie zu nennen, dann aber auch die Geometrie der Speere und Zykel von Laguerre. In der Literatur (s. etwa F. Klein [1]) werden oft die birationalen Transformationen Cremonatransformationen genannt (s. aber W. Gröbner [1], S. 112). Im Zusammenhang dieser Bezeichnung dürfte H. Beck [1] den Namen Cremonasche Raumgeometrie aufgegriffen haben.

# Kapitel 4

# Laguerre und Lietransformationen

## 4.1 Speere und Zykel

In diesem Kapitel ist als Körper nur der Körper der reellen Zahlen zugrundegelegt, obwohl ein allgemeinerer Standpunkt möglich wäre: Die jetzt zu behandelnden Laguerre– und Lietransformationen sind nämlich mit den im übernächsten Kapitel vorgestellten Lorentztransformationen aufs engste verwandt, so daß der reelle Fall als Anwendungsfall im Zentrum unseres Interesses stehen soll.

Wir betrachten nun den $\mathbb{R}^n$ für $n \in \mathbb{N}\backslash\{1\}$ zusammen mit dem euklidischen Skalarprodukt

$$xy = \sum_{i=1}^{n} x_i y_i \tag{1.1}$$

für $x = (x_1, \ldots, x_n)$ und $y = (y_1, \ldots, y_n)$ mit $x, y \in \mathbb{R}^n$. Auch hier interessiert der euklidische Abstand

$$d(x,y) := \sqrt{(x-y)^2} \geq 0$$

für $x, y \in \mathbb{R}^n$. Für $m \in \mathbb{R}^n$ und $0 < r \in \mathbb{R}$ heiße

$$K(m,r) := \left\{ x \in \mathbb{R}^n \mid d(x,m) = r \right\} \tag{1.2}$$

*Hyperkugel* mit Mittelpunkt $m$ und Radius $r$. Im Gegensatz zur Kugelgeometrie einer beliebigen Signatur, bei der wir — auch im höherdimensionalen Fall — nur von Kugeln sprachen, sei jetzt bei klassischer Signatur $(1, 1, \ldots, 1)$ von Hyperkugeln die Rede.

$$K^-(m,r) := \left\{ x \in \mathbb{R}^n \mid d(x,m) < r \right\}$$

heißt die *innere Seite* der Hyperkugel $K(m,r)$ und

$$K^+(m,r) := \left\{ x \in \mathbb{R}^n \mid d(x,m) > r \right\}$$

ihre *äußere Seite.*

Sei $a = (a_1, \ldots, a_n) \in \mathbb{R}^n \backslash \{0\}$ und sei $\alpha \in \mathbb{R}$. Dann wollen wir auch die beiden Seiten der Hyperebene

$$H(a, \alpha) \quad := \quad \left\{ x \in \mathbb{R}^n \mid ax = \alpha \right\}$$

erklären:

$$H^-(a, \alpha) \quad := \quad \left\{ x \in \mathbb{R}^n \mid ax < \alpha \right\},$$

$$H^+(a, \alpha) \quad := \quad \left\{ x \in \mathbb{R}^n \mid ax > \alpha \right\}.$$

Wir beachten $H^-(a, \alpha) = H^+(-a, -\alpha)$ usf. Für je zwei Elemente $x, y$ von $H(a, \alpha)$ gilt $a(x - y) = 0$, d.h. $a \perp x - y$: Wir sagen, daß $a$ auf der Hyperebene $H(a, \alpha)$ senkrecht steht. Für $p \in \mathbb{R}^n$ sei $p^*$ der Projektionspunkt von $p$ in $H(a, \alpha)$ längs $a$: Dies sei der Punkt, der

$$p = p^* + \lambda a, \quad p^* \in H(a, \alpha)$$

genügt. Für festgehaltene $a, \alpha$ gilt offenbar

$$p = p^* + \lambda(p) \cdot a \quad \text{mit} \quad \lambda(p) = \frac{ap - \alpha}{a^2}. \tag{1.3}$$

Damit ist $H^-(a, \alpha)$ die Menge aller $p$ des $\mathbb{R}^n$ mit $\lambda(p) < 0$. Entsprechend ist $H^+(a, \alpha)$ die Menge aller $p$ des $\mathbb{R}^n$ mit $\lambda(p) > 0$. Auch beachten wir

$$d(p, p^*) \quad = \quad \left| \lambda(p) \right| \cdot \sqrt{a^2}, \quad \text{d.h.}$$

$$d(p, p^*) \quad = \quad \left| \lambda(p) \right| = \left| ap - \alpha \right|$$

im Falle $a^2 = 1$, d.h. im Falle, daß $a$ die Norm 1 besitzt. Setzen wir

$$\delta_a(p, p^*) = \begin{cases} -d(p, p^*) \\ +d(p, p^*) \end{cases} \quad \text{für} \quad p \in \begin{cases} H^-(a, \alpha) \\ H^+(a, \alpha) \end{cases},$$

so gilt also für $\| a \| = 1$

$$\delta_a(p, p^*) = ap - \alpha. \tag{1.4}$$

Die Grundbegriffe der $n$–dimensionalen Laguerregeometrie $\Lambda^n$ sind *Speer, Laguerrezykel, Berührung* von Speer und Zykel.

Seien $H$ eine Hyperebene des $\mathbb{R}^n$ und $T$ eine Seite dieser Hyperebene. Dann heißt das geordnete Paar $(H, T)$ ein Speer von $\Lambda^n$. Die Hyperebene $H$ heißt auch der *Träger* des Speeres $(H, T)$. Zwei Speere $(H_1, T_1)$ und $(H_2, T_2)$ heißen genau dann gleich, wenn sie denselben Träger $H_1 = H_2$ besitzen und wenn außerdem $T_1 = T_2$ gilt. Jede Hyperebene ist also Träger von genau zwei verschiedenen Speeren.

Seien $K$ eine Hyperkugel des $\mathbb{R}^n$ und $T$ eine Seite der Hyperkugel. Dann heißt das geordnete Paar $(K, T)$ ein Laguerrezykel von $\Lambda^n$; auch heiße jedes $x \in \mathbb{R}^n$ ein Laguerrezykel von $\Lambda^n$. Statt Laguerrezykel sagen wir meist nur Zykel. Auch hier wird $K$ der Träger des Zykels $(K, T)$ genannt. Zwei Zykel $\zeta_1$ und $\zeta_2$ heißen genau dann gleich, wenn entweder $\zeta_1 = \zeta_2 \in \mathbb{R}^n$ gilt oder aber $\zeta_i = (K_i, T_i)$, $i = 1, 2$ mit $K_1 = K_2$ und $T_1 = T_2$. Jede Hyperkugel ist also Träger von genau zwei verschiedenen Zykeln.

Seien nun $S$ ein Speer und $z$ ein Zykel. Man sagt genau dann, daß $S$ den Zykel $z$ berührt, in Zeichen $S - z$ oder $z - S$, wenn gilt:

Im Falle $z \in \mathbb{R}^n$ liegt $z$ auf dem Träger von $S$, und im Falle $z = (K, T_K)$, $S = (H, T_H)$ ist $H$ Tangentialhyperebene von $K$, und es gilt $T_K \subset T_H$ oder $T_H \subset T_K$.

In den vier beigefügten Abbildungen für den Fall $n = 2$, in denen wir die ausgezeichnete Seite jeweils durch einen Strich in diese Seite hinein markieren, geben wir Beispiele an für

A) $S - z$ und $T_H \subset T_K$,

B) $S - z$ und $T_K \subset T_H$,

C) Tangentiallage mit $T_H \not\subset T_K \not\subset T_H$,

D) keine Tangentiallage mit $T_K \subset T_H$:

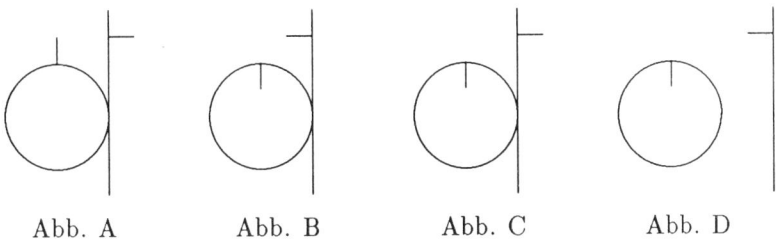

Abb. A        Abb. B        Abb. C        Abb. D

Man kann einen Zykel $z$ als eine Menge von Speeren auffassen,

$$z = \{S \mid S - z\}. \tag{1.5}$$

Man kann aber auch umgekehrt einen Speer $S$ als Menge von Zykeln interpretieren,

$$S = \{z \mid z - S\}. \tag{1.6}$$

Im ersteren Falle beispielsweise schreibt man dann auch $S \in z$ anstelle von $S - z$.

Die Auffassung (1.6) zugrundelegend, definieren wir: Eine Bijektion der Menge $Z^n$ der Zykel von $\Lambda^n$, die in beiden Richtungen Speere auf Speere abbildet, heißt *Laguerretransformation*. Die Gruppe der Laguerretransformationen von $\Lambda^n$ nennt man die Laguerregruppe $\Gamma \Lambda^n$ des $\Lambda^n$.

Die Auffassung (1.5) zugrundelegend, kann man natürlich Laguerretransformationen auch als diejenigen Bijektionen der Menge $S^n$ der Speere von $\Lambda^n$ definieren, die in beiden Richtungen Zykel auf Zykel abbilden. Schließlich kann man eine Laguerretransformation auch als Paar $(\alpha, \beta)$ von Bijektionen

$$\alpha : S^n \rightarrow S^n, \quad \beta : Z^n \rightarrow Z^n$$

erklären, für das

$$S - z \Leftrightarrow \alpha(S) - \beta(z)$$

für alle $S \in S^n$ und $z \in Z^n$ gilt.

## 4.2   Zyklographisches Modell

Wir erklären die zyklographische Projektion $\pi$ von $\Lambda^n$,

$$\pi : Z^n \rightarrow \mathbb{R}^{n+1} : \tag{2.1}$$

Liegt der Zykel $z = (z_1, \ldots, z_n) \in \mathbb{R}^n$ vor, so sei gesetzt

$$\pi(z) := (z_1, \ldots, z_n, 0).$$

Liegt der Zykel $z = (K, T)$ mit $K = K(m, r)$ vor, so sei festgelegt

$$\pi(z) := \begin{cases} (m_1, \ldots, m_n, r) & T = K^+(m, r) \\ & \text{für} \\ (m_1, \ldots, m_n, -r) & T = K^-(m, r) \end{cases}$$

und $m = (m_1, \ldots, m_n)$. Damit ist $\pi$ offenbar eine Bijektion. Die Zykel $z \in \mathbb{R}^n$ können anschaulich als degenerierte Hyperkugeln aufgefaßt werden, d.h. als „Hyperkugeln mit dem Radius $r = 0$". Es heißen

$$(z_0, z_1, \ldots, z_n, z_{n+1})$$

mit $z_0 = 1$ und $\pi(z) =: (z_1, \ldots, z_{n+1})$ die *Zykelkoordinaten* des Zykels $z$. Auch einem Speer $S$ werden Koordinaten, die sogenannten *Speerkoordinaten*, zugewiesen: Sei $S = (H(a, \alpha), T)$. Wir betrachten

$$(-\alpha, a_1, \ldots, a_n, \rho \cdot \| a \|) \tag{2.2}$$

mit $\rho = +1$ für $T = H^+(a, \alpha)$ und $\rho = -1$ für $T = H^-(a, \alpha)$. Es heißt (2.2) ein Koordinaten-$(n+2)$-tupel von $S$. Wie ändert sich dieses $(n+2)$-tupel, wenn wir von $H(ka, k\alpha)$ mit $0 \neq k \in \mathbb{R}$ anstelle von $H(a, \alpha)$ ausgehen? Im Falle $k > 0$ ist

$$\begin{aligned} H^+(ka, k\alpha) &= H^+(a, \alpha) \text{ und} \\ H^-(ka, k\alpha) &= H^-(a, \alpha). \end{aligned}$$

Das neue $\rho$ stimmt damit mit dem alten in (2.2) überein. Das neue Koordinaten-$(n+2)$-tupel ist damit das in (2.2) stehende bis auf den Faktor $k$. Im Falle $k < 0$ ist

$$\rho_{neu} \cdot \| ka \| = -\rho \cdot \| ka \| = k\rho \cdot \| a \|.$$

Damit unterscheiden sich auch hier die Koordinaten nur um den Faktor $k$. Die Speerkoordinaten sind, wie man sagt, homogene Koordinaten: Zwei verschiedene Koordinaten-$(n+2)$-tupel desselben Speeres $S$ unterscheiden sich nur um einen gemeinsamen Faktor $k \neq 0$.

Geht man vice versa von einem geordneten $(n+2)$-tupel reeller Zahlen aus,

$$(s_0, s_1, \ldots, s_n, s_{n+1}), \tag{2.3}$$

so fragen wir uns, wieviele Speere $S$ es gibt, für die (2.3) ein Koordinaten-$(n+2)$-tupel ist. Für $s_{n+1}^2 \neq \sum_{i=1}^n s_i^2$ gibt es offenbar kein solches $S$. Also betrachten wir (2.3) nur im Falle

$$s_{n+1}^2 = \sum_{i=1}^n s_i^2 \neq 0. \tag{2.4}$$

Dann gehört aber zu (2.3) genau ein Speer $S$, den wir so bestimmen:

$$s_0 + s_1 x_1 + \ldots + s_n x_n = 0$$

ist die Gleichung des Trägers von $S$. Die ausgezeichnete Seite ist

$$H^+((s_1, \ldots, s_n), -s_0) \text{ bzw. } H^-(\ldots) \quad,$$

je nachdem ob $s_{n+1} > 0$ oder $s_{n+1} < 0$ zutrifft.

**A.2.1**: *Es gilt $S - z$ genau dann, wenn*

$$\sum_{i=0}^{n+1} s_i z_i = 0 \qquad (2.5)$$

*erfüllt ist.*

**Beweis**: a) Sei $z_{n+1} = 0$. Hier hat man $S - z$ genau dann, wenn

$$s_0 + s_1 z_1 + \ldots + s_n z_n = 0$$

erfüllt ist. Dies ist aber mit (2.5) gleichbedeutend.

b) Sei $z_{n+1} > 0$. Dann ist

$$z = (K(m, r), K^+(m, r))$$

mit $m = (z_1, \ldots, z_n)$ und $r = z_{n+1}$. Da Speerkoordinaten homogene Koordinaten sind, sei ohne Einschränkung $s_{n+1} = 1$. Also hat $a := (s_1, \ldots, s_n)$ Norm 1, und es ist

$$S = (H(a, -s_0), H^+(a, -s_0)).$$

Gilt nun $S - z$, so muß $m \in H^-(a, -s_0)$,

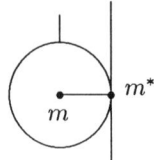

d.h. mit (1.4)

$$-r = \delta_a(m, m^*) = a\,m + s_0 , \qquad (2.6)$$

d.h. (2.5) erfüllt sein. Gilt umgekehrt (2.5), so auch $-r = a\,m + s_0 = \delta_a(m, m^*)$ .

Dies bedeutet aber $S - z$.

c) Sei $z_{n+1} < 0$. Wiederum gelte $s_{n+1} = 1$. Aus $S - z$ folgt $m \in H^+(a, -s_0)$,

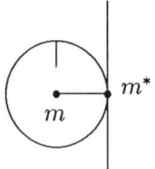

d.h. $r = \delta_a(m, m^*) = am + s_0$, d.h. (2.5) mit $r = -z_{n+1}$. Gilt umgekehrt (2.5), so auch $r = am + s_0 = \delta_a(m, m^*)$, was $S - z$ bedeutet.

$\square$

Zum Abschluß dieses Abschnittes 4.2 geben wir das zyklographische Modell der $n$–dimensionalen Laguerregeometrie $\Lambda^n$ an. Sind $H(a, \alpha), H(b, \beta)$ Hyperebenen des $\mathbb{R}^{n+1}$, so nennen wir das kleinste $\varphi \geq 0$, welches

$$\cos \varphi = \frac{|ab|}{\| a \| \cdot \| b \|}$$

genügt, den Winkel zwischen diesen beiden Hyperebenen. Eine Hyperebene $H(a, \alpha)$ heiße insbesondere eine 45°–Hyperebene, wenn sie mit der Hyperebene $z_{n+1} = 0$ einen Winkel von 45° einschließt, d.h. wenn

$$\frac{1}{\sqrt{2}} = \frac{|a \cdot (0, \ldots, 0, 1)|}{\| a \|} = \frac{|a_{n+1}|}{\| a \|}$$

gilt. Zusammen mit

$$\| a \|^2 = a_1^2 + \ldots + a_{n+1}^2$$

bedeutet dies

$$a_{n+1}^2 = a_1^2 + \ldots + a_n^2 \neq 0. \tag{2.7}$$

Es ist also

$$a_0 + a_1 x_1 + \ldots + a_{n+1} x_{n+1} = 0 \tag{2.8}$$

genau dann die Gleichung einer 45°–Hyperebene, wenn (2.7) gilt.

Ist nun $S(s_0, \ldots, s_{n+1})$ ein Speer, so ist die Menge der Zykel $z(1, z_1, \ldots, z_{n+1})$ mit $S - z$ durch die Hyperebene der Gleichung (2.5) gegeben. Wegen (2.4) ist das eine 45°–Hyperebene des $\mathbb{R}^{n+1}$. Umgekehrt liegt einer beliebigen 45°–Hyperebene der Gleichung (2.8) im eben beschriebenen Sinne wegen (2.7) ein Speer zugrunde.

Nun können wir das zyklographische Modell von $\Lambda^n$ so beschreiben:

Die Zykel sind die Punkte des $\mathbb{R}^{n+1}$. Die Speere (aufgefaßt als Zykelmengen) sind die 45°–Hyperebenen des $\mathbb{R}^{n+1}$. Der Speer $S$ berührt den Zykel $z$ genau dann, wenn der Punkt $z$ des $\mathbb{R}^{n+1}$ auf der 45°–Hyperebene $S$ des $\mathbb{R}^{n+1}$ liegt.

## 4.3  Blaschke–Grünwald–Modell, Parallelität

Beim zyklographischen Modell besitzen die Zykel gegenüber den Speeren die einfachere Darstellung: Die Zykel sind Punkte, die Speere Hyperebenen. Beim Blaschke–Grünwald–Modell, das auch Zylindermodell heißt, stellen sich umgekehrt die Speere einfacher dar: Im $\mathbb{R}^{n+1}$ betrachten wir den Zylinder

$$3 := \left\{ (x_1, \ldots, x_{n+1}) \in \mathbb{R}^{n+1} \mid x_1^2 + \ldots + x_n^2 = 1 \right\}.$$

Bezeichnet wieder $S^n$ die Menge der Speere von $\Lambda^n$, so ist offenbar

$$\delta : \begin{cases} S^n & \to & 3 \\ (s_0, s_1, \ldots, s_n, 1) & \to & (s_1, \ldots, s_n, s_0) \end{cases}$$

eine Bijektion. Die Auffassung (1.5),

$$z = \{S \in S^n \mid z - S\},$$

zugrundelegend, fragen wir uns dann nach den Bildern der Zykel gegenüber der Abbildung $\delta$. Es muß nach (2.5)

$$s_0 + \sum_{i=1}^{n} s_i z_i + z_{n+1} = 0$$

für die $z = (1, z_1, \ldots, z_n)$ berührenden Speere $S$ gelten. Wir setzen

$$\delta(s_0, \ldots, s_n, 1) =: (x_1, \ldots, x_{n+1}).$$

Also ist $\delta(z)$ die Menge aller Punkte $(x_1, \ldots, x_{n+1})$ des $\mathbb{R}^{n+1}$, die sowohl

$$z_1 x_1 + \ldots + z_n x_n + x_{n+1} = -z_{n+1} \tag{3.1}$$

als auch

$$x_1^2 + \ldots + x_n^2 = 1 \tag{3.2}$$

genügen. Es handelt sich, wie man sagt, um hyperebene Schnitte des Zylinders $3$. Da der Koeffizient von $x_{n+1}$ in (3.1) nicht Null sein kann, enthält die Hyperebene (3.1) keine Gerade, die parallel zur $x_{n+1}$-Achse, der sogenannten Achse von $3$, ist. Wir sagen, daß (3.1) nicht parallel zur Achse von $3$ ist. Ist umgekehrt eine Hyperebene

$$a_1 x_1 + \ldots + a_n x_n + a_{n+1} x_{n+1} = p \tag{3.3}$$

gegeben, die nicht parallel zur Achse von $3$ ist, so muß $a_{n+1} \neq 0$ sein. Sei ohne Einschränkung $a_{n+1} = 1$. Dann liegt (3.3) der Zykel

$$z = (1, a_1, \ldots, a_n, -p)$$

zugrunde. Das Blaschke–Grünwald–Modell von $\Lambda^n$ ist nun so definiert:

Die Speere sind die Punkte des Zylinders $3$. Die Zykel sind die Schnitte $H \cap 3$, wobei $H$ Hyperebene des $\mathbb{R}^{n+1}$ sei, die nicht parallel zur Achse von $3$ ist. Ein Speer berührt genau dann einen Zykel, wenn er auf dem hyperebenen Schnitt liegt, der durch $z$ gegeben ist.

Die Speere $S, T \in S^n$ heißen genau dann parallel, in Zeichen $S \parallel T$, wenn gilt a) $S = T$ oder b) $S \neq T$ und es gibt keinen Zykel $z$, der beide Speere berührt.

Eine Laguerretransformation $\alpha$ war auch erklärt worden als Bijektion von $S^n$, die in beiden Richtungen Zykel auf Zykel abbildet. Direkt aus dieser Definition folgt, daß $S \parallel T$ mit $\alpha(S) \parallel \alpha(T)$ gleichwertig ist für alle Speere $S, T$ und alle Laguerretransformationen $\alpha$.

Dem zyklographischen Modell entnimmt man, daß zwei Speere $S, T$ genau dann parallel sind, wenn die $45°$–Hyperebenen $S, T$ im herkömmlichen Sinne parallel sind: Denn zwei verschiedene Hyperebenen des $R^{n+1}$ haben genau dann einen leeren Durchschnitt, wenn sie parallel sind. Die $45°$–Hyperebenen $S$ und $T$,

$$a_0 + \sum_{i=1}^{n+1} a_i x_i = 0 \text{ und } b_0 + \sum_{i=1}^{n+1} b_i x_i = 0,$$

sind genau dann parallel, wenn

$$(a_1, \ldots, a_{n+1}), \ (b_1, \ldots, b_{n+1}) \tag{3.4}$$

linear abhängig sind. Nach (2.7) müssen $a_{n+1}$ und $b_{n+1}$ ungleich 0 sein. Es gilt also

$$S \parallel T \ \Leftrightarrow \ \left( \frac{a_1}{a_{n+1}}, \ldots, \frac{a_n}{a_{n+1}} \right) = \left( \frac{b_1}{b_{n+1}}, \ldots, \frac{b_n}{b_{n+1}} \right). \tag{3.5}$$

Damit ist die Parallelitätsrelation auf der Menge der Speere eine Äquivalenzrelation, was natürlich auch sofort aus der Deutung der Parallelität im zyklographischen Modell folgt.

Zwei verschiedene Speere $S, T$ sind in der Deutung des Blaschke–Grünwald–Modells genau dann parallel, wenn sie gemeinsam auf einer Erzeugenden des Zylinders $3$ liegen. (Dabei heißt eine Gerade $g$ des $\mathbb{R}^{n+1}$ genau dann Erzeugende von $3$, wenn $g \subset 3$ gilt. Erzeugende sind offenbar parallel zur Zylinderachse.) Diese Aussage folgt sofort aus (3.5) und der Definition von $\delta$.

Zwei verschiedene Speere

$$S = (H_1, V_1) \text{ und } T = (H_2, V_2)$$

sind genau dann parallel, wenn die Hyperebenen $H_1, H_2$ des $\mathbb{R}^n$ parallel sind und wenn $V_1 \subset V_2$ oder $V_2 \subset V_1$ gilt. Um dies einzusehen, benutzen wir Speerkoordinaten

$$S(a_0, a_1, \ldots, a_n, 1) \text{ und } T(b_0, b_1, \ldots, b_n, 1).$$

Wir haben also für resp. $H_1, H_2$ die Gleichungen

$$H_1 : a_0 + a_1 x_1 + \ldots + a_n x_n = 0,$$

$$H_2 : b_0 + b_1 x_1 + \ldots + b_n x_n = 0.$$

Ist nun $S \parallel T$, so ergibt (3.5) tatsächlich $H_1 \parallel H_2$. Wegen $a_{n+1} = b_{n+1} = 1 > 0$ ist

$$V_1 = H_1^+(a, -a_0) \quad \text{und} \quad V_2 = H_2^+(a, -b_0).$$

Für $a_0 < b_0$ (bzw. $a_0 > b_0$) gilt dann $V_1 \subset V_2$ (bzw. $V_2 \subset V_1$). Ist vice versa $H_1 \parallel H_2$ und $V_1 \subset V_2$ oder $V_2 \subset V_1$, so folgt aus $H_1 \parallel H_2$ zunächst

$$(a_1, \ldots, a_n) = \pm(b_1, \ldots, b_n) \tag{3.6}$$

mit $\sum_{i=1}^n a_i^2 = a_{n+1}^2 = 1$ und Entsprechendem für die $b_i$. Steht in (3.6) das Pluszeichen, so sind wir mit (3.5) fertig. Betrachten wir andernfalls $a = -b$. Mit $a_{n+1} = b_{n+1} = 1 > 0$ gilt

$$V_1 = H_1^+(a, -a_0) \quad \text{und} \quad V_2 = H_2^+(-a, -b_0) = H_2^-(a, b_0).$$

Aus

$$V_1 = \big\{ x \in \mathbb{R}^n \;\big|\; ax > -a_0 \big\} \quad \text{und} \quad V_2 = \big\{ x \in \mathbb{R}^n \;\big|\; ax < b_0 \big\}$$

folgt nun der Widerspruch $V_1 \not\subset V_2 \not\subset V_1$.

Ist $S$ ein Speer, ist $z$ ein Zykel, so gibt es genau einen Speer $T$ mit $T \parallel S$ und $T - z$: Dies entnehmen wir sofort dem zyklographischen Modell, da sich dort $T$ als die 45°–Hyperebene durch $z$ erweist, die im herkömmlichen Sinne zur 45°–Hyperebene $S$ parallel ist.

## 4.4   Potenz, Tangentialdistanz

Seien $x, y$ Zykel von $\Lambda^n$ mit den Koordinaten

$$x = (1, x_1, \ldots, x_{n+1}) \quad \text{und} \quad y = (1, y_1, \ldots, y_{n+1}).$$

Unter der Potenz $d(x, y)$ dieser Zykel versteht man die reelle Zahl

$$d(x, y) := \sum_{i=1}^n (x_i - y_i)^2 - (x_{n+1} - y_{n+1})^2.$$

Wir sagen, daß sich die Zykel $x$ und $y$ von $\Lambda^n$ berühren, in Zeichen $x - y$, wenn entweder $x = y$ gilt oder aber

$$\Big| \big\{ S \in S^n \;\big|\; x - S - y \big\} \Big| = 1.$$

**A.4.1**: *Gegeben seien zwei Zykel $x, y$ von $\Lambda^n$. Dann gilt*

(a) $d(x, y) \geq 0 \Leftrightarrow \{S \mid x - S - y\} \neq \emptyset$,

(b) $d(x, y) = 0 \Leftrightarrow x - y$,

(c) $d(x, y) < 0 \Leftrightarrow \{S \mid x - S - y\} = \emptyset$.

**Beweis**: Die Aussage (c) folgt unmittelbar aus der Aussage (a). Gelte nun $d(x, y) \geq 0$. Haben wir $x_i = y_i$ für $i = 1, \ldots, n$, so folgt

$$0 \leq d(x, y) = -(x_{n+1} - y_{n+1})^2,$$

d.h. $x = y$. Im anderen Falle

$$a := (x_1 - y_1, \ldots, x_n - y_n) \neq 0$$

wähle $b \in \mathbb{R}^n$ mit $\| b \| = 1$ und $ab = 0$ unter Beachtung von $n \geq 2$. Definiere

$$a^2 \cdot (s_1, \ldots, s_n) \quad := \quad b \cdot \| a \| \cdot \sqrt{d(x, y)} - a \cdot (x_{n+1} - y_{n+1}), \quad (4.1)$$
$$-s_0 \quad := \quad s_1 x_1 + \ldots + s_n x_n + x_{n+1}. \quad (4.2)$$

Offenbar gilt $s^2 = 1$ und $sa + (x_{n+1} - y_{n+1}) = 0$ für

$$s := (s_1, \ldots, s_n).$$

Dann berührt aber $S(s_0, s_1, \ldots, s_n, 1)$ nach A.2.1 sowohl $x$ als auch $y$.

Wir setzen nun voraus, daß ein Speer $S(s_0, s_1, \ldots, s_n, 1)$ mit $x - S - y$ existiert. Wir wollen zeigen, daß dies $d(x, y) \geq 0$ zur Folge hat. Aus

$$s_0 + s_1 x_1 + \ldots + s_n x_n + x_{n+1} = 0, \quad (4.3)$$
$$s_0 + s_1 y_1 + \ldots + s_n y_n + y_{n+1} = 0, \quad (4.4)$$
$$s_1^2 + \ldots + s_n^2 = 1 \quad (4.5)$$

folgt aber

$$(x_{n+1} - y_{n+1})^2 = \left[ \sum_{i=1}^{n} s_i \cdot (x_i - y_i) \right]^2 \leq \left[ \sum_{i=1}^{n} s_i^2 \right]^2 \cdot \left[ \sum_{i=1}^{n} (x_i - y_i)^2 \right]^2 \quad (4.6)$$

mit Hilfe der Cauchy–Schwarzschen Ungleichung, d.h. also $d(x, y) \geq 0$. Wir kommen schließlich zum Beweis der Aussage (b). Sei $d(x, y) = 0$. Sei ferner $x \neq y$, da für $x = y$ nichts zu zeigen ist. Wegen (a) gibt es einen Speer $S(s_0, s_1, \ldots, s_n, 1)$ mit $x - S - y$. Jetzt gilt (4.6) sogar mit dem Gleichheitszeichen wegen (4.5) und $d(x, y) = 0$. Also sind (vgl.: 2.2, Bemerkung 1)

$$s := (s_1, \ldots, s_n) \quad \text{und} \quad a := (x_1 - y_1, \ldots, x_n - y_n)$$

linear abhängig, $a = \lambda s$, was mit (4.3), (4.4) und $s^2 = 1$ offenbar

$$\lambda = y_{n+1} - x_{n+1}$$

bedeutet. Wegen $x \neq y$ ist $\lambda \neq 0$. Wegen $a = \lambda s$ und (4.3) ist dann $S$ eindeutig bestimmt. —

Gelte nun umgekehrt $x - y$. Aus (a) folgt dann $d(x, y) \geq 0$. Im Falle $x = y$ haben wir $d(x, y) = 0$. Sei also $x \neq y$. Dann existiert genau ein Speer $S$ mit $x - S - y$. Ersetzen wir $b$ in (4.1) durch $-b$, so muß also der sich daraus ergebende neue Speer der alte sein. Das ergibt nach (4.1) $d(x, y) = 0$.  □

**Bemerkung 1**: Gegeben seien zwei Zykel $x \neq y$ mit $x - y$. Der einzige Speer $S(s_0, s_1, \ldots, s_n, 1)$ mit $x - S - y$ ist dann — wie gezeigt — durch

$$(x_1 - y_1, \ldots, x_n - y_n) = (y_{n+1} - x_{n+1}) \cdot (s_1, \ldots, s_n),$$

zusammen mit (4.3) gegeben. Insbesondere ist $y_{n+1} - x_{n+1} \neq 0$. Schreiben wir

$$
\begin{aligned}
t_0 &:= -\sum_{i=1}^{n}(x_i - y_i)x_i + (x_{n+1} - y_{n+1})x_{n+1}, \\
t_i &:= x_i - y_i \text{ für } i = 1, \ldots, n, \\
t_{n+1} &:= y_{n+1} - x_{n+1},
\end{aligned}
$$

so sind auch $(t_0, t_1, \ldots, t_n, t_{n+1})$ Koordinaten von $S$, wobei wir wegen A.4.1 (b) $d(x, y) = 0$, d.h.

$$\sum_{i=1}^{n} t_i^2 = t_{n+1}^2,$$

beachten. Nach früher Gesagtem halten wir auch $t_{n+1} = y_{n+1} - x_{n+1} \neq 0$ fest.

**Bemerkung 2**: Gegeben seien zwei Zykel $x \neq y$ mit $x - y$. Der einzige Speer $S$ mit $x - S - y$ sei durch die Koordinaten $(t_0, \ldots, t_{n+1})$ von Bemerkung 1 gegeben. Das zyklographische Bild $\pi(S)$ von $S$ besteht dann aus allen Zykeln $z(1, z_1, \ldots, z_{n+1})$, die nach (2.5)

$$\sum_{\nu=0}^{n+1} t_\nu z_\nu = 0,$$

d.h.

$$\sum_{i=1}^{n}(x_i - y_i)(z_i - x_i) - (x_{n+1} - y_{n+1})(z_{n+1} - x_{n+1}) = 0$$

genügen. Mit Hilfe des sogenannten pseudo–euklidischen Skalarproduktes

$$< a, b > := \sum_{i=1}^{n} a_i b_i - a_{n+1} b_{n+1}$$

des $\mathbb{R}^{n+1}$ lautet die Gleichung von $\pi(S)$ dann also

$$< x - y, z - x > = 0. \qquad (4.7)$$

**Bemerkung 3**: Ist $S$ ein Speer, so gibt es zwei Zykel $x \neq y$ mit $x - y$ und $x - S - y$. Um dies einzusehen, seien $(s_0, s_1, \ldots, s_n, 1)$ Koordinaten von $S$. Wir wählen nun ein

$$x = (1, x_1, \ldots, x_{n+1})$$

mit $x_{n+1} = 0$ und

$$s_0 + s_1 x_1 + \ldots + s_n x_n = 0.$$

Der Zykel $x$ ist also ein Punkt auf dem Träger von $S$. Setze außerdem

$$y = (1, s_1 + x_1, \ldots, s_n + x_n, -1).$$

Nun kann $x \neq y$ und $x - y$ mit $x - S - y$ sofort verifiziert werden unter Zuhilfenahme von A.2.1 und A.4.1 (b).

**Bemerkung 4**: Ist $\alpha$ Laguerretransformation, und sind $x, y$ Zykel, so gilt $x - y$ genau dann, wenn $\alpha(x) - \alpha(y)$ erfüllt ist. Dies ist im Falle $x = y$ sicherlich richtig. Im Falle $x \neq y$ folgt die Aussage aus der Tatsache, daß

$$\Big| \{S \mid x - S - y\} \Big| = 1$$

mit

$$\Big| \{T \mid \alpha(x) - T - \alpha(y)\} \Big| = 1$$

gleichwertig ist.

Sind $x \neq y$ sich berührende Zykel, so heißt

$$B_p(x, y) := \{\text{Zykel } z \mid x - z - y\} \qquad (4.8)$$

ein *parabolisches Büschel*.

**A.4.2**: *Seien $x \neq y$ sich berührende Zykel. Gelte $p, q \in B_p(x, y)$ mit $p \neq q$. Dann folgt* *(a)* $p - q$ *und* $B_p(p, q) = B_p(x, y)$,

*(b)* $x - S - y$ *impliziert* $p - S - q$.

*Außerdem ist* $z \in B_p(x, y)$ *genau dann, wenn in zyklographischen Koordinaten*

$$z = x + \rho \cdot (y - x) \quad mit \quad \rho \in \mathbb{R} \tag{4.9}$$

*gilt.*

**Beweis:** Sei $z$ von der Form (4.9). Dann gilt $d(x, z) = 0 = d(y, z)$. Mit A.4.1 (b) ist also $z \in B_p(x, y)$. Gelte umgekehrt $z \in B_p(x, y)$ mit $x \neq z \neq y$. Wegen A.4.1 (b) sind alle Zahlen $d(x, y), d(y, z), d(z, x)$ Null. Mit $z_i - x_i =: u_i$ und $y_i - x_i =: v_i$ für $i = 1, \ldots, n + 1$ gilt also

$$\sum u_i^2 = u^2, \quad \sum v_i^2 = v^2, \quad \sum (u_i - v_i)^2 = (u - v)^2,$$

wenn wir noch $u := u_{n+1}$, $v := v_{n+1}$ schreiben und die Summen von $i = 1$ bis hin zu $i = n$ erstrecken. Wir erhalten

$$\sum u_i v_i = uv$$

und

$$\left( \sum u_i v_i \right)^2 = (uv)^2 = \sum u_i^2 \sum v_i^2.$$

Also sind $(u_1, \ldots, u_n), (v_1, \ldots, v_n)$ linear abhängig und damit auch

$$(u_1, \ldots, u_n, u_{n+1}), (v_1, \ldots, v_n, v_{n+1})$$

wegen $u \cdot v \neq 0$ nach Bemerkung 1. Damit gilt (4.9). — Hieraus folgt sofort (a): Denn ist

$$p = x + \alpha \cdot (y - x) \quad und \quad q = x + \beta \cdot (y - x),$$

so bedeutet dies $p - q = \gamma(y - x)$, d.h. $d(p, q) = 0$; außerdem ist die Gerade (4.9) durch zwei ihrer Punkte bestimmt. — Mit $p - q = \gamma(y - x)$ gilt

$$< p - q, z - p > = \gamma < x - y, p - x > -\gamma < x - y, z - x >.$$

Der Speer $S$ mit $x - S - y$ enthält im zyklographischen Modell mit $x, y$ auch die Verbindungsgerade von $x, y$ und damit auch $p$, was $< x - y, p - x >$ nach (4.7) bedeutet. Dann gilt also

$$< p - q, z - p > = -\gamma < x - y, z - x >,$$

und die Speere $S$ und $T$ mit $p - T - q$ stimmen nach Bemerkung 2 überein. $\square$

Nachdem wir in den Bemerkungen 1 und 2 den einzigen gemeinsamen Speer $S$ der sich berührenden Zykel $x \neq y$ durch Gleichungen angegeben haben, soll er jetzt geometrisch als Zykelmenge gekennzeichnet werden:

**A.4.3:** *Seien $x \neq y$ sich berührende Zykel von $\Lambda^n$. Der einzige Speer $S \in S^n$ mit $x - S - y$ ist dann gegeben durch $N \cup B_p(x, y)$ mit*

$$N := \left\{ Zykel\ z \mid \forall_{w \in B_p(x,y)}\ w \neq z \right\}.$$

**Beweis:** Es geht also um die Gleichheit der Zykelmengen

$$P := \left\{ z \mid\ < x - y, z - x >= 0 \right\}$$

und

$$Q := \left\{ x + \alpha(y - x) \mid \alpha \in \mathbb{R} \right\} \cup \left\{ z \mid \forall_{\alpha \in \mathbb{R}}\ d(z, x + \alpha(y - x)) \neq 0 \right\}.$$

Offenbar gilt mit $d(x, y) = 0$

$$d(z, x + \alpha(y - x)) = d(z, x) + 2\alpha < x - z, y - x > . \tag{4.10}$$

Es ist $P \subseteq Q$ : Gegeben sei ein $z \in P$. Aus (4.10) folgt dann $d(z, x + \alpha(y - x)) = d(z, x)$ für alle $\alpha \in \mathbb{R}$. Ist $d(z, x) = 0$, so ist auch $d(z, y) = 0$ (Fall $\alpha = 1$), und wir haben $x - z - y$, d.h. $z \in B_p(x, y) \subseteq Q$. Ist $d(z, x) \neq 0$, so ist auch $d(z, x + \alpha(y - x)) = d(z, x) \neq 0$ für alle $\alpha \in \mathbb{R}$, und wir haben $z \in Q$. — Es ist $Q \subseteq P$: Wegen $B_p(x, y) \subseteq P$ sei nun $z$ ein Zykel mit $d(z, x + \alpha(y - x)) \neq 0$ für alle $\alpha \in \mathbb{R}$. Wäre $< x - z, y - z > \neq 0$, so gäbe es nach (4.10) ein $\alpha_0 \in \mathbb{R}$, für das die rechte Seite von (4.10) verschwindet. Dann hätte man den Widerspruch $d(z, x + \alpha_0(y - x)) = 0$. $\qquad \square$

Seien $x$ und $y$ zwei Zykel von $\Lambda^n$ mit

$$\left\{ S \in S^n \mid x - S - y \right\} \neq 0.$$

Also ist nach A.4.1 $d(x, y) \geq 0$. Sei $S$ gemeinsamer Speer, seien $X$ und $Y$ die Mittelpunkte der beiden Hyperkugeln, und seien $X^*$ und $Y^*$ deren Projektionspunkte auf $S$. Der euklidische Abstand der Punkte $X^*$ und $Y^*$ heißt dann die *Tangentialdistanz* der Zykel $x$ und $y$, in Zeichen $t(x, y)$.

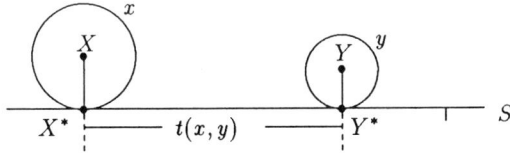

**A.4.4**: *Seien $x$ und $y$ Zykel mit $d(x,y) \geq 0$. Dann gilt $t^2(x,y) = d(x,y)$. Die Tangentialdistanz hängt also nicht von*

$$S \in \{T \in S^n \mid x - T - y\}$$

*ab.*

**Beweis**: Auf dem Lot durch $X$ auf den Träger von $S$ wählen wir einen Punkt $D$ so, daß das Dreieck $X, D, Y$ in $D$ einen rechten Winkel aufweist. Der Satz von Pythagoras ergibt dann für dieses Dreieck

$$\overline{XY}^2 = \overline{XD}^2 + t^2(x,y),$$

wobei euklidische Entfernungen beteiligt sind. Also ist

$$\sum_{i=1}^{n}(x_i - y_i)^2 = (x_{n+1} - y_{n+1})^2 + t^2(x,y). \qquad \square$$

Nach dem vorstehenden Satz ist es also leicht, nichtnegative Potenzen von Zykeln geometrisch zu deuten. Wie aber kann man negative Potenzen veranschaulichen? Um diese Frage zu beantworten, gehen wir in drei Schritten vor:

1. Sind $x, y$ Zykel, so heißt $m := \dfrac{x + y}{2}$ (unter Verwendung von Zykelkoordinaten) ihr *Mittelzykel*. Dieser Mittelzykel ist anschaulich einfach zu beschreiben: Das Zentrum des Trägers von $m$ (bzw. der Punkt $m \in \mathbb{R}^n$ selbst) ist Mittelpunkt der Zentren der Träger von $x$ und $y$. Auch die Radien sind zu mitteln.

2. Seien $x, y$ Zykel, die keinen Speer gemeinsam haben. Dann existiert ein Zykel $z$ mit $x - z - y$: Aus $d(x,y) < 0$ folgt

$$(x_1 - y_1)^2 < (x_{n+1} - y_{n+1})^2,$$

d.h. $k := (x_1 - y_1) - (x_{n+1} - y_{n+1}) \neq 0$. Schreiben wir $x = (x_1, \ldots, x_{n+1})$ usf., so gilt $x - z - y$ für

$$z := y + \frac{d(x,y)}{2k} \cdot (1, 0, \ldots, 0, 1),$$

wenn wir A.4.1 (b) beachten.

3. Seien $x, y$ Zykel, die keinen gemeinsamen Speer besitzen, für die also $d(x,y) < 0$ ist. Ist dann $z$ ein Speer mit $x - z - y$, so gilt

$$d(x,y) = -4d(m,z), \tag{4.11}$$

wobei $m$ den Mittelzykel von $x, y$ bezeichnet. Dies verifizieren wir so: Es gilt

$$
\begin{aligned}
d(x,y) &= \ <(x - z) + (z - y), (x - z) + (z - y)> \\
&= \ d(x,z) + d(z,y) + 2 <x - z, z - y> \\
&= \ 2 <x - z, z - y>
\end{aligned}
$$

und außerdem

$$
\begin{aligned}
d(m,z) &= \; < \frac{x-z}{2} + \frac{y-z}{2}, \frac{x-z}{2} + \frac{y-z}{2} > \\
&= \; 2 < \frac{x-z}{2}, \frac{y-z}{2} > = -\frac{1}{2} < x-z, z-y > .
\end{aligned}
$$

Eine negative Potenz $d(x,y)$ ist damit so veranschaulicht: Man nimmt den Mittelzykel $m$ von $x,y$, und man konstruiert einen Zykel $z$ mit $x-z-y$. Dann ist $d(m,z) > 0$ nach (4.11) und kann also als Tangentialdistanz gedeutet werden. Dies veranschaulicht nach (4.11) dann auch $d(x,y)$.

## 4.5   Büschel, Bündel

Sind $x,y$ verschiedene Zykel, so bezeichnen wir — gemäß der Auffassung (1.5) — mit $x \cap y$ die Menge der $x$ und $y$ gemeinsamen Speere. Wir wissen bereits, daß $|x \cap y| \geq 2$ mit $d(x,y) > 0$ gleichwertig ist, $|x \cap y| = 1$ mit $d(x,y) = 0$ und schließlich $|x \cap y| = 0$ mit $d(x,y) < 0$. Zu den Zykeln $x \neq y$ definiert man nun die sogenannten Büschel.

1.  Im Falle $|x \cap y| = 1$ haben wir bereits im Abschnitt 4.4 das parabolische Büschel

$$ B_p(x,y) = \left\{ z \mid x - z - y \right\} \tag{5.1} $$

erklärt. Im zyklographischen Modell handelt es sich nach (4.9) um die Gerade

$$ \left\{ x + \alpha(y-x) \mid \alpha \in \mathbb{R} \right\}, \; d(x,y) = 0. \tag{5.2} $$

Zu jeder Geraden (5.2) gehört umgekehrt auch ein parabolisches Büschel.

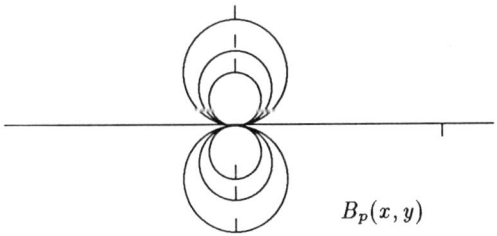

$$B_p(x,y)$$

2.  Im Falle $|x \cap y| \geq 2$ heißt (für $x \neq y$)

$$ B_e := \left\{ z \mid \forall_{S \in S^n} (x - S - y) \Rightarrow S - z \right\} \tag{5.3} $$

ein *elliptisches Büschel*.

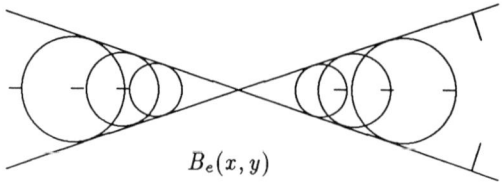

$$B_e(x, y)$$

Wir wollen zeigen, daß ein elliptisches Büschel im zyklographischen Modell in der Form

$$\{x + \alpha(y - x) \mid \alpha \in \mathbb{R}\}, \ d(x, y) > 0, \tag{5.4}$$

geschrieben werden kann. Für beliebiges $b \in \mathbb{R}^n$ mit $\| b \| = 1$ und $ab = 0$ ergeben (4.1), (4.2) einen Speer, der $x$ und $y$ berührt. Dieser muß nach (5.3) auch $z \in B_e$ berühren. Mit

$$w := (w_1, \ldots, w_{n+1}) \ := \ (z_1 - x_1, \ldots, z_{n+1} - x_{n+1}),$$
$$\overline{w} \ := \ (w_1, \ldots, w_n)$$

folgt also $s\overline{w} + w_{n+1} = 0$ und hiermit

$$a^2 w_{n+1} = -b\overline{w} \, \| a \| \, \sqrt{d(x, y)} + a\overline{w} \cdot (x_{n+1} - y_{n+1}).$$

Diese Gleichung gilt auch, wenn man $b$ durch $-b$ ersetzt. Also ist $b\overline{w} = 0$ für alle in Frage stehenden $b$. Also ist $\overline{w} = \alpha a$ mit einem $\alpha \in \mathbb{R}$, was mit

$$a^2 w_{n+1} = a\overline{w} \cdot (x_{n+1} - y_{n+1})$$

dann $z = x - \alpha(y - x)$ ergibt. — Daß auch

$$x + \beta(y - x) \in B_e(x, y)$$

für $\beta \in \mathbb{R}$ gilt, folgt sofort aus A.2.1. — Gehen wir umgekehrt von einer Geraden (5.4) des $\mathbb{R}^{n+1}$ aus, so können wir $x, y$ als Zykel ansehen mit $|x \cap y| \geq 2$ wegen $d(x, y) > 0$. Also ist $B_e(x, y)$ elliptisches Büschel, dessen zyklographisches Bild die Ausgangsgerade sein muß.

3. Seien $x, y$ Zykel mit $x \cap y = \emptyset$. Für $k \in \mathbb{R}$ wollen wir dann den Zykel $(x, y)_k$ konstruieren. Zu den Zykeln $x$ bzw. $y$ seien $X$ bzw. $Y$ die Mittelpunkte der zugehörigen Träger. Zum Speer

$$S(s_0, s_1, \ldots, s_n, 1)$$

mit $S - x$ betrachten wir die Punkte

$$A_S := X + x_{n+1} s \quad \text{und} \quad B_S := Y + y_{n+1} s$$

mit $s := (s_1, \ldots, s_n)$. Es ist $A_S$ der Punkt, in dem $S$ den Zykel $x$ berührt, und es ist $B_S$ der Punkt, in dem $T$ mit $S \parallel T - y$ den Zykel $y$ berührt. Sei nun $T(S, k) \parallel S$ der Speer, dessen Träger den Punkt

$$A_S + k(B_S - A_S)$$

enthält. Dann ist

$$(x, y)_k := \big\{ T(S, k) \mid S - x \big\} \tag{5.5}$$

ein Zykel, und

$$B_h(x, y) := \big\{ (x, y)_k \mid k \in \mathbb{R} \big\} \tag{5.6}$$

heißt ein *hyperbolisches Büschel*.

Zum Beweis sei $M_k$ der Punkt

$$X + k(Y - X)$$

des $\mathbb{R}^n$, und es sei $r_k := x_{n+1} + k(y_{n+1} - x_{n+1})$. Offenbar ist nun $T(S, k)$ ein Speer des Zykels $z$ mit Mittelpunkt $M_k$ und Radius $r_k$, der $z$ in

$$M_k + r_k s = A_S + k(B_S - A_S)$$

berührt. Es ist $(xy)_k$ der Zykel $z$.

Durchlaufen wir nun die Mittelpunkte $M_k$ mit $k \in R$, und wählen wir jeweils als Radius $r_k$, so erhalten wir in Zykelkoordinaten genau die Zykel der Menge

$$\big\{ x + \alpha(y - x) \mid \alpha \in \mathbb{R} \big\} , d(x, y) < 0. \tag{5.7}$$

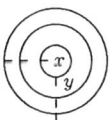

$$B_h(x, y)$$

Zwei parabolische Büschel $B_1$, $B_2$ heißen parallel, in Zeichen $B_1 \parallel B_2$, wenn die zugrundeliegenden Speere parallel sind. — Nach Bemerkung 1 von Abschnitt 4 sind $B_1$, $B_2$ genau dann parallel, wenn die zugehörigen Geraden (5.2) parallel sind.

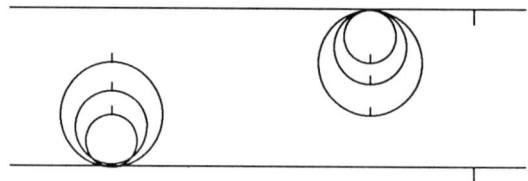

Seien $B_1, B_2$ parabolische Büschel mit $\big| B_1 \cap B_2 \big| = 1$. Dann heißt die Vereinigung aller parabolischen Büschel $B$ mit

$$B \cap B_1 \neq \emptyset \quad \text{und} \quad B \parallel B_2$$

ein *Bündel*, in Zeichen $\mathfrak{B} = \mathfrak{B}(B_1, B_2)$.

Wir wollen zeigen, daß zu jedem hyperbolischen Büschel $B_h$ zwei verschiedene Bündel $\mathfrak{B}_1, \mathfrak{B}_2$ mit

$$B_h = \mathfrak{B}_1 \cap \mathfrak{B}_2$$

existieren: Sei $B_h = B_h(x, y)$, und sei

$$
\begin{aligned}
\xi_{1,2} &:= x_1 - y_1 \pm \sqrt{(x_1 - y_1)^2 - d(x, y)}, \\
\eta_{1,2} &:= x_2 - y_2 \pm \sqrt{(x_2 - y_2)^2 - d(x, y)}
\end{aligned}
$$

gesetzt für

$$x = (x_1, \ldots, x_{n+1}), \quad y = (y_1, \ldots, y_{n+1}).$$

Wir beachten $d(x, y) < 0$ mit (5.7). Also sind die $\xi_i$ und $\eta_i$ in $\mathbb{R}$, und es ist $\xi_1 \neq \xi_2$ und $\eta_1 \neq \eta_2$. Wir setzen für $i = 1, 2$

$$
\begin{aligned}
V_i &:= (y_1 + \xi_i, y_2, \ldots, y_{n+1}), \\
W_i &:= (y_1, y_2 + \eta_i, y_3, \ldots, y_{n+1}).
\end{aligned}
$$

Dann sind offenbar für $i = 1, 2$

$$B_i := B_p(x, V_i) \quad \text{und} \quad C_i := B_p(x, W_i)$$

parabolische Büschel wegen $V_i \neq x \neq W_i$ und $d(x, V_i) = 0 = d(x, W_i)$ für $i = 1, 2$. Wir setzen

$$\mathfrak{B}_1 = \mathfrak{B}(B_1, B_2) \quad \text{und} \quad \mathfrak{B}_2 = \mathfrak{B}(C_1, C_2).$$

Im zyklographischen Modell handelt es sich um die Zykelmengen

$$
\begin{aligned}
\mathfrak{B}_1 &= \big\{ x + \alpha(V_1 - x) + \beta(V_2 - x) \,\big|\, \alpha, \beta \in \mathbb{R} \big\}, \\
\mathfrak{B}_2 &= \big\{ x + \lambda(W_1 - x) + \mu(W_2 - x) \,\big|\, \lambda, \mu \in \mathbb{R} \big\},
\end{aligned}
$$

deren Schnitt genau

$$\{x + \gamma(y - x) \mid \gamma \in \mathbb{R}\} = B_h$$

ist: Wegen $d(x, y) < 0$ (und $n \geq 2$) kann nämlich $y - x$ nicht die Gestalt $(\rho_1, \rho_2, 0, \ldots, 0)$ haben.     $\Box$

Wir kommen nun zum Satz von der Invarianz des Büschelcharakters:

**A.5.1**: *Bilder und Urbilder von parabolischen (resp. elliptischen, hyperbolischen) Büscheln gegenüber Laguerretransformationen sind parabolische (resp. elliptische, hyperbolische) Büschel.*

**Beweis**: Sind $x, y$ Zykel mit $|x \cap y| = 1$, so gilt auch $|\alpha(x) \cap (y)| = 1$ für eine Laguerretransformation $\alpha$. Nun ist mit (5.1)

$$\begin{aligned} \alpha[B_p(x,y)] &= \{\alpha(z) \mid x - z - y\} = \{\alpha(z) \mid \alpha(x) - \alpha(z) - \alpha(y)\} \\ &= \{\text{Zykel } \zeta \mid \alpha(x) - \zeta - \alpha(y)\} = B_p(\alpha(x), \alpha(y)). \end{aligned}$$

Da $\alpha^{-1}$ auch Laguerretransformation ist, so sind also tatsächlich Bilder und Urbilder parabolischer Büschel gegenüber Laguerretransformationen parabolische Büschel. — Im Falle elliptischer Büschel ist mit Hilfe von (5.3) der Beweis entsprechend einfach. — Zum Fall hyperbolischer Büschel! Wir werden zeigen, daß das Bild des hyperbolischen Büschels $B_h$ ein Büschel ist. Dann sind wir fertig: Wäre nämlich dieses Bild nicht hyperbolisch, sondern etwa parabolisch, so müßte ja nach dem vorweg Gesagten $\alpha^{-1}[\alpha(B_h)]$ auch parabolisch sein. Aus der Definition des Bündels folgt, daß Bilder und Urbilder von Bündeln wieder Bündel sind. Schreiben wir also

$$B_h = \mathfrak{B}_1 \cap \mathfrak{B}_2 \ \text{ mit } \ \mathfrak{B}_1 \neq \mathfrak{B}_2,$$

so folgt

$$\alpha(B_h) = \alpha(\mathfrak{B}_1) \cap \alpha(\mathfrak{B}_2) \ \text{ mit } \ \alpha(\mathfrak{B}_1) \neq \alpha(\mathfrak{B}_2).$$

Im zyklographischen Modell sind $\alpha(\mathfrak{B}_i)$ verschiedene (zweidimensionale) Ebenen, die mit $\alpha(B_h)$ gewiß zwei verschiedene Punkte enthalten. Also ist $\alpha(B_h)$ Gerade, d.h. Büschel.     $\Box$

## 4.6   Der Fundamentalsatz der Laguerregeometrie

Der Fundamentalsatz der Laguerregeometrie gibt alle Laguerretransformationen der $n$–dimensionalen Laguerregeometrie $\Lambda^n$ an:

**A.6.1**: *Eine Laguerretransformation $f$ von $\Lambda^n$ hat in Zykelkoordinaten $(1, x_1, \ldots, x_{n+1})$ die Gestalt*

$$f(x_1, \ldots, x_{n+1}) = k \cdot (x_1, \ldots, x_{n+1})L + a \tag{6.1}$$

*mit festem $k > 0$, mit konstanten Matrizen $a$ und*

$$L = \begin{pmatrix} l_{11} & \cdots & l_{1,n+1} \\ \vdots & & \vdots \\ l_{n+1,1} & \cdots & l_{n+1,n+1} \end{pmatrix},$$

*wobei $LML^T = M :=$* $\begin{pmatrix} 1 & & & 0 \\ & \ddots & & \\ & & 1 & \\ 0 & & & -1 \end{pmatrix}$ *gilt. Umgekehrt ist jede Abbildung*

*(6.1) Laguerretransformation, sofern $k > 0$ und $LML^T = M$ erfüllt ist.*

**Beweis:** Wir legen $f$ als Bijektion der Menge der Zykel von $\Lambda^n$ zugrunde, die in beiden Richtungen Speere auf Speere abbildet. Im zyklographischen Modell haben wir damit eine Bijektion des $\mathbb{R}^{n+1}$, die nach A.5.1 in beiden Richtungen Geraden auf Geraden abbildet. Nach Kapitel 3, hier A.3.1 und A.2.1, kann dann $f$ in der Form

$$f(x_1, \ldots, x_{n+1}) = (x_1, \ldots, x_{n+1})A + a$$

geschrieben werden. Sind $x \neq y$ Zykel auf einem parabolischen Büschel, so auch $f(x), f(y)$. Also folgt aus $d(x, y) = 0$, d.h. aus $(x - y)M(x - y)^T = 0$, offenbar

$$0 = d(f(x), f(y)) = (x - y)AMA^T(x - y)^T.$$

Aus

$$z_1^2 + \ldots + z_n^2 - z_{n+1}^2 = 0 \tag{6.2}$$

folgt also

$$\sum_{i,j=1}^{n+1} \alpha_{ij} z_i z_j = 0, \tag{6.3}$$

wenn wir $z := x - y$ und $AMA^T =: (\alpha_{ij})$ setzen. Sei $\lambda \in \{1, \ldots, n\}$ und sei

$$z_i = \begin{cases} 1 & i = \lambda \\ 0 & \text{für} \quad i \in \{1, \ldots, n\}\backslash\{\lambda\} \\ \pm 1 & i = n+1 \end{cases}.$$

Diese beiden Punkte genügen (6.2), also auch (6.3). Dies ergibt

$$\alpha_{11} = \ldots = \alpha_{nn} = -\alpha_{n+1,n+1} =: k_0 \tag{6.4}$$

und

$$\alpha_{1,n+1} = \alpha_{2,n+1} = \ldots = \alpha_{n,n+1} = 0. \tag{6.5}$$

Seien $\lambda \neq \mu$ aus $\{1, \ldots, n\}$ und sei

$$z_i = \begin{cases} 1 & i \in \{\lambda, \mu\} \\ 0 & \text{für} \quad i \in \{1, \ldots, n\} \setminus \{\lambda, \mu\} \\ \sqrt{2} & i = n+1 \end{cases} .$$

Nun ergibt (6.3) mit (6.4) und (6.5)

$$k_0 \cdot 1^2 + k_0 \cdot 1^2 - k_0(\sqrt{2})^2 + \alpha_{\lambda\mu} + \alpha_{\mu\lambda} = 0,$$

d.h. $\alpha_{\lambda\mu} = 0$, wenn wir $\alpha_{\lambda\mu} = \alpha_{\mu\lambda}$ beachten. Damit ist

$$AMA^T = (\alpha_{ij}) = \begin{pmatrix} k_0 & & & 0 \\ & \ddots & & \\ & & k_0 & \\ 0 & & & -k_0 \end{pmatrix} = k_0 M.$$

Sind $x \neq y$ auf einem elliptischen Büschel, so gilt $d(x, y) > 0$ und also auch $d(f(x), f(y)) > 0$. Mit

$$d(f(x), f(y)) = k_0 d(x, y)$$

bedeutet dies $k_0 > 0$. Mit $k := \sqrt{k_0}$ und $kL := A$ haben wir dann (6.1) mit $LML^T = M$. —

Umgekehrt ist eine Abbildung (6.1) mit $k > 0$ und $LML^T = M$ eine Bijektion des $\mathrm{I\!R}^{n+1}$, also eine Bijektion der Menge der Zykel $Z^n$ von $\Lambda^n$; dabei beachten wir

$$-1 = |M| = |LML^T| = -|L|^2,$$

d.h. $|L| \in \{+1, -1\}$. Die 45°–Hyperebene der Gleichung

$$t_0 + (x_1 \ldots x_{n+1})(t_1 \ldots t_{n+1})^T = 0 \tag{6.6}$$

(mit also $tMt^T = 0$ für $t := (t_1, \ldots, t_{n+1})$) geht in die Menge der Zykel $y$ mit der Eigenschaft

$$t_0 + k^{-1}(y - a)L^{-1}t^T = 0 \tag{6.7}$$

über. Mit $LML^T = M$ gilt $(L^T)^{-1}M^{-1}L^{-1} = M^{-1}$, d.h. $(L^{-1})^T M L^{-1} = M$. Wegen

$$(L^{-1}t^T)^T M (L^{-1}t^T) = tMt^T = 0$$

ist also auch (6.7) die Gleichung einer 45°–Hyperebene. Damit werden Speere auf Speere abgebildet.                                                            $\square$

**Bemerkung 1**: Ist $m$ der Mittelzykel der Zykel $x, y$ und ist $f$ Laguerretransformation, so ist $f(m)$ der Mittelzykel von $f(x)$ und $f(y)$. Dies ist eine unmittelbare Konsequenz von A.6.1.

**A.6.2**: *Ist $f$ die Laguerretransformation (6.1), so gilt*

$$d(f(x), f(y)) = k^2 d(x, y) \qquad (6.8)$$

*für alle Zykel $x, y$. Mit A.4.4 ver–$k$–fachen sich also Tangentialdistanzen gegenüber $f$*. Eine beliebige Laguerretransformation $g$ erhält damit Tangentialdistanzen dann und nur dann, wenn sie die Gestalt

$$g(x) = x \cdot L + a \qquad (6.9)$$

hat mit

$$LML^T = M. \qquad (6.10)$$

**Beweis**: (6.8) ist nach dem vorher Gesagten leicht zu verifizieren. Das Übrige liegt dann mit A.6.1 auf der Hand.                                         $\square$

**Bemerkung 2**: Die Gruppe der Laguerretransformationen, die Tangentialdistanzen erhalten, heißt die *engere Laguerregruppe* von $\Lambda^n$, in Zeichen $\Gamma_0\Lambda^n$. Mit den Überlegungen von Abschnitt 6, Kapitel 2, handelt es sich dabei um die Isometriegruppe der Lorentz–Minkowski–Metrik $M$.

**A.6.3**: *Die engere Laguerregruppe $\Gamma_0\Lambda^n$ operiert transitiv auf der Menge $Z^n$ der Laguerrezykel, und sie operiert auch transitiv auf der Menge $S^n$ der Speere.*

**Beweis**: Den Zykel $x$ in den Zykel $y$ zu überführen, erreicht man bereits mit einer Abbildung (6.1), bei der $k = 1$ und $L$ die Einheitsmatrix ist. Um den Speer $S$ in den Speer $T$ zu überführen, gehen wir so vor: Nach Bemerkung 3 von Abschnitt 4 existieren Zykel $x, y$ mit

$$x \neq y, \quad x - y, \quad x - S - y, \quad x_{n+1} = 0 = y_{n+1} + 1.$$

Für $T$ existieren entsprechende Zykel $u, v$ mit

$$u \neq v, \quad u - v, \quad u - T - v, \quad u_{n+1} = 0 = v_{n+1} + 1.$$

Gelingt es nun, eine Abbildung $f$ der Form (6.1) zu finden mit $f(x) = u$ und $f(y) = v$, so gilt $f(S) = T$, da $x - S - y$ jedenfalls $f(x) - f(S) - f(y)$ bewirkt und es doch nur einen einzigen Speer gibt, der sowohl $u$ als auch $v$ berührt. — Zur Existenz von $f$: Da $x, y$ sich berühren, gilt $d(x, y) = 0$. Genauso ist $d(u, v) = 0$. Wir setzen

$$p_i := x_i - y_i \quad \text{und} \quad q_i := u_i - v_i$$

für $i = 1, \dots, n + 1$. Also gilt

$$\sum_{i=1}^{n} p_i^2 = 1 \quad \text{und} \quad \sum_{i=1}^{n} q_i^2 = 1.$$

Wir ergänzen $a := (p_1, \dots, p_n)$ bzw. $b := (q_1, \dots, q_n)$ zur orthonormierten Basis des $\mathbb{R}^n$ und erhalten mit den Basisvektoren als Zeilen ($a$ bzw. $b$ jeweils 1. Zeile) orthogonale Matrizen $P$ bzw. $Q$. Auch $R := P^{-1}Q$ ist orthogonal und

$$L := \left( \begin{array}{c|c} R & \begin{matrix} 0 \\ \vdots \\ 0 \end{matrix} \\ \hline 0 \ \dots \ 0 & 1 \end{array} \right)$$

genügt $LML^T = M$. Die Abbildung

$$z \to zL + (v - yL)$$

überführt dann $x$ in $u$ und $y$ in $v$, wenn wir

$$a = eP \quad \text{und} \quad b = eQ, \quad \text{d.h.} \quad b = aR,$$

mit $e := (1, 0, \dots, 0)$ beachten. $\qquad\qquad\qquad\qquad\qquad\qquad\qquad\qquad\square$

## 4.7 Kerne, Spiegelungen, Hyperzykel

Es heißt $K \subset S^n$ ein *Kern*, wenn gilt

(i) Es gibt einen Zykel $z$ mit $z \supset K$,

(ii) $|K| = n + 1$,

(iii) Zu jedem Speer $S \in K$ gibt es einen Zykel $z_S$ mit $z_S \cap K = K \backslash \{S\}$.

Z. Bsp. bildet die Menge der folgenden Speere einen Kern:

$$
\begin{aligned}
S_0 &\quad (0, 1, 1, \ldots, 1, \sqrt{n}), \\
S_1 &\quad (0, 1, 0, \ldots, 0, 1), \\
S_2 &\quad (0, 0, 1, \ldots, 0, 1), \\
&\quad \vdots \\
S_n &\quad (0, 0, 0, \ldots, 1, 1).
\end{aligned}
$$

Denn alle diese Speere gehören nach (2.5) dem Zykel

$$
z = (z_0 = 1, z_1 = 0, \ldots, z_{n+1} = 0)
$$

an. Der Zykel $(1, 1, 1, \ldots, 1, -1)$ berührt alle Speere $S_1, \ldots, S_n$, aber nicht $S_0$. Der Zykel $z_i (1 \leq i \leq n)$ mit

$$
1 = z_0 = -z_{n+1}
$$

und

$$
z_j = \left\{
\begin{array}{lcl}
1 - n + \sqrt{n} & & j = i \\
& \text{für} & \\
1 & & j \in \{1, \ldots, n\} \backslash \{i\}
\end{array}
\right.
$$

berührt nicht $S_i$, aber er berührt alle Speere aus

$$
\{S_0, S_1, \ldots, S_n\} \backslash \{S_i\}.
$$

Bilder von Kernen gegenüber Laguerretransformationen sind wieder Kerne.

Im Falle $n = 2$ ist (i) in der Definition eines Kernes Folgerung aus (ii) und (iii). In diesem Falle $n = 2$ kann ein Kern definiert werden als drei verschiedene und paarweise nicht parallele Speere. Im Falle $n > 2$ kann (i) nicht aus (ii) und (iii) gefolgert werden: In

$$
K := \{S_0, S_1, \ldots, S_n\}
$$

seien $S_1, \ldots, S_n$ die Speere des obigen Beispiels; für $S_0$ nehmen wir jetzt den Speer

$$
(s_0, s_1, \ldots, s_{n+1})
$$

mit $s_0 = 1$, $s_1 = \ldots = s_{n-1} = 2$, $s_n = 2 - n$, $s_{n+1} = n$. Mit (2.5) bestätigt man, daß es keinen Zykel $z \supset K$ gibt. Mit dieser Information ist zudem (iii) bewiesen, wenn wir gezeigt haben, daß jede $n$–elementige Teilmenge von $K$ auf einem Zykel liegt. $K \backslash \{S_0\}$ liegt auf

$$
z = (1, 0, \ldots, 0).
$$

$K \backslash \{S_i\}$, $1 \le i \le n-1$, liegt auf

$$z = (z_0, z_1, \ldots, z_{n+1})$$

mit $z_0 = 1$, $z_i = -\frac{1}{2}$ und $z_j = 0$ sonst. $K \backslash \{S_n\}$ liegt auf

$$z = (z_0, z_1, \ldots, z_{n+1})$$

mit $z_0 = 1$, $z_n = \frac{1}{n-2}$ und $z_j = 0$ sonst.

**A.7.1** *Gegeben seien die Speere*

$$T_i(t_{i0}, t_{i1}, \ldots, t_{in}, t_{i,n+1})$$

*für $i = 0, 1, \ldots, n$. Genau dann ist*

$$K := \{T_0, T_1, \ldots, T_n\}$$

*Kern, wenn*

$$D := \begin{vmatrix} t_{01} & t_{02} & \cdots & t_{0,n+1} \\ t_{11} & t_{12} & \cdots & t_{1,n+1} \\ \vdots & \vdots & & \vdots \\ t_{n1} & t_{n2} & \cdots & t_{n,n+1} \end{vmatrix} \neq 0 \tag{7.1}$$

*gilt.*

**Beweis:** Ist $D \neq 0$, so müssen offenbar die $T_i$ paarweise verschieden sein; also gilt (ii) in der Definition des Kerns. Wegen $D \neq 0$ und (2.5) existiert genau ein Zykel $z$ durch $T_0, T_1, \ldots, T_n$. Ersetzen wir für ein fest vorgegebenes $i \in \{0, 1, \ldots, n\}$ den Speer $T_i$ durch

$$T_i^*(1 + t_{i0}, t_{i1}, \ldots, t_{in}, t_{i,n+1})$$

und lassen wir die anderen Speere unverändert, so geht durch das neue $(n+1)$-tupel von Speeren auch genau ein Zykel $z^*$, der aber nicht $T_i$ enthält, da sonst $z^*$ zwei verschiedene und parallele Speere, nämlich $T_i$ und $T_i^*$ enthalten würde, was der letzten Feststellung von Abschnitt 3 widerspricht. Also gilt

$$z^* \cap K = K \backslash \{T_i\}.$$

Sei nun vice versa $K$ Kern. Angenommen, $D = 0$. Gelte ohne Einschränkung

$$t_0 = \sum_{\mu=1}^{n} \lambda_\mu t_\mu, \tag{7.2}$$

wobei wir

$$t_i := (t_{i1}, t_{i2}, \ldots, t_{i,n+1})$$

gesetzt haben. Ist $z = (1, z_1, \ldots, z_{n+1})$ ein nach (i) vorhandener Zykel durch $K$, so gilt

$$\sum_{j=1}^{n+1} t_{ij} z_j = -t_{i0} \quad \text{für} \quad i = 0, 1, \ldots, n.$$

Also ist mit (7.2)

$$t_{00} = -\sum t_{0j} z_j = -\sum \sum \lambda_\mu t_{\mu j} z_j = \sum_{\mu=1}^{n} \lambda_\mu t_{\mu 0}.$$

Dies bedeutet zusammen mit (7.2) und (2.5), daß jeder Zykel durch $T_1, \ldots, T_n$ auch durch $T_0$ geht, was (iii) widerspricht. $\qquad\square$

Ist $\{T_0, \ldots, T_n\}$ Kern, sind $S_0, \ldots, S_n$ Speere mit $T_i \parallel S_i$ für $i = 0, 1, \ldots, n$, so ist auch $\{S_0, \ldots, S_n\}$ ein Kern. Dies folgt aus (3.5) und A.7.1.

Gilt für $K = \{S_0, S_1, \ldots, S_n\}$ sowohl (ii) als auch (iii) in der Definition eines Kerns, nicht aber (i), so ist die durch $K$ im Blaschke–Grünwald–Modell bestimmte Hyperebene parallel zur Zylinderachse.

Wie wir bereits festgestellt haben, sind in der zweidimensionalen Laguerregeometrie die Kerne genau die Speermengen, die aus drei paarweise nicht parallelen Speeren bestehen. In der ebenen Laguerregeometrie gibt es zu drei paarweise nicht parallelen Speeren genau einen Zykel, der alle drei Speere berührt. Diese Aussage ist ein Spezialfall von

**A.7.2**: *Die Speermenge $K$ enthalte genau $n + 1$ verschiedene Speere von $\Lambda^n$. Dann und nur dann ist $K$ Kern, wenn es genau einen Zykel gibt, der alle Speere von $K$ berührt.*

**Beweis**: Ist $K$ Kern, so gibt es in der Tat genau einen Zykel durch die Speere von $K$, wie wir in der Anfangsbetrachtung des Beweises von A.7.1 ausgeführt haben. Sei umgekehrt $z$ der einzige Zykel, der die Speere aus $K$ berührt. Wäre $K$ nicht Kern, so gäbe es ein $S \in K$ mit $x \supset K$ für jeden Zykel $x \supset K\backslash\{S\}$. Gelingt es uns also, zwei verschiedene Zykel $x, y$ durch $K\backslash\{S\}$ zu finden, so würde dies $x = z = y$ widersprechen. Betrachten wir alle Gleichungen (2.5) für die Speere aus $K\backslash\{S\}$, so entsteht ein lösbares ($z$ ist Lösung!) lineares Gleichungssystem mit weniger Gleichungen als Unbekannten. Dann finden wir aber gesuchte Lösungen $x \neq y$. $\qquad\square$

Wir möchten nun Beispiele von Laguerretransformationen angeben:

1) *Umorientierung*: Jede Hyperebene trägt zwei Speere, von denen wir jeden dem anderen zuordnen. Dann entsteht eine Bijektion $\gamma$ der Menge der Speere mit $\gamma^2 = id$. Die involutorische Abbildung $\gamma$ heißt Umorientierung. Sie bildet Zykel auf Zykel ab. In der Darstellung (6.1) lautet sie

$$\gamma(x_1, \ldots, x_n, x_{n+1}) = (x_1, \ldots, x_n, -x_{n+1});$$

dabei ist also $L = M$ und $a = 0$, $k - 1$. Wie wir dem Übergang von (6.6) zu (6.7) entnehmen, überführt die Abbildung (6.1) den Speer

$$(t_0, t) \quad \text{mit} \quad t = (t_1, \ldots, t_{n+1}) \tag{7.3}$$

in den Speer

$$(t_0 - k^{-1} a L^{-1} t^T, k^{-1} t (L^{-1})^T). \tag{7.4}$$

Im Falle $\gamma$ liegt also tatsächlich

$$(t_0, t_1, \ldots, t_n, t_{n+1}) \;\longrightarrow\; (t_0, t_1, \ldots, t_n, -t_{n+1})$$

vor.

2) Jede äquiforme Abbildung (bezüglich der euklidischen Metrik)

$$\varphi(\xi_1, \ldots, \xi_n) = k \cdot (\xi_1, \ldots, \xi_n) A + b \tag{7.5}$$

des $\mathbb{R}^n$ induziert eine Laguerretransformation $f$ von $\Lambda^n$. (Dabei ist $k > 0$ reell, $A = (a_{ij})$ orthogonal und $b$ eine einzeilige reelle Matrix.) Denn (7.5) bildet Hyperkugeln auf Hyperkugeln ab, Hyperebenen auf Hyperebenen und Seiten auf Seiten. Schreiben wir (7.5) in der Form (6.1), so erhalten wir

$$f(x_1, \ldots, x_{n+1}) = kx \cdot \begin{pmatrix} A & 0 \\ 0 & 1 \end{pmatrix} + (b_1, \ldots, b_n, 0).$$

3) Ist $\rho \neq 0$ eine feste reelle Zahl, so kann die geometrisch ebenfalls leicht zu beschreibende Laguerretransformation

$$f(x_1, \ldots, x_n) = x + (0, \ldots, 0, \rho) \tag{7.6}$$

nicht durch eine Abbildung 2) induziert sein: Denn beispielsweise wird die orientierte Hyperkugel $(0, \ldots, 0, -\rho)$ in einen Punkt überführt, was eine Ähnlichkeitsabbildung nicht leistet.

4) *Spiegelungen an Zykeln*: Sei

$$p = (p_1, \ldots, p_{n+1})$$

ein fester Zykel von $\Lambda^n$. Zu den parallelen Speeren

$$(t_0, t) \quad \text{und} \quad (s_0, t) \quad \text{mit} \quad t_{n+1} = 1$$

heiße $(\frac{1}{2}(t_0 + s_0), t)$ der Mittelspeer, der offenbar unmittelbare anschauliche Bedeutung hat. Wir ordnen nun dem beliebigen Speer $T$ derart den Speer $\sigma(T) \parallel T$ zu, daß der Mittelspeer von $T$ und $\sigma(T)$ den Zykel $p$ berührt. In Speerkoordinaten (mit jeweils $t_{n+1} = 1$) können wir schreiben

$$\sigma(t_0, t) = (-t_0 - 2pt^T, t);$$

in Zykelkoordinaten gilt $\sigma(x) = -x + 2p$ mit unmittelbarer anschaulicher Bedeutung: $p$ ist Mittelzykel von $x$ und $\sigma(x)$.

5) *Laguerrespiegelungen.* Diese schon von Laguerre selbst im ebenen Fall häufig benutzten involutorischen Abbildungen definieren wir im zyklographischen Modell so: Sei

$$H := \left\{ x \in \mathbb{R}^{n+1} \mid u_0 = uMx^T \right\}$$

Hyperebene des $\mathbb{R}^{n+1}$ mit festen $u_0 \in \mathbb{R}$ und $u \in \mathbb{R}^{n+1}$ derart, daß

$$uMu^T \neq 0$$

gilt; $H$ soll also keine $45°$-Hyperebene sein. Die Laguerrespiegelung $\lambda$ an $H$ ist dann durch

$$y = x + 2\frac{u_0 - uMx^T}{uMu^T}u$$

definiert. Wegen $\lambda \neq id$ und $\lambda^2 = id$ ist $\lambda$ tatsächlich involutorisch. $\lambda$ ist Laguerretransformation der Form (6.1) mit $k = 1$; sie gehört also sogar der engeren Laguerregruppe an: Das kann man unmittelbar verifizieren; man kann sich aber auch damit begnügen,

$$d(\lambda(x), \lambda(\xi)) = d(x, \xi)$$

für alle $x, \xi \in \mathbb{R}^{n+1}$ herzuleiten.

Der Fixbereich von $\lambda$, d.h. die Menge aller $x \in \mathbb{R}^{n+1}$ mit $\lambda(x) = x$, ist durch $H$ gegeben. Eine geometrische Veranschaulichung in $\Lambda^n$ geben wir für $n = 2$ an (Der Schauplatz von $\Lambda^2$ sei dabei die Ebene $x_3 = 0$.): Für diesen Zweck seien $H$ eine Ebene, die die Ebene $x_3 = 0$ in der Geraden $g$ schneiden möge, und $z$ ein Punkt aus $H \backslash g$. Ist nun $S$ ein Speer mit $\lambda(S) \neq S$, dessen Trägergerade $g$ in $x$ schneidet, so sei $T \parallel S$ der Speer, der $z$ berührt. $y$ sei Schnittpunkt von $g$ mit der Trägergeraden von $T$. Ist dann $T^* \neq T$ der Speer mit $y - T^* - z$, so gilt $\lambda(S) = S^*$, wobei $x - S^* \parallel T^*$ erfüllt sei.

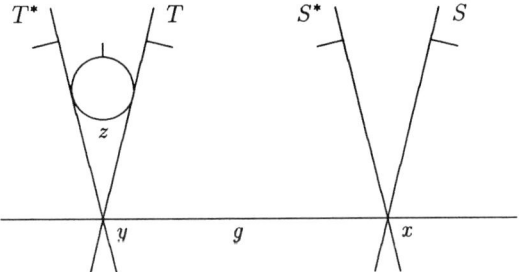

Sind $a_{ij}$ mit $i, j \in \{0, 1, \ldots, n+1\}$ feste reelle Zahlen, so heißt die Menge der Speere $(s_0, s_1, \ldots, s_{n+1})$, die

$$\sum_{i,j=0}^{n+1} a_{ij} s_i s_j = 0$$

genügen, ein *Hyperzykel*. Zur Klassifikation der Hyperzykel in den Fällen $n = 2$ und $n = 3$ siehe man W. Blaschke [1] und G. Bol [1]. Diese schönen geometrischen Überlegungen liegen für uns allerdings eher am Rande. Wir begnügen uns mit der Angabe eines interessanten Beispiels im Falle $n = 2$. Sei

$$H := \big\{ (-\cos t, \cos 2t, \sin 2t, 1) \,\big|\, t \in \mathbb{R} \big\}.$$

Wir wollen zeigen, daß $H$ genau die Menge aller Speere $S(s_0, s_1, s_2, s_3)$ von $\Lambda^2$ ist, die der Gleichung

$$-2s_0^2 + s_1 s_3 + s_3^2 = 0 \tag{7.7}$$

genügen. In der Tat: Jeder Speer aus $H$ ist offenbar Lösung der Gleichung (7.7). Sei nun umgekehrt der Speer $S(s_0, s_1, s_2, s_3)$ Lösung von (7.7). Ohne Einschränkung gelte $s_3 = 1$. Wegen

$$s_1^2 + s_2^2 = 1$$

gibt es ein $\varphi \in \mathbb{R}$ mit $s_1 = \cos \varphi$ und $s_2 = \sin \varphi$. Aus (7.7) folgt dann

$$s_0 = -\cos \frac{1}{2}\varphi \quad \text{oder} \quad s_0 = \cos \frac{1}{2}\varphi.$$

Im ersten Falle setzen wir $t = \frac{1}{2}\varphi$ und im zweiten $t = \pi + \frac{1}{2}\varphi$, um zu erkennen, daß $S$ in $H$ liegt. — Also ist $H$ ein Hyperzykel. Um $H$ geometrisch zu deuten, erinnern wir an ein aus der Physik bekanntes Phänomen, nämlich das der Antikaustik eines parallelbeleuchteten Kreises: Fällt paralleles Licht (etwa helles Sonnenlicht) auf einen Ehering, eine geeignete Tasse, Emailletopf oder

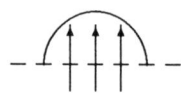

ähnliches, so erscheint die Enveloppe der reflektier-
ten Strahlen als besonders helle Kurve, die Antikaustik heißt. Betrachten wir den durch

$$x^2 + y^2 = 1 \text{ und } y > 0$$

bestimmten Halbkreis, so wird aus dem Strahl, der auf der Geraden der Gleichung

$$x = \cos t \text{ mit festem } t \in ]0, \pi[$$

einfällt, nach der Reflektion der Strahl, der auf der Geraden der Gleichung

$$F(x, y; t) := -\cos t + (\cos 2t)x + (\sin 2t)y = 0 \tag{7.8}$$

liegt. Die Enveloppe von (7.8) errechnet sich aus

$$F = 0 \text{ und } \frac{\partial F}{\partial t} = 0;$$

also ist

$$\left. \begin{array}{rcl} x & = & \cos^3 t \\ y & = & \sin t \cdot \left( \frac{1}{2} + \cos^2 t \right) \end{array} \right\} \tag{7.9}$$

die Antikaustik im Bereich $0 < t < \pi$. Mit

$$\sqrt[3]{x^2} = \cos^2 t$$

und

$$0 \le \sin t = \sqrt{1 - \cos^2 t}$$

können wir im Bereich $-1 < x < 1$

$$y = \sqrt{1 - \sqrt[3]{x^2}} \cdot \left( \frac{1}{2} + \sqrt[3]{x^2} \right) \tag{7.10}$$

schreiben.  Nimmt man auch noch das Spiegelbild der Kurve (7.10) an der
$x$–Achse hinzu (und auch die Punkte $(\pm 1, 0)$), so erhält man die Kurve der
Gleichung

$$(4x^2 + 4y^2 - 1)^3 = 27x^2. \tag{7.11}$$

Da wir an Lösungen $(x, y) \in \mathbb{R}^2$ von (7.11) interessiert sind, brauchen wir
nicht $-1 \le x \le 1$ hinzuzufügen, da (7.11) keine Lösung $(x, y) \in \mathbb{R}^2$ mit $|x| > 1$

besitzt.

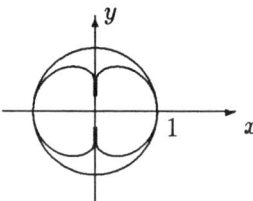

Wir können nun sagen, daß unser Hyperzykel $H$ genau aus denjenigen Speeren besteht, deren Trägergeraden Tangenten an die Antikaustik (7.9), $0 \le t < 2\pi$, sind (für den Paramterwert $t$ ist (7.8) Gleichung der Tangenten), und deren ausgezeichnete Seiten sich aus beistehender Abbildung ergeben, wobei man beachte, daß ein stetiger Übergang der Seitenauszeichnung auch in den Punkten mit $x = 0$ vorliegt.

Daß auch die Antikaustiken anderer parallelbeleuchteter Kegelschnitte zu Hyperzykeln führen, entnehme man der angegebenen Literatur.

## 4.8  Liezykel, Liequadrik

Die Grundbegriffe der $n$–dimensionalen Liegeometrie $\Sigma^n$ sind *Liezykel, Berührung* zweier Liezykel. Unter den Liezykeln von $\Sigma^n$ versteht man die Laguerrezykel von $\Lambda^n$, die Speere von $\Lambda^n$ und außerdem ein weiteres Element, das $\infty$ geschrieben werde. Die Berührung zweier Liezykel wird reflexiv und symmetrisch erklärt. Weiterhin wird festgelegt:

(i)  $\infty$ borühre jeden Speer, aber keinen Laguerrezykel.

(ii)  Die Speere $\alpha, \beta$ berühren sich genau dann, wenn $\alpha \parallel \beta$ gilt.

(iii)  Ist $\alpha$ Laguerrezykel und ist $\beta$ Laguerrezykel bzw. Speer, so berühren sich $\alpha, \beta$ genau dann, wenn $\alpha - \beta$ gilt.

Auch in der Liegeometrie bedeute $\alpha - \beta$, daß sich die Liezykel $\alpha, \beta$ berühren. Wir beachten dabei, daß $\alpha - \beta$, soweit es in $\Lambda^n$ bereits gilt, nach (iii) übernommmen wird.

Eine Bijektion $\sigma$ der Menge $L^n$ der Liezykel von $\Sigma^n$ heißt eine *Lietransformation* von $\Sigma^n$, wenn gilt

$$\forall_{\alpha,\beta \in L^n} \quad \alpha - \beta \Leftrightarrow \sigma(\alpha) - \sigma(\beta).$$

Die Gruppe aller Lietransformationen von $\Sigma^n$ bezeichnen wir mit $\Gamma\Sigma^n$.

Wir wollen nun $L^n$ injektiv in den $(n+2)$–dimensionalen projektiven Raum $\Pi^{n+2}(\mathbb{R})$ abbilden:

(1) Sei $z = (z_0 = 1, z_1, \ldots, z_{n+1})$ Laguerrezykel. Mit

$$N := z_1^2 + \ldots + z_n^2 - z_{n+1}^2$$

setzen wir

$$\rho(z) := \mathbb{R}\left(\frac{1+N}{2}, \frac{1-N}{2}, z_1, \ldots, z_n, -z_{n+1}\right). \tag{8.1}$$

(2) Sei $S(s_0, s_1, \ldots, s_{n+1})$ Speer. Wir setzen

$$\rho(S) := \mathbb{R}(-s_0, s_0, s_1, \ldots, s_{n+1}). \tag{8.2}$$

(3) Wir definieren schließlich

$$\rho(\infty) := \mathbb{R}(-1, 1, 0, \ldots, 0). \tag{8.3}$$

Sicherlich ist stets $\rho(\alpha)$ für $\alpha \in L^n$ ein Punkt von $\Pi^{n+2}(\mathbb{R})$. Denn

$$\frac{1+N}{2} = 0 = \frac{1-N}{2}$$

ist nicht möglich, auch nicht $s_{n+1} = 0$. Im Falle

$$\rho(z) \in \{\rho(S), \rho(\infty)\}$$

müßte

$$\frac{1+N}{2} + \frac{1-N}{2} = 0$$

sein, im Falle $\rho(S) = \rho(\infty)$ wäre $s_{n+1} = 0$. Aus $\rho(x) = \rho(y)$ für die Laguerrezykel $x, y$ folgt nach kleiner Rechnung $x = y$ und aus $\rho(S) = \rho(T)$ für die Speere $S, T$ folgt sofort $S = T$. Also ist $\rho$ injektiv.

Es heißt die Menge $\mathbb{L}^n$ aller Punkte $\mathbb{R}(x_0, x_1, \ldots, x_{n+2})$ des $\Pi^{n+2}(\mathbb{R})$, die

$$-x_0^2 + x_1^2 + \ldots + x_{n+1}^2 - x_{n+2}^2 = 0 \tag{8.4}$$

genügen, die $\Sigma^n$ zugeordnete *Liequadrik*.

Man verifiziert sofort $\rho(\alpha) \in \mathbb{L}^n$ für alle $\alpha \in L^n$. Also ist $\rho : L^n \to \mathbb{L}^n$ injektiv. Diese Abbildung ist sogar bijektiv. Sei

$$P := \mathbb{R}(x_0, x_1, \ldots, x_{n+2})$$

ein Punkt aus $\mathbb{L}^n$. Ist $x_0 + x_1 = 0$ und $x_{n+2} = 0$, so ist mit (8.4) $\infty$ ein Urbild von $P$. Ist $x_0 + x_1 = 0 \neq x_{n+2}$, so ist der Speer

$$S(x_1, \ldots, x_{n+1}, x_{n+2})$$

ein Urbild unter Berücksichtigung von (8.4). Ist $r := x_0 + x_1 \neq 0$, so ist der Zykel

$$z_i := \frac{1}{r} x_{i+1} \ \text{für} \ i = 1, \ldots, n \ \text{und} \ z_{n+1} = -\frac{1}{r} x_{n+2}$$

ein Urbild von $P$.

**A.8.1**: *Ist*

$$\rho(\alpha) = \mathbb{R}(a_0, a_1, \ldots, a_{n+2}) \ \text{und} \ \rho(\beta) = \mathbb{R}(b_0, b_1, \ldots, b_{n+2})$$

*für $\alpha, \beta \in L^n$, so gilt $\alpha - \beta$ genau dann, wenn*

$$-a_0 b_0 + a_1 b_1 + \ldots + a_{n+1} b_{n+1} - a_{n+2} b_{n+2} = 0 \tag{8.5}$$

*ist.*

**Beweis:** (8.5) hängt offenbar nicht von den gewählten Repräsentanten $\neq 0$ von $\rho(\alpha), \rho(\beta)$ ab. Wir schreiben $\alpha \sim \beta$ genau dann, wenn (8.5) gilt. Die Relation $\sim$ ist reflexiv nach (8.4) wegen $\rho(\alpha) \in \mathbb{L}^n$, und sie ist trivialerweise symmetrisch. Nun zeigen wir (i), (ii), (iii) für die Relation $\sim$, um sicher zu sein, daß es sich dabei um die Berührrelation handelt:

(i)* Für jeden Speer $S$ gilt $\infty \sim S$, und für keinen Laguerrezykel $z$ gilt $\infty \sim z$.

Dies folgt sofort aus (8.5), (8.1), (8.2), (8.3).

(ii)* Die Speere $\alpha, \beta$ sind genau dann parallel, wenn $\alpha \sim \beta$ gilt.

Die Speere $\alpha, \beta$ mit $a_{n+2} = 1 = b_{n+2}$ in $\rho(\alpha), \rho(\beta)$ sind nach (3.5) genau dann parallel, wenn

$$(a_2, \ldots, a_{n+1}) = (b_2, \ldots, b_{n+1}) \tag{8.6}$$

gilt. Mit Hilfe von (8.6) folgt sofort $\alpha \sim \beta$. Gilt umgekehrt $\alpha \sim \beta$, so ergibt (8.5)

$$a_2 b_2 + \ldots + a_{n+1} b_{n+1} = 1,$$

was mit

$$a_2^2 + \ldots + a_{n+1}^2 = 1 = b_2^2 + \ldots + b_{n+1}^2$$

zu (8.6) führt.

(iii)* Ist $(\alpha)$ Laguerrezykel, und ist $\beta$ Laguerrezykel bzw. Speer, so ist $\alpha \sim \beta$ genau dann erfüllt, wenn $\alpha - \beta$ gilt.

Es ist also $r := a_0 + a_1 \neq 0$, und es sind

$$\left( z_0 = 1, \frac{1}{r} a_2, \ldots, \frac{1}{r} a_{n+1}, -\frac{1}{r} a_{n+2} \right)$$

Zykelkoordinaten von $\alpha$. Ist $\beta$ Laguerrezykel, so schreiben wir ebenfalls mit $s := b_0 + b_1 \neq 0$

$$\left( z_0 = 1, \frac{1}{s} b_2, \ldots, \frac{1}{s} b_{n+1}, -\frac{1}{s} b_{n+2} \right).$$

Mit A.4.1 (b) ist nun $\alpha - \beta$ gleichwertig mit

$$\left( \frac{a_2}{r} - \frac{b_2}{s} \right)^2 + \ldots + \left( \frac{a_{n+1}}{r} - \frac{b_{n+1}}{s} \right)^2 - \left( \frac{a_{n+2}}{r} - \frac{b_{n+2}}{s} \right)^2 = 0.$$

Dies ist aber gleichwertig mit (8.5), wenn wir $\rho(\alpha), \rho(\beta) \in \mathbb{L}^n$ beachten. — Ist $\beta$ Speer, so sind

$$(b_1, b_2, \ldots, b_{n+2})$$

Speerkoordinaten von $\beta$. Mit A.2.1 ist nun $\alpha - \beta$ mit

$$b_1 + b_2 \cdot \frac{1}{r} a_2 + \ldots + b_{n+1} \cdot \frac{1}{r} a_{n+1} - b_{n+2} \cdot \frac{1}{r} a_{n+2} = 0$$

gleichwertig. Dies ist aber auch gleichwertig mit (8.5), wenn wir $b_0 + b_1 = 0$ beachten, da $\beta$ Speer ist.                                             $\square$

**Bemerkung:** Bezeichnen wir die durch die Liequadrik definierte Polarität des $\Pi^{n+2}(\mathbb{R})$ mit $\pi$, so können wir sagen, daß sich zwei Liezykel $\alpha, \beta$ genau dann berühren, wenn $\rho(\alpha), \rho(\beta)$ bezüglich der Liequadrik zueinander konjugiert sind, was

$$\rho(\alpha) \subseteq \pi[\rho(\beta)]$$

heißen soll (vgl. Abschnitt 5 des Kapitels 3).

# 4.9 Der Fundamentalsatz der Liegeometrie

Ist $\sigma$ Laguerretransformation von $\Lambda^n$, und setzt man $\sigma(\infty) := \infty$, so ist offenbar $\sigma$ Lietransformation von $\Sigma^n$. Diese Lietransformation bildet Laguerrezykel auf Laguerrezykel ab und Speere auf Speere. Die folgende Bijektion $\varepsilon$ der Liequadrik $\mathbb{L}^n$ ist eine involutorische Lietransformation,

$$\varepsilon[\mathbb{R}(a_0, \ldots, a_{n+2})] := \mathbb{R}(a_0, -a_1, a_2, \ldots, a_{n+2}).$$

Daß wirklich eine Lietransformation vorliegt, folgt aus der Tatsache, daß sich (8.5) auf die Bilder überträgt und umgekehrt von den Bildern auf die Ausgangszykel.

Wir wollen die Abbildung $\varepsilon$, die man auch *Abbildung durch reziproke Radien bzgl. der Lorentz–Minkowski-Metrik* nennt, nun näher im zyklographischen Modell, welches wir um einen Punkt $\infty$ erweitern, beschreiben. Es sei $U$ der Koordinatenursprung $(0, 0, \ldots, 0)$ des $\mathbb{R}^{n+1}$. Dann können wir über $\varepsilon$ folgende Einzelheiten zusammenstellen:

(1) $U$ und $\infty$ werden vertauscht.

(2) Alle 45°–Hyperebenen durch $U$ bleiben fest.

(3) Der Laguerrezykel $z$ mit $N(z) \neq 0$ wird auf den Laguerrezykel $\dfrac{z}{N(z)}$ abgebildet.

(4) Alle Laguerrezykel $z$ mit $N(z) = 1$ bleiben fest.

(5) Alle Laguerrezykel $z \neq U$ mit $N(z) = 0$ werden mit einer 45°–Hyperebene vertauscht, die zu der 45°–Hyperebene durch $U$ und $z$ parallel ist.

Das ist alles leicht bestätigt. Wenn wir von den Laguerrezykeln $z$ und $\dfrac{z}{N(z)}$ sprechen, so meinen wir die Laguerrezykel

$$(z_0 = 1, z_1, \ldots, z_{n+1})$$

und

$$\left( z_0 = 1, \frac{z_1}{N(z)}, \ldots, \frac{z_{n+1}}{N(z)} \right),$$

falls

$$N(z) := z_1^2 + \ldots + z_n^2 - z_{n+1}^2 \neq 0$$

ist.

Unter $\mu$ verstehen wir die Laguerretransformation (6.1)

$$\mu(x_1, \ldots, x_{n+1}) := (x_1, \ldots, x_{n+1}) + (1, 0, \ldots, 0, 1),$$

die wir vermittels $\mu(\infty) := \infty$ auch als Lietransformation auffassen können.

Der Fundamentalsatz der $n$–dimensionalen Liegeometrie lautet nun so:

**A.9.1**: *Die Gruppe $\Gamma\Sigma^n$ wird durch $\varepsilon$ und $\Gamma\Lambda^n$ multiplikativ erzeugt. Genauer gilt für $\sigma \in \Gamma\Sigma^n$:*

(a) *Ist $\sigma(\infty) = \infty$, so ist $\sigma$ Laguerretransformation.*

(b) *Ist $\sigma(\infty)$ Speer, so existieren Laguerretransformationen $\lambda_1$ und $\lambda_2$ mit $\sigma = \lambda_1 \varepsilon \mu \varepsilon \lambda_2$.*

(c) *Ist $\sigma(\infty)$ Laguerrezykel, so existieren Laguerretransformationen $\lambda_1, \lambda_2$ mit $\sigma = \lambda_1 \varepsilon \lambda_2$.*

**Beweis**: Zu (a): Ist $S$ Speer, so gilt $\infty - S$ und damit $\infty = \sigma(\infty) - \sigma(S)$. Da $\sigma$ bijektiv ist und schon $\sigma(\infty) = \infty$ gilt, muß also $\sigma(S)$ Speer sein. Haben wir in $z$ einen Laguerrezykel vor uns, so gilt $\infty \not= z$, d.h. $\infty \not= \sigma(z)$. Damit ist $\sigma(z)$ wieder Laguerrezykel. Also werden durch $\sigma$ die Laguerrezykel für sich permutiert und ebenfalls die Speere. Wegen

$$z - S \Leftrightarrow \sigma(z) - \sigma(S)$$

ist $\sigma$ Laguerretransformation.

Zu (c): Sei $\sigma(\infty) =: z$ Laguerrezykel. Es ist $\varepsilon(\infty)$ der Laguerrezykel

$$\overline{z} := \mathrm{I\!R}(1, 1, 0, \ldots, 0).$$

Nach A.6.3 existiert eine Laguerretransformation $\lambda_1$, die $\overline{z}$ in $z$ überführt. Dann gilt

$$\sigma(\infty) = z = \lambda_1(\overline{z}) = \lambda_1 \varepsilon(\infty).$$

Nach Fall (a) ist also

$$(\lambda_1 \varepsilon)^{-1} \sigma =: \lambda_2$$

Laguerretransformation.

Zu (b): Sei $\sigma(\infty) =: S$ Speer. Es gilt

$$\varepsilon \mu \varepsilon(\infty) = \varepsilon \mu[\mathrm{I\!R}(1, 1, 0, \ldots, 0)]. \tag{9.1}$$

Die Zykelkoordinaten des Laguerrezykels $\mathrm{I\!R}(1, 1, 0, \ldots, 0)$ sind

$$z_0 = 1 \quad \text{und} \quad z_i = 0 \quad \text{für} \quad i = 1, \ldots, n+1.$$

Sein $\mu$–Bild ist der Zykel $x$ mit

$$x_0 = x_1 = x_{n+1} = 1 \text{ und } x_i = 0 \text{ sonst.}$$

Nun ist

$$
\begin{aligned}
\varepsilon(x) &= \varepsilon\left[\mathbb{R}\left(\tfrac{1}{2}, \tfrac{1}{2}, 1, 0, \ldots, 0, 1\right)\right] \\
&= \mathbb{R}\left(\tfrac{1}{2}, -\tfrac{1}{2}, 1, 0, \ldots, 0, 1\right) =: T
\end{aligned}
\tag{9.2}
$$

Speer. Nach A.6.3 existiert eine Laguerretransformation $\lambda_1$ mit $\lambda_1(T) = S$. Also haben wir

$$\varepsilon\mu\varepsilon(\infty) = \varepsilon(x) = T = \lambda_1^{-1}(S) = \lambda_1^{-1}\sigma(\infty).$$

Nach Fall (a) ist $\lambda_2 := (\varepsilon\mu\varepsilon)^{-1}\lambda_1^{-1}\sigma$ Laguerretransformation. $\qquad\square$

**A.9.2:** *$\Gamma\Sigma^n$ operiert transitiv auf der Menge der Liezykel.*

**Beweis:** Beim Beweis von A.9.1 stellten wir fest, daß $\varepsilon(\infty) = \overline{z}$ Laguerrezykel ist und daß für den dort benannten Laguerrezykel $x$ jedenfalls $\varepsilon(x) =: T$ Speer ist. Seien nun $z$ ein Laguerrezykel, $S$ ein Speer und $\lambda_1, \lambda_2$ nach A.6.3 existierende Laguerretransformationen mit $\lambda_1(\overline{z}) = z$ und $\lambda_2(T) = S$. Dann gilt mit (9.1) und (9.2)

$$\lambda_1\varepsilon(\infty) = z$$

und

$$\lambda_2\varepsilon\mu\varepsilon(\infty) = S.$$

Also kann $\infty$ in jeden anderen Liezykel überführt werden. $\qquad\square$

**Bemerkung:** Ist $z$ Liezykel und ist $\Delta$ eine Gruppe von Lietransformationen, so heißt

$$\left\{\delta(z) \mid \delta \in \Delta\right\}$$

eine von $\Delta$ erzeugte Bahn (auch ein von $\Delta$ erzeugter Orbit). Nach A.9.2 erzeugt also $\Gamma\Sigma^n$ eine einzige Bahn. Ist $z$ Liezykel, so heißt

$$\left\{\sigma \in \Gamma\Sigma^n \mid \sigma(z) = z\right\}$$

die Standuntergruppe (der Stabilisator, die Isotropiegruppe) von $z$ bzgl. $\Gamma\Sigma^n$. Mit A.9.1 (a) ist $\Gamma\Lambda^n$ die Isotropiegruppe von $\infty$ bzgl. $\Gamma\Sigma^n$. Sie erzeugt genau 3 Bahnen: Die Menge der Speere, die Menge der Laguerrezykel und die Menge $\{\infty\}$. Die Isotropiegruppe eines beliebigen Liezykels $\gamma$ erzeugt dann wegen A.9.2 auch genau 3 Orbits: Die Menge aller Liezykel $\neq \gamma$, die $\gamma$ berühren, die Menge aller Liezykel, die $\gamma$ nicht berühren, und die Menge $\{\gamma\}$.

## 4.10   Minkowskische Kugelgeometrie

Das zyklographische Modell der Laguerregeometrie ist auch geeignet als Modell der Liegeometrie, wenn wir ihm einen neuen Punkt $\infty$ hinzufügen, wie wir es schon aus Anlaß der Beschreibung der Abbildung durch reziproke Radien taten. Die Liezykel der $n$–dimensionalen Liegeometrie stellen sich dann so dar: Es sind alle Punkte des $\mathbb{R}^{n+1}$, es sind alle 45°–Hyperebenen des $\mathbb{R}^{n+1}$ und es ist der zusätzliche Punkt $\infty$. Die Berührrelation auf der Menge der Liezykel ist weiterhin so gegeben: Sie ist reflexiv und symmetrisch, und es gilt,

— daß $\infty$ jede 45°–Hyperebene berührt, aber keinen Punkt des $\mathbb{R}^{n+1}$,

— daß zwei verschiedene Punkte des $\mathbb{R}^{n+1}$ sich genau dann berühren, wenn ihre Verbindungsgerade Lichtgerade ist, d.h. $d(x,y) = 0$ für je zwei ihrer Punkte $x, y$ genügt,

— daß zwei verschiedene 45°–Hyperebenen sich genau dann berühren, wenn sie keinen Punkt des $\mathbb{R}^{n+1}$ gemeinsam haben, also als Hyperebenen parallel sind,

— daß ein Punkt des $\mathbb{R}^{n+1}$ genau dann eine 45°–Hyperebene berührt, wenn er auf der Hyperebene liegt.

Soweit die Darstellung der Liezykel im zyklographischen Modell betroffen ist, erkennen wir offenbar eine strukturelle Ähnlichkeit zur Menge der Punkte einer Kugelgeometrie (s. Abschnitt 5 des Kapitels 3), gedeutet im $K^{n+1}$: Auch dort gibt es neben der Menge der sogenannten eigentlichen Punkte als weitere Punkte $\infty$ und die isotropen Hyperebenen. Wir wollen diesen Zusammenhang jetzt genauer herausarbeiten: Dazu betrachten wir über dem Körper $\mathbb{R}$ die $n + 1$–dimensionale Minkowskische Kugelgeometrie, d.h. die Kugelgeometrie der Signatur

$$\varepsilon_1 = \ldots = \varepsilon_n = -\varepsilon_{n+1} = 1.$$

Die Punkte

$$\mathbb{R}(\xi_0, \xi_1, \ldots, \xi_{n+2})$$

dieser Geometrie, im projektiven Raum $\Pi^{n+2}(\mathbb{R})$ gelegen, sind dann nach (5.1), Kapitel 3, durch die Lösungen von

$$-\xi_0^2 + \sum_{\nu=1}^{n} \xi_\nu^2 - \xi_{n+1}^2 + \xi_{n+2}^2 = 0 \tag{10.1}$$

festgelegt. (Wir beachten, daß das in (5.1), loc. cit., stehende $n$ jetzt durch $n+1$ zu ersetzen ist, da immer noch die $n$–dimensionale Liegeometrie im Zentrum des Interesses stehen soll.) Neben (10.1) betrachten wir nun noch die Gleichung (8.4) der Liequadrik $\mathbb{L}^n$

$$-x_0^2 + x_1^2 + \ldots + x_{n+1}^2 - x_{n+2}^2 = 0. \tag{10.2}$$

Sei $\tau$ die folgende Bijektion des $\Pi^{n+2}(\mathbb{R})$:

$$\tau[\mathbb{R}(x_0, \ldots, x_{n+2})] := \mathbb{R}(x_0, -x_{n+2}, x_1, x_2, \ldots, x_n, x_{n+1}).$$

Dann gilt

**A.10.1**: *Die Abbildung $\tau$ ist eine Bijektion zwischen der Menge $\mathbb{M}^{n+1}$ der Punkte der $(n+1)$-dimensionalen Minkowskischen Kugelgeometrie und der Menge $L^n$ der Liezykel der $n$-dimensionalen Liegeometrie. Zwei Punkte der Kugelgeometrie sind genau dann parallel, wenn sich ihre Bildzykel berühren. Das Bild des Punktes*

$$\infty \leftrightarrow \mathbb{R}(1, 0, \ldots, 0, 1)$$

*von $\mathbb{M}^{n+1}$ ist der Liezykel $\infty$. Die uneigentlichen Punkte $\neq \infty$ von $\mathbb{M}^{n+1}$ entsprechen damit genau den Speeren und die Punkte von $\mathbb{R}^{n+1}$ den Laguerrezykeln. Das Diagramm*

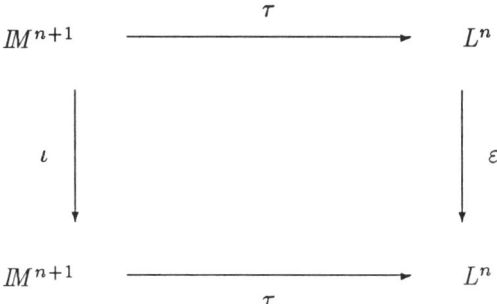

*ist kommutativ, so daß sich die Lietransformation $\varepsilon$ und die Inversion $\iota$ an der Einheitskugel $x^2 = 1$ entsprechen. Ist $f(\kappa)$ zur Kugelverwandtschaft $\kappa$ diejenige Lietransformation, die das Diagramm*

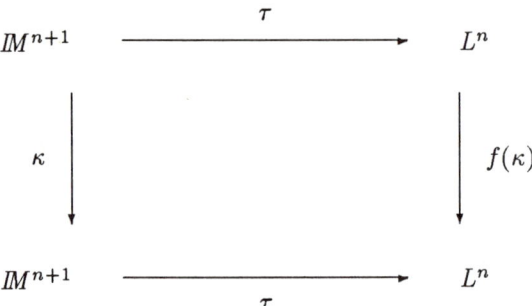

*kommutativ macht, so ist*

$$f : \Gamma^{n+1} \to \Gamma\Sigma^n$$

*Isomorphismus. Die zur Gruppe $\Gamma^{n+1}$ aller Kugelverwandtschaften gehörige äquiforme Gruppe hat als Bild unter $f$ die Isotropiegruppe von $\infty$ bzgl. $\Gamma\Sigma^n$, d.h. also die Gruppe der Laguerretransformationen.*

**Beweis:** Der Vergleich von (5.18), Kapitel 3, (hier wieder $n$ durch $n+1$ ersetzt) mit (8.5) zeigt, daß zwei Punkte der $(n+1)$-dimensionalen Minkowskischen Kugelgeometrie genau dann parallel sind, wenn sich ihre Bildzykel berühren. Ist also $A \neq \infty$ uneigentlicher Punkt von $\mathrm{I\!M}^{n+1}$, so folgt $\tau(A) - \tau(\infty)$ aus $A \parallel \infty$. Damit ist $\tau(A)$ Speer, da der Liezykel $\tau(A) \neq \tau(\infty)$ den Liezykel $\infty$ berührt. — Tatsächlich gilt

$$\varepsilon\tau(A) = \tau\iota(A)$$

für jedes $A \in \mathrm{I\!M}^{n+1}$, und tatsächlich ist

$$f(\kappa) = \tau\kappa\tau^{-1}$$

für $\kappa \in \Gamma^{n+1}$ Lietransformation: Denn $f(\kappa)$ ist Bijektion von $L^n$; außerdem gilt für die Liezykel $x, y$

$$x - y \quad \Leftrightarrow \quad \tau^{-1}(x) \parallel \tau^{-1}(y)$$
$$\Leftrightarrow \quad \kappa\tau^{-1}(x) \parallel \kappa\tau^{-1}(y)$$
$$\Leftrightarrow \quad \tau\kappa\tau^{-1}(x) - \tau\kappa\tau^{-1}(y).$$

Umgekehrt ist $\tau^{-1}\lambda\tau \in \Gamma^{n+1}$ für $\lambda \in \Gamma\Sigma^n$. Damit ist $f$ Isomorphismus von $\Gamma^{n+1}$ auf $\Gamma\Sigma^n$. Die zur Gruppe $\Gamma^{n+1}$ gehörige äquiforme Gruppe ist die Isotropiegruppe von $\infty \in \mathrm{I\!M}^{n+1}$ bzgl. $\Gamma^{n+1}$. Ihr Bild unter $f$ ist damit die Isotropiegruppe des Liezykels $\infty$ bzgl. $\Gamma\Sigma^n$.    □

**Bemerkung:** Hinsichtlich der Geometrien von Laguerre und Lie in 2 oder 3 Dimensionen verweisen wir auch auf das Buch [2] von W. Blaschke.

# Kapitel 5

# Plückertransformationen

## 5.1   Begriff des Plückerraumes

Sei $M$ eine nichtleere Menge, deren Elemente wir Geraden nennen, und sei „$-$" eine zweistellige Relation auf $M$, die wir als reflexiv und symmetrisch voraussetzen. Gilt $g - h$ für die Geraden $g, h \in M$, so heißen sie *verwandt*. Die Struktur $(M, -)$ nennen wir einen *Plückerraum*, wenn zu je zwei nicht verwandten $g, h \in M$ endlich viele Geraden $a_1, \ldots, a_m$ existieren mit

$$g - a_1 - a_2 - \ldots - a_m - h.$$

Die Menge $M := L^n$ der Liezykel der $n$-dimensionalen Liegeometrie, zusammen mit der Berührrelation, bildet ein nichttriviales Beispiel eines Plückerraumes. Ansonsten kann man natürlich leicht Beispiele für solche Räume angeben. Der klassische Plückerraum ist der folgende: Sei $\Pi^n(K)$ der $n$-dimensionale projektive Raum über dem Körper $K$. Wir definieren dann $M$ als die Menge aller Geraden von $\Pi^n(K)$. Zwei solcher Geraden heißen genau dann verwandt, wenn sie sich schneiden. Besonders interessant ist natürlich der Fall $K := \text{IR}$ und $n = 3$. Ist $(M, -)$ Plückerraum und ist

$$\pi : M \to M$$

Bijektion, die

$$g - h \iff \pi(g) - \pi(h)$$

für alle $g, h \in M$ genügt, so heißt $\pi$ eine *Plückertransformation* von $(M, -)$. Wie in den Fällen des Abstandsraumes oder Blockraumes erhält man dann auch hier den entsprechenden Begriff der *Plückergruppe* als Menge aller Plückertransformationen von $(M, -)$ unter Zugrundelegung des Permutationsproduktes als Verknüpfung. Die Gruppe der Lietransformationen der $n$-dimensionalen Liegeometrie ist also eine spezielle Plückergruppe.

Zwei Plückerräume $(M_1, -_1)$ und $(M_2, -_2)$ heißen isomorph, in Zeichen

$$(M_1, -_1) \cong (M_2, -_2),$$

wenn es eine Bijektion $\gamma : M_1 \to M_2$ gibt mit

$$g -_1 h \iff \gamma(g) -_2 \gamma(h)$$

für alle $g, h \in M_1$. Ist $\Delta_1$ die Plückergruppe von $(M_1, -_1)$, so ist

$$\Delta_2 = \gamma \Delta_1 \gamma^{-1} \tag{1.1}$$

die Plückergruppe des isomorphen Raumes $(M_2, -_2)$. Isomorphe Plückerräume besitzen also isomorphe Plückergruppen.


## 5.2   Satz von June Lester

Sei $k \geq 0$ eine feste reelle Zahl. Sei $M$ die Menge aller Geraden des $\mathbb{R}^3$. Zwei solcher Geraden nennen wir verwandt, wenn ihr Abstand $k$ ist oder wenn sie identisch sind. Dann liegt offenbar ein Plückerraum vor, den wir mit $M_{(k)}$ bezeichnen. Die Plückerräume $M_{(1)}$ und $M_{(k)}$ mit $k > 0$ sind isomorph. Um dies einzusehen, sei $\gamma : M \to M$ die Bijektion, die durch die Dilatation

$$x \to kx \tag{2.1}$$

des $\mathbb{R}^3$ induziert wird. Dann haben aber die Geraden $g, h$ genau dann den Abstand 1, wenn die Geraden $\gamma(g), \gamma(h)$ den Abstand $k$ besitzen.

Es gilt nun der von June Lester [1] bewiesene Satz

**A.2.1**: *Die Plückergruppe von $\mathbb{M}_{(k)}$, $k > 0$, ist die Gruppe der kongruenten Abbildungen des $\mathbb{R}^3$.*

**Beweis**: (a) Können wir zeigen, daß die Plückergruppe $\Delta$ von $M_{(1)}$ die Gruppe der kongruenten Abbildungen des $\mathbb{R}^3$ ist, so zeigen $M_{(1)} \cong M_{(k)}$ und (1.1), daß $\Delta$ auch die Plückergruppe von $M_{(k)}$ ist. Wir werden also im verbleibenden Teil des Beweises nur $M_{(1)}$ betrachten.

(b) Zwei Geraden $g, h \in M$ besitzen stets eine orthogonale Transversale, d.h. eine Gerade, die sowohl $g$ als auch $h$ senkrecht schneidet. Der Abstand der beiden Schnittpunkte ist dann auch der Abstand der Ausgangsgeraden. Sind $g, h$ nicht parallel, so gibt es hierzu genau eine orthogonale Transversale. Zu $g \in M$ bezeichne $\hat{g}$ den Kreiszylinder vom Radius 1, dessen Achse $g$ ist. Der Abstand von $g, h$ ist genau dann 1, wenn $h$ Tangente an $\hat{g}$ ist. Sind $\alpha, \beta$ parallele Ebenen des $\mathbb{R}^3$ vom Abstand 1 und sind $g \subset \alpha$ und $h \subset \beta$ nicht parallele Geraden, so besitzen $g, h$ ebenfalls den Abstand 1.

(c) Die Geraden $g, h \in M$ heißen windschief, wenn sie nicht parallel sind und auch keinen gemeinsamen Punkt besitzen. Es gilt: Sind $g_1, g_2, g_3 \in M$ paarweise windschief und paarweise vom Abstand 1, so existiert ein $i \in \{1, 2, 3\}$ und hierzu eine Ebene $\alpha \supset g_i$, die die verbleibenden Geraden $g_j, g_k$ schneidet und die zur orthogonalen Transversalen $T_{jk}$ von $g_j, g_k$ parallel ist.

Beweis von (c): Angenommen, ein solches $i$ existiert nicht. Sei $d_i$ Richtungsvektor von $g_i$ für $i = 1, 2, 3$. Dann hat die Transversale $T_{ij}$ für $i \neq j$ offenbar das Vektorprodukt $d_i \times d_j$ als Richtungsvektor. Gilt $d_i \parallel d_j \times d_k$ für die verschiedenen $i, j, k$ aus $\{1, 2, 3\}$, so sind alle Ebenen durch $g_i$ parallel zu $T_{jk}$. Hierunter sind natürlich unendlich viele, die $g_j$ und $g_k$ schneiden, was nach Annahme aber nicht sein darf. Also ist stets $d_i \nparallel d_j \times d_k$ für verschiedene $i, j, k$. Damit gibt es genau eine Ebene durch $g_i$, die zu $T_{jk}$ parallel ist. Diese Ebene darf nach Annahme nicht beide Geraden $g_j, g_k$ schneiden. Schneidet sie nicht $g_j$ (bzw. $g_k$), so gilt

$$d_j \times d_k \perp d_i \times d_j \tag{2.2}$$

(bzw. $d_k \times d_j \perp d_i \times d_k$), wobei $\perp$ aufeinander Senkrechtstehen bedeutet. Bei eventueller Vertauschung von $j, k$ können wir ohne Einschränkung (2.2) annehmen. Nun war bei der letzten Betrachtung $i$ nicht gegenüber $j, k$ ausgezeichnet. Also gilt entsprechend, wenn wir $i, j, k$ nacheinander durch $j, k, i$ ersetzen, auch

$$d_k \times d_i \perp d_j \times d_k \tag{2.3}$$

bzw.

$$d_i \times d_k \perp d_j \times d_i. \tag{2.4}$$

(2.2) und (2.3) ergeben aber
$$d_i \parallel d_j \times d_k,$$
was nicht sein durfte, und (2.2) und (2.4) ergeben
$$d_k \parallel d_i \times d_j,$$
was ebenfalls nicht sein durfte. Damit gilt (c).

(d) Sind drei Geraden aus $M$ gegeben, die paarweise windschief und paarweise vom Abstand 1 sein sollen, so können sie nach (c) mit $g_1, g_2, g_3$ so bezeichnet werden, daß eine Ebene $\alpha \supset g_3$ existiert, die $g_1$ und $g_2$ schneidet und die zu $T_{12}$ parallel ist. Sei $\beta$ eine zu $\alpha$ parallele Ebene, die Abstand 1 von $\alpha$ hat und die weiter von $T_{12}$ entfernt ist als die Ebene $\alpha$: Im Falle $T_{12} \not\subset \alpha$ möge $\alpha$ zwischen $T_{12}$ und $\beta$ liegen (s. beigefügtes Bild, wobei längs $T_{12}$ in eine zu $T_{12}$ senkrechte Abbildungsebene projiziert wurde). Wir betrachten nun auch die Zylinder $\hat{g}_1$ und $\hat{g}_2$, die $\alpha$ und $\beta$ in den Ellipsen $E_1, E_2, \overline{E}_1, \overline{E}_2$ schneiden. Natürlich ist $E_1$

zu $\overline{E}_1$ kongruent und auch $E_2$ zu $\overline{E}_2$, wenn die Bezeichnungen wie in beigefügter Figur verwendet werden. In $\alpha$ bzw. $\beta$ stellen sich die Ellipsen nun so dar, wie es die angegebenen Figuren verdeutlichen.

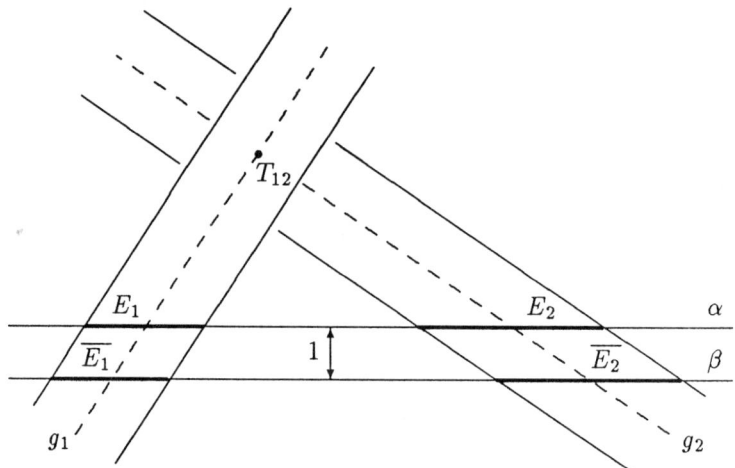

Die längeren Hauptachsen der Ellipsen sind, soweit diese nicht Kreise sind, alle parallel. Dasselbe gilt dann auch für die kürzeren Hauptachsen. Die „vertikale" Komponente des Verbindungsvektors der Mittelpunkte $M_1, M_2$ von $E_1, E_2$ hat die Länge 1 (Entsprechendes gilt für $\overline{E}_1, \overline{E}_2$). Die „horizontalen" Komponenten sind verschieden lang, da $\alpha$ näher bei $T_{12}$ liegt als $\beta$. Also können die Verbindungsgeraden von $M_1, M_2$ bzw. $\overline{M}_1, \overline{M}_2$ nicht zueinander parallel sein. Die Gerade $g_3$ in $\alpha$ ist Tangente an $E_1$ und $E_2$, da sie von $g_i\,(i=1,2)$ Abstand 1 hat.

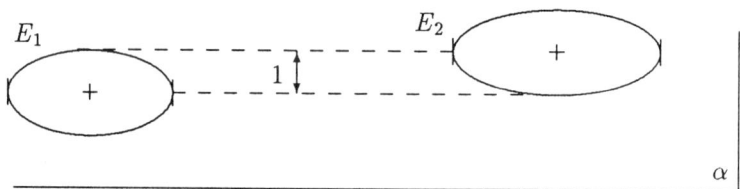

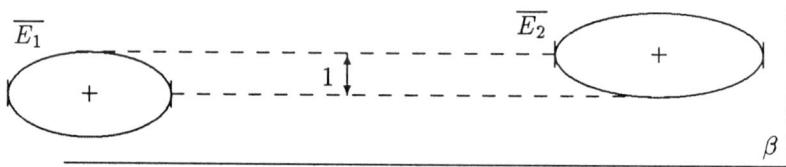

Die Frage, die wir uns nun stellen wollen, lautet: Gibt es eine Gerade $g_4 \subset \beta$, die nicht parallel zu $g_3$ und die Tangente an $\overline{E}_1$ und $\overline{E}_2$ ist? Ist die Antwort auf diese Frage bejahend, so hat offenbar $g_4$ von allen Geraden $g_1, g_2, g_3$ Abstand

1. — Haben $\overline{E}_1$ und $\overline{E}_2$ zwei nicht parallele Tangenten gemeinsam, so nehme man eine hiervon als $g_4$, sofern diese nicht parallel zu $g_3$ ist. Haben andererseits $\overline{E}_1$ und $\overline{E}_2$ nur parallele Tangenten gemeinsam, so ist die Tangentenrichtung die Richtung der Verbindungsgeraden der Mittelpunkte $\overline{M}_1, \overline{M}_2$ von $\overline{E}_1, \overline{E}_2$; außerdem überlappen sich $\overline{E}_1, \overline{E}_2$, und sie sind kongruent. Dann sind auch $E_1, E_2$ kongruent. Da $\alpha$ näher an $T_{12}$ liegt als $\beta$, überlappen sich auch $E_1, E_2$ in wenigstens zwei Punkten, so daß die gemeinsamen Tangenten von $E_1, E_2$ parallele Richtung haben und damit die Richtung der Verbindungsgeraden von $M_1, M_2$. Die Gerade $g_3$ ist eine solche gemeinsame Tangente. Nach früher Gesagtem stimmen die Richtungen der Geraden $M_1, M_2$ bzw. $\overline{M}_1, \overline{M}_2$ nicht überein. Folglich kann ein gesuchtes $g_4$ als gemeinsame Tangente von $\overline{E}_1, \overline{E}_2$ genommen werden.

(e) Seien $a, b, c$ Geraden, die paarweise den Abstand 1 besitzen. Dann und nur dann gilt $a \parallel b \parallel c$, wenn es keine Gerade $g$ gibt, die von allen Geraden $a, b, c$ Abstand 1 hat.

Beweis von (e): Zu $a \parallel b \parallel c$ gibt es offenbar keine beschriebene Gerade $g$. Gelte nun umgekehrt $a \parallel b \parallel c$ nicht. Wir haben dann die Existenz einer Geraden $g$ nachzuweisen, die von $a, b, c$ Abstand 1 hat. Sind zwei der Geraden parallel, so findet man leicht ein gesuchtes $g$: Ist $a \parallel b \nparallel c$, so wähle man $g$ parallel zu $c$ und vom Abstand 1 von $c$ in der Ebene durch $c$, die parallel zu $a, b$ ist. — Sind schließlich $a, b, c$ paarweise nicht parallel, so ist nach (d) die Existenz von $g$ gesichert.

(f) Ist $\pi$ Element von $\Delta$, sind $a, b \in M$ Geraden, so gilt $a \parallel b$ genau dann, wenn $\pi(a) \parallel \pi(b)$ ist.

Beweis von (f): Wir brauchen nur zu zeigen, daß $\pi(a) \parallel \pi(b)$ aus $a \parallel b$ folgt, da $\pi^{-1}$ auch Element der Plückergruppe ist. Haben $a, b$ Abstand 1, so nehmen wir eine Gerade $c \parallel a \parallel b$ derart, daß $c, a, b$ paarweise Abstand 1 haben. Nach (e) gibt es dann keine Gerade $g$, die von $a, b, c$ Abstand 1 hat. Also gibt es keine Gerade $h$, die von allen Geraden $\pi(a), \pi(b), \pi(c)$ Abstand 1 hat. Also sind nach (e) $\pi(a), \pi(b), \pi(c)$ parallel. Haben $a \parallel b$ nicht Abstand 1, so wählen wir Geraden $c_1, \ldots, c_r$ mit $r \in \mathbb{N}$, mit

$$a \parallel c_1 \parallel c_2 \parallel \ldots \parallel c_r \parallel b$$

und derart, daß alle Paare

$$a, c_1; \quad c_1, c_2; \quad \ldots; \quad c_r, b$$

Abstand 1 besitzen. Also folgt

$$\pi(a) \parallel \pi(c_1) \parallel \pi(c_2) \parallel \ldots \parallel \pi(c_r) \parallel \pi(b).$$

(g) Die Geraden $g, h \in M$ schneiden sich genau dann, wenn sich $\pi(g), \pi(h)$ schneiden.

Beweis von (g): Wiederum zeigen wir nur eine Richtung dieser Behauptung, nämlich daß

$$\pi(g) \cap \pi(h) \neq \emptyset \text{ aus } g \cap h \neq \emptyset$$

folgt. Wir beachten zunächst: Die Geraden $g \neq h$ liegen genau dann gemeinsam in einer Ebene, wenn es Geraden $a \parallel b$ vom Abstand 1 gibt mit

(i) $a, b$ haben beide von $g$ und $h$ den Abstand 1 mit $g \nparallel a \nparallel h$

(ii) Jede Gerade $c \parallel a$, die von $g$ Abstand 1 hat, hat auch von $h$ Abstand 1.

Mit diesem Sachverhalt schließen wir nun so: Schneiden sich $g \neq h$, so gibt es beschriebene Geraden $a, b$. Zu $\pi(g) \neq \pi(h)$ haben dann $\pi(a) \parallel \pi(b)$ die entsprechenden Eigenschaften zu (i) und (ii). Damit liegen $\pi(g), \pi(h)$ gemeinsam in einer Ebene. Wegen $g \nparallel h$ ist $\pi(g) \nparallel \pi(h)$, und also schneiden sich $\pi(g), \pi(h)$.

(h) In Abschnitt 5.3 zeigen wir, daß eine Bijektion $\delta$ von $M$, die in beiden Richtungen sich schneidende Geraden in sich schneidende Geraden überführt, Kollineation von $\mathbb{R}^3$ ist. Also ist die Abbildung $\pi$ von (g) Kollineation

$$\delta(x) = xA + t.$$

Die Geraden

$$p = \{(x,0,0) \mid x \in \mathbb{R}\} =: (\mathbb{R}, 0, 0),$$

$$q = (\mathbb{R}, 1, 0), \qquad r = \left(\mathbb{R}, \frac{1}{2}, \frac{\sqrt{3}}{2}\right)$$

haben paarweise den Abstand 1. Damit haben auch die parallelen Geraden

$$\delta(p), \delta(q), \delta(r)$$

paarweise den Abstand 1. Sei $\rho$ kongruente Abbildung des $\mathbb{R}^3$ mit

$$\rho\delta(h) = h \text{ für } h \in \{p, q, r\}.$$

Dann gilt

$$\rho\delta(x) = x \cdot \begin{pmatrix} a_{11} & 0 & 0 \\ a_{21} & 1 & 0 \\ a_{31} & 0 & 1 \end{pmatrix} + (t_1 \ 0 \ 0).$$

Auch $\rho\delta$ erhält den Geradenabstand 1, da $\rho$ alle Geradenabstände ungeändert läßt. Die $\rho\delta$–Bilder von $(0, \mathbb{R}, 0)$, $(1, \mathbb{R}, 0)$, $\left(\frac{1}{2}, \mathbb{R}, \frac{\sqrt{3}}{2}\right)$ haben also paarweise den Abstand 1. Dies ergibt

$$a_{11}^2 = 1 + a_{21}^2 \text{ und } a_{31} = 0.$$

Auch die $\rho\delta$–Bilder von $(0, 0, \mathbb{R})$, $(1, 0, \mathbb{R})$, $\left(\frac{1}{2}, \frac{\sqrt{3}}{2}, \mathbb{R}\right)$ haben paarweise den Abstand 1. Also ist

$$a_{11}^2 = 1, \quad \text{d.h. } a_{21} = 0.$$

Damit muß $\rho\delta$ kongruente Abbildung $\sigma$ sein. Also ist $\delta = \rho^{-1}\sigma$ selbst kongruente Abbildung des $\mathbb{R}^3$.

(i) Jedes Element $\pi$ der Plückergruppe $\Delta$ von $M_{(1)}$ ist also kongruente Abbildung des $\mathbb{R}^3$. Vice versa gehört jede kongruente Abbildung von $\mathbb{R}^3$ zu $\Delta$, da sie Geradenabstand 1 erhält. $\qquad\square$

# 5.3 Der Fall $k = 0$

In diesem Abschnitt wollen wir den $n$–dimensionalen Fall mit einbeziehen. Es soll der folgende Satz bewiesen werden.

**Satz:** *Ist $\pi$ eine Bijektion der Menge $M^n$ der Geraden des $\mathbb{R}^n$ ($n \in \mathbb{N}\setminus\{1, 2\}$), die in beiden Richtungen sich schneidende Geraden in sich schneidende Geraden überführt, so ist $\pi$ Kollineation des $\mathbb{R}^n$.*

**Bemerkung:** Für $n = 2$ gilt der Satz nicht. Vertauscht man nämlich die Geraden $(0, \mathbb{R})$, $(1, \mathbb{R})$ und hält jede andere Gerade des $\mathbb{R}^2$ fest, so liegt natürlich keine Kollineation vor. Auch der Satz von June Lester von Abschnitt 2 gilt nicht im $\mathbb{R}^2$: Überführe $(z, \mathbb{R})$ in $(z + 1, \mathbb{R})$ für jedes $z \in \mathbb{Z}$ und halte jede andere Gerade des $\mathbb{R}^2$ fest. Dann wird zwar der Geradenabstand 1 erhalten, es liegt aber keine kongruente Abbildung vor. — Dem Leser sei empfohlen, den Beweis unseres obigen Satzes (s. A.3.1) soweit wie möglich auf den Körperfall zu übertragen.

$M_{(0)}^n$ sei der folgende Plückerraum: Zwei Geraden aus $M^n$ sollen genau dann verwandt heißen, wenn sie sich schneiden, d.h. in anderen Worten, wenn sie den Abstand 0 haben.

Es geht dann um die folgende Aussage:

**A.3.1:** *Die Plückergruppe von $M_{(0)}^n$, $n \geq 3$, ist die Gruppe der Kollineationen des $\mathbb{R}^n$.*

**Beweis:** Jede Kollineation des $\mathbb{R}^n$ ist natürlich Plückertransformation von $M_{(0)}^n$. Sei nun umgekehrt $\pi$ eine Plückertransformation von $M_{(0)}^n$.

(a) Aus $g, h \in M^n$ mit $g \neq h$ und $g \parallel h$ folgt $\pi(g) \parallel \pi(h)$.

Beweis von (a): Angenommen, $\pi(g) \nparallel \pi(h)$. Es schneiden sich $\pi(g), \pi(h)$ nicht, da sich $g, h$ nicht schneiden.

Wir führen nun noch Geraden $a, b, d_1, d_2$ gemäß beigefügter Figur ein: $d_1, d_2$

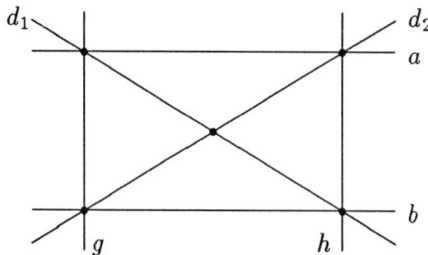

seien die Diagonalen im Rechteck $g, a, h, b$. Da sich $g \neq b$ schneiden, so auch $\pi(g) \neq \pi(b)$. Die Gerade $\pi(h)$ schneidet nicht $\pi(g)$, ist auch nicht zu $\pi(g)$ parallel, sie schneidet aber $\pi(b)$. Da $a$ die Gerade $b$ nicht schneidet, gilt Entsprechendes für $\pi(a), \pi(b)$.

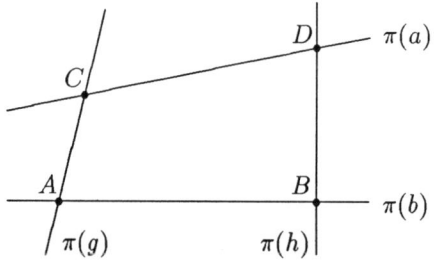

Die eingezeichneten Punkte $A, B, C, D$ sind paarweise verschieden. $A, B, C$ liegen nicht gemeinsam auf einer Geraden, und $D$ liegt nicht in der durch $A, B, C$ aufgespannten Ebene. Jetzt gibt es aber zwei verschiedene Geraden $\pi(d_1), \pi(d_2)$, die sich schneiden und die alle Geraden $\pi(g), \pi(a), \pi(h), \pi(b)$ schneiden: Enthält $\pi(d_i)$ keinen der Punkte $A, B, C, D$, so liegt sie sowohl in der Ebene $ABC$ als auch in der Ebene $BCD$, wäre also die Gerade $BC$, was nicht geht. Also enthält $\pi(d_i)$ wenigstens einen der Punkte, sagen wir $A$. Dann gilt $B, C \notin \pi(d_i)$, da sonst $\pi(d_i) \in \{\pi(b), \pi(g)\}$ sein müßte. Wäre nun auch noch $D \notin \pi(d_i)$, so läge $\pi(d_i)$ in der Ebene $BCD$, was wegen $A \in \pi(d_i)$ nicht geht. Also ist in diesem Falle $\pi(d_i)$ die Gerade $AD$. Wir erhalten $\{\pi(d_1), \pi(d_2)\} = \{AD, BC\}$. Die Geraden $AD, BC$ haben aber keinen Schnittpunkt gemeinsam.

Da $\pi^{-1}$ auch Element der Plückergruppe ist, gilt also $g \parallel h$ genau dann, wenn $\pi(g) \parallel \pi(h)$ ist.

(b) Ist $p \in \mathbb{R}^n$, so gibt es genau ein $p' \in \mathbb{R}^n$ mit

$$g \ni p \Leftrightarrow \pi(g) \ni p'$$

für alle $g \in M^n$.

Beweis von (b): Seien $a, b, c$ Geraden durch $p$, die nicht gemeinsam in einer Ebene liegen. Da sich $a \neq b$ schneiden, so auch $\pi(a) \neq \pi(b)$. Sei $\{p'\} :=$ $\pi(a) \cap \pi(b)$. Gilt $p' \notin \pi(c)$, so schneidet $\pi(c)$ die Geraden $\pi(a), \pi(b)$ in Punkten

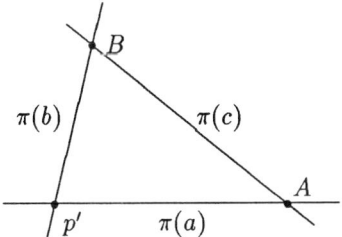

$A, B$ derart, daß $p', A, B$ nicht kollinear liegen. In der Ebene $p'AB$ nehmen wir zwei parallele Geraden $g \neq h$, die nicht zu $\pi(a), \pi(b)$ oder $\pi(c)$ parallel sind. Beide Geraden $g, h$ schneiden also $\pi(a)$ usf. Hiermit und mit $\pi^{-1}(g) \parallel \pi^{-1}(h)$ liegen also $a, b, c$ in der durch $\pi^{-1}(g), \pi^{-1}(h)$ aufgespannten Ebene, was nicht sein darf, da $a, b, c$ nicht gemeinsam in einer Ebene liegen sollten. — Also gilt $p' \in \pi(c)$. Sei nun $g$ beliebige Gerade durch $p$. Liegt sie nicht in der Ebene $a, b$, so ist also $p' \in \pi(g)$. Liegt sie in der Ebene $a, b$ mit $g \neq a$, so liegen $a, g, c$ nicht gemeinsam in einer Ebene und $\pi(g)$ enthält $\pi(a) \cap \pi(c) = \{p'\}$. Also folgt aus $p \in g$ stets $p' \in \pi(g)$. Da $\pi^{-1}$ auch zur Plückergruppe gehört, folgt umgekehrt aus $p' \in \pi(g)$ auch $p \in g$.

(c) Die Abbildung $p \mapsto p'$ ist eine injektive Abbildung des $\mathbb{R}^n$, die Geraden auf Geraden abbildet.

Beweis von (c): Statt $p'$ für $p \in \mathbb{R}^n$ schreiben wir $f(p)$. Aus $p \in g$ folgt also $f(p) \in \pi(g)$ und umgekehrt. D.h. es ist

$$f(g) := \{f(p) \mid p \in g\} = \pi(g).$$

Die Abbildung $f : \mathbb{R}^n \to \mathbb{R}^n$ bildet also Geraden auf Geraden ab. Sie ist auch injektiv. Angenommen für $x \neq y$ aus $\mathbb{R}^n$ gilt $f(x) = f(y) =: z$. Sei $P \in \mathbb{R}^n$ nicht auf der Verbindungsgeraden von $x, y$. Die Bilder der Geraden $Px, Py$ enthalten dann $z$. Wegen

$$P \in Px \cap Py \text{ gilt } f(P) \in f(Px) \cap f(Py) = \{z\}.$$

Mit Punkten außerhalb der Geraden $xy$ läßt sich auch $f(P) = z$ für $P \in xy$ zeigen. Also müßten alle Geraden $\pi(g)$ den Punkt $z$ enthalten.

(d) Nach A.3.1 von Kapitel 3 ist $f$ bijektive Kollineation, wenn wir noch gezeigt haben, daß $f(\mathrm{I\!R}^n)$ nicht in einer Hyperebene liegt. Ist aber $H$ Hyperebene des $\mathrm{I\!R}^n$ und ist $q \in \mathrm{I\!R}^n \backslash H$, so betrachten wir Geraden $a \neq b$ durch $q$. Dann schneiden sich $\pi^{-1}(a), \pi^{-1}(b)$; der Schnittpunkt heiße $p$. Dann gilt aber doch $f(p) = q$ nach unserer Konstruktion $p \mapsto p'$. $\qquad\square$

**Bemerkung:** In Abschnitt 2 zeigten wir die Isomorphie der Plückerräume $M_{(1)}$ und $M_{(k)}$ für $k > 0$. Der Plückerraum $M_{(0)}$ ist nicht zu $M_{(1)}$ isomorph, da sonst die zugehörigen Plückergruppen isomorph sein müßten. Aber die Gruppe der kongruenten Abbildungen des $\mathrm{I\!R}^3$ ist nicht isomorph zur Gruppe der bijektiven affinen Abbildungen des $\mathrm{I\!R}^3$: Jede kongruente Abbildung kann als Produkt von Involutionen geschrieben werden, nicht aber jede affine Abbildung, da Involutionen nur Determinante $\pm 1$ haben können.

## 5.4   Plückerquadrik

Sei $\Pi^3(K)$ der dreidimensionale projektive Raum über dem kommutativen Körper $K$, wobei $1 + 1 \neq 0$ vorausgesetzt werde. Ist $g$ eine Gerade von $\Pi^3(K)$, so definieren wir ihre sogenannten Linienkoordinaten: Sind

$$\begin{aligned} P &= K(p_1, p_2, p_3, p_4), \\ Q &= K(q_1, q_2, q_3, q_4) \end{aligned}$$

verschiedene Punkte von $g$, so ordnen wir $g$ in $\Pi^5(K)$ den Punkt

$$T(g) := K(r_{12}, r_{13}, r_{14}, r_{34}, r_{42}, r_{23}) \tag{4.1}$$

zu. Dabei ist gesetzt

$$r_{ij} := \begin{vmatrix} p_i & p_j \\ q_i & q_j \end{vmatrix}.$$

Es heißen (4.1) auch Linienkoordinaten von $g$. Wegen $P \neq Q$ hat die Matrix

$$\begin{pmatrix} p_1 & p_2 & p_3 & p_4 \\ q_1 & q_2 & q_3 & q_4 \end{pmatrix}$$

den Rang 2. Es können also nicht alle Komponenten von (4.1) verschwinden, so daß $T(g)$ wirklich ein Punkt von $\Pi^5(K)$ ist. Es stellt sich die Frage, wie sich (4.1) verändert, wenn wir von anderen Punkten als $P, Q$ von $g$ ausgehen. Seien also $\alpha, \beta, \gamma, \delta$ Elemente aus $K$ mit

$$\lambda := \begin{vmatrix} \alpha & \beta \\ \gamma & \delta \end{vmatrix} \neq 0,$$

und seien
$$R = K(\alpha p_1 + \beta q_1, \ldots, \alpha p_4 + \beta q_4),$$
$$S = K(\gamma p_1 + \delta q_1, \ldots, \gamma p_4 + \delta q_4)$$
diese neuen Punkte. Der entsprechende Ausdruck zu (4.1) für $R, S$ ist dann

$$K(\lambda r_{12}, \lambda r_{13}, \lambda r_{14}, \lambda r_{34}, \lambda r_{42}, \lambda r_{23}),$$

also wieder $T(g)$. Die Linienkoordinaten von $g$ sind also von der Auswahl der Punkte $P \neq Q$ von $g$ unabhängig. Entwickeln wir

$$\begin{vmatrix} p_1 & p_2 & p_3 & p_4 \\ q_1 & q_2 & q_3 & q_4 \\ p_1 & p_2 & p_3 & p_4 \\ q_1 & q_2 & q_3 & q_4 \end{vmatrix} = 0$$

nach dem Laplaceschen Determinantensatz nach den beiden ersten Zeilen, so erhalten wir

$$r_{12}r_{34} + r_{13}r_{42} + r_{14}r_{23} + r_{23}r_{14} + r_{42}r_{13} + r_{34}r_{12} = 0,$$

d.h.

$$r_{12}r_{34} + r_{13}r_{42} + r_{14}r_{23} = 0. \tag{4.2}$$

**Bemerkung**: Die benutzte Formel nach dem Laplaceschen Determinantensatz, die leicht zu verifizieren ist, lautet

$$\begin{vmatrix} a_{11} & a_{12} & a_{13} & a_{14} \\ a_{21} & a_{22} & a_{23} & a_{24} \\ a_{31} & a_{32} & a_{33} & a_{34} \\ a_{41} & a_{42} & a_{43} & a_{44} \end{vmatrix} =$$

$$\begin{vmatrix} a_{11} & a_{12} \\ a_{21} & a_{22} \end{vmatrix} \cdot \begin{vmatrix} a_{33} & a_{34} \\ a_{43} & a_{44} \end{vmatrix} - \begin{vmatrix} a_{11} & a_{13} \\ a_{21} & a_{23} \end{vmatrix} \cdot \begin{vmatrix} a_{32} & a_{34} \\ a_{42} & a_{44} \end{vmatrix}$$

$$+ \begin{vmatrix} a_{11} & a_{14} \\ a_{21} & a_{24} \end{vmatrix} \cdot \begin{vmatrix} a_{32} & a_{33} \\ a_{42} & a_{43} \end{vmatrix} + \begin{vmatrix} a_{12} & a_{13} \\ a_{22} & a_{23} \end{vmatrix} \cdot \begin{vmatrix} a_{31} & a_{34} \\ a_{41} & a_{44} \end{vmatrix}$$

$$- \begin{vmatrix} a_{12} & a_{14} \\ a_{22} & a_{24} \end{vmatrix} \cdot \begin{vmatrix} a_{31} & a_{33} \\ a_{41} & a_{43} \end{vmatrix} + \begin{vmatrix} a_{13} & a_{14} \\ a_{23} & a_{24} \end{vmatrix} \cdot \begin{vmatrix} a_{31} & a_{32} \\ a_{41} & a_{42} \end{vmatrix}$$

Wir zeigen nun

**A.4.1**: *Die Abbildung $T$ ist eine Bijektion zwischen der Menge der Geraden des $\Pi^3(K)$ und der Menge der Punkte $K(x_1, \ldots, x_6)$ der sogenannten Plückerquadrik*

$$x_1 x_4 + x_2 x_5 + x_3 x_6 = 0 \tag{4.3}$$

*des* $\Pi^5(K)$. *Zwei Geraden des* $\Pi^3(K)$ *schneiden sich genau dann, wenn ihre T-Bilder bezüglich der Plückerquadrik konjugiert sind.*

**Beweis:** (a) Sei $Kx$ ein Punkt des $\Pi^5(K)$, der (4.3) genügt. Eine der Komponenten $x_1, \ldots, x_6$ von $x$ ist dann verschieden von 0. Wir beachten für zu findende Punkte $Kp, Kq$ die Gleichungen

$$\rho x_1 = \begin{vmatrix} p_1 & p_2 \\ q_1 & q_2 \end{vmatrix}, \quad \rho x_2 = \begin{vmatrix} p_1 & p_3 \\ q_1 & q_3 \end{vmatrix}, \quad \rho x_3 = \begin{vmatrix} p_1 & p_4 \\ q_1 & q_4 \end{vmatrix},$$

$$\rho x_4 = \begin{vmatrix} p_3 & p_4 \\ q_3 & q_4 \end{vmatrix}, \quad \rho x_5 = \begin{vmatrix} p_4 & p_2 \\ q_4 & q_2 \end{vmatrix}, \quad \rho x_6 = \begin{vmatrix} p_2 & p_3 \\ q_2 & q_3 \end{vmatrix} \tag{4.4}$$

mit passendem $\rho \neq 0$ aus $K$.

Ist nun

$$0 \neq x_i = \begin{vmatrix} p_j & p_k \\ q_j & q_k \end{vmatrix},$$

so sind für uns die Indizes $j, k$ wichtig: Was wir jetzt für $i = 1$ (und damit für $j = 1$, $k = 2$) vorstellen, kann für jedes andere $i = 2, \ldots, 6$ durchgeführt werden. Nehmen wir also nun $x_1 \neq 0$ an, und nehmen wir an, daß es eine Gerade $g$ des $\Pi^3(K)$ gibt mit $T(g) = Kx$. Eine solche Gerade $g$ kann nicht die Schnittgerade der Ebenen $\xi_j = 0$ und $\xi_k = 0$ von $\Pi^3(K)$ treffen ($j = 1$ und $k = 2$), da sonst ein Schnittpunkt $R(0, 0, r_3, r_4)$ dieser Ebenen der Definition der Linienkoordinaten zugrundegelegt werden könnte, was $x_1 = 0$ ergäbe. Nun trifft aber $g$ die Ebenen $\xi_j = 0$ und $\xi_k = 0$, und damit in verschiedenen Punkten

$$P = K(0, p_2, p_3, p_4), \quad Q = K(q_1, 0, q_3, q_4)$$

mit also $p_2 \cdot q_1 \neq 0$. Die Gleichungen (4.4) führen dann auf (beachte (4.3))

$$P = K(0, x_1, x_2, x_3), \quad Q = K(x_1, 0, -x_6, x_5).$$

Wenn es also überhaupt eine Gerade $g$ mit $T(g) = Kx$ gibt, so muß es die Verbindungsgerade der Punkte $P, Q$ sein. Man bestätigt aber umgekehrt sofort, daß $Kx$ die Linienkoordinaten dieser Verbindungsgeraden sind.

(b) Zwei Punkte $Kx, Ky$ der Plückerquadrik sind genau dann konjugiert, wenn

$$(y_1 x_4 + x_1 y_4) + (y_2 x_5 + x_2 y_5) + (y_3 x_6 + x_3 y_6) = 0 \tag{4.5}$$

gilt. Seien nun $g, h$ Geraden des $\Pi^3(K)$. Gelte $g \cap h \neq 0$. Seien $Kp \neq Kq$ und $Kp \neq Kr$ Punkte des $\Pi^3(K)$ mit $Kp, Kq \in g$ und $Kp, Kr \in h$. Setzen wir $T(g) =: Kx$ und $T(h) := Ky$ und entwickeln wir

$$\begin{vmatrix} p_1 & p_2 & p_3 & p_4 \\ q_1 & q_2 & q_3 & q_4 \\ p_1 & p_2 & p_3 & p_4 \\ r_1 & r_2 & r_3 & r_4 \end{vmatrix} = 0$$

nach den ersten beiden Zeilen nach dem Laplaceschen Determinantensatz, so
erhalten wir (4.5).

(c) Seien umgekehrt $g, h$ Geraden des $\Pi^3(K)$ mit $T(g) =: Kx, T(g) =: Ky$, für
die (4.5) gilt. Angenommen, $g \cap h = \emptyset$. Seien $Kp \neq Kq$ Punkte von $g$ und
$Kr \neq Ks$ Punkte von $h$. Die Gleichung (4.5) ergibt dann

$$\begin{vmatrix} p_1 & p_2 & p_3 & p_4 \\ q_1 & q_2 & q_3 & q_4 \\ r_1 & r_2 & r_3 & r_4 \\ s_1 & s_2 & s_3 & s_4 \end{vmatrix} = 0.$$

Dies besagt, daß $Ks$ in der Ebene $E$ liegt, die von $Kp, Kq, Kr$ aufgespannt
wird. Dann liegen aber $g, h$ in dieser Ebene $E$, was wegen $g \cap h = \emptyset$ nicht
stimmt.                                                                      □

Bemerkung: Entsprechend zum Abschnitt 3 dieses Kapitels könnte jetzt auch
die Plückergruppe zum Plückerraum, der aus den Geraden von $\Pi^3(K)$ besteht
und für den $g - h$ bedeutet, daß sich $g, h$ schneiden, bestimmt werden. Wir
merken dazu an, daß neben den Kollineationen von $\Pi^3(K)$ jetzt offenbar auch
die Dualitäten von $\Pi^3(K)$ Plückertransformationen sind. Weitere gibt es im
Falle $K = \mathbb{R}$ nicht. Zur Plücker- (und auch Laguerre-, Lie-)Geometrie s. auch
O. Giering [1].

## 5.5   Geraden–Kugel–Abbildung von Lie

Setzen wir

$$x_1 =: y_1 + y_0; \quad x_2 =: y_2 + y_4; \quad x_3 =: y_3 + y_5$$
$$x_4 =: y_1 - y_0; \quad x_5 =: y_2 - y_4; \quad x_6 =: y_3 - y_5,$$

so erhalten wir anstelle von (4.3)

$$-y_0^2 + y_1^2 + y_2^2 + y_3^2 - y_4^2 - y_5^2 = 0. \tag{5.1}$$

Dabei geht es also um alle Punkte $Ky$ des $\Pi^5(K)$, die (5.1) genügen. Hier fällt
nun die strukturelle Ähnlichkeit zur Liequadrik (8.4), Kapitel 4 (dort $n = 3$),
auf. Ist -1 ein Quadrat in $K$, so lassen sich (5.1) und (8.4), Kapitel 4 (jetzt $K$
statt $\mathbb{R}$) linear ineinander überführen. Das ist nach dem Trägheitssatz im Falle
$K = \mathbb{R}$ nicht möglich. Sophus Lie hat seine dreidimensionale Liegeometrie im
Komplexen zur Liniengeometrie Plückers durch die Abbildung

$$y_k = x_k \ (\text{für } k = 1, 2, 3, 5), \quad y_4 = x_4 \cdot \sqrt{-1}$$

in Beziehung gesetzt, die sich auch im Falle $K = \mathbb{R}$ als nützlich erweist (s. W. Blaschke [2], §54).

**Bemerkung**: Der Leser überlege sich, ob im Reellen die Plückerräume, die durch Plückerquadrik (s. A.4.1 und Bemerkung von Abschnitt 4) und Liequadrik im $\Pi^5$ induziert werden, isomorph sein können.

Die Geraden–Kugel–Abbildung von Sophus Lie vermittelt im reellen Falle keine Bijektion zwischen der Menge der Liezykel der dreidimensionalen Liegeometrie und der Menge der Geraden des $\Pi^3(\mathbb{R})$. In Abschnitt 10 des Kapitels 4 haben wir eine Bijektion zwischen der Menge der Liezykel der $n$–dimensionalen Liegeometrie und der Menge der Punkte der $(n+1)$–dimensionalen Minkowskischen Kugelgeometrie angegeben. In ähnlicher Weise läßt sich eine Bijektion zwischen der Menge der Geraden der Plückerschen Liniengeometrie, d.i. die Menge der Geraden des $\Pi^3(\mathbb{R})$, und der Menge der Punkte der 4–dimensionalen Plückerschen Kugelgeometrie herstellen. Die Punkte

$$\mathbb{R}(\xi_0, \xi_1, \ldots, \xi_5)$$

dieser letzteren Geometrie (s. Abschnitt 5, Kapitel 3) — im projektiven Raum $\Pi^5(\mathbb{R})$ interpretiert — sind dann nach (5.1), Kapitel 3, die Lösungen von

$$-\xi_0^2 + \xi_1^2 + \xi_2^2 - \xi_3^2 - \xi_4^2 + \xi_5^2 = 0. \tag{5.2}$$

Neben (5.2) betrachte man noch die Plückerquadrik in der Gestalt (5.1). Die folgende Bijektion des $\Pi^5(\mathbb{R})$,

$$\tau[\mathbb{R}(\xi)] := \mathbb{R}(y)$$

mit

$$y_k = \xi_k \ (k = 0, 1, 2); \quad y_3 = \xi_5; \quad y_4 = \xi_3; \quad y_5 = \xi_4, \tag{5.3}$$

verknüpft dann tatsächlich die Menge der Punkte der 4–dimensionalen Plückerschen Kugelgeometrie mit der Menge der Geraden der Plückerschen Liniengeometrie in bijektiver Weise. Eine genauere Analyse dieser Bijektion analog zum Satz A.10.1 des Kapitels 4 übergehen wir hier. Wir betonen jedoch, daß die Geraden–Kugel–Abbildung (5.3) an die Seite der entsprechenden Abbildung von Sophus Lie tritt.

# 5.6   Orthogonalitätstreue Permutationen

In diesem Abschnitt wird auch eine Plückergruppe zur Sprache kommen, die trotz Vorgabe einer benignen geometrischen Struktur pathologische Züge aufweist. — Wie schon in Abschnitt 3 dieses Kapitels bezeichne $M^n$ die Menge aller Geraden des $\mathbb{R}^n$. Die verschiedenen Elemente $g, h \in M^n$ nennen wir verwandt, wenn sie sich schneiden und wenn sie aufeinander senkrecht stehen. Außerdem werde $g - g$ gesetzt für alle $g \in M^n$. Der entstehende Plückerraum sei mit $M_\perp^n$ bezeichnet. Im Falle $n = 1$ besteht die Plückergruppe aus einem einzigen Element. In den Fällen $n \in \{2, 3\}$ überführt eine Plückertransformation $\pi$ parallele Geraden $g \neq h$ in parallele Geraden: Dies folgt aus der Tatsache, daß $g \parallel h$ für $g \neq h$ genau dann gilt, wenn es zwei verschiedene Geraden in $M^n$ gibt, die zu $g$ und $h$ verwandt sind. Sei $n = 2$ und sei $\alpha$ eine Bijektion der Menge $G_0$ der Geraden durch den Ursprung 0 des $\mathbb{R}^2$ mit

$$a \perp b \Leftrightarrow \alpha(a) \perp \alpha(b)$$

für alle $a, b \in G_0$. Für jedes $g \in G_0$ gebe man eine Bijektion

$$(g) : [g] \to [\alpha(g)]$$

des Parallelbüschels von $\mathbb{R}^2$, das $g$ enthält, auf das Parallelbüschel durch $\alpha(g)$ vor. Eine Plückertransformation $\pi$ von $M_\perp^2$ ist dann so gegeben: Zu $x \in M^2$ bestimme $g \parallel x$ mit $g \in G_0$. Setze dann $\pi(x) = (g)(x)$. Jede Plückertransformation von $M_\perp^2$ läßt sich so beschreiben.

Sei nun stets $n \geq 3$. Dann gilt

(∗) Sind $a, b, c$ paarweise orthogonale und sich schneidende Geraden, so gilt $c \supset a \cap b$.

Beweis von (∗): Es ist $|a \cap b| = |b \cap c| = |c \cap a| = 1$. Da $c$ nicht in der von $a$ und $b$ aufgespannten Ebene liegt, bedeutet $|c \cap a| = 1 = |c \cap b|$ offenbar $c \supset a \cap b$. $\square$

**A.6.1:** *Im Falle $n \geq 4$ ist die Plückergruppe $\Delta(M_\perp^n)$ von $M_\perp^n$ die Ähnlichkeitsgruppe des $\mathbb{R}^n$.*

**Beweis:** Eine Ähnlichkeitstransformation des $\mathbb{R}^n$ ist das Produkt einer Streckung und einer kongruenten Abbildung. Solche Transformationen sind also sicherlich Plückertransformationen. Sei nun umgekehrt $\pi$ eine Plückertransformation von $M_\perp^n$.

(a) Zu jedem $p \in \mathbb{R}^n$ gibt es ein $p' \in \mathbb{R}^n$ mit der folgenden Eigenschaft: Gilt $M^n \ni g \ni p$, so folgt $\pi(g) \ni p'$.

Beweis von (a): Wir nehmen Geraden $a \perp b$ mit $a \cap b = \{p\}$. Wir setzen dann $\{p'\} := \pi(a) \cap \pi(b)$. Gilt für $g \in M^n$ sowohl $p \in g$ als auch $g \perp a, b$, so haben wir $\pi(g) \perp \pi(a), \pi(b)$ und (∗) besagt $\pi(g) \supset \pi(a) \cap \pi(b) = \{p'\}$. — Wegen $n \geq 4$ gibt es $l_1, l_2 \in M^n$ derart, daß $l_1, l_2, a, b$ paarweise orthogonale Geraden durch $p$ sind. Gegeben sei nun $g \in M^n$ mit $g \ni p$. Es seien $\delta$ bzw. $\varepsilon$ die von $a, b$ bzw. $l_1, l_2$ aufgespannten Ebenen. Dann gibt es Geraden $r, s \in M^n$ mit

$$r \subset \delta, \quad s \subset \varepsilon, \quad p \in r \cap s, \quad r \perp g \perp s.$$

Außerdem folgt $r \perp s$. Wegen $l_1, l_2, s \perp a, b$ ergibt die Anfangsbetrachtung dieses Beweises offenbar nacheinander $\pi(l_1) \ni p'$, $\pi(l_2) \ni p'$ und $\pi(s) \ni p'$. Auch $r, l_1, l_2$ stehen paarweise aufeinander senkrecht, was

$$\pi(r) \supset \pi(l_1) \cap \pi(l_2) = \{p'\}$$

bedeutet. Schließlich stehen $g, r, s$ paarweise aufeinander senkrecht, was

$$\pi(g) \supset \pi(r) \cap \pi(s) = \{p'\}$$

ergibt.

(b) Mit (a) und der Tatsache, daß auch $\pi^{-1}$ Plückertransformation ist, überführt $\pi$ in beiden Richtungen sich schneidende Geraden in sich schneidende Geraden. Damit ist $\pi$ nach A.3.1 Kollineation von $\mathbb{R}^n$. Da diese Kollineation rechte Winkel erhält, ist sie Ähnlichkeitstransformation des $\mathbb{R}^n$.    □

Nun verbleibt noch der Fall $n = 3$. Auf ihn bezieht sich die Anfangsbemerkung dieses Abschnitts. Sei $d$ eine Derivation von $\mathbb{R}$.

Dies ist eine Abbildung von $\mathbb{R}$ in sich, die

$$\begin{aligned} d(x + y) &= d(x) + d(y), \\ d(xy) &= d(x) \cdot y + x \cdot d(y) \end{aligned}$$

für alle $x, y \in \mathbb{R}$ genügt. In Bemerkung 1 von Abschnitt 3.4 haben wir bereits ein nichttriviales Beispiel einer Derivation von $\mathbb{R}$ angegeben. Sei vorausgesetzt, daß $d(x)$ nicht für alle $x \in \mathbb{R}$ verschwindet. Wir wollen verifizieren, daß $d$ eine Plückertransformation $\delta$ von $M_\perp^3$ induziert: Der Geraden

$$p + \mathbb{R}a$$

des $\mathbb{R}^3$, wobei wir $a^2 = 1$ voraussetzen, sei die Gerade

$$a' \times a + p + \mathbb{R}a \tag{6.1}$$

als $\delta$–Bild zugeordnet. Dabei wurde das Vektorprodukt verwendet und

$$d(a) := a' = (a_1, a_2, a_3)' := (d(a_1), d(a_2), d(a_3))$$

gesetzt. $\delta$ ist eine bijektive Abbildung: Suchen wir zu $q + \mathbb{R}a$ mit $a^2 = 1$ alle Urbilder, so haben wir

$$a' \times a + p + \mathbb{R}a = q + \mathbb{R}a$$

nach $p$ aufzulösen. Wegen

$$p \in -a' \times a + q + \mathbb{R}a$$

existiert also ein einziges Urbild, nämlich

$$-a' \times a + q + \mathbb{R}a. \tag{6.2}$$

Seien nun zwei aufeinander senkrecht stehende Geraden gegeben, die sich in einem Punkt $p$ schneiden,

$$p + \mathbb{R}a \quad \text{und} \quad p + \mathbb{R}b \tag{6.3}$$

mit $a^2 = 1 = b^2$ und $a \perp b$. Schreibt man $a'$ und $b'$ als Linearkombination in $a, b$ und $c := a \times b$ und berücksichtigt

$$(ab)' = a'b + ab' = 0$$

wegen $ab = 0$, so erhält man

$$r := a' \times a + [(b' \times b)a]a = b' \times b + [(a' \times a)b]b.$$

Die $\delta$–Bilder von (6.3) sind also

$$r + p + \mathbb{R}a \quad \text{und} \quad r + p + \mathbb{R}b;$$

sie schneiden sich also.

Auch $x \mapsto -d(x)$ definiert eine Derivation von $\mathbb{R}$. Für $a \in \mathbb{R}^3$ schreiben wir

$$a^* := (-d(a_1), -d(a_2), -d(a_3)).$$

Der Übergang von $q + \mathbb{R}a$ zu (6.2),

$$q + \mathbb{R}a \rightarrow a^* \times a + q + \mathbb{R}a,$$

wird also wiederum durch eine Derivation induziert. Also überführt auch $\delta^{-1}$ sich orthogonal schneidende Geraden in sich orthogonal schneidende Geraden.

Die Resultate diese Abschnittes 6 finden sich allgemeiner in W. Benz, E.M. Schröder [1]. Als Spezialfall eines dortigen Satzes ergibt sich noch

**A.6.2:** *Eine Plückertransformation von $\mathbb{M}_\perp^3$ ist das Produkt einer durch eine Derivation induzierten Plückertransformation und einer Ähnlichkeitstransformation des $\mathbb{R}^3$.*

Die Menge $D$ der Derivationen von $\mathbb{R}$ bildet eine abelsche Gruppe, wenn man $d_1 + d_2$ für $d_1, d_2 \in D$ wie folgt erklärt:

$$(d_1 + d_2)(x) := d_1(x) + d_2(x)$$

für alle $x \in \mathbb{R}$. Ordnen wir nun $d \in D$ das Element $(d) \in \Delta(M_\perp^3)$,

$$(d) : p + \mathbb{R}a \mapsto d(a) \times a + p + \mathbb{R}a$$

mit $a^2 = 1$, zu, so liegt eine monomorphe (d.h. injektive und homomorphe) Abbildung vor. Zur Injektivität: Gilt für ein $d \in D$

$$d(a) \times a + p + \mathbb{R}a = p + \mathbb{R}a$$

für alle $a, p \in \mathbb{R}^3$ mit $a^2 = 1$, so folgt

$$d(a) \times a = 0,$$

d.h. $d(a) = 0$ für alle $a \in \mathbb{R}^3$ mit $a^2 = 1$ wegen

$$0 = d(1) = d(a^2) = 2d(a)a.$$

**Bemerkung:** $D$ hat die Mächtigkeit $2^{\aleph}$. Damit hat auch $\Delta(M_{\perp}^3)$ diese Mächtigkeit. Die Gruppe der Ähnlichkeiten von $\mathbb{R}^n$ hat die Mächtigkeit $\aleph$. Aus $\aleph < 2^{\aleph}$ ersieht man, daß die Plückergruppe $\Delta(M_{\perp}^3)$ unter den Plückergruppen $\Delta(M_{\perp}^n), n \geq 3$, eine Sonderrolle spielt.

# Kapitel 6

# Lorentztransformationen

## 6.1 Lorentz–Minkowski–Abstand

Gegeben sei der $\mathbb{R}^n$ mit $n \in \mathbb{N}\backslash\{1\}$. Gilt dann $x, y \in \mathbb{R}^n$ mit

$$x = (x_1, \ldots, x_n) \quad \text{und} \quad y = (y_1, \ldots, y_n),$$

so heißt

$$d(x, y) := (x_1 - y_1)^2 + \ldots + (x_{n-1} - y_{n-1})^2 - (x_n - y_n)^2$$

der *Lorentz–Minkowski–Abstand* von $x, y$. Eine Abbildung

$$f : \mathbb{R}^n \to \mathbb{R}^n$$

heißt *Lorentztransformation* des $\mathbb{R}^n$, wenn

$$d(x, y) = d(f(x), f(y))$$

für alle $x, y \in \mathbb{R}^n$ gilt. Mit Abschnitt 6 von Kapitel 2 sind die Lorentztransformationen die Isometrien des Abstandsraumes

$$(\mathbb{R}^n, \mathbb{R}, d),$$

wobei $d$ den Lorentz–Minkowski–Abstand bezeichnet. Mit Abschnitt 6 von Kapitel 2 hat die beliebige Lorentztransformation $f$ die Gestalt

$$f(x) = xL + a \qquad (1.1)$$

mit

$$LML^T = M. \qquad (1.2)$$

Hier sind

$$a = (a_1 \ldots a_n)$$

und

$$L = \begin{pmatrix} l_{11} & \cdots & l_{1n} \\ \vdots & & \vdots \\ l_{n1} & \cdots & l_{nn} \end{pmatrix} \qquad (1.3)$$

$f$ zugeordnete reelle Matrizen. Außerdem ist

$$M = \begin{pmatrix} 1 & & & 0 \\ & \ddots & & \\ & & 1 & \\ 0 & & & -1 \end{pmatrix}.$$

Die Matrix (1.3) heißt *Lorentz–Matrix* (des $\mathbb{R}^n$), wenn sie (1.2) genügt. Ist $L$ Lorentz–Matrix, so auch $L^T$:

Aus (1.2) folgt $|L|^2 = 1$ und also die Existenz von $L^{-1}$. Aus (1.2) folgt damit

$$L^T = M L^{-1} M,$$

d.h.

$$L^T M L = M L^{-1} M \cdot M L = M. \qquad (1.4)$$

Mit $L$ ist natürlich auch $L^{-1}$ Lorentz–Matrix; sind $L_1, L_2$ Lorentz–Matrizen der Gestalt (1.3), so ist auch $L_1 \cdot L_2$ Lorentz–Matrix. Die Gleichungen

$$l_{i1} l_{j1} + \ldots + l_{i,n-1}\, l_{j,n-1} - l_{in} l_{jn} = \begin{cases} 0 & i \neq j \\ 1 & \text{für} \quad i = j < n \\ -1 & i = j = n \end{cases}$$

folgen sofort aus (1.2) unter Beachtung von (1.3). Sie heißen die (zur Lorentz–Minkowski–Metrik gehörenden) Orthogonalitätsrelationen. Genauer spricht man von Zeilenorthogonalität der Matrix $L$. Aus (1.4) folgt dann auch die Spaltenorthogonalität von $L$

$$l_{1i} l_{1j} + \ldots + l_{n-1,i}\, l_{n-1,j} - l_{ni} l_{nj} = \begin{cases} 0 & i \neq j \\ 1 & \text{für} \quad i = j < n \\ -1 & i = j = n \end{cases}.$$

Schreiben wir die Zeilen der Matrix (1.3) in der Form

$$z_i := (l_{i1}, l_{i2}, \ldots, l_{in})$$

für $i = 1, \ldots, n$ und benutzen wir das zu $M$ gehörige Skalarprodukt

$$x \cdot y := x_1 y_1 + \ldots + x_{n-1} y_{n-1} - x_n y_n,$$

so schreibt sich die Zeilenorthogonalität von $L$ in der Form

$$z_i z_j = \Delta_{ij} := \left\{ \begin{array}{ccc} 0 & & i \neq j \\ 1 & \text{für} & i = j < n \\ -1 & & i = j = n \end{array} \right. . \tag{1.5}$$

Für die Spalten

$$s_i := (l_{1i}, l_{2i}, \ldots, l_{ni})$$

haben wir entsprechend die Spaltenorthogonalität

$$s_i s_j = \Delta_{ij}. \tag{1.6}$$

Ist $L$ zeilenorthogonal, so gilt offenbar (1.2). Also ist dann $L$ Lorentz-Matrix, und also ist dann $L$ auch spaltenorthogonal. Ist die Matrix (1.3) spaltenorthogonal, so gilt (1.4). Damit ist $L^T$ Lorentz-Matrix, und also ist $(L^T)^T = L$ Lorentz-Matrix. Folglich ist dann $L$ zeilenorthogonal.

**Bemerkung 1**: Ist die Matrix (1.3) Lorentz-Matrix, so gilt

$$|l_{nn}| \geq 1. \tag{1.7}$$

Verwenden wir nämlich (1.5) für $i = j = n$, so folgt

$$l_{nn}^2 = 1 + l_{n1}^2 + \ldots + l_{n,n-1}^2 \geq 1.$$

**Bemerkung 2**: Ist die Matrix (1.3) Lorentz-Matrix, so gilt

$$L^{-1} = M L^T M = \left( \begin{array}{ccccc} l_{11} & l_{21} & \cdots & l_{n-1,1} & -l_{n1} \\ \vdots & \vdots & & \vdots & \vdots \\ l_{1,n-1} & l_{2,n-1} & \cdots & l_{n-1,n-1} & -l_{n,n-1} \\ -l_{1n} & -l_{2n} & \cdots & -l_{n-1,n} & l_{nn} \end{array} \right).$$

Dies folgt offenbar sofort aus (1.2). Die angegebene Formel kann man sich leicht merken: Man transponiert $L$ und fügt dann bei jedem Element in der letzten Zeile und bei jedem Element in der letzten Spalte den Faktor -1 hinzu. (Da $l_{nn}$ in der letzten Zeile und in der letzten Spalte steht, ist hier der Faktor $(-1)^2$ hinzu gekommen.)

Die Gruppe der Abbildungen (1.1), wobei (1.2) vorausgesetzt ist, heißt die Gruppe $\mathfrak{L}^n$ der Lorentztransformationen des $\mathbb{R}^n$. Man spricht auch kurz von der Lorentzgruppe des $\mathbb{R}^n$. Es ist $\mathfrak{L}^n$ mit anderen Worten die Isometriegruppe des Abstandsraumes $(\mathbb{R}^n, \mathbb{R}, d)$. Wir weisen noch auf den folgenden Sprachgebrauch hin, dem wir uns aber nicht anschließen werden: Gelegentlich wird $\mathfrak{L}^n$ die Poincarégruppe des $\mathbb{R}^n$ (Henri Poincaré 1854–1912) genannt, und die Untergruppe von $\mathfrak{L}^n$, die den Ursprung 0 festläßt (d.i. $a = 0$ in (1.1)), heißt dann die Lorentzgruppe (Hendrik Antoon Lorentz 1853–1928).

## 6.2   Polaritäten und Lorentztransformationen

Die Aufgabe, alle $(n, n)$–Matrizen $L$ zu finden, die (1.2) genügen, erfordert die Lösung eines Systems mehrerer Gleichungen — eben des Systems (1.2), hier $L$ in seinen $n^2$ Komponenten aufgeschrieben. Wir wollen diese Auflösung geometrisch durchführen. Das Verfahren, das wir vorstellen werden, hängt nicht von der Dimension $n \geq 3$ ab. Trotzdem schreiben wir es ausführlich nur für den Fall $n = 3$ auf, da dieser Fall bereits typisch ist. Mit

$$L = \begin{pmatrix} l_{11} & l_{12} & l_{13} \\ l_{21} & l_{22} & l_{23} \\ l_{31} & l_{32} & l_{33} \end{pmatrix}$$

lautet (1.2)

$$l_{i1}l_{j1} + l_{i2}l_{j2} - l_{i3}l_{j3} = \begin{cases} 0 & i \neq j \\ 1 & \text{für} \quad i = j \in \{1,2\} \\ -1 & i = j = 3 \end{cases} . \qquad (2.1)$$

Neben dem $\mathbb{R}^n$ (in der ausführlichen Darstellung dem $\mathbb{R}^3$) betrachten wir noch den projektiven Abschluß $\Pi^{n-1}(\mathbb{R})$ des $\mathbb{R}^{n-1}$ (hier des $\mathbb{R}^2$) und hierin die Polarität an der Einheitshyperkugel (des Einheitskreises $k : x_1^2 + x_2^2 = x_3^2$). Wie bereits in Abschnitt 2, Kapitel 3, sei der projektive Punkt $\mathbb{R}(x_1, x_2, x_3), x_3 \neq 0$, dabei der Punkt

$$\left( \frac{x_1}{x_3}, \frac{x_2}{x_3} \right)$$

des $\mathbb{R}^2$.

Gegeben sei nun ein beliebiger Punkt $A \in \Pi^2(\mathbb{R})$ außerhalb von $k$. (Dabei sollen auch alle uneigentlichen Punkte $\mathbb{R}(x_1, x_2, x_3)$ — mit also $x_3 = 0$ — von $\Pi^2(\mathbb{R})$ als „außerhalb von $k$" gelten.) Auf der Polaren $\pi(A)$ von $A$ wählen wir außerhalb von $k$ einen Punkt $B$. Dann liegt der Schnittpunkt $C$ der Polaren von $A$ und $B$ innerhalb von $k$.

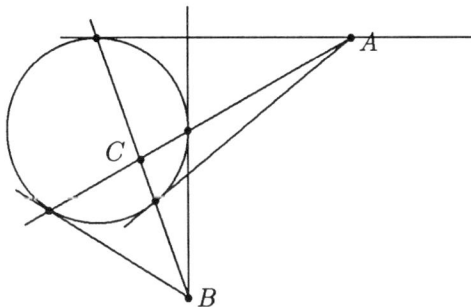

Mit den Punkten $A, B, C$ soll nun eine Lorentzmatrix $L$ konstruiert werden. Außerdem wollen wir zeigen, daß wir keine Lorentzmatrix vergessen, wenn wir alle obigen Tripel $A, B, C$ in Betracht ziehen. Da $A = \mathrm{I\!R}(a_1, a_2, a_3)$ außerhalb von $k$ liegt, gilt

$$a_1^2 + a_2^2 > a_3^2.$$

Wir können also, da es bei den $a_i$ auf einen gemeinsamen Faktor $\neq 0$ nicht ankommt,

$$a_1^2 + a_2^2 = a_3^2 + 1$$

annehmen. Da $B$ außerhalb, $C$ innerhalb von $k$ liegen, können wir

$$
\begin{aligned}
b_1^2 + b_2^2 &= b_3^2 + 1, \\
c_1^2 + c_2^2 &= c_3^2 - 1
\end{aligned}
$$

annehmen. Mit

$$
L = \begin{pmatrix} a_1 & a_2 & a_3 \\ b_1 & b_2 & b_3 \\ c_1 & c_2 & c_3 \end{pmatrix}
$$

gilt dann aber (2.1), da $P \subseteq \pi(Q)$ doch gerade

$$p_1 q_1 + p_2 q_2 - p_3 q_3 = 0$$

für $P =: \mathrm{I\!R}(p_1, p_2, p_3)$ und $Q =: \mathrm{I\!R}(q_1, q_2, q_3)$ bedeutet. — Daß wir keine Lorentzmatrix $L$ bei unserem Vorgehen vergessen haben, ist nun leicht zu sehen: Ist $L$ unter Gültigkeit von (2.1) gegeben, so besagen diese Gleichungen doch gerade, daß

$$A := \mathrm{I\!R}(l_{1\mu}), \ B := \mathrm{I\!R}(l_{2\mu})$$

außerhalb, $C := \mathrm{I\!R}(l_{3\mu})$ innerhalb von $k$ liegen, und daß $A, B, C$ paarweise polar sind.

Der Leser möge sich dieses Verfahren für den dem Physiker besonders interessanten Fall $n = 4$ selbst anhand der folgenden Angaben zurechtlegen, wobei
also die Polarität $\pi$ an der Einheitskugel

$$k : x_1^2 + x_2^2 + x_3^2 = x_4^2$$

des $\mathrm{I\!R}^3$ heranzuziehen ist: Wähle

$$
\begin{aligned}
A & \quad \text{außerhalb,} \\
B \subseteq \pi(A) & \quad \text{außerhalb,} \\
C \subseteq \pi(A) \cap \pi(B) & \quad \text{außerhalb.}
\end{aligned}
$$

Zeige, daß dann $\pi(A) \cap \pi(B) \cap \pi(C)$ genau einen Punkt $D$ enthält und daß $D$
innerhalb von $k$ liegen muß. Mit der Normierung

$$
\begin{aligned}
a_1^2 + a_2^2 + a_3^2 &= a_4^2 + 1, \\
b_1^2 + b_2^2 + b_3^2 &= b_4^2 + 1, \\
c_1^2 + c_2^2 + c_3^2 &= c_4^2 + 1, \\
d_1^2 + d_2^2 + d_3^2 &= d_4^2 - 1
\end{aligned}
$$

ist nun

$$
L = \begin{pmatrix}
a_1 & a_2 & a_3 & a_4 \\
b_1 & b_2 & b_3 & b_4 \\
c_1 & c_2 & c_3 & c_4 \\
d_1 & d_2 & d_3 & d_4
\end{pmatrix}
$$

Lorentzmatrix. Wiederum wird bei diesem Verfahren keine solche Matrix vergessen.

## 6.3   Kausalautomorphismen, Orthochronie

Für $x = (x_1, \ldots, x_n)$ und $y = (y_1, \ldots, y_n)$ aus $\mathrm{I\!R}^n$ schreiben wir $x \leq y$ genau
dann, wenn $d(x, y) \leq 0$ und $x_n \leq y_n$ gilt. Dabei sei $n \geq 2$. Statt $x \leq y$ sagen
wir auch, daß „$x$ kleiner oder gleich $y$" ist oder auch, daß „$y$ durch $x$ kausal
beeinflußbar" sei.

Diese letztere Sprechweise wollen wir etwas eingehender erläutern. Unter einem
*Ereignis* versteht man einen Punkt im anschaulichen Raum in einem bestimmten Zeitmoment $t$. Sind $(x_1, x_2, x_3)$ die auf ein kartesisches Koordinatensystem
bezogenen Koordinaten des Punktes, so nennt man $(x_1, x_2, x_3, x_4)$ die Koordinaten des Ereignisses, wenn $x_4 = ct$ gesetzt wird, $c$ die Lichtgeschwindigkeit.
Man sagt anschaulich, daß das Ereignis

$$y = (y_1, y_2, y_3, y_4) \quad \text{mit} \quad y_4 = ct_y$$

durch das Ereignis

$$x = (x_1, x_2, x_3, x_4) \quad \text{mit} \quad x_4 = ct_x$$

kausal beeinflußbar sei, wenn ein Signal mit einer konstanten Geschwindigkeit $w$, wobei $0 \leq w \leq c$ sei, existiert, das in $(x_1, x_2, x_3)$ zur Zeit $t_x$ auf die Reise längs einer Geraden geschickt, den Punkt $(y_1, y_2, y_3)$ zu einer Zeit $t \leq t_y$ erreicht. Man beachte $t_x \leq t$. Nach der Formel „Weg gleich Geschwindigkeit mal Zeit " haben wir

$$\sqrt{(y_1 - x_1)^2 + (y_2 - x_2)^2 + (y_3 - x_3)^2} = w \cdot (t - t_x) \leq c \cdot (t_y - t_x),$$

d.h. $d(x, y) \leq 0$. Auch ist $x_4 \leq y_4$.

Kehren wir zur strengen Definition von $x \leq y$ im $\mathbb{R}^n (n \geq 2)$ zurück. Wir wollen den folgenden Sachverhalt bestätigen:

**A.3.1**: $(\mathbb{R}^n, +, \leq), n \geq 2$, *ist eine geordnete abelsche Gruppe.*

**Beweis:** Für alle $a, b, c \in \mathbb{R}^n$ ist zu zeigen

(i)  $a \leq a$ *(Reflexivität)*,

(ii)  $a \leq b$ und $b \leq a$ impliziert $a = b$ *(Identitätsgesetz)*,

(iii)  $a \leq b$ und $b \leq c$ impliziert $a \leq c$ *(Transitivitätsgesetz)*

(iv)  $a \leq b$ impliziert $a + c \leq b + c$ *(Monotonie der Addition)*.

Der Nachweis von (i), (ii), (iv) ist trivial. Zu (iii): Aus $a_n \leq b_n$ und $b_n \leq c_n$ folgt $a_n \leq c_n$. Aus $d(a, b) \leq 0$, $d(b, c) \leq 0$ folgt

$$
\begin{aligned}
u &:= \sqrt{(b_1 - a_1)^2 + \ldots + (b_{n-1} - a_{n-1})^2} \leq |b_n - a_n| = b_n - a_n, \\
v &:= \sqrt{(c_1 - b_1)^2 + \ldots + (c_{n-1} - b_{n-1})^2} \leq |c_n - b_n| = c_n - b_n.
\end{aligned}
$$

Mit der Cauchy–Schwarzschen Ungleichung (Abschnitt 2, Kapitel 2) gilt also

$$\sqrt{(c_1 - a_1)^2 + \ldots + (c_{n-1} - a_{n-1})^2} \leq u + v \leq c_n - a_n,$$

d.h. $d(a, c) \leq 0$.                                                    □

**Bemerkung 1**: $(\mathbb{R}^n, +, \leq), n \geq 2$, genügt nicht dem *Vergleichbarkeitsgesetz*: Aus $a, b \in \mathbb{R}^n$ folgt $a \leq b$ oder $b \leq a$. — Dies bestätigt man z.B. mit $a = 0$ und $b = (1, 0, \ldots, 0)$.

**Bemerkung 2**: Gelegentlich sind die beiden folgenden Regeln nützlich: Sei $a, b \in \mathbb{R}^n$ und sei $k \in \mathbb{R}$. Dann folgt aus $a \leq b$

$$ka \leq kb \quad \text{für} \quad k \geq 0$$

und

$$kb \leq ka \quad \text{für} \quad k < 0.$$

**Bemerkung 3**: Es steht $a < b$ natürlich für $a \leq b$ und $a \neq b$. Statt $a \leq b$ wird auch $b \geq a$ geschrieben. $b > a$ steht für $a < b$.

Unter einem *Kausalautomorphismus* des $\mathbb{R}^n, n \geq 2$, wird eine Bijektion

$$f : \mathbb{R}^n \to \mathbb{R}^n \tag{3.1}$$

verstanden, für die für alle $a, b \in \mathbb{R}^n$ die Aussage $a \leq b$ genau dann gilt, wenn $f(a) \leq f(b)$ zutrifft. — Die Bijektion (3.1) heiße eine *Zeitumkehr*, wenn für alle $a, b \in \mathbb{R}^n$

$$a \leq b \quad \Leftrightarrow \quad f(a) \geq f(b)$$

gilt.

Eine Lorentztransformation, die zugleich Kausalautomorphismus ist, heißt eine *orthochrone* Lorentztranformation oder auch eine Lorentztransformation ohne Zeitumkehr.

**A.3.2**: *Die Lorentztransformation (1.1) des $\mathbb{R}^n, n \geq 2$, ist entweder orthochron oder aber eine Zeitumkehr. Sie ist Kausalautomorphismus genau dann, wenn $l_{nn} \geq 1$ ist, und sie stellt eine Zeitumkehr genau dann dar, wenn $l_{nn} \leq -1$ gilt.*

**Beweis:** (a) Sei $f(x) = xL + a$ orthochron. Aus

$$0 \leq (0, \ldots, 0, 1)$$

folgt dann

$$a \leq (l_{n1}, \ldots, l_{nn}) + a,$$

d.h. $0 \leq l_{nn}$. Mit (1.7) bedeutet dies $l_{nn} \geq 1$.

(b) Gelte $l_{nn} \geq 1$. Wir setzen dann

$$l := \sqrt{l_{1n}^2 + l_{2n}^2 + \ldots + l_{n-1,n}^2} \geq 0.$$

Aus (1.6) folgt für $i = j = n$

$$l^2 - l_{nn}^2 = -1,$$

d.h. $l < l_{nn}$.

(c) Wir bleiben bei der Voraussetzung $l_{nn} \geq 1$, und wir wollen zeigen, daß dann $f(x) \leq f(y)$ eine Konsequenz von $x \leq y$ für alle $x, y \in \mathbb{R}^n$ ist. Aus $d(x, y) \leq 0$ folgt

$$d(f(x), f(y)) = d(x, y) \leq 0.$$

Es ist also noch zu überprüfen, daß $n$–te Komponente von $f(y)$ minus $n$–ter Komponente von $f(x)$, d.i.

$$\delta := (y_1 - x_1)l_{1n} + \ldots + (y_n - x_n)l_{nn},$$

größer oder gleich 0 ist. Es ist $x_n \leq y_n$ und

$$(y_1 - x_1)^2 + \ldots + (y_{n-1} - x_{n-1})^2 \leq (y_n - x_n)^2 \tag{3.2}$$

wegen $x \leq y$. Im Falle $x_n = y_n$ führt (3.2) auf $x = y$, d.h. auf $\delta = 0$. Im Falle $x_n < y_n$ schreiben wir

$$z_1^2 + \ldots + z_{n-1}^2 \leq 1 \tag{3.3}$$

anstelle von (3.2), wobei wir

$$(y_n - x_n)z_i := -(y_i - x_i)$$

für $i = 1, \ldots, n - 1$ gesetzt haben. Mit (3.3) und mit (a) ergibt sich dann

$$(z_1 l_{1n} + \ldots + z_{n-1} l_{n-1,n})^2 \leq l^2 < l_{nn}^2,$$

d.h. $\delta > 0$.

(d) Nach Bemerkung 2 von Abschnitt 1 ist $l_{nn}$ auch das Element von $L^{-1}$ rechts unten. Verwenden wir also (c) für $f^{-1}$ anstelle von $f$, so ist auch

$$x = f^{-1}[f(x)] \leq f^{-1}[f(y)] = y$$

eine Konsequenz von $f(x) \leq f(y)$. Also bedeutet $l_{nn} \geq 1$ tatsächlich Orthochronie für die Lorentztransformation $f$.

(e) Es ist

$$\omega : x \mapsto -x \quad \text{für } x \in \mathbb{R}^n \tag{3.4}$$

eine Zeitumkehr des $\mathbb{R}^n$. Ist nun $f$ eine nicht orthochrone Lorentztransformation des $\mathbb{R}^n$,

$$f(x) = xL + a,$$

8 Benz

so ist also $l_{nn} < 1$, d.h. es ist $l_{nn} \leq -1$ mit Hilfe von (1.7). Wegen

$$\omega f(x) = x \cdot (-L) - a$$

ist also $\omega f$ orthochron. Damit ist $x \leq y$ gleichwertig mit $\omega f(x) \leq \omega f(y)$, d.h. mit $-f(x) \leq -f(y)$, d.h. mit $f(x) \geq f(y)$ nach Bemerkung 2. Für eine nicht orthochrone Lorentztransformation gilt also $l_{nn} \leq -1$, und es ist eine Zeitumkehr.                                                                                                        $\square$

**Bemerkung 3**: Die Orthochronie der Lorentztransformation (1.1) hat nichts mit dem Vorzeichen der Determinante von $L$ zu tun: Es sind

$$f(x) = xL \quad \text{und} \quad \varphi(x) = x\Lambda$$

mit

$$l_{11} = \tfrac{5}{3} = -\lambda_{11}, \qquad\qquad l_{1n} = \tfrac{4}{3} = -\lambda_{1n},$$

$$l_{n1} = \tfrac{4}{3} = \lambda_{n1}, \qquad\qquad l_{nn} = \tfrac{5}{3} = \lambda_{nn}$$

$$\text{und } l_{ij} = \lambda_{ij} = \delta_{ij} \text{ sonst}$$

orthochrone Lorentztransformationen des $\mathbb{R}^n$ mit $|L| = -|\Lambda| = +1$. — Es sind dann $\omega f, \omega\varphi$ beide nicht orthochron mit ebenfalls verschiedenen Determinantenvorzeichen.

**Bemerkung 4**: Sind $f, g$ orthochrone Lorentztransformationen des $\mathbb{R}^n$, so gilt

$$x \leq y \ \Leftrightarrow \ g(x) \leq g(y) \ \Leftrightarrow \ fg(x) \leq fg(y).$$

Damit ist offenbar die Menge $\mathfrak{L}^n_{orth}$ der orthochronen Lorentztransformationen des $\mathbb{R}^n$ eine Untergruppe der Lorentzgruppe $\mathfrak{L}^n$ vom Index 2.

**Bemerkung 5**: Gibt es zu $f \in \mathfrak{L}^n$ Punkte $a \neq b$ des $\mathbb{R}^n$ mit $a \leq b$ und $f(a) \leq f(b)$, so ist $f$ orthochron. Wäre $f$ nämlich Zeitumkehr, so würde $f(a) \geq f(b)$ aus $a \leq b$ folgen. Also hätte man $f(a) = f(b)$ nach dem Identitätsgesetz. Da $f$ Bijektion ist, müßte also auch $a = b$ gelten, was nicht der Fall ist. Genauso gilt dann: Gibt es zu $f \in \mathfrak{L}^n$ Punkte $a \neq b$ des $\mathbb{R}^n$ mit $a \leq b$ und $f(a) \geq f(b)$, so ist $f$ Zeitumkehr.

## 6.4   Lichtkegel, Lichtgeraden

Sei $s \in \mathbb{R}^n, n \geq 2$. Unter der *Vergangenheit* von $s$ versteht man dann die Punktmenge

$$V(s) := \left\{ x \in \mathbb{R}^n \ \middle|\ s \geq x \right\}.$$

Im Falle $n = 4$ besteht $V(s)$ anschaulich aus allen Ereignissen $x$, von denen aus $s$ kausal zu beeinflussen ist, was offenbar eine vernünftige Definition ist.

Die *Zukunft* von $s \in \mathbb{R}^n$ ist durch

$$Z(s) := \left\{ x \in \mathbb{R}^n \mid s \leq x \right\}$$

erklärt. Es heißt

$$C(s) := \left\{ x \in \mathbb{R}^n \mid d(s, x) = 0 \right\}$$

der *Lichtkegel* mit *Spitze* $s$. Eine Gerade, die ganz auf einem Lichtkegel liegt, heißt *Lichtgerade*, und eine Tangentialhyperebene an einen Lichtkegel wird *Lichthyperebene* genannt.

Eine Gerade $g$ des $\mathbb{R}^n$ heißt *zeitartig*, wenn sie Punkte $a \neq b$ mit $a \leq b$ enthält. Ist $g$ weder zeitartige Gerade noch Lichtgerade, so wird sie *raumartig* genannt.

Wir stellen nun einige Eigenschaften dieser soeben definierten Objekte zusammen, um von ihnen eine bessere Anschauung zu gewinnen. Dabei werden wir auch hier das pseudo–euklidische Skalarprodukt des $\mathbb{R}^n$

$$xy := x_1 y_1 + \ldots + x_{n-1} y_{n-1} - x_n y_n \tag{4.1}$$

für $x = (x_1, \ldots, x_n)$ und $y = (y_1, \ldots, y_n)$ aus $\mathbb{R}^n$ heranziehen.

(1) *Die Gerade*

$$g = \left\{ p + \lambda a \mid \lambda \in \mathbb{R} \right\} \quad mit \ a \neq 0 \tag{4.2}$$

*liegt dann und nur dann auf dem Lichtkegel* $C(s)$*, wenn* $s \in g$ *und* $a^2 = 0$ *gilt.*

**Beweis:** (a) Ist $g = s + \mathbb{R}a$ mit $a^2 = 0$, so folgt $g \subset C(s)$ wegen

$$d(s, s + \lambda a) = (\lambda a)^2 = 0$$

für alle $\lambda \in \mathbb{R}$.

(b) Gelte $g \subset C(s)$. Also ist für alle $\lambda \in \mathbb{R}$

$$0 = d(s, p + \lambda a) = (p - s)^2 + 2\lambda a(p - s) + \lambda^2 a^2.$$

Benutzt man diese Gleichung für $\lambda \in \{0, 1, 2\}$, so folgt $a^2 = 0$. Hier ist $a_n \neq 0$ wegen $a \neq 0$.

Aus

$$0 = d\left( s, p + \frac{s_n - p_n}{a_n} a \right) = \sum_{i=1}^{n-1} \left( p_i + \frac{s_n - p_n}{a_n} a_i - s_i \right)^2$$

folgt

$$s = p + \frac{s_n - p_n}{a_n} a \in g. \qquad \square$$

*(2) Die Gerade (4.2) ist genau dann*
   *(a) Lichtgerade bzw. (b) zeitartig bzw. (c) raumartig,*
*wenn gilt*
   *(a)* $a^2 = 0$ *bzw.*      *(b)* $a^2 \leq 0$ *bzw.*   *(c)* $a^2 > 0$.

**Beweis:** Es folgt (a) aus (1). Zu (b): Die Gerade (4.2) enthält genau dann Punkte $x \neq y$ mit $x \leq y$, wenn es ein $k \neq 0$ in $\mathbb{R}$ gibt mit $ka \geq 0$. Dies bedeutet

$$0 \geq d(0, ka) = (ka)^2, \text{ d.h.}$$

$a^2 \leq 0$. Ist umgekehrt $a^2 \leq 0$, so nehme man etwa $k := a_n$.          $\square$

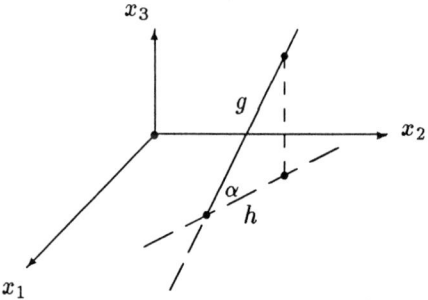

Wir projizieren die Gerade $g$, die zunächst nicht zur $x_n$-Achse parallel sei, längs der $x_n$-Achse in die Hyperebene $x_n = 0$. Bezeichne dann $\alpha$ den kleineren Winkel zwischen $g$ und dem Projektionsbild $h$. Für $0 \leq \alpha < 45°$ ist $g$ raumartig, für $\alpha = 45°$ ist $g$ Lichtgerade, für $45° \leq \alpha \leq 90°$ ist $g$ zeitartig. Dabei meinen wir für $\alpha = 90°$ die zunächst ausgeschlossenen Geraden $g$, die zur $x_n$-Achse parallel sind. Um diese Aussagen einzusehen, beachten wir

$$\cos \alpha = \sqrt{\frac{a^2 + a_n^2}{a^2 + 2a_n^2}} \geq 0.$$

Im Falle $a^2 = 0$ ist $a_n \neq 0$ wegen $a \neq 0$. Er ist durch $\sqrt{2} \cos \alpha = 1$ gekennzeichnet, d.h. durch $\alpha = 45°$. Der Fall $45° \leq \alpha \leq 90°$ ist durch

$$\frac{1}{2} \geq \frac{a^2 + a_n^2}{a^2 + 2a_n^2} \geq 0,$$

d.h. durch $a^2 \leq 0$ charakterisiert. Schließlich bedeutet $0 \leq \alpha < 45°$ genau

$$\frac{1}{2} < \frac{a^2 + a_n^2}{a^2 + 2a_n^2} \leq 1, \text{ d.h.}$$

genau $a^2 > 0$.

(3) *Der Lichtkegel $C(s)$ ist die Vereinigung aller Lichtgeraden durch $s$.*

**Beweis:** Ist $g = s + \mathbb{R}a$ mit $a \neq 0 = a^2$ gegeben, so gilt

$$d(s, s + \lambda a) = \lambda^2 a^2 = 0$$

für alle $\lambda \in \mathbb{R}$. Also ist $g \subset C(s)$. Ist $p \neq s$ ein Punkt von $C(s)$, so liegt er auf der Lichtgeraden $s + \mathbb{R} \cdot (p - s)$. $\qquad \square$

(4) *Ist $g$ zeitartige Gerade, so ist $(g, \leq)$ eine total geordnete Menge, d.h. für die Elemente von $g$ gelten die Gesetze der Reflexivität, der Identität, der Transitivität und der Vergleichbarkeit* (s. A.3.1 und Bemerkung 1).

Ist $s$ ein Punkt der zeitartigen Geraden $g$, so setzen wir

$$g^+(s) := \left\{ x \in g \mid s \leq x \right\}$$

und

$$g^-(s) := \left\{ x \in g \mid x \leq s \right\}.$$

Offenbar gilt

$$g^+(s) \cup g^-(s) = g \quad \text{und} \quad g^+(s) \cap g^-(s) = \{s\}.$$

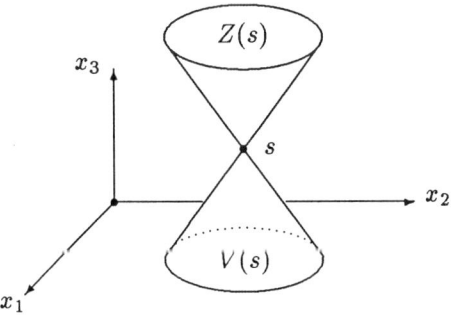

(5) *Sei $S$ die Menge aller zeitartigen Geraden durch $s$. Dann gilt*

$$Z(s) = \bigcup_{g \in S} g^+(s)$$

*und*

$$V(s) = \bigcup_{g \in S} g^-(s).$$

**Beweis:** Ist $x \neq s$ in $Z(s)$, so ist $s + \mathbb{R} \cdot (x - s)$ zeitartige Gerade $g$, da $s \leq x \in g$ gilt. Also ist $x \in g^+(s)$. — Gilt umgekehrt

$$x \in g^+(s)$$

für ein $g \in S$, so ist $x \geq s$ und also $x \in Z(s)$.                    $\square$

**Bemerkung 1:** Für je zwei Punkte $x \neq y$ einer zeitartigen Geraden gilt $d(x, y) \leq 0$. Sind also $x \neq y$ Punkte einer solchen Geraden, so gilt $x \leq y$ genau dann, wenn $x_n \leq y_n$ zutrifft. Nun kann man auch $a \leq b$ überhaupt für $a \neq b$ aus $\mathbb{R}^n$ leicht veranschaulichen: Der Neigungswinkel $\alpha$ der Verbindungs-geraden von $a$ und $b$, wie wir ihn eingeführt haben, ist $\geq 45°$ und die letzte Komponente von $a$ ist nicht größer als die letzte Komponente von $b$.

**Bemerkung 2:** Ein Bewegungsablauf

$$(x_1(t), x_2(t), x_3(t)),$$

$t$ die Zeit, $t \in [\alpha, \beta]$, führt zur Punktmenge

$$\big\{ (x_1(t), x_2(t), x_3(t), ct) \mid t \in [\alpha, \beta] \big\}$$

des $\mathbb{R}^4$, die die *Weltlinie* des Bewegungsablaufes heißt. In diesem Sinne können zeitartige Geraden des $\mathbb{R}^n$ interpretiert werden als Weltlinien von Signalen konstanter Geschwindigkeit $w \in [0, c]$, die im $\mathbb{R}^3$ geradlinig verlaufen:

$$x(t) := (p_1 + wta_1, p_2 + wta_2, p_3 + wta_3, ct)$$

mit

$$a_1^2 + a_2^2 + a_3^2 = 1$$

ist tatsächlich zeitartige Gerade des $\mathbb{R}^4$. Für geeignete Werte für $w, p_i, a_i$ läßt sich so auch jede zeitartige Gerade des $\mathbb{R}^4$ schreiben.

Ist $p \neq s$ ein Punkt des Lichtkegels $C(s)$, so heiße

$$\big\{ x \in \mathbb{R}^n \mid (x - s)(p - s) = 0 \big\} \tag{4.3}$$

die *Tangentialhyperebene* in $p$ an $C(s)$.

(6) *Im $\mathbb{R}^n$ sind die Lichthyperebenen genau die $45°$-Hyperebenen.*

**Beweis:** Wegen $p - s \neq 0 = (p - s)^2$ ist (4.3) eine $45°$-Hyperebene des $\mathbb{R}^n$ (s. (2.7), (2.8) in Kapitel 4, wobei jetzt $n$ anstelle des dortigen $n + 1$ zu nehmen ist). — Sei vice versa

$$a_0 + a_1 x_1 + \ldots + a_n x_n = 0$$

die Gleichung einer 45°–Hyperebene $H$ des $\mathbb{R}^n$ mit also

$$a_1^2 + \ldots + a_{n-1}^2 = a_n^2 \neq 0.$$

Mit $v := (a_1, \ldots, a_{n-1}, -a_n)$ schreiben wir $a_0 + vx = 0$. Sei nun $s$ ein Punkt von $H$ und sei $p := s + v$. Dann gilt

$$H = \left\{ x \subset \mathbb{R}^n \mid (x - s)(p - s) = 0 \right\}$$

mit $p - s \neq 0 = (p - s)^2$. Also ist $H$ Tangentialhyperebene an $C(s)$. $\qquad\square$

## 6.5 Ereignisse als Laguerrezykel

Ein Ereignis ist erklärt worden (s. Abschnitt 6.3) als Punkt $(x_1, x_2, x_3)$ des auf ein kartesisches Koordinatensystem bezogenen anschaulichen Raumes in einem Zeitmoment $t$. Seine Koordinaten wurden durch $(x_1, x_2, x_3, x_4)$ mit $x_4 = ct$ festgelegt, wobei $c$ die Lichtgeschwindigkeit bezeichnet. Die Menge dieser (anschaulichen) Ereignisse ist damit genau der $\mathbb{R}^4$. Denn zu jedem $(x_1, x_2, x_3, x_4) \in \mathbb{R}^4$ gehört ja ein Punkt $(x_1, x_2, x_3)$ des $\mathbb{R}^3$ und eine Zeit $t = x_4/c$. Will man nun ein Ereignis mit Mitteln unseres anschaulichen Raumes darstellen, so hat man nach Objekten des $\mathbb{R}^3$ Ausschau zu halten, die durch Elemente des $\mathbb{R}^4$ charakterisiert werden können. Da bieten sich natürlich die orientierten Kugeln des $\mathbb{R}^3$ an. Wir wollen Beziehungen zur Laguerregeometrie nun gleich für beliebige Dimensionen angeben:

Sei $n \geq 3$. Einem Laguerrezykel der $(n-1)$-dimensionalen Laguerregeometrie $\Lambda^{n-1}$ entspricht dann gemäß der zyklographischen Projektion $\pi$ (s. Abschnitt 4.2) ein Punkt des $\mathbb{R}^n$. Dies bedeutet für $n = 4$ gerade die Veranschaulichung eines Ereignisses als Laguerrezykel der 3–dimensionalen Laguerregeometrie. Kehren wir zurück zum allgemeinen Fall $n \geq 3$. Wir wollen nun bei unseren Formulierungen nicht zwischen Laguerrezykel $x$ und Projektionsbild $\pi(x)$ im $\mathbb{R}^n$ unterscheiden. Da wir uns weiterhin häufiger auf das Kapitel 4 zu beziehen haben, sei betont, daß das $n + 1$ des Kapitels 4 jetzt immer als $n$ zu lesen ist: Dort stand die $n$–dimensionale Laguerregeometrie im Zentrum, die im $\mathbb{R}^{n+1}$ interpretiert wurde, und jetzt steht die Theorie der Lorentztransformationen im $\mathbb{R}^n$ im Zentrum, für die die $(n-1)$-dimensionale Laguerregeometrie sich als nützlich erweist. — Die Potenz zweier Zykel $x, y$ (s. Abschnitt 4.4) ist jetzt offenbar der Lorentz–Minkowski–Abstand von $x, y$. Nichtnegative Lorentz–Minkowski–Abstände können als Quadrate von Tangentialdistanzen (A.4.4, Kapitel 4) veranschaulicht werden und negative Abstände über den Hilfsbegriff des Mittelzykels. Die parabolischen Büschel (Abschnitt 4.5) sind genau die Lichtgeraden und die elliptischen Büschel die raumartigen Geraden. Die hyperbolischen Büschel von Abschnitt 4.5 sind genau diejenigen zeitartigen

Geraden, die nicht gleichzeitig auch Lichtgeraden darstellen. Die Gruppe der
Laguerretransformationen von $\Lambda^{n-1}$, die Tangentialdistanzen erhalten, ist nach
Bemerkung 2 von Abschnitt 4.6 die Lorentzgruppe $\mathcal{L}^n$ des $\mathbb{R}^n$, also

$$\Gamma_0 \Lambda^{n-1} \cong \mathcal{L}^n. \tag{5.1}$$

Die Speere der Geometrie $\Lambda^{n-1}$ sind die Lichthyperebenen des $\mathbb{R}^n$ (s. Abschnitt
4.2 und (6) von Abschnitt 6.4). Es ist $x \leq y$ mit $x \neq y$ charakterisiert durch
die Tatsache, daß $x$ und $y$ höchstens einen Speer gemeinsam haben und daß der
Radius von $x$ nicht größer als der von $y$ ist. Der Lichtkegel $C(s)$ besteht aus
allen Laguerrezykeln, die $s$ berühren.

Wir wollen solche Entsprechungen nun noch in einer Tabelle zusammenfassen,

| $\mathbb{R}^n$ | $\Lambda^{n-1}$ |
|---|---|
| Lorentztransformation des $\mathbb{R}^n$ | tangentialdistanztreue Laguerretransformation |
| Bijektion des $\mathbb{R}^n$, die dem Prinzip der Konstanz der Lichtgeschwindigkeit genügt | Laguerretransformation |
| Ereignis $x$  $(x \in \mathbb{R}^n)$ | Zykel $x$ |
| $d(x,y) \geq 0$ | Quadrat der Tangentialdistanz $t(x,y)$ der Zykel $x, y$ |
| $d(x,y) \geq 0$ | $x, y$ besitzen wenigstens einen gemeinsamen Speer |
| $d(x,y) = 0$ | Die Zykel $x, y$ berühren sich |
| $d(x,y) < 0$ | $x, y$ haben keinen Speer gemeinsam |
| Lichtgerade | parabolisches Büschel $\{z \mid z - x, y\}$ zu $x - y \neq x$ |
| raumartige Gerade | elliptisches Büschel $\{z \mid \forall_{S-x,y} S - z\}$ für $x \neq y$ mit $\|x \cap y\| \geq 2$ |
| zeitartige Gerade | hyperbolisches oder parabolisches Büschel |
| Lichthyperebene | Speer |
| Lichtkegel $C(s)$ | Menge aller Zykel, die $s$ berühren |
| $x < y$ | $x$ und $y$ haben höchstens einen Speer gemeinsam, und der Radius von $x$ ist nicht größer als der Radius von $y$ |
| Zukunft $Z(s)$ | $s$ und alle Zykel $z > s$ |
| Vergangenheit $V(s)$ | $s$ und alle Zykel $v < s$ |

wobei wir auch allgemein die Punkte des $\mathbb{R}^n$ Ereignisse nennen und wobei wir
auch schon eine Entsprechung aufnehmen, die erst im nächsten Abschnitt zur
Sprache kommen wird.

**Bemerkung:** Der erste, der Ereignisse des $\mathbb{R}^4$ als Kugeln des $\mathbb{R}^3$ darstellte,
war H. Bateman [1], S. 244. Unabhängig von Bateman hat H.E. Timerding [1]
denselben Gedanken vorgeschlagen. H. Bateman und E. Cunningham waren
die ersten, die bemerkten, daß die Maxwellschen Gleichungen eine größere Inva-
rianzgruppe $I$ als die Lorentzgruppe besitzen: Es handelt sich bei $I$ aber immer
noch um eine Gruppe von Lietransformationen der dreidimensionalen Liegeometrie. Wir verweisen auf H. Bateman, loc. cit., und auf E. Cunningham [1].
Eine ausführlichere Darstellung des anschaulichen Zusammenhangs zwischen
Ereignissen und Laguerrezykeln im Falle $n = 3$ findet man in W. Blaschke [2].

# 6.6  Satz von A.D. Alexandrov

Ein fundamentaler Satz der Raum–Zeit–Geometrie ist der folgende Satz von
A.D. Alexandrov [1], [2], [3]:

**A.6.1:** *Ist $\sigma$ eine Bijektion des $\mathbb{R}^n$, $n \geq 3$, die in beiden Richtungen den
Lorentz-Minkowski-Abstand $0$ erhält, so ist $\sigma$ das Produkt einer Lorentztransformation und einer Streckung mit positivem Streckungsfaktor.*

Wir wollen diesen Satz auf den Fundamentalsatz der Laguerregeometrie zurückführen. Um dies zu erreichen, formulieren wir ihn zunächst laguerregeometrisch:

**A.** *Ist $\sigma$ eine Bijektion der Menge der Zykel von $\Lambda^{n-1}$, $n \geq 3$, derart, daß $x - y$
gleichwertig ist mit $\sigma(x) - \sigma(y)$ für alle Zykel $x, y$, so ist $\sigma$ Laguerretransformation.*

Daß diese Aussage nur eine Umformulierung von A.6.1 ist, liegt auf der Hand.
Punkt des $\mathbb{R}^n$ ist ja gleichbedeutend mit Zykel des $\Lambda^{n-1}$. Auch $d(x,y) = 0$
besagt dasselbe wie $x - y$. Nach A.6.1 von Kapitel 4 ist schließlich Lorentztransformation mal Streckung mit positivem Streckungsfaktor dasselbe wie Laguerretransformation.

**Beweis von A:** Können wir zeigen, daß Speere in beiden Richtungen auf
Speere abgebildet werden, so ist A bereits bewiesen. Da $\sigma$ und $\sigma^{-1}$ der gleichen
Voraussetzung genügen, brauchen wir nur zu zeigen, daß unter $\sigma$ Speere auf
Speere abgebildet werden. Sei $S$ ein Speer, seien $x \neq y$ Zykel, die nur $S$

gemeinsam berühren, und sei $g$ das parabolische Büschel $B_p(x, y)$ aller Zykel $z$
mit $z - x$ und $z - y$. Dann kann aber $S$ charakterisiert werden als Vereinigung
von $g$ und der Menge aller Zykel, die keinen Zykel aus $g$ berühren (A.4.3 von
Kapitel 4). Da aber $\sigma(g)$ wieder parabolisches Büschel ist, muß also $\sigma(S)$ wieder
Speer sein, und zwar der $\sigma(x), \sigma(y)$ gemeinsame Speer.                          □

**Bemerkung**: In der Literatur gibt es z.Zt. mindestens sieben Beweise für die
Aussage A.6.1. June Lester [2] gelang es, A.6.1 auf den Körperfall für reguläre
Metriken vom Index $\geq 1$ zu übertragen. Dabei war die Charakteristik als $\neq 2$
vorausgesetzt. E.M. Schröder [3] bewies dieses Ergebnis auch für Charakteristik 2 und für unendliche Dimension. In [4] schließlich konnte E.M. Schröder
auch die Fälle der Nichtregularität und der minimalen Ordnung einbeziehen.
Die Zurückführung des Satzes A.6.1 auf den Fundamentalsatz der Laguerregeometrie wurde in W. Benz [8] angegeben.

Wir wollen nun die physikalische Bedeutung des Satzes A.6.1 angeben. Dazu
betrachten wir zwei kartesische Koordinatensysteme $K, K'$, die sich geradlinig
gleichförmig gegeneinander bewegen. In $K$ ruhe eine Uhr, die die Zeit $t = x_4/c$
mißt. Genauso werde von einer in $K'$ ruhenden Uhr die Zeit $t' = x_4'/c$ gemessen.
Im Ereignis $(x_1, x_2, x_3, x_4)$ werde ein Lichtblitz ausgelöst. Das Licht breitet sich
— von $K$ aus beobachtet — als Kugelwelle mit dem Mittelpunkt $(x_1, x_2, x_3)$

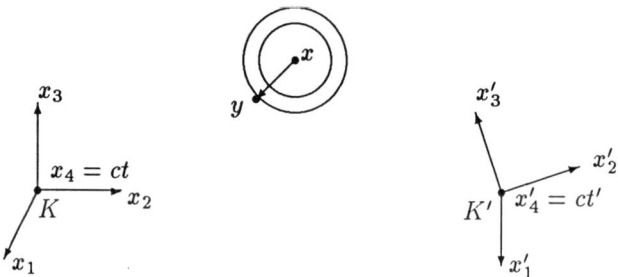

und der Geschwindigkeit $c$ aus. Zur Zeit $y_4/c$ erreiche die Kugelwelle den Punkt
$(y_1, y_2, y_3)$. Mit Hilfe der Formel „Weg gleich Geschwindigkeit mal Zeit" folgt
dann

$$(y_1 - x_1)^2 + (y_2 - x_2)^2 + (y_3 - x_3)^2 = c^2 \left(\frac{y_4}{c} - \frac{x_4}{c}\right)^2,$$

d.h. $d(x, y) = 0$. Viele Versuche haben nun zu dem Ergebnis geführt, daß auch
ein Beobachter im System $K'$ feststellt, daß sich unser Lichtsignal als Kugelwelle
mit derselben Geschwindigkeit $c$ ausbreitet. Jedes Ereignis $E$ hat Koordinaten
$z$ bzgl. $K$ und Koordinaten $z'$ bzgl. $K'$. Das ergibt eine Bijektion

$$\sigma(z) := z'$$

des $\mathbb{R}^4$. Der Beobachter in $K'$ errechnet also $d(\sigma(x), \sigma(y)) = 0$. Kein Beobachter ist weiterhin vor dem anderen bevorzugt, so daß $d(x, y) = 0$ auch Konsequenz von $d(\sigma(x), \sigma(y)) = 0$ ist. Nun stellt sich die Frage nach dem Aussehen der Abbildung $\sigma$. Eine Antwort gibt A.6.1. Wichtig ist, daß sonst keine Voraussetzung über $\sigma$ in A.6.1 gemacht wird wie Stetigkeit oder gar (inhomogene) Linearität. Nur das Prinzip der Konstanz der Lichtgeschwindigkeit

$$\forall_{x, y \in \mathbb{R}^n} \ d(x, y) = 0 \Leftrightarrow d(\sigma(x), \sigma(y)) = 0$$

wird gefordert. Es erzwingt bereits für die $K$ und $K'$ verbindende Abbildung $\sigma$ die Gestalt einer Laguerretransformation.

# 6.7 Kennzeichnung der Kausalautomorphismen

Es stellt sich die Frage nach weiteren natürlichen Annahmen, die die $K$ und $K'$ von Abschnitt 6.6 verbindende Abbildung $\sigma$ konkretisieren. Dazu werden wir noch einige Antworten geben können. Eine gibt der folgende Satz von A.D. Alexandrov (A.D. Alexandrov und V.V. Ovchinnikova [1], A.D. Alexandrov [3]):

**A.7.1:** $\sigma : \mathbb{R}^n \to \mathbb{R}^n, n \geq 3$, *ist genau dann Kausalautomorphismus des* $\mathbb{R}^n$, *wenn es Produkt einer orthochronen Lorentztransformation und einer Streckung mit positivem Streckungsfaktor ist.*

**Beweis:** Um den wesentlichen Teil von A.7.1 auf A.6.1 zurückführen zu können, beachten wir den folgenden Hilfssatz: Gelte $a \leq b$ für $a \neq b$ aus $\mathbb{R}^n$. Genau dann gilt $d(a, b) = 0$, wenn

$$[a, b] := \left\{ x \in \mathbb{R}^n \ \middle| \ a \leq x \leq b \right\}$$

dem Vergleichbarkeitsgesetz genügt: Für $x, y \in [a, b]$ gilt $x \leq y$ oder $y \leq x$. — Daß mit diesem Hilfssatz A.7.1 aus A.6.1 folgt, sehen wir so: Gelte $d(a, b) = 0$, $a \neq b$, und ohne Einschränkung $a \leq b$. Dann genügt $[a, b]$ dem Vergleichbarkeitsgesetz, und es ist $\sigma(a) \leq \sigma(b)$. Also genügt auch $[\sigma(a), \sigma(b)]$ dem Vergleichbarkeitsgesetz, und der Hilfssatz führt zu $d(\sigma(a), \sigma(b)) = 0$. Da $\sigma, \sigma^{-1}$ die gleichen Voraussetzungen erfüllen, hat also $d(\sigma(a), \sigma(b)) = 0$ auch $d(a, b) = 0$ zur Folge. — Der Beweis des Hilfssatzes kann so geführt werden: Ist $d(a, b) = 0$, so ist $[a, b]$ Intervall einer Lichtgeraden, genügt also dem Vergleichbarkeitsgesetz, da zwei Punkte einer Lichtgeraden immer den Abstand 0 haben. Genügt umgekehrt $[a, b]$ dem Vergleichbarkeitsgesetz und wäre $d(a, b) \neq 0$, so enthielte $[a, b]$ eine offene Menge des $\mathbb{R}^n$ (beachte $a \leq b$) und damit verschiedene Punkte

$x, y$ mit $x_n = y_n$. Solche Punkte sind wegen $d(x, y) > 0$ aber nicht vergleichbar.

$\square$

Kehren wir zum Anfang dieses Abschnitts zurück: Liegt kausale Beeinflußbarkeit bzgl. $K$ genau dann vor, wenn sie bzgl. $K'$ vorliegt, so ist die verbindende Abbildung $\sigma$ nahezu Lorentztransformation.

**Bemerkung**: Der hier angegebene Beweis von A.7.1 ist in W. Benz [8] veröffentlicht worden. Einen anderen Beweis findet man in E.C. Zeeman [1].

## 6.8   Ein Gegenbeispiel im ebenen Falle

Die Sätze A.6.1 und A.7.1 gelten nicht im Falle des $\mathbb{R}^2$. Wir wollen nun sogar topologische Abbildungen des $\mathbb{R}^2$ angeben, die Kausalautomorphismen sind, die zugleich dem Prinzip der Konstanz der Lichtgeschwindigkeit genügen, die eine weitere wichtige Eigenschaft (s. Abschnitt 6.9) besitzen, die aber trotzdem keine affinen Abbildungen des $\mathbb{R}^2$ sind, also a fortiori keine Produkte Lorentztransformation mal Streckung.

**A.8.1**: *Sei $\alpha > 1$ eine fest vorgegebene reelle Zahl. Dann gibt es topologische (d.h. bijektive und in beiden Richtungen stetige) Abbildungen $\tau : \mathbb{R}^2 \to \mathbb{R}^2$ mit*

*(i)* $\forall_{a,b \in \mathbb{R}^2}\ d(a, b) = 0 \Leftrightarrow d(\tau(a), \tau(b)) = 0$

*(ii) $\tau$ ist Kausalautomorphismus des $\mathbb{R}^2$*

*(iii) Die Geraden*

$$\{(0, x_2) \mid x_2 \in \mathbb{R}\} \quad bzw. \quad \{(x_1, \alpha x_1) \mid x_1 \in \mathbb{R}\}$$

*haben als Bilder die Geraden*

$$\{(x_1', -\alpha x_1') \mid x_1' \in \mathbb{R}\} \quad bzw. \quad \{(0, x_2') \mid x_2' \in \mathbb{R}\}$$

*(iv) $\tau$ ist keine affine Abbildung des $\mathbb{R}^2$.*

**Beweis**: Zu $k > 0$ und $k \neq 1$ definieren wir

$$f_k(x) := \begin{cases} x & x \leq 0 \\ & \text{für} \\ kx & x > 0 \end{cases}$$

für alle $x \in \mathbb{R}$. Offenbar ist $f_k : \mathbb{R} \to \mathbb{R}$ bijektiv und stetig. Außerdem gilt

$$f_{\frac{1}{k}}(f_k(x)) = x$$

für alle $x \in \mathbb{R}$. Also ist $f_k^{-1} = f_{\frac{1}{k}}$, und damit ist $f_k$ topologische Abbildung von $\mathbb{R}$. Wir beachten noch

$$f_k(\lambda x) = \lambda f_k(x) \quad \text{für} \quad \lambda > 0 \tag{8.1}$$

Wir erklären nun einige Abbildungen

$$
\begin{aligned}
\rho(x_1, x_2) \quad &:= \quad \tfrac{1}{2}(x_2 + x_1, x_2 - x_1), \\
\gamma(x_1, x_2) \quad &:= \quad (\alpha - 1)(x_1, x_1) + (\alpha + 1)(-x_2, x_2), \\
\sigma_k(x_1, x_2) \quad &:= \quad (f_k(x_1), f_k(x_2)).
\end{aligned}
$$

$\rho$ und $\gamma$ sind bijektive affine Abbildungen des $\mathbb{R}^2$, also auch topologische Abbildungen. Mit

$$\sigma_k \cdot \sigma_{\frac{1}{k}} = \text{id}$$

ist auch $\sigma_k$ topologische Abbildung des $\mathbb{R}^2$. Die uns jetzt interessierenden Abbildungen

$$\tau_k := \gamma \sigma_k \rho \tag{8.2}$$

sind also topologische Abbildungen des $\mathbb{R}^2$. Sie genügen weiterhin alle den Eigenschaften (i) bis (iv):

Beweis von (i): Gelte $d(a, b) = 0$ mit $a = (a_1, a_2)$ und $b = (b_1, b_2)$. Also ist

$$a_1 - b_1 = a_2 - b_2 \quad \text{oder} \quad a_1 - b_1 = -(a_2 - b_2).$$

Setzen wir $\tau_k(a) =: (A_1, A_2)$ usf., so gilt

$$(A_1 - B_1) - (A_2 - B_2) = -(\alpha + 1)[f_k(a_2 - a_1) - f_k(b_2 - b_1)] \tag{8.3}$$

und

$$(A_1 - B_1) + (A_2 - B_2) = (\alpha - 1)[f_k(a_2 + a_1) - f_k(b_2 + b_1)]. \tag{8.4}$$

Also folgt $d(\tau_k(a), \tau_k(b)) = 0$. Die angeschriebenen Formeln zeigen auch sofort die Umkehrung.

Beweis von (ii): Offenbar gilt $a \leq b$ genau dann, wenn

$$\left| b_1 - a_1 \right| \leq b_2 - a_2 \tag{8.5}$$

erfüllt ist. Nun ist (8.5) gleichwertig mit

$$(a_1 - b_1) - (a_2 - b_2) \geq 0 \qquad (8.6)$$

und

$$(a_1 - b_1) + (a_2 - b_2) \leq 0. \qquad (8.7)$$

Unter Benutzung der Formeln (8.3), (8.4) sind (8.6) und (8.7) mit

$$(A_1 - B_1) - (A_2 - B_2) \geq 0$$

und

$$(A_1 - B_1) + (A_2 - B_2) \leq 0$$

gleichwertig, d.h. mit $\tau_k(a) \leq \tau_k(b)$, wenn wir beachten, daß $f_k(x)$ streng monoton wächst.

Beweis von (iii): Es gilt

$$\begin{aligned} \tau(0, x_2) &= (-f_k(x_2), \alpha f_k(x_2)), \\ \tau(x_1, \alpha x_1) &= (0, (\alpha^2 - 1)f_k(x_1)), \end{aligned}$$

wenn wir noch (8.1) beachten. Daraus folgt z.B.

$$\tau \left\{ (0, x_2) \mid x_2 \in \mathbb{R} \right\} \subseteq \left\{ (x_1', -\alpha x_1') \mid x_1' \in \mathbb{R} \right\}. \qquad (8.8)$$

Aber auch rechts wird kein Punkt vergessen: Ist $(p, -\alpha p)$ mit $p \in \mathbb{R}$ gegeben, so setze

$$x_2 := f_{\frac{1}{k}}(-p).$$

Dann ist $\tau(0, x_2) = (p, -\alpha p)$. Damit gilt in (8.8) das Gleichheitszeichen.

Beweis von (iv): Angenommen, $\tau_k$ wäre eine affine Abbildung. Dann müßte auch $\sigma_k$ affin sein, d.h. wir hätten

$$\sigma_k(x_1, x_2) = (\alpha_1 x_1 + \alpha_2 x_2 + \alpha_3, \beta_1 x_1 + \beta_2 x_2 + \beta_3) =: (x_1', x_2')$$

mit geeigneten $\alpha_i, \beta_i \in \mathbb{R}$. Dann würde

$$\left. \frac{\partial x_2'}{\partial x_2} \right|_{(0,0)} = \beta_2$$

existieren. Mit $x_2' = f_k(x_2)$ müßte also

$$\left. \frac{df_k(x_2)}{dx_2} \right|_0$$

existieren. Dies ist aber nicht der Fall wegen $k \neq 1$. $\qquad \square$

**Bemerkung**: Zum angegebenen Beispiel dieses Abschnittes und zu weiteren Beispielen s. W. Benz [9].

## 6.9  Kennzeichnungen im ebenen Falle

Im Falle $n = 2$ versagen also nach Abschnitt 8 die Charakterisierungen A.6.1 und A.7.1 und dies selbst dann, wenn die Eigenschaft (iii) von A.8.1 zusätzlich gefordert wird und die $K$ und $K'$ verbindende Abbildung als topologisch vorausgesetzt ist. Wir wollen uns jetzt der physikalischen Bedeutung der Eigenschaft (iii) zuwenden: Auf dem $\mathbb{R}^1$ betrachten wir die Koordinatensysteme $K$ und $K'$, die sich mit der konstanten Geschwindigkeit $v \in ]0, c[$ gegeneinander bewegen. Bei der vorliegenden Situation der Zeichnung sollen sich $U$ und $U'$ voneinander wegbewegen.

Zur Vereinfachung nehmen wir $t = 0$ und $t' = 0$ für $U = U'$ an. Die Koordinaten von $U$ in $K$ bzw. $K'$ sind dann

$$(0, ct) =: (0, x_2) \tag{9.1a}$$

bzw.

$$(-vt', ct') =: \left( x_1', -\frac{c}{v} x_1' \right). \tag{9.1b}$$

Die Koordinaten von $U'$ in $K$ bzw. $K'$ sind

$$(vt, ct) =: \left( x_1, \frac{c}{v} x_1 \right) \tag{9.2a}$$

bzw.

$$(0, ct') =: (0, x_2'). \tag{9.2b}$$

Schreiben wir für die $K$ und $K'$ verbindende Abbildung

$$\tau(x_1, x_2) = (x_1', x_2') = \Big( \varphi(x_1, x_2), \psi(x_1, x_2) \Big) \tag{9.3}$$

und setzen wir $\alpha := \frac{c}{v} > 1$, so stellen (9.1) und (9.2) gerade die Eigenschaft (iii) von A.8.1 dar:

$$\tau \left\{ (0, x_2) \mid x_2 \in \mathbb{R} \right\} = \left\{ (x_1', -\alpha x_1') \mid x_1' \in \mathbb{R} \right\},$$
$$\tau \left\{ (x_1, \alpha x_1) \mid x_1 \in \mathbb{R} \right\} = \left\{ (0, x_2') \mid x_2' \in \mathbb{R} \right\}.$$

Neben (iii) betrachten wir noch eine andere Eigenschaft, die ebenfalls physikalisches Interesse beanspruchen darf:

(∗) *Sind* $(vt, ct)$ *bzw.* $(0, ct')$ *für alle* $t \in \mathbb{R}$ *sich entsprechende Koordinaten von* *U′, so existiere der Grenzwert*

$$\lim_{t \to 0} \frac{t'}{t}. \tag{9.4}$$

Dies bedeutet in anderen Worten: Ist $U'$ in der Nähe von $U$ (s. vorherige Abbildung), so kann man für die verschiedensten Lagen von $U'$ stets den Quotienten $\frac{t'}{t}$ im Falle $t \neq 0$ bilden; es erscheint nun physikalisch durchaus plausibel, daß diese Quotienten für $t \to 0$ einem Grenzwert zustreben. — Wir wollen (∗) mit Hilfe von (9.3) umformulieren: Zunächst ist

$$(0, ct') = \tau(vt, ct) = \Big( \varphi(vt, ct), \psi(vt, ct) \Big).$$

Es soll also

$$\lim_{t \to 0} \frac{\psi(vt, ct)}{t},$$

d.h.

$$\lim_{x_1 \to 0} \frac{\psi(x_1, \alpha x_1)}{x_1} \tag{9.5}$$

existieren.

Wir kommen damit zu

**A.9.1:** *Sei* $\alpha > 1$ *eine fest vorgegebene reelle Zahl und sei* $\tau : \mathbb{R}^2 \to \mathbb{R}^2$ *eine bijektive Abbildung mit*

(1)    $d(a, b) = 0 \Leftrightarrow d(\tau(a), \tau(b)) = 0$ *für alle* $a, b \in \mathbb{R}^2$

($2_1$)   $\tau \big\{ (0, x_2) \mid x_2 \in \mathbb{R} \big\} \subseteq \big\{ (x_1', -\alpha x_1') \mid x_1' \in \mathbb{R} \big\}$

($2_2$)   $\tau \big\{ (x_1, \alpha x_1) \mid x_1 \in \mathbb{R} \big\} \subseteq \big\{ (0, x_2') \mid x_2' \in \mathbb{R} \big\}$

(3)    *Ist* $\tau(x_1, x_2) =: (\varphi(x_1, x_2), \psi(x_1, x_2))$ *gesetzt, so existiert*

$$\lim_{x_1 \to 0} \frac{\psi(x_1, \alpha x_1)}{x_1}. \tag{9.6}$$

*Dann gibt es eine Lorentztransformation* $\lambda$ *positiver Determinante und ein* $k > 0$ *mit* $\tau(x) = k \cdot \lambda(x)$ *für alle* $x \in \mathbb{R}^2$.

**Beweis:** (a) ($2_1$) und ($2_2$) ergeben $\tau(0, 0) = (0, 0)$. — Drei verschiedene Punkte haben genau dann paarweise den Lorentz–Minkowski–Abstand 0, wenn sie gemeinsam auf einer Lichtgeraden liegen. Also sind $\tau$–Bilder und $\tau$–Urbilder von

Lichtgeraden wieder Lichtgeraden. Außerdem gehen parallele Lichtgeraden $g, h$ in parallele Lichtgeraden über: Aus $g \cap h = \emptyset$ folgt nämlich $\tau(g) \cap \tau(h) = \emptyset$, d.h. $\tau(g) \parallel \tau(h)$, da es sich um Geraden des $\mathbb{R}^2$ handelt.

(b) Die Lichtgerade $g$ der Gleichung $x_2 = x_1$ geht durch (0,0). Damit geht auch $\tau(g)$ durch (0,0). Also hat $\tau(g)$ nach (a) die Gleichung

$$x_2 = \varepsilon x_1$$

mit festem $\varepsilon \in \{1, -1\}$. Nach (a) geht dann jede Lichtgerade der Steigung 1 in eine solche der Steigung $\varepsilon$ über. Eine Lichtgerade $g$ der Steigung -1 schneidet $\{(x_1, x_1) \mid x_1 \in \mathbb{R}\}$ genau einmal; also schneidet $\tau(g)$ die Lichtgerade $\{(x_1, \varepsilon x_1) \mid x_1 \in \mathbb{R}\}$ genau einmal. Also gehen Lichtgeraden der Steigung -1 in solche der Steigung $-\varepsilon$ über. Die beiden Punkte

$$(x_1, x_2), \ (0, x_2 - x_1)$$

liegen gemeinsam auf einer Lichtgeraden der Steigung 1. Damit liegen ihre Bildpunkte gemeinsam auf einer Lichtgeraden der Steigung $\varepsilon$:

$$\varepsilon\Big(\varphi(0, x_2 - x_1) - \varphi(x_1, x_2)\Big) = \psi(0, x_2 - x_1) - \psi(x_1, x_2). \tag{9.7}$$

Entsprechendes für

$$(x_1, x_2), \ (0, x_2 + x_1)$$

führt zu

$$-\varepsilon\Big(\varphi(0, x_2 - x_1) - \varphi(x_1, x_2)\Big) = \psi(0, x_2 + x_1) - \psi(x_1, x_2). \tag{9.8}$$

(c) Aus $(2_1)$ folgt

$$\alpha\varphi(0, x) + \psi(0, x) = 0 \tag{9.9}$$

für alle $x \in \mathbb{R}$. Wir setzen

$$f(x) := -\varphi(0, x) \tag{9.10}$$

für alle $x \in \mathbb{R}$. Mit (9.9) gilt dann

$$\psi(0, x) = \alpha f(x). \tag{9.11}$$

Also führen (9.7), (9.8) zu

$$\varphi(x_1, x_2) = \frac{\varepsilon\alpha - 1}{2} f(x_2 + x_1) - \frac{\varepsilon\alpha + 1}{2} f(x_2 - x_1), \tag{9.12}$$

$$\psi(x_1, x_2) = \frac{\alpha - \varepsilon}{2} f(x_2 + x_1) + \frac{\alpha + \varepsilon}{2} f(x_2 - x_1). \tag{9.13}$$

Aus $(2_2)$ und (9.12) folgt

$$0 = \varphi(x_1, \alpha x_2) = \frac{\varepsilon \alpha - 1}{2} f\big((\alpha + 1)x_1\big) - \frac{\varepsilon \alpha + 1}{2} f\big((\alpha - 1)x_1\big) \tag{9.14}$$

für alle $x_1 \in \mathbb{R}$, d.h. — mit $x := (\alpha + 1)x_1$ —

$$f\left(\frac{\alpha - 1}{\alpha + 1} x\right) = \frac{\varepsilon \alpha - 1}{\varepsilon \alpha + 1} f(x) \tag{9.15}$$

für alle $x \in \mathbb{R}$. Wegen $\alpha > 1$ ist

$$m := \frac{\alpha - 1}{\alpha + 1} \in \,]0, 1[.$$

(d) Aus (9.13) und (9.14) ergibt sich

$$\psi(x_1, \alpha x_1) = \frac{\varepsilon(\alpha^2 - 1)}{\varepsilon \alpha + 1} f\big((\alpha + 1)x_1\big). \tag{9.16}$$

Also folgt aus der Existenz von (9.6) auch die von

$$\lim_{x \to 0} \frac{f(x)}{x} =: l. \tag{9.17}$$

Wir wollen nun zeigen, daß $\varepsilon = +1$ ist. Im Falle $\varepsilon = -1$ ergäbe (9.15) für festes $a \neq 0$

$$f(a) = m f(ma) = \ldots = m^\nu f(m^\nu a) = \ldots,$$

d.h.

$$\frac{f(a)}{a} = m^{2\nu} \cdot \frac{f(m^\nu a)}{m^\nu a} \to 0 \cdot l.$$

Also wäre $f(a) = 0$ für $a \neq 0$, was z.B. $\tau(0, -1) = (0,0) = \tau(0, -2)$ nach (9.12), (9.13) bedeutete und der Bijektivität von $\tau$ widerspräche.

(e) Mit $\varepsilon = +1$ und (9.15) gilt nun für festes $x \neq 0$

$$\frac{f(x)}{x} = \frac{f(mx)}{mx} = \ldots = \frac{f(m^\nu x)}{m^\nu x} \to l.$$

Also gilt $f(x) = l \cdot x$ für alle $x \in \mathbb{R}$. Die Bijektivität von $\tau$ erzwingt $l \neq 0$. Mit

$$k := |l| \cdot \sqrt{\alpha^2 - 1} > 0 \quad \text{und} \quad N := [\sqrt{\alpha^2 - 1} \cdot \operatorname{sgn} \, l]^{-1}$$

gilt dann nach (9.12), (9.13)

$$\tau(x) = kx \cdot \begin{pmatrix} \alpha N & -N \\ -N & \alpha N \end{pmatrix} \tag{9.18}$$

für alle $x \in \mathbb{R}^2$. Hier ist

$$\lambda(x) := x \begin{pmatrix} \alpha N & -N \\ N & \alpha N \end{pmatrix} \tag{9.19}$$

Lorentztransformation positiver Determinante.  □

Beim Satz A.9.1 stand das Prinzip der Konstanz der Lichtgeschwindigkeit im Vordergrund. Beim nächsten Satz wird es die Erhaltung der Kausalität sein.

**A.9.2:** *Sei $\alpha > 1$ eine fest vorgegebene reelle Zahl, und sei $\tau$ Kausalautomorphismus des $\mathbb{R}^2$ mit den Eigenschaften (2), (3) von A.9.1. Dann gibt es eine orthochrone Lorentztransformation $\lambda$ positiver Determinante und eine reelle Zahl $k > 0$ mit $\tau(x) = k \cdot \lambda(x)$ für alle $x \in \mathbb{R}^2$.*

**Beweis:** Wie beim Beweis des Satzes A.7.1 zeigen wir die Gültigkeit von (1) von A.9.1. Mit A.9.1 gilt dann $\tau(x) = k \cdot \lambda(x)$ mit $k > 0$ und einer Lorentztransformation $\lambda$ positiver Determinante. Da $\tau$ Kausalautomorphismus ist, so auch $\lambda(x) = \frac{1}{k}\tau(x)$ mit Bemerkung 2 von Abschnitt 6.3.  □

Wir schreiben die Abbildungen auf, die wir in A.9.2 gekennzeichnet haben. Da $\lambda$ orthochron ist, muß in (9.19) $\alpha N \geq 1$ sein, d.h. es muß $l$ positiv sein. Mit (9.18) ergibt sich dann (beachte $\alpha = \frac{c}{v}$)

$$x' = k \cdot \frac{x - vt}{\sqrt{1 - \frac{v^2}{c^2}}} \quad \text{und} \quad t' = k \cdot \frac{t - \frac{v}{c^2}x}{\sqrt{1 - \frac{v^2}{c^2}}}, \tag{9.20}$$

wenn wir $(x_1, x_2) =: (x, ct)$ und $\tau(x_1, x_2) =: (x', ct')$ setzen. Dabei ist $k > 0$.

Um nun noch $k = 1$ zu begründen, folgen wir dem Physiker, der so argumentiert: Schaue ich mir wieder die Figur zu Beginn dieses Abschnittes an, und ersetze ich dort

$$(x, ct) = (x_1, x_2) \quad \text{durch} \quad (y' = -x, \ ct)$$

und

$$(x', ct') = (x_1', x_2') \quad \text{durch} \quad (y = -x', \ ct'),$$

so habe ich nur die Rollen von $K$ und $K'$ vertauscht, aber am Bewegungsvorgang selbst nichts geändert. Anstelle von (9.20) muß dann

$$y' = k \cdot \frac{y - vt'}{\sqrt{1 - \frac{v^2}{c^2}}} \quad \text{und} \quad t = k \cdot \frac{t' - \frac{v}{c^2}y}{\sqrt{1 - \frac{v^2}{c^2}}}$$

treten. Setzen wir hier $y' = -x$ und $y = -x'$, und beachten wir (9.20), so folgt $k^2 = 1$. Mit $k > 0$ bedeutet dies $k = 1$. Dann also ergeben sich die klassischen Formeln

$$x' = \frac{x - vt}{\sqrt{1 - \frac{v^2}{c^2}}} \quad \text{und} \quad t' = \frac{t - \frac{v}{c^2}x}{\sqrt{1 - \frac{v^2}{c^2}}}, \tag{9.21}$$

die man in der Regel schon vom Schulunterricht her kennt.

**Bemerkung 1:** Die Forderung (3) in A.9.1 läßt sich nicht abschwächen zur Forderung der Existenz der einseitigen Grenzwerte

$$\lim_{x \to 0^-} \frac{\psi(x, \alpha x)}{x} \quad \text{und} \quad \lim_{x \to 0^+} \frac{\psi(x, \alpha x)}{x} \tag{9.22}$$

alleine. Denn diese Grenzwerte existieren auch noch in unseren Beispielen $\tau_k, k \neq 1$, von Abschnitt 6.8, und trotzdem liegen keine Lorentztransformationen vor: Schreiben wir die Funktion $\psi(x_1, x_2)$ für $\tau_k$ auf, so haben wir

$$2\psi(x_1, x_2) = (\alpha - 1)f_k(x_2 + x_1) + (\alpha + 1)f_k(x_2 - x_1).$$

Mit (8.1) folgt hieraus $\psi(x, \alpha x) = (\alpha^2 - 1)f_k(x)$. Damit ist

$$\lim_{x \to 0^-} \frac{\psi(x, \alpha x)}{x} = \alpha^2 - 1 \quad \text{und} \quad \lim_{x \to 0^+} \frac{\psi(x, \alpha x)}{x} = (\alpha^2 - 1) \cdot k.$$

**Bemerkung 2:** Fordert man neben der Existenz der Grenzwerte (9.22) noch ihre Gleichheit, so liegt trivialerweise die Forderung (3) von A.9.1 vor. Diese Bemerkung ist physikalisch nicht uninteressant! Erinnern wir uns nämlich an die Motivation von (∗), so ging es dort um die Quotienten $\frac{t'}{t}$, wenn $U'$ in der Nähe von $U$ ist. Tatsächlich braucht man also solche Quotienten nur einseitig in Betracht zu ziehen, nämlich für $t < 0$ bzw. $t > 0$, was ja auch dem Bewegungsablauf entspricht: Nur Folgen $t'_n/t_n$ mit $t_n < 0$ und $t_n \to 0$ und solche mit $t_n > 0$ und $t_n \to 0$ werden der Motivation zugrunde gelegt.

Wir geben nun noch eine Charakterisierung genau der Lorentztransformationen (9.21) an, die den physikalischen Gesichtspunkt, der uns zu $k = 1$ in (9.20) führte, als Axiom (i) verwendet.

**A.9.3:** *Sei $\alpha > 1$ eine fest vorgegebene reelle Zahl, und sei $\tau$ Kausalautomorphismus des $\mathbb{R}^2$ mit*

*(i) Aus $\tau(x_1, x_2) = (x'_1, x'_2)$ folgt stets $\tau(-x'_1, x'_2) = (-x_1, x_2)$.*

*(ii)* $\tau\{(0, x_2) \mid x_2 \in I\!R\} = \{(\xi_1 - \alpha\xi_1) \mid \xi_1 \in I\!R\}$

*(iii) Ist* $\tau(x_1, x_2) =: \big(\varphi(x_1, x_2), \psi(x_1, x_2)\big)$, *so existieren die einseitigen Grenzwerte*

$$\lim_{x \to 0^-} \frac{\psi(x, \alpha x)}{x} \quad und \quad \lim_{x \to 0^+} \frac{\psi(x, \alpha x)}{x}. \tag{9.23}$$

*Dann ist* $\tau$ *die Abbildung (9.21), wenn* $v := \frac{c}{\alpha}$, $(x_1, x_2) =: (x, ct)$ *und* $\tau(x_1, x_2)$ $=: (x', ct')$ *gesetzt wird.*

**Beweis:** Aus (ii) folgt $(2_1)$ von A.9.1 und aus (ii) und (i) folgt auch $(2_2)$. Wie schon beim Beweis von A.9.2 vermerkt, steht auch (1) von A.9.1 zur Verfügung. Also gelten alle Erörterungen (a), (b), (c) des Beweises von A.9.1. Benutzen wir die Existenz von

$$\lim_{x \to 0^-} \frac{f(x)}{x} =: l,$$

die mit Hilfe von (9.16) und (9.23) folgt, so können wir auch jetzt $\varepsilon = -1$ ausschließen, wenn wir entsprechend zu (d) von A.9.1 mit festem $a < 0$ anstelle von $a \neq 0$ arbeiten. Mit $\varepsilon = +1$ und (9.15) erhält man analog zu (e) von A.9.1 offenbar $f(x) = l \cdot x$ für alle reellen $x \leq 0$. Aus $(0, -1) < (0, 0)$ folgt $\tau(0, -1) < \tau(0, 0) = (0, 0)$, da $\tau$ Kausalautomorphismus ist. Mit $f(-1) = -l$ gilt also

$$(l, -\alpha l) = \tau(0, -1) < (0, 0),$$

d.h. $l > 0$. — Mit (9.15), (9.16) und (9.23) erhalten wir $f(x) = px$ für alle $x \geq 0$ mit festem $p \in I\!R$. Aus $(0, 0) < (0, 1)$ folgt $(0, 0) < \tau(0, 1) = (-p, \alpha p)$, d.h. $p > 0$. — Wegen $(2_2)$ von A.9.1 gilt

$$\tau(x, \alpha x) = (0, x_2')$$

für alle $x \in I\!R$ und hierzu passenden $x_2'$. Mit (i) folgt

$$\tau(0, x_2') = (-x, \alpha x).$$

Also ist

$$-x = \varphi\big(0, \psi(x, \alpha x)\big)$$

für alle $x \in I\!R$. Mit (9.12) und $\varepsilon = +1$ folgt hieraus

$$x = f\big(\psi(x, \alpha x)\big). \tag{9.24}$$

Auch (9.16) ziehen wir mit $\varepsilon = +1$ in Betracht, d.h. es gilt

$$\psi(x, \alpha x) = (\alpha - 1) \cdot f\big((\alpha + 1)x\big) \tag{9.25}$$

für alle $x \in \mathbb{R}$. — Für $0 \leq x$ ist $(0,0) \leq (x, \alpha x)$ wegen $\alpha > 1$. Auf die $\tau$–Bilder übertragen ergibt dies $0 \leq \psi(x, \alpha x)$. Genauso erhält man $0 \geq \psi(x, \alpha x)$ für $0 \geq x$. Im Falle $x < 0$ ergeben (9.24), (9.25) damit

$$x = l \cdot \psi(x, \alpha x),$$
$$\psi(x, \alpha x) = (\alpha^2 - 1)lx,$$

d.h. $l = \frac{1}{\sqrt{\alpha^2 - 1}}$ mit $l > 0$. Im Falle $x > 0$ ergeben (9.24), (9.25) entsprechend

$$x = p \cdot \psi(x, \alpha x),$$
$$\psi(x, \alpha x) = (\alpha^2 - 1)px,$$

d.h. $p = \frac{1}{\sqrt{\alpha^2 - 1}}$ mit $p > 0$. Also ist $p = l$. Damit ist $\tau$ die Abbildung (9.18) mit $k = 1$ und $N = (\sqrt{\alpha^2 - 1})^{-1}$. Mit den eingeführten Abkürzungen liegt also die Abbildung (9.21) vor. $\qquad \square$

**Bemerkung 3**: Der Leser kennzeichne die Abbildungen $\tau_k$ von Abschnitt 6.8 als diejenigen Kausalautomorphismen des $\mathbb{R}^2$, die $(2_1), (2_2)$ zu vorgegebenem $\alpha > 1$ genügen, und für die

$$\lim_{x \to 0-} \frac{\psi(x, \alpha x)}{x} = 1 \quad \text{und} \quad \lim_{x \to 0+} \frac{\psi(x, \alpha x)}{x} = k$$

gilt, wenn $1 \neq k > 0$ ist und $\psi(x, \alpha x)$ die zweite Komponente von $\tau(x, \alpha x)$ bezeichnet.

**Bemerkung 4**: Der Satz A.9.1 wurde in W. Benz [9] bewiesen mit der unwesentlichen Variante, daß loc. cit. $\frac{t'}{t}$ für den Punkt $U$ betrachtet wurde und nicht — wie im vorliegenden Abschnitt — für den Punkt $U'$.

**Bemerkung 5**: J. Rätz [1] bestimmt in Ebenen über kommutativen Integritätsbereichen $K$ mit Einselement $1 \neq 0$ alle bijektiven Abbildungen $T$, die dem Prinzip der Konstanz der Lichtgeschwindigkeit genügen. Unter Hinzunahme weiterer Eigenschaften für $K$ wie Anordnung oder Gültigkeit topologischer Annahmen, erfahren mehrere Klassen von Abbildungen $T$ mannigfache Kennzeichnungen.

## 6.10   Herglotz–Brill-Matrizen

Sei $n \geq 2$ und seien $p_1, p_2, \ldots, p_{n-1}$ reelle Zahlen mit

$$p_1^2 + \ldots + p_{n-1}^2 < 1. \tag{10.1}$$

Ferner sei $k$ eine reelle Zahl mit

$$k^2 \cdot (1 - p_1^2 - \ldots - p_{n-1}^2) = 1. \tag{10.2}$$

Dann ist

$$L = \begin{pmatrix} l_{11} & \ldots & l_{1n} \\ \vdots & & \vdots \\ l_{n1} & \ldots & l_{nn} \end{pmatrix}$$

mit

$$\begin{aligned} l_{ij} &:= \frac{k^2}{k+1} p_i p_j + \delta_{ij} \ \text{ für } \ i,j \in \{1, \ldots, n-1\} \\ l_{in} &:= l_{ni} = k p_i \ \text{ für } \ i \in \{1, \ldots, n-1\} \\ l_{nn} &:= k \end{aligned}$$

im Falle $k \neq -1$ eine Lorentzmatrix, die wir mit

$$B(p_1, \ldots, p_{n-1}; k)$$

bezeichnen. Dies zeigen die folgenden Schritte:

(a) Für $i \in \{1, \ldots, n-1\}$ gilt

$$\begin{aligned} l_{i1}^2 + \ldots + l_{i,n-1}^2 - l_{in}^2 &= \frac{k^4}{(k+1)^2} p_i^2 (p_1^2 + \ldots + p_{n-1}^2) + \frac{2k^2 p_i^2}{k+1} + 1 - k^2 p_i^2 \\ &= \frac{k^4}{(k+1)^2} p_i^2 \cdot \left(1 - \frac{1}{k^2}\right) + \frac{2k^2 p_i^2}{k+1} + 1 - k^2 p_i^2 = 1. \end{aligned}$$

(b) Wir haben außerdem

$$l_{n1}^2 + \ldots + l_{n,n-1}^2 - l_{nn}^2 = k^2 (p_1^2 + \ldots + p_{n-1}^2) - k^2 = -1.$$

(c) Für $i,j \in \{1, \ldots, n-1\}$ mit $i \neq j$ gilt

$$\begin{aligned} & l_{i1} l_{j1} + \ldots + l_{i,n-1} l_{j,n-1} - l_{in} l_{jn} && = \\ = \ & \tfrac{k^4}{(k+1)^2} p_i p_j (p_1^2 + \ldots + p_{n-1}^2) + \tfrac{2k^2}{k+1} p_i p_j - k^2 p_i p_j && = 0 \end{aligned}$$

unter Beachtung von (10.2).

(d) Für $i \in \{1, \ldots, n-1\}$ ist schließlich

$$\begin{aligned} & l_{i1} l_{n1} + \ldots + l_{i,n-1} l_{n,n-1} - l_{in} l_{nn} && = \\ = \ & \tfrac{k^2}{k+1} p_i (k p_1^2 + \ldots + k p_{n-1}^2) + k p_i - k^2 p_i && = 0. \end{aligned}$$

G. Herglotz [1] und A. von Brill [1] haben diese Lorentzmatrizen 1911 bzw. 1912 unabhängig voneinander für $n = 4$ eingeführt, weshalb wir sie Herglotz–Brill-Matrizen nennen wollen. Es handelt sich um symmetrische Matrizen, die mit Bemerkung 2 von Abschnitt 6.1 offenbar

$$B^{-1}(p_1, \ldots, p_{n-1}; k) = B(-p_1, \ldots, -p_{n-1}; k) \tag{10.3}$$

genügen. Im Falle $k = -1$ folgt

$$p_1 = \ldots = p_{n-1} = 0$$

aus (10.2). Mit der Matrix $M$ von Abschnitt 6.1 setzen wir dann

$$B(0, \ldots, 0; -1) := M.$$

Übrigens ist $B(0, \ldots, 0; 1)$ die Einheitsmatrix $E$. Man zeigt nun leicht, daß jede Herglotz–Brill-Matrix $B \neq M$ den Determinantenwert $+1$ hat. In der Tat! Sei

$$\alpha := \frac{k^2}{k+1} \ \text{für} \ k \neq -1 \tag{10.4}$$

gesetzt. Dann ist $B(p_1, \ldots, p_{n-1}; k)$ die Matrix

$$\begin{pmatrix} \alpha p_1^2 + 1 & \alpha p_1 p_2 & \ldots & \alpha p_1 p_{n-1} & k p_1 \\ \vdots & \vdots & & \vdots & \vdots \\ \alpha p_{n-1} p_1 & \alpha p_{n-1} p_2 & \ldots & \alpha p_{n-1}^2 + 1 & k p_{n-1} \\ k p_1 & k p_2 & \ldots & k p_{n-1} & k \end{pmatrix} \tag{10.5}$$

Für $j \in \{1, \ldots, n-1\}$ subtrahieren wir nun das $\frac{\alpha}{k} p_j$-fache der letzten Spalte von der $j$-ten Spalte. Wir erhalten die Matrix

$$\begin{pmatrix} 1 & 0 & \ldots & 0 & k p_1 \\ 0 & 1 & \ldots & 0 & k p_2 \\ \vdots & \vdots & & \vdots & \vdots \\ 0 & 0 & \ldots & 1 & k p_{n-1} \\ (k-\alpha) p_1 & (k-\alpha) p_2 & \ldots & (k-\alpha) p_{n-1} & k \end{pmatrix}.$$

Für $i \in \{1, \ldots, n-1\}$ subtrahieren wir hier das $(k-\alpha) p_i$-fache der $i$-ten Zeile von der letzten Zeile. Dann entsteht die Matrix

$$\begin{pmatrix} 1 & 0 & \ldots & 0 & k p_1 \\ 0 & 1 & \ldots & 0 & k p_2 \\ \vdots & \vdots & & \vdots & \vdots \\ 0 & 0 & \ldots & 1 & k p_{n-1} \\ 0 & 0 & \ldots & 0 & r \end{pmatrix}$$

mit

$$r \quad := \quad k - \sum_{i=1}^{n-1}(k-\alpha)p_i k p_i$$

$$= \quad k - \alpha \sum_{i=1}^{n-1} p_i^2 = 1.$$

Also ist tatsächlich

$$\det B(p_1, \ldots, p_{n-1}; k) = +1 \quad \text{für} \quad k \neq -1. \tag{10.6}$$

Ist

$$A = \begin{pmatrix} a_{11} & \cdots & a_{1,n-1} \\ \vdots & & \vdots \\ a_{n-1,1} & \cdots & a_{n-1,n-1} \end{pmatrix}$$

eine orthogonale Matrix des $\mathbb{R}^{n-1}$, d.h. ist $A \cdot A^T$ Einheitsmatrix, so muß

$$\hat{A} \quad := \quad \begin{pmatrix} a_{11} & \cdots & a_{1,n-1} & 0 \\ \vdots & & \vdots & \vdots \\ a_{n-1,1} & \cdots & a_{n-1,n-1} & 0 \\ 0 & \cdots & 0 & 1 \end{pmatrix} \tag{10.7}$$

offenbar Lorentzmatrix des $\mathbb{R}^n$ sein. Genau diese Lorentzmatrizen $\hat{A}$ mit orthogonalem $A$ wollen wir induzierte Lorentzmatrizen nennen. Man bestätigt übrigens leicht, daß die beliebige Lorentzmatrix

$$L = \begin{pmatrix} l_{11} & \cdots & l_{1n} \\ \vdots & & \vdots \\ l_{n1} & \cdots & l_{nn} \end{pmatrix}$$

induzierte Lorentzmatrix des $\mathbb{R}^n$ ist, wenn $l_{nn} = 1$ gilt: Man schaue sich zunächst die Zeilen- bzw. Spaltenorthogonalität für die letzte Zeile bzw. Spalte von $L$ an.

Wir wollen nun den folgenden Satz beweisen, der in schöner und einfacher Form alle Lorentzmatrizen des $\mathbb{R}^n$ darzustellen gestattet:

**A.10.1:** *Ist $L$ Lorentzmatrix des $\mathbb{R}^n$, so gibt es eine Herglotz–Brill–Matrix $B$ und eine induzierte Lorentzmatrix $\hat{A}$ mit $L = B \cdot \hat{A}$. Diese Darstellung ist* *eindeutig: Ist auch $B_1$ eine Herglotz–Brill–Matrix, und ist $\hat{A}_1$ eine induzierte Lorentzmatrix mit*

$$B\hat{A} = B_1\hat{A}_1,$$

*so folgt $B = B_1$ und $\hat{A} = \hat{A}_1$.*

**Beweis:** (a) Gelte $B\hat{A} = B_1\hat{A}_1$, und sei

$$B = B(p_1, \ldots, p_{n-1}; k)$$

und

$$B_1 = B(q_1, \ldots, q_{n-1}; l).$$

Aus der Gleichheit der letzten Spalten von $B\hat{A}$ und $B_1\hat{A}_1$ folgt

$$\begin{pmatrix} kp_1 \\ \vdots \\ kp_{n-1} \\ k \end{pmatrix} = \begin{pmatrix} lq_1 \\ \vdots \\ lq_{n-1} \\ l \end{pmatrix}.$$

Also ist $B = B_1$ und damit auch $\hat{A} = \hat{A}_1$.

(b) Sei nun

$$L = \begin{pmatrix} l_{11} & \cdots & l_{1n} \\ \vdots & & \vdots \\ l_{n1} & \cdots & l_{nn} \end{pmatrix}$$

Lorentzmatrix. Wegen (1.7) ist $l_{nn} \neq 0$. Mit $B$ bezeichnen wir die Herglotz–Brill–Matrix

$$B := B(p_1, \ldots, p_{n-1}; l_{nn}), \tag{10.8}$$

wobei

$$p_i := \frac{l_{in}}{l_{nn}} \quad \text{für} \quad i = 1, \ldots, n-1$$

gesetzt wurde. Die Spaltenorthogonalität von $L$ führte dabei zur geforderten Gleichung

$$l_{nn}^2 \cdot (1 - p_1^2 - \ldots - p_{n-1}^2) = 1.$$

Die Spaltenorthogonalität von $L$ führt auch zu

$$B(-p_1, \ldots, -p_{n-1}; l_{nn}) \cdot L =: \begin{pmatrix} a_{11} & \cdots & a_{1,n-1} & a_{1n} \\ \vdots & & & \\ a_{n-1,1} & \cdots & a_{n-1,n-1} & a_{n-1,n} \\ 0 & \cdots & 0 & 1 \end{pmatrix}.$$

Hier sind die Faktoren auf der linken Seite Lorentzmatrizen. Also steht auch rechts eine Lorentzmatrix, die damit induzierte Lorentzmatrix $\hat{A}$ sein muß. Mit (10.3) gilt dann

$$L = B \cdot \hat{A}. \tag{10.9}$$

Wir beachten, daß dieser Beweis auch gleich die Gestalt der Faktoren $B$ und $\hat{A} = B^{-1}L$ mitliefert. $\qquad\qquad\square$

**Bemerkung 1**: Aus (10.8) und (10.9) folgt, daß $L$ genau dann orthochron ist, wenn $B$ orthochron ist.

**Bemerkung 2**: Der Satz A.10.1 wurde im Falle $n = 4$ bereits von Alexander von Brill, loc. cit., 1912 angegeben. (Allerdings sind die Ausdrücke für drei der dort notierten 16 Größen nicht korrekt.)

# 6.11  Lorentzboosts, Relativistische Addition

Für $n = 4$ heißen die Herglotz–Brill–Matrizen Lorentzboosts, wenn sie orthochrone Lorentztransformationen darstellen. Eine solche Matrix $B(p_1, p_2, p_3; k)$ ist also genau dann Boost, wenn $k > 0$ ist. In diesem Falle ist

$$k = \frac{1}{\sqrt{1 - (p_1^2 + p_2^2 + p_3^2)}} = \frac{1}{\sqrt{1 - p^2}}$$

dem Vektor $p := (p_1, p_2, p_3)$ eindeutig zugeordnet, und wir schreiben dann kürzer

$$B(p) := B(p_1, p_2, p_3) := B(p_1, p_2, p_3; k). \tag{11.1}$$

Wir wollen den Namen Lorentzboost auch für allgemeines $n \geq 2$ für eine Herglotz–Brill–Matrix

$$B(p_1, \ldots, p_{n-1}; k)$$

verwenden, wenn $B$ orthochron ist, d.h. wenn $k > 0$ ist. Auch hier wird dann die entsprechend kürzere Schreibweise (11.1) verwendet. Der Satz A.10.1 hat für $n = 4$ Bedeutung in der Physik: Ist $L$ orthochrone Lorentzmatrix positiver Determinante des $\mathbb{R}^4$ und ist $L = B\hat{A}$ die Darstellung gemäß A.10.1, so ist $B$ nach Bemerkung 1 des vorigen Abschnittes Boost, und das $\hat{A}$ zugrunde liegende $A$ (vgl. (10.7)) ist Drehung des $\mathbb{R}^3$, die man in dem speziellen Falle, daß $L$ Produkt zweier Boosts ist, Thomas'sche Rotation (s. A.A. Ungar [1], [2]) nennt: Aus $|L| = 1$ und $|B| = 1$ (s. voriger Abschnitt) folgt, daß $A$ tatsächlich Drehung um eine Ursprungsgerade des $\mathbb{R}^3$ ist.

Wir schauen uns jetzt wiederum wie in Abschnitt 6.6 zwei kartesische Koordinatensysteme $K, K'$ an, die sich gleichförmig gegeneinander bewegen. In $K$ werde die Zeit $t$ mitgeführt, in $K'$ die Zeit $t'$. Zur Zeit $t = 0$ sei auch $t' = 0$ und außerdem $U = U'$. In Bezug auf $K'$ gelte für $U$ die Bewegungsgleichung

$$(x'_1, x'_2, x'_3) = t' \cdot \vec{v}, \tag{11.2}$$

wobei für den Geschwindigkeitsvektor $\vec{v}$

$$\vec{v} =: (v_1, v_2, v_3) =: (cp_1, cp_2, cp_3)$$

gesetzt sei, und in Bezug auf $K$ gelte für $U'$ die Bewegungsgleichung

$$(\xi_1, \xi_2, \xi_3) = \tau \cdot (-\vec{v}), \tag{11.3}$$

was letzteres noch eine besondere Lage der Raumachsen von $K$ und $K'$ zueinander bedingt. Die $K$ und $K'$ verbindende Lorentztransformation

$$y' = y \cdot L \tag{11.4}$$

sei orthochron mit $|L| = 1$. Tragen wir $U$ bzw. $U'$ in (11.4) ein, so ergibt (11.2) bzw. (11.3)

$$(t'cp_1 \quad t'cp_2 \quad t'cp_3 \quad ct') = (0\ 0\ 0\ ct) \cdot L$$

bzw.

$$(0\ 0\ 0\ c\tau')L^{-1} = (-\tau cp_1 \ -\tau cp_2 \ -\tau cp_3 \ c\tau).$$

Diese beiden letzteren Gleichungen ergeben unter Beachtung von Bemerkung 2 von Abschnitt 6.1 für $L$ das Aussehen

$$L = \begin{pmatrix} l_{11} & l_{12} & l_{13} & l_{44}p_1 \\ l_{21} & l_{22} & l_{23} & l_{44}p_2 \\ l_{31} & l_{32} & l_{33} & l_{44}p_3 \\ l_{44}p_1 & l_{44}p_2 & l_{44}p_3 & l_{44} \end{pmatrix}. \tag{11.5}$$

Da $L$ orthochron ist mit $|L| = 1$, so ist $L$ nach A.10.1 Produkt von Boost $B(q)$ und induzierter Lorentzmatrix $\hat{A}$

$$L = \begin{pmatrix} & & & kq_1 \\ & & & kq_2 \\ & & & kq_3 \\ kq_1 & kq_2 & kq_3 & k \end{pmatrix} \cdot \left( \begin{array}{ccc|c} & & & 0 \\ & A & & 0 \\ & & & 0 \\ \hline 0 & 0 & 0 & 1 \end{array} \right).$$

Es ist damit

$$\begin{pmatrix} kq_1 \\ kq_2 \\ kq_3 \\ k \end{pmatrix}$$

die letzte Spalte von $L$, was $l_{44} = k$ und $q_i = p_i$ für $i = 1, 2, 3$ bedeutet. Mit

$$p = (p_1, p_2, p_3)$$

schreiben wir dann

$$L = B(p) \cdot \hat{A}, \qquad (11.6)$$

wobei

$$p = \frac{1}{c} \vec{v} \qquad (11.7)$$

gilt. Multiplizieren wir nun noch die letzte Zeile von $B(p)$ mit $\hat{A}$ gemäß (11.6), so erhalten wir, wenn wir (11.5) berücksichtigen,

$$(p_1 \, p_2 \, p_3) = (p_1 \, p_2 \, p_3) A.$$

Die Verbindungsgerade von $U$ und $U'$ (zu einer Zeit $t \neq 0$) ist also Drehachse der Drehung $A$. Es ist die Gerade durch $U, U'$ mit Richtungsvektor $\vec{v}$. Einen bequemen Ausdruck für $L$ erhalten wir mit (11.6), wenn wir für die Drehung $A$ die identische Drehung wählen. Diese Überlegung wollen wir nun verwenden, um relativistisch Geschwindigkeitsvektoren zu addieren. Gegeben seien also Koordinatensysteme $K, K', K''$ derart, daß der Übergang von $K$ zu $K'$ bzw. von $K'$ zu $K''$ durch die Boosts

$$B(p) \quad \text{bzw.} \quad B(q)$$

erfolgt: $U$ bewegt sich bezüglich $K'$ mit der Geschwindigkeit $\vec{v} = cp$, und $U'$ bewegt sich bezüglich $K''$ mit der Geschwindigkeit $\vec{w} = cq$. Mit welcher Geschwindigkeit bewegt sich $U$ bezüglich $K''$? Mit

$$x' = x B(p) \quad \text{und} \quad x'' = x' B(q)$$

ist $x'' = x B(p) B(q)$. Mit A.10.1 gilt

$$B(p) B(q) =: B(r) \cdot \hat{A},$$

und die Aufgabe besteht darin, $r \in \mathbb{R}^3$ zu finden. Diese Aufgabe wollen wir nun allerdings wieder für allgemeines $n \geq 2$ lösen:

**A.11.1**: *Sei $n \geq 2$ und seien*

$$B(p_1, \ldots, p_{n-1}; k), \; B(q_1, \ldots, q_{n-1}; l)$$

*Herglotz–Brill–Matrizen mit $k > 0$ und $l > 0$. Ist dann für $p := (p_1, \ldots, p_{n-1})$ und $q := (q_1, \ldots, q_{n-1})$*

$$B(p) \cdot B(q) = B(r_1, \ldots, r_{n-1}; m) \cdot \hat{A} \qquad (11.8)$$

*die eindeutige Zerlegung gemäß A.10.1, so gilt*

$$r := p * q := \frac{p+q}{1+pq} + \frac{k}{k+1}\frac{(pq)p - p^2q}{1+pq},\qquad(11.9)$$

*wobei etwa pq das euklidische Skalarprodukt der Vektoren p, q des $\mathbb{R}^{n-1}$ darstellt.*

**Beweis**: Bestimmen wir in (11.8) links und rechts die letzte Spalte, so erhalten wir

$$mr_i = \alpha lp_i \cdot pq + lq_i + kp_i l \text{ für } i = 1, \ldots, n-1 \qquad(11.10)$$

und

$$m = kl \cdot pq + kl = kl \cdot (1 + pq) \qquad(11.11)$$

mit $\alpha := \frac{k^2}{k+1}$ und

$$pq = p_1q_1 + \ldots + p_{n-1}q_{n-1}.$$

Nach A.10.1 ist $B(r_1, \ldots, r_{n-1}; m)$ Herglotz–Brill–Matrix, d.h. es ist $m \neq 0$. Mit

$$r := (r_1, \ldots, r_{n-1})$$

und (11.10), (11.11) folgt nun

$$r = \frac{\frac{\alpha}{k}p \cdot pq + \frac{1}{k}q + p}{1+pq} = \frac{p+q}{1+pq} + \frac{\frac{k}{k+1}p \cdot pq + \left(\frac{1}{k}-1\right)q}{1+pq}$$

$$= \frac{p+q}{1+pq} + \frac{k}{k+1}\frac{(pq)\cdot p - p^2 \cdot q}{1+pq},$$

wenn wir

$$\left(\frac{1}{k}-1\right)\frac{k+1}{k} = \frac{1}{k^2} - 1 = -p^2$$

beachten.                                                                    □

Kehren wir zum Fall $n = 4$ zurück! Mit $\vec{v} = cp$ und $\vec{w} = cq$ und $\vec{v} * \vec{w} := cr$ folgt aus (11.9)

$$\vec{v} * \vec{w} = \frac{\vec{v}+\vec{w}}{1+\frac{\vec{v}\vec{w}}{c^2}} + \frac{1}{c^2}\frac{k}{k+1}\frac{\vec{v}\times(\vec{v}\times\vec{w})}{1+\frac{\vec{v}\vec{w}}{c^2}},\qquad(11.12)$$

wenn wir

$$\vec{v}\times(\vec{v}\times\vec{w}) = (\vec{v}\vec{w})\vec{v} - \vec{v}^2 \cdot \vec{w}$$

beachten. Dabei ist

$$k = \frac{1}{\sqrt{1-p^2}} = \frac{1}{\sqrt{1-\left(\frac{\vec{v}}{c}\right)^2}}.$$

**Bemerkung:** Zu (11.12) s. A.A. Ungar, loc. cit. und die dort angegebene Literatur. Die algebraische Struktur, die der relativistischen Addition zugrunde liegt, wurde in anderem Zusammenhang von H. Karzel, W. Kerby, H. Wefelscheid untersucht (H. Wefelscheid [1]). — Die relativistische Addition ist weder kommutativ noch assoziativ, wie einfache Beispiele zeigen. Sind $\vec{v}, \vec{w}$ parallele Vektoren, so reduziert sich (11.12) auf den Ausdruck

$$\vec{v} * \vec{w} = \frac{\vec{v} + \vec{w}}{1 + \frac{\vec{v}\vec{w}}{c^2}}.$$

Aus (11.12) ergibt eine leichte Rechnung das Einsteinsche Additionsgesetz der Geschwindigkeiten

$$|\vec{v} * \vec{w}| = \frac{1}{1 + \frac{\vec{v}\vec{w}}{c^2}} \cdot \sqrt{(\vec{v} + \vec{w})^2 - \frac{1}{c^2}(\vec{v} \times \vec{w})^2}.$$

Betrachten wir nun wieder den allgemeinen Fall $n \geq 2$ und dort die Verknüpfung (11.9). Wir wollen dann einige Rechenregeln beweisen. Dabei sei $\mathbb{F}^n := \left\{ x \in \mathbb{R}^{n-1} \mid x^2 < 1 \right\}$.

1) *Aus $p \in \mathbb{F}^n$ folgt $0 * p = p = p * 0$.*

2) *Aus $p \in \mathbb{F}^n$ folgt $p * (-p) = 0 = (-p) * p$.*

3) *Zu $a, b \in \mathbb{F}^n$ gibt es genau ein $x \in \mathbb{F}^n$ mit $a * x = b$.*

Beweis von 3): Sei $x$ Lösung. Aus

$$B(a) \cdot B(x) = B(a * x)\hat{A} = B(b)\hat{A}$$

folgt dann $B(-a)B(b) = B(x)\hat{A}^T$, und $B(x)$ ist mit A.10.1 eindeutig bestimmt. Zerlegen wir nun andererseits $B(-a) \cdot B(b)$ nach A.10.1,

$$B(-a)B(b) = B\hat{A}_1 \text{ mit } B =: B(x),$$

so folgt $B(a)B(x) = B(b)\hat{A}_1^T$, und $x = (-a) * b$ ist also Lösung.

4) *Ist $A$ orthogonale Matrix des $\mathbb{R}^{n-1}$, und ist $x, y \in \mathbb{F}^n$, so gilt*

$$(x * y)A = (xA) * (yA).$$

Der Beweis folgt sofort aus (11.9), da die Abbildung $p \to pA$ Skalarprodukte erhält.

5) *Ist $\hat{A}$ induzierte Lorentzmatrix des $\mathbb{R}^n$, so gilt*

$$\hat{A}B(p) = B(pA^T)\hat{A} \tag{11.13}$$

*für alle $p \in \mathbb{F}^n$.*

Beweis: Für die Matrix (10.5) gilt

$$B(p) = E + kB_0(p) + \alpha B_0^2(p), \tag{11.14}$$

wobei $E$ die Einheitsmatrix des $\mathbb{R}^n$ bezeichnet und

$$B_0(p) = \begin{pmatrix} & & & & p_1 \\ & 0 & & & \vdots \\ & & & & p_{n-1} \\ p_1 & \cdots & p_{n-1} & & 0 \end{pmatrix}$$

gesetzt ist. Also gilt

$$\hat{A}B(p)\hat{A}^T = E + k(\hat{A}B_0\hat{A}^T) + \alpha(\hat{A}B_0\hat{A}^T)^2.$$

Eine kleine und einfache Rechnung ergibt

$$\hat{A}B_0(p)\hat{A}^T = B_0(pA^T).$$

Also folgt mit (11.14) die Behauptung, da $k$ bzw. $\alpha$ für $p$ und $pA^T$ den Wert nicht ändern.

6) *Setzt man in (11.8)*

$$B(p)B(q) = B(p * q)\hat{A}(p, q)$$

(hier ist für $n = 4$ die schon erwähnte Thomas'sche Rotation involviert), *so gilt*

$$a * (b * c) = (a * b) * [cA^T(a, b)]$$

*für alle $a, b, c \in \mathbb{F}^n$.*

Beweis: Aus

$$B(a)B(b * c) = B\Big(a * (b * c)\Big)\hat{A}(a, b * c)$$

folgt

$$B(a)B(b)B(c) = B\Big(a * (b * c)\Big)\hat{A}(a, b * c)\hat{A}(b, c). \tag{11.15}$$

Aus

$$B(a * b)B\left(cA^T(a,b)\right) = B(r)\hat{A}_1$$

mit $r = (a * b) * [cA^T(a,b)]$ und passender induzierter Lorentzmatrix $\hat{A}_1$ folgt unter Verwendung von (11.13)

$$\begin{aligned} B(r)\hat{A}_1 &= B(a)B(b)\hat{A}^T(a,b)B\left(cA^T(a,b)\right) \\ &= B(a)B(b)B(c)\ddot{A}^T(a,b). \end{aligned}$$

Vergleichen wir dies mit (11.15), so ergibt A.10.1

$$B(r) = B\left(a * (b * c)\right),$$

d.h. die Behauptung.

7) *Es gilt*

$$b * a = (a * b)A(a,b)$$

*für alle $a, b \in \mathbb{F}^n$.*

Beweis: Transponieren wir

$$B(a)B(b) = B(a * b)\hat{A}(a,b),$$

so folgt

$$\hat{A}^T(a,b)B(a * b) = B(b)B(a) = B(b * a)\hat{A}(b,a),$$

da Herglotz–Brill–Matrizen symmetrisch sind. Mit (11.13) gilt also

$$B(b * a)\hat{A}(b,a) = B\left((a * b)A(a,b)\right)\hat{A}^T(a,b).$$

Mit A.10.1 folgt dann die Behauptung.

8) *Für $a, b \in \mathbb{F}^n$ ist $x = b * [-aA(a,b)]$ die einzige Lösung von $x * a = b$.*

**Bemerkung:** Die vorstehenden Rechenregeln für die relativistische Addition hat A.A. Ungar (s. loc. cit.) angegeben. Zur vorliegenden algebraischen Struktur s. H. Wefelscheid, loc. cit. und auch H. Wähling [1], S. 216.

## 6.12  Eigenzeit, Ruhlänge

In diesem Abschnitt soll zunächst eine physikalische Deutung des Lorentz–Minkowski–Abstandes zweier Ereignisse $A, B$, für die $A < B$ gilt, angegeben werden. Da $d(A, B)$ genau dann 0 ist, wenn es eine Lichtgerade durch $A$ und

$B$ gibt, so werden wir uns auf den Fall $d(A, B) < 0$ beschränken. Wir stellen uns drei kartesische Koordinatensysteme $K(x_i)$, $K'(x_i')$, $\Sigma(\xi_i)$ mit jeweiliger Zeitmessung vor, die sich paarweise geradlinig gleichförmig gegeneinander bewegen. Um ein deutlicheres Bild vor Augen zu haben, sei $\Sigma$ ein in einer Rakete mitgeführtes Koordinatensystem. So wie wir in Abschnitt 6 dieses Kapitels eine Lichtausbreitung von zwei Koordinatensystemen $K$ und $K'$ aus beobachtet haben, so soll jetzt entsprechend der Bewegungsablauf der Rakete von $K$ und von $K'$ aus betrachtet werden. Die Rakete habe Geschwindigkeit $\vec{w}$ bzw. $\vec{w}'$ in bezug auf $K$ bzw. $K'$. Wir setzen nun voraus, daß ein Beobachter in der Rakete vom Ereignis $A$ zum Ereignis $B$ längs einer Geraden des $\mathrm{IR}^3$ gelange. Für diesen Beobachter, für den wir durchweg $\xi_1 = \xi_2 = \xi_3 = 0$ annehmen, sei $\tau - \tau_0$ die verflossene Zeit von $A$ nach $B$, die auch die *Eigenzeit* des Beobachters genannt wird: Die Koordinaten von $A$ bzw. $B$ in $\Sigma$ seien

$$(0, 0, 0, c\tau_0) \quad \text{bzw.} \quad (0, 0, 0, c\tau).$$

Entsprechend seien

$$x_0 := (x_{i0}) \quad \text{bzw.} \quad x := (x_i)$$

die Koordinaten von $A$ bzw. $B$ in $K$ usf. Je zwei der Koordinatensysteme sind durch eine Lorentztransformation verbunden. Also folgt aus der Invarianz der Lorentz–Minkowski–Abstände

$$d(x_0, x) = -c^2(\tau - \tau_0)^2 = d(x_0', x'). \tag{12.1}$$

Der Abstand der Ereignisse $A, B$ läßt sich also mit Hilfe des Begriffs der Eigenzeit deuten. Mit $\tau_0 < \tau$ folgt aus (12.1)

$$\frac{1}{c}\sqrt{-d(x_0, x)} = \tau - \tau_0 = \frac{1}{c}\sqrt{-d(x_0', x')}.$$

Setzen wir $w := |\vec{w}|$, so gilt noch

$$\sum_{i=1}^{3}(x_i - x_{i0})^2 = w^2 \left(\frac{x_4}{c} - \frac{x_{40}}{c}\right)^2,$$

d.h.

$$d(x_0, x) = \left(\frac{w^2}{c^2} - 1\right)(x_4 - x_{40})^2.$$

Mit (12.1) und $x_4 =: ct$ und $x_{40} =: ct_0$ ist also

$$t - t_0 = \frac{\tau - \tau_o}{\sqrt{1 - \left(\frac{w}{c}\right)^2}}. \tag{12.2}$$

Der Gleichung (12.1) kommt nun eine grundlegende Bedeutung zu: Beim Satz von A.D. Alexandrov des Abschnittes 6 ging es um Bijektionen des $\mathrm{IR}^n$, die in beiden Richtungen den Abstand 0 erhielten. Die Gleichung (12.1) legt nahe, sich nun genauso nach Bijektionen des $\mathbb{R}^n$ zu fragen, die in beiden Richtungen eine feste Eigenzeit erhalten. Tatsächlich werden wir im weiteren Verlauf dieses Kapitels zeigen, daß eine Abbildung des $\mathbb{R}^n(n \geq 2)$ in sich, die eine feste Eigenzeit größer als 0 erhält, bereits eine Lorentztransformation sein muß. In der physikalischen Interpretation bedeutet dies: Wenn immer vom Koordinatensystem $K$ aus der Ablauf einer festen Eigenzeit $\gamma$ festgestellt wird und wenn dann stets dieses Ergebnis von $K'$ aus bestätigt werden kann, so ist die $K$ und $K'$ verbindende Abbildung eine Lorentztransformation. Im Falle $\gamma = 0$ mußte gemäß den Voraussetzungen des Satzes von A.D. Alexandrov auch umgekehrt noch $K$ immer die Aussage $\gamma = 0$ bestätigen, wenn dies in $K'$ festgestellt wurde, um die $K$ und $K'$ verbindende Abbildung als Laguerretransformation darzustellen, was nach F. Cacciafesta [1] tatsächlich aber unnötig ist.

Zwei Punkte $x, y$ des $\mathbb{R}^n$ heißen *gleichzeitig*, wenn ihre letzten Komponenten $x_n, y_n$ gleich sind. Wir wollen nun den folgenden Sachverhalt bestätigen:

**A.12.1**: *Seien $a, b$ verschiedene Punkte des $\mathbb{R}^n(n \geq 2)$. Dann und nur dann existiert eine Lorentztransformation $\lambda$ des $\mathbb{R}^n$ derart, daß $\lambda(a), \lambda(b)$ gleichzeitig sind, wenn $d(a, b) > 0$ gilt.*

**Beweis:** (a) Sei $d(a, b) \leq 0$ und sei ohne Einschränkung $a < b$. Gäbe es nun eine Lorentztranformation $\lambda$ derart, daß $\lambda(a), \lambda(b)$ gleichzeitig wären, so könnte $\lambda$ nicht orthochron sein, da $\lambda(a) < \lambda(b)$ und die Übereinstimmung der letzten Komponenten von $\lambda(a), \lambda(b)$ den Widerspruch $\lambda(a) = \lambda(b)$ zur Folge hätten. Es könnte $\lambda$ aber auch keine Zeitumkehr sein (s. A.3.2), da sonst $\lambda(b) < \lambda(a)$ wäre, was mit der Gleichheit der letzten Komponenten wiederum $\lambda(b) = \lambda(a)$, d.h. $b = a$ bedeutete.

(b) Gelte $d(a, b) > 0$ und ohne Einschränkung $a_n \neq b_n$. Dann ist

$$r := \frac{a_n - b_n}{(a_1 - b_1)^2 + \ldots + (a_{n-1} - b_{n-1})^2}$$

ungleich 0, und (10.1) ist für

$$p_i := r(b_i - a_i), \quad i = 1, \ldots, n-1,$$

erfüllt. Mit der Lorentzboost

$$L := B(p_1, \ldots, p_{n-1})$$

haben wir dann in

$$\lambda(x) = xL - aL$$

eine Lorentztransformation derart, daß die letzten Komponenten von $\lambda(a), \lambda(b)$ übereinstimmen.                                                      $\square$

Bei der Veranschaulichung positiver Lorentz–Minkowski–Abstände

$$d(a, b) > 0$$

kann man sich nach dieser Aussage auf die Betrachtung gleichzeitiger Repräsentanten $x, y$ mit also

$$d(x, y) = d(a, b)$$

beschränken.

Wir beziehen uns nun wieder auf drei kartesische Koordinatensysteme $K(x_i)$, $K'(x_i')$, $\Sigma(\xi_i)$ mit jeweiliger Zeitmessung, die sich paarweise geradlinig gleichförmig gegeneinander bewegen. Wiederum sei $\Sigma$ ein in einer Rakete mitgeführtes Koordinatensystem. Wir betrachten nun zwei auf $\Sigma$ bezogene gleichzeitige Ereignisse

$$A = (\xi_{10}, \xi_{20}, \xi_{30}, c\tau),$$

und

$$B = (\xi_1, \xi_2, \xi_3, c\tau),$$

wobei $\xi_{i0}, \xi_i$ feste reelle Zahlen sein sollen und $\tau$ über ein Intervall von $\mathbb{R}$ laufe. Eine Verdeutlichung (in Grenzen) könnte so aussehen: Der Beobachter ($\xi_1 = \xi_2 = \xi_3 = 0$) in der Rakete hält während der Reise einen Bleistift zwischen beiden Zeigefingern, wobei Spitze $A$ und Ende $B$ des Bleistifts ihre $\xi$–Position bezüglich der ersten drei Koordinaten nicht verändern. Es heißt $l_0$ mit

$$l_0^2 = \sum_{i=1}^{3} (\xi_i - \xi_{i0})^2$$

die *Ruhlänge* des gleichzeitigen Ereignispaares $A, B$. Sind

$$x_0 := (x_{i0}) \quad \text{bzw.} \quad x := (x_i)$$

und

$$x_0' := (x_{i0}') \quad \text{bzw.} \quad x' := (x_i')$$

die Koordinaten von $A$ bzw. $B$ in $K$ und $K'$, so bewirkt die Invarianz der Lorentz–Minkowski–Abstände

$$d(x_0, x) = l_0^2 = d(x_0', x'). \tag{12.3}$$

Der Gleichung (12.3) kommt nun mutatis mutandis die Bedeutung von (12.1) zu: Im weiteren Verlauf dieses Kapitels zeigen wir, daß eine Abbildung des $\mathbb{R}^n (n \geq 2)$ in sich, die eine feste Ruhlänge größer als 0 erhält, bereits eine Lorentztransformation sein muß.

Zum Abschluß dieses Abschnittes 6.12 wollen wir nun noch die zu (12.2) entsprechende Formel für die Ruhlänge herleiten. Diese Gleichung werden wir allerdings für beliebiges $n \in \mathbb{N}$ mit $n \geq 2$ angeben. Anschließend soll sie dann auf den physikalisch interessanten Fall $n = 4$ spezialisiert werden.

**A.12.2**: *Sei $\lambda$ eine orthochrone Lorentztransformation des $\mathbb{R}^n \, (n \geq 2)$,*

$$\gamma(x) = xL + a,$$

*seien $\xi, \xi_0 \in \mathbb{R}^n$ gleichzeitige Punkte, sei $B(p)$ der Boostfaktor von $L$. Setzen wir dann*

$$x := \lambda(\xi), \qquad\qquad x_0 := (x_{10}, \ldots, x_{n0}) := \lambda(\xi_0),$$

$$l := \sqrt{\sum_{i=1}^{n-1}(x_i - x_{i0})^2}, \qquad l_0 := \sqrt{\sum_{i=1}^{n-1}(\xi_i - \xi_{i0})^2},$$

*so gilt*

$$l = \frac{l_0}{\sqrt{1-p^2}} \cdot \sqrt{1 - p^2 \sin^2 \omega}, \tag{12.4}$$

*wenn $\omega$ einen Winkel zwischen den Vektoren*

$$t := (\xi_1 - \xi_{10}, \ldots, \xi_{n-1} - \xi_{n-1,0})$$

*und*

$$p = (p_1, \ldots, p_{n-1})$$

*bezeichnet.*

**Beweis**: Es gilt

$$x - x_0 = (\xi - \xi_0) \, B(p) \hat{A},$$

wenn $\hat{A}$ die $L$ zugrunde liegende induzierte Lorentzmatrix bezeichnet. Wir beachten, daß die letzte Komponente von $\xi - \xi_0$ verschwindet. Wenn wir nun $l^2$ berechnen wollen, so können wir $\hat{A}$ unberücksichtigt lassen, da das hierin enthaltene $A$ orthogonal ist und also euklidische Längen ungeändert läßt. Setzen wir $B(p)$ in der Form (10.5) an und schreiben wir noch $t_i$ anstelle von $\xi_i - \xi_{i0}$, so gilt

$$
\begin{aligned}
l^2 &= \sum_{i=1}^{n-1} \left[ t_i + \alpha p_i \sum_{j=1}^{n-1} t_j p_j \right]^2 \\
&= l_0^2 + 2\alpha(tp)^2 + \alpha^2 p^2 (tp)^2 \\
&= l_0^2 + k^2(tp)^2 = l_0^2(1 + k^2 p^2 \cos^2 \omega),
\end{aligned}
$$

wenn wir

$$k^2 = \frac{1}{1-p^2} \quad \text{und} \quad \alpha = \frac{k^2}{1+k}$$

beachten.                                                                    □

Im Falle $n = 4$ ziehen wir erneut die Koordinatensysteme $K(x_i)$ und $\Sigma(\xi_i)$ heran. $\lambda$ sei die verbindende Lorentztransformation, so daß $w := |\vec{w}| = |cp|$ und also

$$l = \frac{l_0}{\sqrt{1-(\frac{w}{c})^2}} \cdot \sqrt{1 - \left(\frac{w}{c}\right)^2 \sin^2 \omega} \qquad (12.5)$$

gilt. Ist der Geschwindigkeitsvektor $\vec{w}$ ein reelles Vielfaches des Vektors

$$t = (\xi_1 - \xi_{10}, \ldots, \xi_3 - \xi_{30}),$$

d.h. ist $\omega = 0$ oder $180°$, so reduziert sich (12.5) zu

$$l = \frac{l_o}{\sqrt{1-(\frac{w}{c})^2}}. \qquad (12.6)$$

Allgemein ist in (12.5) $\omega$ ein Winkel zwischen Geschwindigkeitsvektor $\vec{w}$ und Vektor $t$. Hat in der gegebenen Deutung eines Bleistifts dieser eine Richtung senkrecht zu $\vec{w}$, so lautet (12.5) offenbar $l = l_0$.

## 6.13   Invarianz einer Eigenzeit impliziert Lorentzgruppe

In den Abschnitten 6.13, 6.14, 6.15 wird der folgende Satz bewiesen:

**Satz:** *Gegeben seien eine feste reelle Zahl $\rho \neq 0$ und eine Abbildung*

$$\sigma : \mathbb{R}^n \to \mathbb{R}^n$$

*mit $n \geq 2$ und $n \in \mathbb{N}$. Gilt dann*

$$\forall_{x,y \in \mathbb{R}^n} \; d(x,y) = \rho \;\Rightarrow\; d\big(\sigma(x), \sigma(y)\big) = \rho,$$

*so ist $\sigma$ Lorentztransformation des $\mathbb{R}^n$.*

**Bemerkung 1:** Der Beweis dieses Satzes wird in drei Teilen geführt. Der Fall $\rho < 0$ und $n \geq 3$ wird in Abschnitt 6.13 behandelt, der Fall $\rho > 0$ und $n \geq 3$ in 6.14. In Abschnitt 6.15 kommt dann der Fall $n = 2$ für Körperebenen zur

Sprache. Die Entwicklungen in Abschnitt 6.14 stammen von June Lester [3], die in 6.13 von W. Benz [10]. Der in 6.15 bewiesene Satz geht auf F. Radó und W. Benz zurück; ein einheitlicher Beweis hierfür wurde von H. Schaeffer [3] gegeben.

Wenn wir im weiteren Verlauf dieses Abschnittes 6.13 vom Satz A sprechen, so ist der zu Beginn dieses Abschnittes formulierte Satz unter der weiteren Voraussetzung, daß

$$\rho < 0 \qquad (13.1)$$

gilt, gemeint. Anstelle von $d(P, Q)$ für $P, Q \in \mathbb{R}^n$ wollen wir jetzt kürzer $\overline{PQ}$ schreiben. Wir zeigen zunächst, daß Satz A gilt, sofern wir ihn für $\rho = -1$ bewiesen haben. Sei dazu eine Abbildung $\sigma$ nach Satz A vorgelegt, und sei $\mu : \mathbb{R}^n \to \mathbb{R}^n$ durch

$$x \to \sqrt{|\rho|} \cdot x$$

gegeben. Dann ist $\tau := \mu^{-1}\sigma\mu$ eine Abbildung des $\mathbb{R}^n$ in sich, die den Abstand -1 erhält, die nach Voraussetzung also Lorentztransformation ist,

$$\tau(x) = xL + a.$$

Dann ist aber auch

$$\sigma(x) = \mu\tau\mu^{-1}(x) = xL + a\sqrt{|\rho|}$$

Lorentztransformation. $\qquad\qquad\qquad\qquad\qquad\qquad\qquad\qquad\qquad\square$

Für $x, y \in \mathbb{R}^n$ benutzen wir wieder das Skalarprodukt

$$xy := x_1 y_1 + \ldots + x_{n-1} y_{n-1} - x_n y_n. \qquad (13.2)$$

Zu $x = (x_1, \ldots, x_n) \in \mathbb{R}^n$ bezeichne

$$x_0 := (x_1, \ldots, x_{n-1})$$

die Projektion von $x$ in den $\mathbb{R}^{n-1}$ längs der letzten Komponente. Hier bedeute $x_0 y_0$ das übliche euklidische Skalarprodukt.

(1) *Es gibt kein Punktetripel $A, B, C \in \mathbb{R}^n$ mit $\overline{AB} = \overline{BC} = \overline{CA} = -1$.*

**Beweis:** Angenommen doch! Mit

$$B - A =: x \quad \text{und} \quad C - A =: y$$

gilt $x^2 = y^2 = (x-y)^2 = -1$ und damit

$$0 = [x_0^2 y_0^2 - (x_0 y_0)^2] + \left(x_0 - \frac{1}{2} y_0\right)^2 + \frac{3}{4}(1 + y_0^2),$$

was der Cauchy–Schwarz'schen Ungleichung widerspricht.                          □

(2) *Zu jedem $r \neq 0$ des $\mathbb{R}^n$ existieren $x, y, z \in \mathbb{R}^n$ mit $x^2 = y^2 = z^2 = -1$ und $r = x + y + z$.*

**Beweis:** 1. Fall: $\lambda := \sqrt{r_0^2} \neq 0$.
Ist $r_n$ die letzte Komponente von $r$, so setze $a := r_n - \lambda$ und $b := r_n + \lambda$. Also ist $(a, b) \neq (0, 0)$. Wir wählen nun nicht verschwindende reelle Zahlen $u, v, w$ mit

$$a = u + v + w \quad \text{und} \quad b = \frac{1}{u} + \frac{1}{v} + \frac{1}{w}$$

und definieren $x \in \mathbb{R}^n$ vermittels

$$x_0 := \frac{1}{2\lambda}\left(\frac{1}{u} - u\right) r_0 \quad \text{und} \quad x_n := \frac{1}{2}\left(\frac{1}{u} + u\right).$$

Die Elemente $y, z$ sind entsprechend wie $x$ gebildet, hier $u$ durch $v$ resp. $w$ ersetzt.

2. Fall: $\lambda := \sqrt{r_0^2} = 0$.
Hier sei $r_n =: a = u + v + w$, $r_n =: b = u^{-1} + v^{-1} + w^{-1}$ und

$$x_1 := \frac{1}{2}\left(\frac{1}{u} - u\right), \quad x_2 = \ldots = x_{n-1} = 0, \quad x_n := \frac{1}{2}\left(\frac{1}{u} + u\right),$$

usf. gesetzt. Also gilt (2) auch in diesem Falle.                               □

(3) *Sind $A \neq B$ Punkte des $\mathbb{R}^n$, so gibt es Punkte $P, Q \in \mathbb{R}^n$ mit $\overline{AP} = \overline{PQ} = \overline{QB} = -1$.*

**Beweis:** Setze $r := B - A$. Wegen (2) gibt es $x, y, z \in \mathbb{R}^n$ mit $x^2 = y^2 = z^2 = -1$ und $r = x + y + z$. Definiere nun

$$P := x + A \quad \text{und} \quad Q := B - y.$$                               □

Um Satz A zu beweisen, genügt es, den folgenden Satz B zu beweisen:

**Satz B:** *Gegeben sei eine injektive Abbildung $\sigma : \mathbb{R}^n \to \mathbb{R}^n$ mit*

$$\forall_{x,y \in \mathbb{R}^n} \ \overline{xy} = -1 \ \Rightarrow \ \overline{\sigma(x)\sigma(y)} = -1.$$

*Dann ist $\sigma$ Lorentztransformation des $\mathbb{R}^n$.*

Daß Satz A Konsequenz von Satz B ist, folgt so: Wie bereits festgestellt wurde, braucht Satz A nur im Falle $\rho = -1$ bewiesen zu werden. Wir zeigen nun noch, daß jedes $\sigma : \mathbb{R}^n \to \mathbb{R}^n$, das den Abstand -1 erhält, injektiv sein muß: Angenommen, es gäbe Punkte $A \neq B$ mit $\sigma(A) = \sigma(B)$. Nach (3) gibt es Punkte $P, Q$ mit $\overline{AP} = \overline{PQ} = \overline{QB} = -1$. Mit der Gleichheit der Bilder von A,B folgt hieraus

$$\overline{\sigma(A)\sigma(P)} = \overline{\sigma(P)\sigma(Q)} = \overline{\sigma(Q)\sigma(A)} = -1,$$

was (1) widerspricht. $\qquad\qquad\qquad\qquad\qquad\qquad\qquad\qquad\qquad\qquad\square$

Für die Aussagen (1), (2), (3) und für die Reduktion von Satz A auf Satz B genügt es, $n \geq 2$ vorauszusetzen. Im weiteren Verlauf dieses Abschnittes 6.13 sei nun auch stets $n \geq 3$ vorausgesetzt.

(4) *Gegeben sei $p \in \mathbb{R}^n, n \geq 3$, mit $|p^2 + 2| > 2$. Dann gibt es verschiedene $x, y \in \mathbb{R}^n$ mit $x^2 = y^2 = -1$ und $p = x + y$.*

**Beweis**: Ist $\lambda := p^2 + 2p_n = 0$, so setzen wir

$$x := (0, \ldots, 0, 1) \quad \text{und} \quad y := p - x.$$

Wir beachten dabei $p \neq 2x$ wegen $|p^2 + 2| > 2$. Sei nun $\lambda \neq 0$. Dann gilt

$$\lambda^2 h := (p^2 + 2)^2 - 4 > 0.$$

Es kann nicht gleichzeitig $h = 1$ und $p_0 = 0$ sein. Damit existiert ein $v \in \mathbb{R}^{n-1}$ mit $v^2 \neq 1$ und

$$\left(v + \frac{2}{\lambda}p_0\right)^2 = h. \tag{13.3}$$

Definiere nun $x, y \in \mathbb{R}^n$ vermittels

$$x_n := 1 - \frac{2}{1 - v^2}, \quad x_0 := (1 - x_n)v, \quad y := p - x.$$

Also ist $x^2 = -1$. Mit (13.3) folgt $p^2 = 2px$, d.h. $y^2 = -1$. Wäre $p = 2x$, so ergäbe sich $|p^2 + 2| = 2$. $\qquad\qquad\qquad\qquad\qquad\qquad\qquad\qquad\qquad\square$

Gegeben sei $q \in \mathbb{R}^n$ mit $q^2 = -1$. Dann ist $q_n \neq 0$, und die Lorentztransformation

$$f(x) := x \cdot B(p_1, \ldots, p_{n-1}; q_n) \tag{13.4}$$

mit $p_i q_n := q_i$ für $i = 1, \ldots, n - 1$ überführt $E := (0, \ldots, 0, 1)$ in $q$. Ist nun $\sigma$ eine Abbildung gemäß Satz B, so gilt $q^2 = -1$ für

$$q := \sigma(E) - \sigma(0)$$

wegen $-1 = \overline{0E} = \sigma(0)\sigma(E)$. Für die Lorentztransformation (13.4) gilt dann

$$f(E) = \sigma(E) - \sigma(0).$$

Die Lorentztransformation

$$\tau(x) := f(x) + \sigma(0)$$

erfüllt dann

$$\tau(0) = \sigma(0) \quad \text{und} \quad \tau(E) = \sigma(E).$$

Damit ist $\overline{\sigma} := \tau^{-1}\sigma$ auch eine Abbildung gemäß Satz B, die aber noch $0$ und $E$ festläßt. Können wir zeigen, daß $\overline{\sigma}$ Lorentztransformation ist, so muß auch

$$\sigma = \tau\overline{\sigma}$$

eine solche sein. Ohne Einschränkung der Allgemeinheit können wir $\sigma(0) = 0$ und $\sigma(E) = E$ beim Beweis des Satzes B annehmen.

(5) *Gegeben sei ein $\sigma$ des Satzes B mit $\sigma(0) = 0$ und $\sigma(E) = E$. Gibt es dann eine bijektive und lineare Abbildung $\lambda$ des $\mathbb{R}^n$ mit $\sigma(P) = \lambda(P)$ für alle*

$$P \in I\!H := \left\{ X \in \mathbb{R}^n \mid \overline{0X} = -1 \right\},$$

*so ist $\sigma$ Lorentztransformation.*

**Beweis**: Wegen $\lambda(I\!H) = \sigma(I\!H) \subseteq I\!H$ ist $\lambda$ Lorentztransformation. Unser Ziel ist nun der Nachweis von $\sigma(P) = \lambda(P)$ für alle $P \in \mathbb{R}^n$. Gegeben sei ein Punkt $P$ mit $|P^2 + 2| > 2$. Nach (4) gibt es dann verschiedene Punkte $X_1, X_2 \in I\!H$ mit $P = X_1 + X_2$. Also gilt $X_1, X_2 \in F$, wobei

$$F := \left\{ X \in \mathbb{R}^n \mid 2PX = P^2 \right\} \tag{13.5}$$

eine Hyperebene des $\mathbb{R}^n$ darstellt. Wegen $|I\!H \cap F| > 1$ gibt es $n$ Punkte $Y_1, \ldots, Y_n$ in $I\!H \cap F$, die $F$ aufspannen: Es geht dabei um das Gleichungssystem

$$\begin{aligned}
x_1^2 + \ldots + x_{n-1}^2 - x_n^2 &= -1 \\
p_1 x_1 + \ldots + p_{n-1} x_{n-1} - p_n x_n &= a
\end{aligned}$$

mit $n \geq 3, (p_1, \ldots, p_n) := P$, $a := \frac{1}{2}P^2$, das wenigstens zwei verschiedene Lösungen besitzt und das nur in den Fällen

$$P_0 = (p_1, \ldots, p_{n-1}) = 0 \text{ bzw. } = (0, \ldots, 0, p'_{n-1} \neq 0)$$

betrachtet zu werden braucht, da für $(p_1, \ldots, p_{n-1}) \neq 0$ eine $I\!H$ nicht verändernde orthogonale Transformation $x \to x'$ mit $x_n = x'_n$ die angegebene einfache Gestalt ermöglicht. —

Da $\lambda$ bijektiv und linear ist, so spannen auch $\sigma(Y_i) = \lambda(Y_i)$, $i = 1, \ldots, n$, eine Hyperebene auf. Aus $\overline{PY_i} = -1$ folgt $\overline{\sigma(P)\sigma(Y_i)} = -1$ und $\overline{\lambda(P)\lambda(Y_i)} = -1$, d.h. also

$$2\sigma(P) \cdot \lambda(Y_i) = [\sigma(P)]^2$$

und

$$2\lambda(P) \cdot \lambda(Y_i) = [\lambda(P)]^2$$

für $i = 1, \ldots, n$. Die beiden involvierten Hyperebenen müssen identisch sein, da

$$\{\lambda(Y_i) \mid i = 1, \ldots, n\}$$

genau eine Hyperebene aufspannt und da $\sigma(P) \neq 0$ ist wegen der Injektivität von $\sigma$. Mit einer reellen Zahl $\alpha \neq 0$ gilt also

$$\sigma(P) = \lambda\alpha(P) \quad \text{und} \quad [\sigma(P)]^2 = \alpha[\lambda(P)]^2,$$

d.h. $\sigma(P) = \lambda(P)$, wenn wir $[\lambda(P)]^2 \neq 0$ wegen $P^2 \neq 0$ beachten. — Die bisherige Erörterung ergibt $\sigma(P) = \lambda(P)$ für alle $P \in \mathbb{R}^n$ mit $|P^2 + 2| > 2$. Auch liegt diese Übereinstimmung für $P = 0$ vor und auch für $P \in \mathbb{H}$. Gegeben sei jetzt ein verbleibender Punkt $P \in \mathbb{R}^n$ mit

$$P \neq 0, P^2 \neq -1 \quad \text{und} \quad -4 \leq P^2 \leq 0.$$

Dann kann

$$N(P) := \{Y \in \mathbb{R}^n \mid \overline{PY} = -1 \text{ und } |Y^2 + 2| > 2\}$$

nicht Teilmenge einer Hyperebene sein:

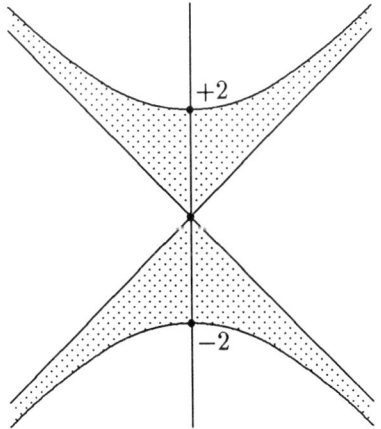

In der beigefügten Abbildung veranschaulicht der punktierte Teil den Bereich $\mathfrak{B}$ aller $Q \in \mathbb{R}^n$ mit

$$-4 \leq Q^2 \leq 0.$$

In $\mathfrak{B}$ liegt der Punkt $P \neq 0$ mit $P^2 \neq -1$. Der nicht punktierte Teil veranschaulicht den Bereich $\mathfrak{C}$ aller $Y \in \mathbb{R}^n$ mit

$$|Y^2 + 2| > 2.$$

Zeichnet man nun um $P$ die Hyperfläche der Gleichung $\overline{PY} = -1$, so ist anschaulich klar, daß diese wesentlich in $\mathfrak{C}$ verläuft, so daß $N(P)$ als Schnitt von $\mathfrak{C}$ und der Hyperfläche nicht Teil einer Hyperebene sein kann. Beim rechnerischen Beweis der Aussage können wir aus Symmetriegründen (s. Abbildung) $p_n \geq 0$, d.h. $p_n > 0$ wegen $P \neq 0$ annehmen. Im Falle $P_0 = 0, p_n > 1$ ist

$$Y_1 := (0, \ldots, 0, 1 + p_n) \in N(P),$$

im Falle $P_0 = 0, p_n < 1$ liegt

$$Y_1 := \left( \sqrt{p_n^2 + (2p_n)^{-2}}, 0, \ldots, 0, -(2p_n)^{-1} \right)$$

in $N(P)$. Für $P_0 \neq 0$ wählen wir $\alpha > 1$ und setzen

$$\beta := (\alpha - 1)p_n + \sqrt{1 + (\alpha - 1)^2 P_0^2}.$$

Dann gilt $\overline{PY_1} = -1$ für $Y_1 := \alpha P - \beta E$ und außerdem

$$Y_1^2 \approx 2\alpha \left( P_0^2 + p_n \sqrt{P_0^2} \right) > 0$$

für hinreichend großes $\alpha$. — Nun ist $\mathfrak{C}$ offene Menge des $\mathbb{R}^n$. Eine hinreichend kleine Hypersphäre mit Mittelpunkt $Y_1$ liegt also auch noch in $\mathfrak{C}$. Die Menge aller $Y$ im Innern dieser Hypersphäre mit $\overline{PY} = -1$ kann aber nicht Teilmenge einer Hyperebene sein, da dies — modulo einer Translation — die folgende Aussage ist: Gegeben sei ein $Q \in \mathbb{H}$ und eine Hypersphäre mit Mittelpunkt $Q$. Dann kann die Menge der Punkte $P \in \mathbb{H}$ im Innern der Hypersphäre nicht Teilmenge einer Hyperebene sein. —

Für $Y \in N(P)$ gilt nun

$$[\lambda(P) - \lambda(Y)]^2 = -1 = [\sigma(P) - \sigma(Y)]^2,$$

d.h.

$$2[\lambda(P) - \sigma(P)]\lambda(Y) = [\lambda(P)]^2 - [\sigma(P)]^2.$$

Wäre $\lambda(P) \neq \sigma(P)$, so würde das $\lambda$-Urbild der Hyperebene

$$2[\lambda(P) - \sigma(P)]X = [\lambda(P)]^2 - [\sigma(P)]^2$$

aber doch $N(P)$ enthalten.                                            $\square$

Schneidet die Gerade $E + \mu v, v \neq 0$, nochmals $\mathbb{H}$, so muß $v^2 \neq 0$ sein, und auch die letzte Komponente $v_n$ von $v$ darf nicht verschwinden. Wir normieren $v_n$ zu -1 und setzen also $v_0^2 \neq 1$ voraus. Dann existiert aber auch ein zweiter Schnittpunkt mit $\mathbb{H}$, nämlich

$$X = E - \frac{2}{v^2} \cdot v.$$

Diesem ordnen wir den Durchstoßpunkt

$$E + v = v_0$$

von $\{E + \mu v \mid \mu \in \mathbb{R}^n\}$ mit der Hyperebene der Gleichung $x_n = 0$ zu. Die stereographische Abbildung

$$\tau \left( E - \frac{2}{v^2} \cdot v \right) := v_0$$

stellt eine Bijektion zwischen $\mathbb{H} \backslash \{E\}$ und (man beachte $v_0^2 \neq 1$)

$$\mathbb{P} := \left\{ X \in \mathbb{R}^n \mid x_n = 0 \text{ und } X_0^2 \neq 1 \right\}$$

dar. Statt $\mathbb{P}$ schreiben wir auch $\mathbb{R}^{n-1} \backslash S$, wobei also

$$S := \left\{ (x_1, \ldots, x_{n-1}) \in \mathbb{R}^{n-1} \mid x_1^2 + \ldots + x_{n-1}^2 = 1 \right\}$$

die Einheitshypersphäre des $\mathbb{R}^{n-1}$ bezeichnet.

Sei $L$ die Menge aller $P \in \mathbb{R}^n$ mit

$$0 \neq P \neq 2E \quad \text{und} \quad 2PE = P^2. \tag{13.6}$$

Bezeichnet $F_P$ für $P \in L$ die Hyperebene des $\mathbb{R}^n$ der Gleichung

$$2PX = P^2,$$

so liegen die Punkte $E$ und $P - E \neq E$ in $\mathbb{H} \cap F_P$. Ist $p_n$ die letzte Komponente von $P \in L$, so folgt $p_n \neq 0$ aus (13.6). Für $P \in L$ sei $F_P' := F_P \backslash \{E\}$ gesetzt. Also gilt

$$\tau(\mathbb{H} \cap F_P') = \left\{ v_0 \mid v_0^2 \neq 1 \text{ und } \left( -\frac{P_0}{p_n} \right) v_0 = 1 \right\}. \tag{13.7}$$

Wir schreiben $G_P := \tau(\mathbb{H} \cap F_P')$. Gegeben sei nun die Hyperebene $U_0 X_0 = 1$ des $\mathbb{R}^{n-1}$ mit $0 \neq U_0^2 \neq 1$. Dann gehört $P$ mit

$$P_0 = \frac{2U_0}{U_0^2 - 1}, \quad p_n = \frac{2}{1 - U_0^2}$$

zu $L$, und es ist $G_P$ die Hyperebene $U_0 X_0 = 1$, abgesehen von den eventuellen Schnittpunkten mit $S$. Andere Hyperebenen des $\mathbb{R}^{n-1}$ sind nicht unter den $G_P$ zu finden, wie man (13.7) entnimmt. Außerdem gilt $G_P \neq G_Q$ für $P \neq Q$ in $L$, da $U_0$ in $U_0 X_0 = 1$ das zugehörige $P$ eindeutig bestimmt. Sei

$$\Gamma := \{ G_P \mid P \in L \}.$$

Gegeben sei eine feste Abbildung $\sigma$ des Satzes B mit $\sigma(0) = 0$ und $\sigma(E) = E$. Dann ist $\alpha := \tau \sigma \tau^{-1}$ eine injektive Abbildung von $\mathbb{P}$ in sich. *Wir behaupten, daß $\beta$ mit*

$$\beta(G_P) := G_{\sigma(P)}$$

*eine injektive Abbildung von $\Gamma$ in sich darstellt mit*

$$\alpha(X) \in \beta(G_P) \quad \textit{für} \quad X \in G_P.$$

Zum Beweis dieser Aussage stellen wir zunächst fest, daß $\sigma(P) \in L$ aus $P \in L$ folgt: Die Injektivität von $\sigma$ erzwingt $\sigma(P) \neq \sigma(0) = 0$. Aus $\overline{EP} = -1$ folgt

$$\overline{E\sigma(P)} = \overline{\sigma(E)\sigma(P)} = -1, \text{ d.h.}$$

$2\sigma(P)E = [\sigma(P)]^2$. Angenommen, $\sigma(P) = 2E$. Wegen

$$(P - E)^2 = -1, \quad [P - (P - E)]^2 = -1$$

müßte es dann auch zwei verschiedene Punkte auf $\mathbb{H}$ geben, die von $\sigma(P) = 2E$ den Abstand -1 haben. Aber

$$(2E - X)^2 = -1, \quad X^2 = -1$$

hat nur die Lösung $X = E$. — Damit ist zunächst $\beta$ eine Abbildung von $\Gamma$ in $\Gamma$. Ist $G_P \neq G_Q$, so folgt $P \neq Q$, d.h. $\sigma(P) \neq \sigma(Q)$ wegen der Injektivität von $\sigma$. Wie früher bemerkt, folgt also $G_{\sigma(P)} \neq G_{\sigma(Q)}$. Sei schließlich $X \in G_P$. Dies bedeutet aber

$$\tau^{-1}(X) \in \mathbb{H} \cap F_P,$$

d.h.

$$\sigma\tau^{-1}(X) \in \mathbb{H} \cap F_{\sigma(P)}$$

und somit $\tau\sigma\tau^{-1}(X) \in G_{\sigma(P)}$. $\qquad\qquad\qquad\qquad\qquad\qquad\qquad$ □

Wir wollen nun zeigen, daß Satz B bewiesen ist, sobald wir eine orthogonale Abbildung $\gamma$ des $\mathbb{R}^{n-1}$ angeben können mit $\gamma(0) = 0$ und $\alpha(P) = \gamma(P)$ für alle $P \in \mathbb{R}^{n-1} \backslash S$. Wir setzen dann nämlich

$$\gamma : v_0 \to v_0 D$$

vermöge

$$\lambda(X) := X \cdot \begin{pmatrix} & & & \Big| & 0 \\ & D & & \Big| & \vdots \\ & & & \Big| & 0 \\ \hline 0 & \cdots & 0 & & 1 \end{pmatrix} \tag{13.8}$$

auf den $\mathbb{R}^n$ fort. Wegen $\sigma = \tau^{-1}\alpha\tau = \tau^{-1}\gamma\tau$ ist

$$E - \frac{2}{v_0^2 - 1}(v_0, -1) \xrightarrow[\tau^{-1}\gamma\tau]{} E - \frac{2}{v_0^2 - 1}(v_0 D, -1).$$

Aus (13.8) folgt aber $\lambda(E) = E$ und

$$\lambda\left[E - \frac{2}{v_0^2 - 1}(v_0, -1)\right] = E - \frac{2}{v_0^2 - 1}(v_0 D, -1).$$

Also ist $\sigma(P) = \lambda(P)$ für alle $P \in \mathbb{H}$, was mit (5) zum Ziel führt. $\qquad\square$

Wir führen jetzt eine bestimmte *Trennrelation* ein, die uns nützlich sein wird: Gegeben seien ein Punkt $Q \in \mathbb{P}$ ($q_n = 0$ und $Q_0^2 \neq 1$) und ein

$$G_P : U_0 X_0 = 1, \quad 0 \neq U_0^2 \neq 1.$$

Es heiße $Q$ von $G_P$ *getrennt*, in Zeichen $Q/G_P$, wenn gilt

$$\frac{U_0 Q_0 - 1}{(U_0^2 - 1)(Q_0^2 - 1)} > \frac{1}{8}. \tag{13.9}$$

(6) *Aus $Q/G_P$ folgt $\alpha(Q) \notin \beta(G_P)$.*

**Beweis:** Es gilt

$$\tau^{-1}(Q) = E - \frac{2}{Q_0^2 - 1}(Q_0, -1) =: Y.$$

Aus $G_P : U_0 X_0 = 1$ folgt

$$P = \left(\frac{2U_0}{U_0^2 - 1}, \frac{2}{1 - U_0^2}\right).$$

Setzen wir

$$R := P - Y,$$

so gilt $R^2 > 0$ wegen (13.9). Wegen (4) gibt es also $A, B \in \mathbb{R}^n$ mit $A \neq B$ und

$$A^2 = B^2 = -1, \quad R = A + B.$$

Angenommen nun, $\alpha(Q) \in \beta(G_P)$. Dies würde

$$\tau\sigma(Y) \in G_{\sigma(P)}, \quad \text{d.h.} \quad \sigma(Y) \in \mathbb{H} \cap F'_{\sigma(P)}$$

bedeuten. Hieraus folgt aber $\overline{\sigma(Y)\sigma(P)} = -1$, was zusammen mit

$$\overline{\sigma(Y)\sigma(Y+B)} = -1 = \overline{\sigma(Y+B)\sigma(P)}$$

der Aussage (1) widerspricht.                                                $\square$

Die verbleibenden Betrachtungen betreffen alleine den $\mathbb{R}^m, m = n - 1 \geq 2$. Wir schreiben jetzt die Punkte ohne Index 0 an. Unter $xy$ ist für $x, y \in \mathbb{R}^m$ dann immer das euklidische Skalarprodukt zu verstehen.

Wir stehen vor der folgenden Situation: Gegeben ist eine injektive Abbildung

$$\alpha : \mathbb{P} \to \mathbb{P} \quad \text{mit} \quad \mathbb{P} = \mathbb{R}^m \backslash S, \quad S : X^2 = 1.$$

Ist $H : UX = 1$ eine Hyperebene des $\mathbb{R}^m$ mit $0 \neq U^2 \neq 1$, so sei $H_0 := \mathbb{P} \cap H$ gesetzt, und es ist $\Gamma$ die Menge aller dieser (reduzierten) Hyperebenen $H_0$. Gegeben ist weiterhin eine injektive Abbildung $\beta : \Gamma \to \Gamma$, wobei stets

$$\alpha(P) \in \beta(H_0) \quad \text{für} \quad P \in H_0$$

folgt. Weiterhin ist

$$\alpha(P) \notin \beta(H_0) \quad \text{falls} \quad P/H_0$$

gilt. Wir haben dann zu zeigen, daß $\alpha$ zu einer bijektiven affinen Abbildung des $\mathbb{R}^m$ fortgesetzt werden kann.

Die Punkte $P_1, \ldots, P_r$ $(2 \leq r \leq m)$ des $\mathbb{R}^m$ heißen *unabhängig*, wenn der affine Teilraum des $\mathbb{R}^m$, den sie aufspannen, die Dimension $r - 1$ hat.

(7) *Gegeben seien unabhängige Punkte $P_1, \ldots, P_r$ $(2 \leq r \leq m)$ in einer Hyperebene $H_0 \in \Gamma$, für die $H \cap S = \emptyset$ sei. Dann gibt es eine Hyperebene $E_0 \in \Gamma$ durch $P_1, \ldots, P_{r-1}$ mit $P_r/E_0$.*

**Beweis:** Sei $H_0 : UX = 1$. Wegen $H \cap S = \emptyset$ gilt $U^2 < 1$. Sei $H'_0 : VX = 1$ in $\Gamma$ mit $VP_r \neq 1$ und $P_1, \ldots, P_{r-1} \in H'_0$. Also sind $U, V$ linear unabhängig. Dann betrachten wir die Schar der Hyperebenen

$$[U + \delta(V - U)]X = 1 \tag{13.10}$$

mit $\delta \in \mathbb{R}$ und $[U + \delta(V - U)]^2 \neq 1$. Auch (13.10) geht durch $P_1, \ldots, P_{r-1}$. Bilden wir die linke Seite des Ausdrucks (13.9) bezüglich $P_r$ und (13.10), so erhalten wir

$$\frac{\delta a}{[U + \delta(V - U)]^2 - 1} \quad \text{mit} \quad a := \frac{VP_r - 1}{P_r^2 - 1} \neq 0.$$

Wegen $U^2 < 1$ läßt sich

$$\delta_0 a = [U + \delta_0(V - U)]^2 - 1 \qquad (13.11)$$

reell nach $\delta_0$ auflösen. Hier muß $\delta_0 \neq 0$ sein, da sonst $U^2 = 1$ wäre. Also ist die linke Seite von (13.11) von 0 verschieden und damit auch die rechte. Für $E_0$ nehmen wir nun (13.10) mit $\delta = \delta_0$. Also ist $P_r/E_0$.                    □

(8) *Sind* $P_1, \ldots, P_\mu (2 \leq \mu \leq m)$ *unabhängige Punkte in einer Hyperebene* $H_0 \in \Gamma$ *mit* $H \cap S = \emptyset$, *so sind auch* $\alpha(P_1), \ldots, \alpha(P_\mu)$ *unabhängig.*

**Beweis:** Da $\alpha$ injektiv ist, sind $\alpha(P_1), \alpha(P_2)$ unabhängig. Angenommen, es gäbe ein $r \in \{3, \ldots, \mu\}$ so, daß $\alpha(P_1), \ldots, \alpha(P_{r-1}), \alpha(P_r)$ abhängig sind, $\alpha(P_1), \ldots, \alpha(P_{r-1})$ aber nicht. Nach (7) gibt es ein $E_0 \in \Gamma$ durch $P_1, \ldots, P_{r-1}$ mit $P_r/E_0$. Mit (6) folgt

$$\alpha(P_r) \notin \beta(E_0) \ni \alpha(P_1), \ldots, \alpha(P_{r-1}),$$

was nicht stimmt, da der von $\alpha(P_1), \ldots, \alpha(P_{r-1})$ aufgespannte affine Teilraum, der doch $\alpha(P_r)$ enthält, abgesehen von den Schnittpunkten mit $S$ in der (reduzierten) Hyperebene $\beta(E_0)$ liegt.                    □

Ist $M \subset \mathbb{P}$, so bezeichnen $\overline{M}$ den von $M$ aufgespannten affinen Teilraum und $\alpha(M)$ die Menge $\{\alpha(P) \mid P \in M\}$.

(9) *Gegeben sei eine Hyperebene* $H$ *des* $\mathbb{R}^m$, *die* $S$ *nicht trifft. Ist dann* $T$ *ein* $\nu$-*dimensionaler affiner Teilraum von* $H$, $0 < \nu \leq m - 1$, *so ist* $\overline{\alpha(T)}$ $\nu$-*dimensionaler affiner Teilraum des* $\mathbb{R}^m$. *Sind* $T_1 \neq T_2$ $\nu$-*dimensionale Teilräume von* $H$, *so gilt* $\overline{\alpha(T_1)} \neq \overline{\alpha(T_2)}$.

**Beweis:** Ist $T = H$, so ist $\overline{\alpha(T)} \subseteq \beta(H)$. Also ist $\overline{\alpha(T)}$ höchstens $(m-1)$-dimensional. Wegen (8) ist $\alpha(T)$ aber auch mindestens $(m-1)$-dimensional. Ist $m - 2 > 0$ und ist $T$ ein $(m-2)$-dimensionaler Teilraum von $H$, so ist $\overline{\alpha(T)}$ nach (8) wenigstens $(m-2)$-dimensional. Nehmen wir ein $K_0 \in \Gamma$ mit $H_0 \neq K_0 \supseteq T$, so ist $\overline{\alpha(T)} \subseteq \beta(H_0) \cap \beta(K_0)$. Wegen $\beta(H_0) \neq \beta(K_0)$ ($\beta$ ist injektiv) ist also auch $\overline{\alpha(T)}$ höchstens $(m-2)$-dimensional. Ist $T_1 \subseteq H$ mit $T_1 \neq T$ ebenfalls $(m-2)$-dimensional, so wird $H$ durch $T \cup T_1$ aufgespannt. Mit (8) gilt also $\overline{\alpha(T)} \cup \overline{\alpha(T_1)} = \beta(H)$, d.h. es ist $\overline{\alpha(T)} \neq \overline{\alpha(T_1)}$. Ist noch $m - 3 > 0$, so kann man den entsprechenden Schluß für die $(m-3)$-dimensionalen Teilräume durchführen, usf. Damit ergibt sich (9).                    □

Wir verwenden jetzt die Aussage (b) des 2. Teiles des Satzes von Schaeffer (s. Abschnitt 2, Kapitel 3):

*Ist M beschränkte Teilmenge des $I\!R^2$, und ist*

$$\alpha' : (I\!R^2 \backslash M) \to I\!R^2$$

*injektiv mit*

*(i) Sind $A, B, C \in I\!R^2 \backslash M$ kollinear, so auch $\alpha'(A), \alpha'(B), \alpha'(C)$,*

*(ii) $\alpha'(I\!R^2 \backslash M)$ ist nicht kollinear,*

*so läßt sich $\alpha'$ in eindeutiger Weise zu einer (bijektiven) Affinität $\gamma$ von $I\!R^2$ erweitern.*

Da der Fall $m = 2$ anders gelagert ist als $m > 2$, behandeln wir ihn getrennt. Hier sei $M$ die Vereinigung von $\{0\}$ und der Peripherie des Einheitskreises $X^2 = 1$, und wir wissen zunächst nicht, ob die kollineare Lage dreier Punkte von $I\!R^2 \backslash M$, deren Verbindungsgerade durch $0$ geht oder Tangente an $X^2 = 1$ ist, unter $\alpha$ erhalten bleibt. Diese Schwierigkeit können wir aber sofort beheben, indem wir Desarguesfiguren betrachten, wobei wir der Perspektivitätsachse verbotene Lage geben, den anderen beteiligten Geraden der Desarguesfigur aber erlaubte. Betrachten wir dann diese Figur unter $\alpha$, so bleibt also auch kollineare Lage dieser Punkte auf einer verbotenen Geraden unter $\alpha$ erhalten. Der Satz von Schaeffer führt damit zu einer bijektiven affinen Abbildung $\gamma$ des $I\!R^2$ mit $\alpha = \gamma \,|\, (I\!R^2 \backslash M)$. Daß dabei (ii) für $\alpha' := \alpha$ erfüllt ist, sehen wir so: Sei $H$ Gerade, die $S$ nicht trifft, und seien $P_1, P_2 \in H$ verschiedene Punkte. Wegen (7) gibt es eine Gerade $E_0 \in \Gamma$ durch $P_1$ mit $P_2/E_0$. Also liegt $\alpha(P_2)$ nicht im Bild von $E_0$, und $\alpha(I\!R^2 \backslash M)$ kann also nicht kollinear sein. Es gilt $\gamma^{-1}(S) \subseteq M$: Denn gäbe es einen Punkt $P \in S$ mit

$$\gamma^{-1}(P) \in I\!R^2 \backslash M \subset I\!R^2 \backslash S,$$

so wäre

$$P = \gamma[\gamma^{-1}(P)] = \alpha[\gamma^{-1}(P)] \in I\!R^2 \backslash S,$$

d.h. $P \notin S$. Nun ist aber $\gamma^{-1}(S)$ Kegelschnitt, d.h. mit $\gamma^{-1}(S) \subseteq M$ folgt $\gamma^{-1}(S) = S$. Damit ist $\gamma(S) = S$, und $\gamma$ muß orthogonale Abbildung sein mit $\gamma(0) = 0$. Wir haben noch $\alpha(0) = 0$ zu zeigen. Mit $\gamma(S) = S$ und $\gamma(0) = 0$ ist

$$\alpha(I\!R^2 \backslash M) = \gamma(I\!R^2 \backslash M) = I\!R^2 \backslash M.$$

Aus $\alpha$ injektiv und $\alpha(0) \in I\!R^2 \backslash S$ folgt also $\alpha(0) = 0$.

Sei von nun ab $m \geq 3$. Wir betrachten eine Hyperebene $H$ des $I\!R^m$, die $S$ nicht trifft. Wir wollen zeigen, daß

$$\alpha : H \to \alpha(H) \tag{13.12}$$

eine Bijektion ist, die in beiden Richtungen Geraden auf Geraden abbildet:
Beide Hyperebenen, $H$ bzw. $\overline{\alpha(H)} = \beta(H)$, können über einen jeweiligen
Ursprung $U \in H$ bzw. $\alpha(U) \in \alpha(H)$ und über eine jeweilige Basis

$$P_1 - U, \ldots, P_{m-1} - U$$

bzw.

$$\alpha(P_1) - \alpha(U), \ldots, \alpha(P_{m-1}) - \alpha(U)$$

(mit $P_1, \ldots, P_{m-1} \in H$) als $\mathrm{IR}^{m-1}$ aufgefaßt werden, etwa

$$\xi\left(U + \sum_{i=1}^{m-1} \rho_i[P_i - U]\right) := (\rho_1, \ldots, \rho_{m-1}).$$

Bestimmen wir nun $\eta$ so, daß das beistehende Diagramm kommutativ ist,

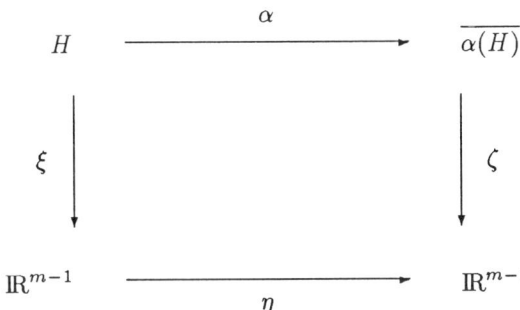

so zeigt A.3.1 von Kapitel 3 unter Beachtung von (9), daß $\eta$ bijektiv und linear
ist. Es ist

$$
\begin{aligned}
\alpha(P_1) &= \zeta^{-1}\eta\xi(P_1) = \zeta^{-1}\eta\xi(U + 1 \cdot [P_1 - U]) \\
&= \zeta^{-1}\eta(1, 0, \ldots, 0) =: \zeta^{-1}(\rho_1', \ldots, \rho_{m-1}') \\
&= \alpha(U) + \sum_{i=1}^{m-1} \rho_i'[\alpha(P_i) - \alpha(U)].
\end{aligned}
$$

Also folgt

$$\eta(1, 0, \ldots, 0) = (1, 0, \ldots, 0).$$

Dies noch für die Indizes $2, \ldots, m-1$ durchgeführt, erhält man $\eta = \mathrm{id}$, da $\eta$
linear ist. Damit gilt

$$\alpha\left(U + \sum_{i=1}^{m-1} \rho_i[P_i - U]\right) = \alpha(U) + \sum_{i=1}^{m-1} \rho_i[\alpha(P_i) - \alpha(U)]. \tag{13.13}$$

Nimmt man noch eine Hyperebene $K$, die $S$ nicht trifft, mit

$$U, P_1, \ldots, P_{m-2} \in K \not\ni P_{m-1},$$

so sei $P_m$ ein Punkt aus $K \backslash H$. Natürlich gilt dann entsprechend eine Formel, die aus (13.13) dadurch entsteht, daß man $P_{m-1}$ durch $P_m$ ersetzt. Überhaupt gilt für $X \in \mathbb{R}^m$ mit $X^2 > 1$ und

$$X =: U + \sum_{i=1}^{m} \rho_i[P_i - U]$$

dann

$$\alpha(X) = \alpha(U) + \sum_{i=1}^{m} \rho_i[\alpha(P_i) - \alpha(U)], \qquad (13.14)$$

was man für $X \notin H \cup K$ dadurch nachweisen kann, daß man verschiedene Geraden $g, h$ durch $X$ wählt, die $S$ nicht treffen, die aber beide $H$ und $K$ treffen, deren $\alpha$–Bilder dann über die $\alpha$–Bilder der Schnittpunkte mit $H, K$ bestimmt sind. — Sei nun $X$ ein Punkt mit $0 < X^2 < 1$. Wir wählen $m$ unabhängige Hyperebenen $H_i$ durch $X$, die alle nicht 0 enthalten sollen. Dann gilt $\alpha(X) \in \beta(H_i \backslash S)$. Nun ist aber

$$\beta(H_i \backslash S) = \overline{\{\alpha(Y) \mid Y^2 > 1 \text{ und } Y \in H_i\}} \backslash S.$$

Also sind die $\beta(H_i \backslash S)$ wieder unabhängig, und $X$ wird wie (13.14) transformiert. Wir setzen $M := S \cup \{0\}$. Auf $\mathbb{R}^m \backslash M$ ist also $\alpha$ Kollineation. Wie im Falle $m = 2$ schließen wir nun mutatis mutandis weiter.

## 6.14  Invarianz einer Ruhlänge impliziert Lorentzgruppe

Es geht nun um den zu Beginn von 6.13 formulierten Satz für den Fall

$$\rho > 0 \quad \text{und} \quad n \geq 3, \qquad (14.1)$$

der von June Lester [3] bewiesen wurde. Wie in 6.13 schreiben wir auch hier $\overline{PQ}$ anstelle von $d(P, Q)$ und wie zu Beginn von 6.13 im Falle $\rho < 0$ gezeigt, genügt es mutatis mutandis im Falle $\rho > 0$, sich auf $\rho = 1$ zu beschränken.

Für $x, y \in \mathbb{R}^n$ wird wiederum das Skalarprodukt

$$xy := x_1 y_1 + \ldots + x_{n-1} y_{n-1} - x_n y_n \qquad (14.2)$$

benutzt. Ist $U$ Untervektorraum des $\mathrm{I\!R}^n$, so wird ihm als Signatur das Tripel $(p, q, r)$ zugeordnet, wenn für eine Basis $\{e_1, \ldots, e_k\}$ von $U$ die Matrix

$$\begin{pmatrix} e_1 e_1 & \ldots & e_1 e_k \\ \vdots & & \vdots \\ e_k e_1 & \ldots & e_k e_k \end{pmatrix}$$

$p$ positive, $q$ negative Eigenwerte besitzt und $r$ mal den Eigenwert 0. Es heißt $U$ resp. positiv definit, total isotrop, Artinsche Ebene, wenn resp. $q = r = 0$, $p = q = 0$, $p = q = r + 1 = 1$ gilt. Ist $U$ total isotrop, so folgt $\dim U \leq 1$ wegen des zugrunde liegenden Skalarproduktes (14.2). Besitzt $U$ die Signatur $(p, q, r)$, so haben

$$U^\perp := \left\{ x \in \mathrm{I\!R}^n \mid \forall_{u \in U} \ xu = 0 \right\}$$

bzw. das Radikal von $U$,

$$\mathrm{rad}\, U := U \cap U^\perp,$$

die Signaturen

$$(n \quad r \quad 1 \quad p, \ 1 - r - q, r)$$

bzw.

$$(0, 0, r).$$

Nur die Fälle $r = 0$ oder $r = 1$ treten auf. Die Elemente $x, y \in \mathrm{I\!R}^n$ heißen zueinander senkrecht oder orthogonal, in Zeichen $x \perp y$, wenn $xy = 0$ gilt. Die Untervektorräume $U_1, U_2$ des $\mathrm{I\!R}^n$ heißen zueinander senkrecht, in Zeichen $U_1 \perp U_2$, wenn $u_1 \perp u_2$ gilt für alle $u_1 \in U_1$ und alle $u_2 \in U_2$. Es steht $U_1 \oplus U_2$ für $U_1 + U_2$ unter den Voraussetzungen $U_1 \cap U_2 = \emptyset$ und $U_1 \perp U_2$. Es heißt $x \in \mathrm{I\!R}^n$ isotrop, wenn $x^2 = 0$ gilt; eine Gerade des $\mathrm{I\!R}^n$ heißt isotrop, wenn sie einen isotropen Richtungsvektor besitzt. $n - 1$ verschiedene Punkte des $\mathrm{I\!R}^n$ bilden einen Stern, wenn sie paarweise den Abstand 1 besitzen. Wir setzen

$$\omega := \frac{n - 2}{2(n - 1)} \quad \text{und} \quad \nu := \frac{1}{2 \cdot (1 - n)} \ .$$

Für $M \subseteq \mathrm{I\!R}^n$ bezeichne schließlich $\langle M \rangle$ den kleinsten Untervektorraum von $\mathrm{I\!R}^n$, der $M$ enthält. Für $\langle \{B_1, \ldots, B_i\} \rangle$ schreiben wir kurzer $\langle B_1, \ldots, B_i \rangle$.

(1) *Sei $\{P_1, \ldots, P_{n-1}\}$ Stern mit $P_1 + \ldots + P_{n-1} = 0$. Dann gelten*

   *a) $P_i P_i = \omega$ und $P_i P_j = \nu$ für alle $i \neq j$ aus $\{1, \ldots, n-1\}$,*

   *b) $P := \langle P_1, \ldots, P_{n-1} \rangle$ hat Dimension $n - 2$ und ist positiv definit,*

   *c) für jedes $i \in \{1, \ldots, n-1\}$ gilt*

$$P = \langle P_i \rangle \oplus \langle P_j - P_k \mid \text{für alle } j, k \neq i \text{ aus } \{1, \ldots, n-1\} \rangle. \qquad (14.3)$$

**Beweis:** a) Im Falle $n = 3$ folgt das Gewünschte aus $(P_1 - P_2)^2 = 1$ und $P_1 = -P_2$. Sind nun $i, j, k$ verschiedene Indizes aus $\{1, \ldots, n-1\}$, so folgt aus

$$2(P_i - P_j)(P_i - P_k) = -(P_j - P_k)^2 + (P_i - P_j)^2 + (P_i - P_k)^2$$

offenbar $(P_i - P_j)(P_i - P_k) = \frac{1}{2}$. Mit $\sum P_i = 1$ gilt

$$(n-1)P_j = \sum_{i=1}^{n-1}(P_j - P_i)$$

für jedes $j \in \{1, \ldots, n-1\}$, d.h.

$$(n-1)^2 P_j^2 = (n-2) + (n-2)(n-3) \cdot \frac{1}{2},$$

d.h. $P_j^2 = \omega$. Mit $(P_i - P_j)^2 = 1$ für $i \neq j$ ist also auch $P_i P_j = \nu$.

b) Die Matrix

$$\begin{pmatrix} P_1 P_1 & \cdots & P_1 P_{n-2} \\ \vdots & & \vdots \\ P_{n-2}P_1 & \cdots & P_{n-2}P_{n-2} \end{pmatrix} = -\nu \begin{pmatrix} n-2 & -1 & \cdots & -1 \\ -1 & n-2 & \cdots & -1 \\ \vdots & \vdots & & \vdots \\ -1 & -1 & \cdots & n-2 \end{pmatrix}$$

ist positiv definit. Mit

$$P_{n-1} \in \langle P_1, \ldots, P_{n-2} \rangle$$

ist damit der $(n-2)$–dimensionale Untervektorraum $P$ von $\mathbb{R}^n$ positiv definit.

c) Die rechte Seite von (14.3) ist sicherlich Teilmenge von $P$. Auch $P$ ist Teilmenge der rechten Seite: Dazu brauchen wir nur zu zeigen, daß jedes $P_r$ mit $r \neq i$ in der rechten Seite enthalten ist. Im Falle $n = 3$ ist

$$P_r = (-1) \cdot P_i + 0$$

für $\{1, 2\} = \{i, r\}$, und im Falle $n > 3$ folgt dies aus

$$(n-2)P_r = (-1) \cdot P_i + \sum_{\mu=1}^{n-3}(P_r - P_{r_\mu})$$

mit $\{1, \ldots, n-1\} = \{r, i, r_1, \ldots, r_{n-3}\}$. —

Wegen $P_i \cdot (P_j - P_k) = \nu - \nu = 0$ für verschiedene Indizes $i, j, k$ stehen die beiden rechts von (14.3) beteiligten Untervektorräume von $\mathbb{R}^n$ aufeinander senkrecht.

Hätten diese beiden Räume ein Element $\neq 0$ gemeinsam, so wäre $P_i$ Linearkombination von Elementen $P_j - P_k$ mit $i \notin \{j, k\}$. Multiplizieren wir diese Gleichung rechts und links mit $P_i$, so entsteht ein Widerspruch.  $\square$

(2) *Folgt für die Abbildung* $\sigma : \mathbb{R}^n \to \mathbb{R}^n$, $n \geq 3$, *aus* $\overline{xy} = 1$ *stets* $\overline{\sigma(x)\sigma(y)}$ $= 1$, *so ist* $\sigma$ *injektiv.*

Beweis: Sei $\sigma$ eine solche Abbildung, die den Abstand 1 erhält. Wir nehmen an, daß sie nicht injektiv ist. Dann existieren Elemente $A \neq B$ aus dem $\mathbb{R}^n$ mit

$$\sigma(A) = \sigma(B) =: C. \qquad (14.4)$$

Seien $\varphi, \psi$ Lorentztransformationen des $\mathbb{R}^n$ mit $\varphi(0) = A$ und $\psi(0) = C$. Dann erhält

$$\delta := \psi^{-1} \sigma \varphi$$

den Abstand 1, und es gilt

$$\delta(D_0) = \delta(0) = 0$$

mit $0 \neq D_0 := \varphi^{-1}(B)$. — Wir können in (14.4) also ohne Einschränkung

$$A \neq 0 = B = C$$

annehmen. Wegen $A \neq 0$ gibt es ein $P \in \mathbb{R}^n$ mit

$$(P - A)^2 = 1 \quad \text{und} \quad P^2 < 0 : \qquad (14.5)$$

Ist $a_n \neq 0$ in $A := (a_1, \ldots, a_n)$, so wähle $\lambda, \mu \in \mathbb{R}$ derart, daß gilt

$$1 + A^2 < 2a_n\mu \quad \text{und} \quad \lambda^2 = 1 + \mu^2.$$

Nimm dann $V = (v_1, \ldots, v_{n-1}, 0)$ mit $V^2 = 1$ und $AV = 0$. Nun setze

$$P := A + \lambda V + (0, \ldots, 0, \mu).$$

Ist $a_n = 0$, so wähle $p_n \in \mathbb{R}$ derart, daß

$$1 + p_n^2 = A^2 \left(1 + \frac{1}{2A^2}\right)^2$$

gilt. Nun setze

$$P := -\frac{1}{2A^2} \cdot A + (0, \ldots, 0, p_n).$$

Für ein fest gewähltes $P$ von (14.5) ist $\langle P \rangle^{\perp}$ positiv definit. Also existiert ein $D \in \langle P \rangle^{\perp}$ mit

$$D^2 = -n\nu - \frac{1}{4}P^2 > 0.$$

Auch der $(n-2)$–dimensionale Untervektorraum $\langle D, P \rangle^{\perp}$ von $\mathbb{R}^n$ ist positiv definit und enthält damit einen Stern

$$\{P_1, \ldots, P_{n-1}\}$$

mit $\sum P_i = 0$. Also ist $\{A_1, \ldots, A_{n-1}\}$ mit

$$A_i := P_i + D + \frac{1}{2}P$$

für $i = 1, \ldots, n-1$ Stern in

$$\left\{X \in \mathbb{R}^n \mid X^2 = 1 \text{ und } (X - P)^2 = 1\right\}.$$

Wir setzen $\overline{A_0} := \sigma(P)$ und $\overline{A_i} := \sigma(A_i)$ für $i = 1, \ldots, n-1$. Da $\sigma$ den Abstand $1$ erhält, gilt $\overline{A_i}^2 = 1$ (auch für $i = 0$ wegen (14.5)) und

$$2\overline{A_i A_j} = \overline{A_i}^2 + \overline{A_j}^2 - \left(\overline{A_i} - \overline{A_j}\right)^2 = 1$$

für $i \neq j$. Also ist

$$2 \cdot \begin{pmatrix} \overline{A_0 A_0} & \cdots & \overline{A_0 A_{n-1}} \\ \overline{A_1 A_0} & \cdots & \overline{A_1 A_{n-1}} \\ \vdots & & \vdots \\ \overline{A_{n-1} A_0} & \cdots & \overline{A_{n-1} A_{n-1}} \end{pmatrix} = \begin{pmatrix} 2 & 1 & \cdots & 1 \\ 1 & 2 & \cdots & 1 \\ \vdots & \vdots & & \vdots \\ 1 & 1 & \cdots & 2 \end{pmatrix}$$

positiv definit, was nicht stimmt, da $\mathbb{R}^n$ mit dem Skalarprodukt (14.2) die Signatur $(n-1, 1, 0)$ besitzt. Also läßt sich unsere Annahme, daß $\sigma$ nicht injektiv ist, nicht halten. $\qquad\square$

Unter einem *Prisma* verstehen wir hier $n-1$ parallele Geraden $g_1, \ldots, g_{n-1}$ des $\mathbb{R}^n$, wenn $(X - Y)^2 = 1$ gilt für alle $X \in g_i$, $Y \in g_j$ mit $i \neq j$.

(3)  *Sei* $\{g_1, \ldots, g_{n-1}\}$ *Prisma, und seien* $A_i$ *Elemente des* $\mathbb{R}^n$ *mit* $A_i \in g_i$, $i = 1, \ldots, n-1$, *und* $\sum A_i = 0$. *Dann sind die Geraden* $g_1, \ldots, g_{n-1}$ *isotrop und senkrecht zu jedem* $A_i$.

**Beweis:** Eine Gerade, die Teilmenge der Quadrik

$$\mathfrak{Q}(P) := \left\{X \in \mathbb{R}^n \mid (X - P)^2 = 1\right\}$$

ist, $P$ ein Punkt des $\mathbb{R}^n$, muß isotrop sein: Ist $X = A + \lambda v$, $\lambda \in \mathbb{R}^n$, diese Gerade, so gilt

$$1 = [(A - P) + \lambda v]^2,$$

d.h.

$$2\lambda(A - P)v + \lambda^2 v^2 = 0$$

für alle $\lambda \in \mathbb{R}$. Also ist $v^2 = 0$ und $(A - P)v = 0$. Seien $i \neq j$ Indizes aus $\{1, \dots, n-1\}$. Wegen $g_i \in \mathfrak{Q}(A_j)$ ist also $g_i$ isotrop. Damit gilt

$$(A_i - A_j)v = 0, \tag{14.6}$$

wenn $v$ Richtungsvektor von $g_i$ ist. Aus $\sum A_i = 0$ folgt

$$(n - 1)A_i = \sum_{j=1}^{n-1}(A_i - A_j)$$

und also $A_i v = 0$ wegen (14.6). $\qquad\square$

Mit Hilfe der Aussage (3) kann man alle Prismen des $\mathbb{R}^n$ angeben: Sei $\{P_1, \dots, P_{n-1}\}$ Stern mit $\sum P_i = 0$. Da

$$\langle P_1, \dots, P_{n-2} \rangle$$

positiv definit ist und die Dimension $n - 2$ besitzt, so muß

$$\langle P_1, \dots, P_{n-2} \rangle^\perp \tag{14.7}$$

Artinsche Ebene sein. Also enthält (14.7) einen isotropen Vektor $v \neq 0$. Dann bilden aber

$$g_i := \{P_i + \lambda v \mid \lambda \in \mathbb{R}\}, \tag{14.8}$$

$i = 1, \dots, n-1$, ein Prisma. Unterwirft man ein Prisma einer Translation, so entsteht natürlich wieder ein solches. Stellt nun umgekehrt (14.8) ein Prisma dar, so ist

$$\{P_1, \dots, P_{n-1}\}$$

sicherlich ein Stern. Unterwerfen wir das Prisma der Translation

$$\tau : X \to X + T$$

mit $(n - 1)T := -\sum P_i$, und setzen wir $\tau(P_i) =: A_i$, so ist auch

$$\{A_1, \dots, A_{n-1}\}$$

Stern, und es gilt $\sum A_i = 0$. Auch $h_i := \tau(g_i)$, $i = 1, \dots, n-1$, stellt ein Prisma dar. Mit (3) gilt $v \perp A_i$, d.h.

$$v \in \langle A_1, \dots, A_{n-1} \rangle^\perp.$$

Also entsteht ein beliebiges Prisma (14.8) des $\mathbb{R}^n$ als Translat eines davor beschriebenen geeigneten Prismas. — Ist schließlich $g$ isotrope Gerade, so ist sie Gerade eines geeigneten Prismas: Wir brauchen nur von einem geeigneten Stern in $\langle v \rangle^\perp$ auszugehen, wenn $v \neq 0$ Richtungsvektor von $g$ ist.

Unter einem Quasiprisma verstehen wir $n-1$ Teilmengen $\gamma_1, \ldots, \gamma_{n-1}$ des $\mathbb{R}^n$, wenn jedes $\gamma_i$ wenigstens drei verschiedene Punkte enthält und wenn $(X-Y)^2 = 1$ gilt für alle $X \in \gamma_i$, $Y \in \gamma_j$ mit $i \neq j$. Ist $\{\gamma_1, \ldots, \gamma_{n-1}\}$ Quasiprisma, so gilt $\gamma_i \cap \gamma_j = \emptyset$ für $i \neq j$, da sonst $(X-X)^2 = 1$ wäre für $X \in \gamma_i \cap \gamma_j$. Prismen sind Quasiprismen, und Bilder von Quasiprismen unter Abstand–1–erhaltenden Abbildungen $\sigma$ des $\mathbb{R}^n$ sind ebenfalls Quasiprismen wegen (2).

Sei nun $\{\gamma_1, \ldots, \gamma_{n-1}\}$ ein festes Quasiprisma, und seien $P_i \in \gamma_i$ fest gewählte Punkte für $i = 1, \ldots, n-1$. Dann ist

$$\{P_1, \ldots, P_{n-1}\}$$

ein Stern. Für $X \in \mathbb{R}^n$ setzen wir

$$X' := X - \frac{1}{n-1} \sum_{i=1}^{n-1} P_i =: X + T.$$

Also ist $\{P_1', \ldots, P_{n-1}'\}$ Stern mit $\sum P_i' = 0$. Damit gilt

$$(P_i')^2 = \omega \quad \text{und} \quad P_i' P_j' = \nu \tag{14.9}$$

für alle $i \neq j$. Mit

$$\gamma_i' := \gamma_i + T := \{X + T \mid X \in \gamma_i\}$$

definieren wir

$$U_i := \gamma_i - P_i = \gamma_i' - P_i' \tag{14.10}$$

für $i = 1, \ldots, n-1$.

(4) a) *Für $u_i \in U_i$ und $j \neq i$ gilt $u_i^2 = -2u_i(P_i - P_j)$.*

b) *Für $u_i \in U_i$ und $j, k \neq i$ gilt $u_i(P_j - P_k) = 0$.*

c) *Für $i \neq j$ gilt $\langle U_i \rangle \perp \langle U_j \rangle$.*

**Beweis:** Sei $u_i = x_i - P_i \in U_i$ und $u_j = x_j - P_j \in U_j$ für $i \neq j$. Dann ist

$$1 = (x_i - x_j)^2 = (u_i - u_j)^2 + 2(u_i - u_j)(P_i - P_j) + (P_i - P_j)^2$$

und also

$$(u_i - u_j)^2 = -2(u_i - u_j)(P_i - P_j).$$ (14.11)

Zu a): Verwenden wir (14.11) im Falle $x_j = P_j$, d.h. $u_j = 0$, so folgt a).

Zu b): Für $j, k \neq i$ folgt aus a)

$$-2u_i(P_i - P_j) = u_i^2 = -2u_i(P_i - P_k),$$

d.h. b).

Zu c): Aus (14.11) folgt

$$u_i^2 - 2u_i u_j + u_j^2 = -2u_i(P_i - P_j) + 2u_j(P_i - P_j),$$

d.h. $u_i u_j = 0$ mit Hilfe von a). $\square$

(5) *Wenigstens eines der* $\langle U_i \rangle$, $i = 1, \ldots, n-1$, *ist eine Gerade.*

**Beweis:** Wäre das nicht der Fall, so hätten wir dim $\langle U_i \rangle \geq 2$ für alle $i = 1, \ldots, n-1$. Also ist keines der $\langle U_i \rangle$ total isotrop. Also gibt es zu jedem $i = 1, \ldots, n-1$ einen nicht isotropen Vektor $z_i \in \langle U_i \rangle$. Die $z_1, \ldots, z_{n-1}$ sind linear unabhängig wegen $z_i^2 \neq 0$ und $z_i z_j = 0$ für $i \neq j$: Aus

$$\alpha_1 z_1 + \ldots + \alpha_{n-1} z_{n-1} = 0,$$

$\alpha_i \in \mathbb{R}$, folgt durch Multiplikation mit $z_i$ tatsächlich $\alpha_i = 0$.

Wäre $\langle U_i \rangle \cap \langle U_j \rangle = \{0\}$ für ein Indexpaar $i \neq j$, so bedeutete

$$\langle \{z_1, \ldots, z_{n-1}\} \setminus \{z_i, z_j\} \rangle^\perp \supseteq \langle U_i \rangle \oplus \langle U_j \rangle$$

einen Widerspruch, da der Raum links die Dimension 3 besitzt und der rechts wenigstens die Dimension 4.

Also ist für $i \neq j$

$$\{0\} \neq \langle U_i \rangle \cap \langle U_j \rangle \subseteq \langle U_i \rangle \cap \langle U_i \rangle^\perp = \text{rad } \langle U_i \rangle.$$

Mit dim $[\text{rad } \langle U_i \rangle] \leq 1$ gilt folglich

$$\langle U_i \rangle \cap \langle U_j \rangle = \text{rad } \langle U_i \rangle = \text{rad } \langle U_j \rangle,$$

da zudem kein Index $i, j$ vor dem anderen ausgezeichnet ist. Also schneiden sich alle Paare $\langle U_i \rangle, \langle U_j \rangle, i \neq j$, in

$$\text{rad } \langle U_1 \rangle = \ldots = \text{rad } \langle U_{n-1} \rangle$$

mit dim $[\text{rad}\,\langle U_i \rangle] = 1$. Aus

$$\langle z_1, \ldots, z_{n-1}\rangle^{\perp} \supseteq \text{rad}\,\langle U_i \rangle$$

folgt aus Dimensionsgründen

$$\langle z_1, \ldots, z_{n-1}\rangle^{\perp} = \text{rad}\,\langle U_i \rangle.$$

Ist $(p, q, r)$ die Signatur von $\langle z_1, \ldots, z_{n-1}\rangle$, so ist also

$$(n - r - 1 - p,\, 1 - r - q, r) = (0, 0, 1)$$

die Signatur von rad $\langle U_i \rangle$. Damit gilt

$$(p, q, r) = (n - 2, 0, 1).$$

Aber

$$\begin{pmatrix} z_1 z_1 & \cdots & z_1 z_{n-1} \\ \vdots & & \vdots \\ z_{n-1} z_1 & \cdots & z_{n-1} z_{n-1} \end{pmatrix} = \begin{pmatrix} z_1^2 & 0 & \cdots & 0 \\ 0 & z_2^2 & \cdots & 0 \\ \vdots & \vdots & & \vdots \\ 0 & 0 & \cdots & z_{n-1}^2 \end{pmatrix}$$

besitzt wegen $z_i^2 \neq 0$, $i = 1, \ldots, n - 1$, nicht den Eigenwert 0.                    $\square$

(6) *Es existiert ein isotroper Vektor $v \neq 0$ derart, daß $n - 2$ der Mengen $U_1, \ldots, U_{n-1}$ in $\langle v \rangle$ liegen und daß die verbleibende Menge, diese sei $U_{n-1}$, Teilmenge von*

$$\langle v \rangle \cup \left[ -\frac{1}{\omega} P'_{n-1} + \langle v \rangle \right]$$

*ist.*

**Beweis:** Nach (5) ist eines der $\langle U_i \rangle$ Gerade. Ohne Einschränkung sei $\langle U_1 \rangle$ Gerade. Die hierzu parallele Gerade $P'_1 + \langle U_1 \rangle$ enthält $\gamma'_1$ nach (14.10). Damit enthält diese Gerade wenigstens 3 verschiedene Punkte der Quadrik $\mathfrak{Q}(P'_2)$ und liegt ganz in dieser Quadrik, ist also isotrop. Also ist $v \neq 0$ in $\langle U_1 \rangle =: \langle v \rangle$ isotrop. Mit $v \in U_1$ ergibt (4) a) die Gleichung (für $j = 2, \ldots, n - 1$)

$$0 = v^2 = -2v(P'_1 - P'_j),$$

d.h. $vP'_1 = vP'_j$ für alle $j = 1, \ldots, n - 1$. Also gilt

$$0 = \left( \sum_{i=1}^{n-1} P'_i \right) \cdot v = \sum_{i=1}^{n-1}(P'_i v) = (n - 1)P'_1 v,$$

d.h. $P'_j v = 0$ für alle $j = 1, \ldots, n-1$. Also liegt $v$ in

$$L := \langle P'_1, \ldots, P'_{n-1} \rangle^{\perp}. \tag{14.12}$$

Wegen (1) b) ist $\langle P'_1, \ldots, P'_{n-1} \rangle$ positiv definit und $(n-2)$-dimensional, also von der Signatur $(n-2, 0, 0)$. Also hat (14.12) die Signatur $(1,1,0)$, ist damit Artinsche Ebene. Sei $L =: \langle v, w \rangle$. Da die Matrix

$$\begin{pmatrix} v^2 & vw \\ wv & w^2 \end{pmatrix} =: \begin{pmatrix} 0 & a \\ a & 2b \end{pmatrix}$$

einen positiven und einen negativen Eigenwert haben muß, gilt $a \neq 0$. Ist $w$ nicht isotrop, so wählen wir

$$v \quad \text{und} \quad m := v - \frac{2a}{w^2} w$$

als erzeugende Elemente von $L$. Also haben wir ohne Einschränkung

$$L = \langle v, m \rangle$$

mit $v^2 = m^2 = 0$ und $vm \neq 0$. Für $i = 2, \ldots, n-1$ gilt

$$\langle U_i \rangle \subseteq \langle U_1 \rangle^{\perp} = \langle v \rangle^{\perp}.$$

Aus (4) b) folgt

$$\langle U_i \rangle \subseteq \langle P'_j - P'_k \mid j, k \in \{1, \ldots, n-1\} \backslash \{i\} \rangle^{\perp}.$$

Mit (1) c) folgt

$$
\begin{aligned}
\mathbb{R}^n &= \langle P'_1, \ldots, P'_{n-1} \rangle \oplus L \\
&= [\langle P'_i \rangle \oplus \langle P'_j - P'_k \mid j, k \neq i \text{ aus } \{1, \ldots, n-1\} \rangle] \oplus L.
\end{aligned}
$$

Also gilt

$$\langle U_i \rangle \subseteq \langle P'_i, v, m \rangle.$$

Tatsächlich ist schon

$$\langle U_i \rangle \subseteq \langle P'_i, v \rangle :$$

Denn aus $u_i = \xi P'_i + \eta v + \zeta m$ folgt mit Hilfe von

$$u_i v = 0, \quad P'_i v = 0, \quad v^2 = 0, \quad mv \neq 0$$

doch $\zeta = 0$. Nehmen wir nun an, daß es verschiedene Indizes $i, j, 1$ gäbe und hierzu Elemente

$$
\begin{aligned}
u_i &= a P'_i + b v \in U_i, \\
u_j &= \alpha P'_j + \beta v \in U_j
\end{aligned}
$$

mit $a, b, \alpha, \beta \in \mathbb{R}$ und $a\alpha \neq 0$. Dann ergäbe

$$0 = u_i u_j = a\alpha P_i' P_j' = a\alpha \nu$$

einen Widerspruch. Also höchstens ein $U_i$, sagen wir $U_{n-1}$, enthält Elemente nicht parallel zu $v$.

Ist $u_{n-1} \in U_{n-1}$, so gilt

$$u_{n-1} = \alpha P_{n-1}' + \beta v.$$

Mit (4) a) folgt für $j \neq n - 1$

$$-2u_{n-1}(P_{n-1}' - P_j') \; = \; u_{n-1}^2 \; = \; (\alpha P_{n-1}' + \beta v)^2 \; = \; \alpha^2 \omega.$$

Außerdem ist

$$\begin{aligned}
-2u_{n-1}(P_{n-1}' - P_j') \; &= \; -2(\alpha P_{n-1}' + \beta v)(P_{n-1}' - P_j') \\
&= \; -2\alpha(\omega - \nu).
\end{aligned}$$

Also gilt $\alpha = 0$ oder $\alpha = -\omega^{-1}$. Damit ist

$$U_{n-1} \subseteq \langle v \rangle \cup \left[ -\frac{1}{\omega} P_{n-1}' + \langle v \rangle \right]. \qquad\qquad \Box$$

Für das Quasiprisma, von dem wir ausgegangen sind, $\{\gamma_1, \dots, \gamma_{n-1}\}$, können wir nun sagen

(7) *Es gibt einen isotropen Vektor $v \neq 0$ so, daß $n - 2$ der Mengen $\gamma_1, \dots, \gamma_{n-1}$ in den entsprechenden Geraden des Prismas*

$$\{g_1, \dots, g_{n-1}\}$$

*mit $g_i := P_i + \langle v \rangle$ enthalten sind. Die verbleibende Menge, ohne Einschränkung sei dies $\gamma_{n-1}$, ist Teil von $g_{n-1} \cup \bar{g}_{n-1}$, wobei*

$$\bar{g}_{n-1} \; := \; P_{n-1} - \frac{1}{\omega} P_{n-1}' + \langle v \rangle$$

*gesetzt sei.*

Es gilt

$$\bar{g}_{n-1} = \left( 1 - \frac{1}{\omega} \right) P_{n-1} + \frac{2}{n-2} \sum_{i=1}^{n-1} P_i + \langle v \rangle.$$

Außerdem ist

$$(A - B)^2 = \frac{1}{\omega} \tag{14.13}$$

für $A \in g_{n-1}$ und $B \in \bar{g}_{n-1}$: Denn

$$\begin{aligned} A &= P_{n-1} + \alpha v, \\ B &= P_{n-1} - \frac{1}{\omega} P'_{n-1} + \beta v \end{aligned}$$

mit geeigneten $\alpha, \beta \in \mathbb{R}$ ergibt

$$(A - B)^2 = \left[ \frac{1}{\omega} P'_{n-1} + (\alpha - \beta)v \right]^2 = \frac{1}{\omega}.$$

Mit (7) sind tatsächlich auch alle Quasiprismen bekannt: Geht man von einem Stern $P_1, \ldots, P_{n-1}$ aus und nimmt man einen isotropen Vektor $v \neq 0$ aus der Artinschen Ebene

$$\langle P'_1, \ldots, P'_{n-1} \rangle^{\perp},$$

auch hier sei $P'_i = P_i + (1-n)^{-1} \sum P_j$ gesetzt, so bilde man

$$g_1, \ldots, g_{n-2}, g_{n-1} \cup \bar{g}_{n-1}$$

und hiervon Teilmengen $\gamma_i, |\gamma_i| \geq 3$,

$$\begin{aligned} \gamma_i &\subseteq g_i & \text{für } i = 1, \ldots, n-2, \\ \gamma_{n-1} &\subseteq g_{n-1} \cup \bar{g}_{n-1}. \end{aligned}$$

Dann liegt ein Quasiprisma vor: Denn für $A \in \gamma_i$, $i \in \{1, \ldots, n-2\}$, und $B \in \gamma_{n-1}$ gilt (wir betrachten nur den Fall $B \in \bar{g}_{n-1}$)

$$\begin{aligned} (A - B)^2 &= \left[ P_i - \left( P_{n-1} - \frac{1}{\omega} P'_{n-1} \right) + \lambda v \right]^2 \\ &= \left[ (P'_i - P'_{n-1}) + \frac{1}{\omega} P'_{n-1} + \lambda v \right]^2 \\ &= 1 + \frac{1}{\omega} + \frac{2}{\omega}(\nu - \omega) = 1. \end{aligned}$$

(8) *Sei $\sigma$ Abstand-1-erhaltende Abbildung des $\mathbb{R}^n$ in sich, und sei $h$ isotrope Gerade. Dann ist $\sigma(h)$ Teil einer isotropen Geraden.*

**Beweis:** Sei $h$ isotrope Gerade. Dann ist $h$, wie bereits früher bemerkt, Gerade eines geeigneten Prismas,

$$h_1, \ldots, h_{n-1}.$$

Es ist also

$$\gamma_1 := \sigma(h_1), \ldots, \gamma_{n-1} := \sigma(h_{n-1})$$

Quasiprisma. Ist jedes $\gamma_i$ kollineare Punktmenge, so sind wir fertig: $\langle\gamma_i\rangle$ ist nach (7) dann isotrope Gerade. Also ist nur der Fall

$$h = h_{n-1} \text{ und } \gamma_{n-1} \text{ nicht kollinear}$$

interessant. Es sei $g_1, \ldots, g_{n-1}$ das den $\gamma$'s nach (7) zugrunde liegende Prisma. Wir haben also

$$\gamma_{n-1} \subseteq g_{n-1} \cup \overline{g}_{n-1}$$

und

$$\gamma_{n-1} \not\subseteq g_{n-1}, \quad \gamma_{n-1} \not\subseteq \overline{g}_{n-1}.$$

Wir schreiben für $i = 1, \ldots, n-1$

$$h_i := C_i + \langle v\rangle$$

und setzen $A_i := \sigma(C_i)$ für $i = 1, \ldots, n-1$. Auch schreiben wir

$$\langle C'_1, \ldots, C'_{n-1}\rangle^{\perp} = \langle v, m\rangle$$

mit $v^2 = 0 = m^2$ und $vm \neq 0$.

Sei $\overline{C}_1 := C_1 - \omega^{-1}C'_1$. Dann ist

$$h_1 \cup \{\overline{C}_1\}, h_2, \ldots, h_{n-1}$$

Quasiprisma. Da das Bild von $h_{n-1}$ nicht kollinear ist und da

$$\sigma(h_1 \cup \{\overline{C}_1\}), \sigma(h_2), \ldots, \sigma(h_{n-1})$$

ebenfalls Quasiprisma ist, so muß $\sigma(h_1 \cup \{\overline{C}_1\})$ kollinear sein, d.h. es gilt $\sigma(\overline{C}_1) \in \gamma_1$.

Mit $\hat{h}_i := C_i + \langle m\rangle$, $i = 1, \ldots, n-1$, ist auch

$$\hat{h}_1 \cup \{\overline{C}_1\}, \hat{h}_2, \ldots, \hat{h}_{n-1} \tag{14.14}$$

ein Quasiprisma. Also ist auch hiervon das Bild unter $\sigma$ Quasiprisma. Wegen

$$(\overline{C}_1 - C_1)^2 = \frac{1}{\omega^2}(C'_1)^2 = \frac{1}{\omega}$$

ist $\overline{C}_1 \neq C_1$. Also gilt mit (2) $\sigma(\overline{C}_1) \neq \sigma(C_1)$. Die beiden letzteren Punkte liegen auf $\gamma_1 \subseteq g_1$, ihre Verbindungsgerade ist also die isotrope Gerade $\langle g_1\rangle$. Ist die Menge $\sigma(\hat{h}_1 \cup \{\overline{C}_1\})$ kollinear, so ist sie Teil von $g_1$. Ist sie nicht kollinear, so verteilt sie sich auf $g_1$ und eine hierzu parallele Gerade $\overline{g}_1$ vom Abstand $\omega^{-1}$ von $g_1$ nach (14.13). Mit $\sigma(h_1) = \gamma_1 \subseteq g_1$ zusammen ergibt das einen Widerspruch: Denn die Punkte

$$C_1 - \frac{1}{2}v \in h_1 \text{ und } C_1 + \frac{1}{vm}m \in \hat{h}_1$$

haben den Abstand 1. Liegen ihre Bilder auf $g_1$, so hätten diese den Abstand 0. Verteilen sie sich auf $g_1$ und $\overline{g}_1$, so hätten sie den Abstand $\omega^{-1} \neq 1$.  $\square$

Analog zu elementaren Hilfsbetrachtungen des Kapitels 1 zeigt man, daß es zu $n$ verschiedenen Punkten $P_1, \ldots, P_n$ des $\mathbb{R}^n$, die paarweise den Abstand 1 besitzen, genau zwei verschiedene Punkte $Q_1, Q_2 \in \mathbb{R}^n$ gibt mit

$$\overline{Q_i P_j} = 0$$

für alle $i = 1, 2$, und alle $j = 1, \ldots, n$. Es gilt $\overline{Q_1 Q_2} = -2(1 - \frac{1}{n})$. Eine Abbildung $\sigma : \mathbb{R}^n \to \mathbb{R}^n$, $n \geq 3$, die den Abstand 1 erhält, ist nach (2) injektiv und erhält nach (8) den Abstand 0. Also erhält sie auch den Abstand $-2(1 - \frac{1}{n}) < 0$, ist also nach Abschnitt 6.13 Lorentztransformation.

## 6.15   Der ebene Körperfall

Sei $K$ ein kommutativer Körper von Charakteristik $\neq 2$. Es stelle $K^2$ wieder die Menge aller geordneten Paare $x = (x_1, x_2)$ von Elementen $x_1, x_2 \in K$ dar. *Wir wollen dann zeigen, daß die beiden Abstandsräume*

$$(K^2, K, d) \tag{15.1}$$

*und*

$$(K^2, K, \delta) \tag{15.2}$$

*mit*

$$d(x, y) := (x_1 - y_1)(x_2 - y_2) \tag{15.3}$$

*und*

$$\delta(x, y) := (x_1 - y_1)^2 - (x_2 - y_2)^2 \tag{15.4}$$

*isomorph sind.* Dazu haben wir nachzuweisen, daß es eine Bijektion

$$\gamma : K^2 \to K^2$$

gibt mit

$$d(x, y) = d(\xi, \eta) \Leftrightarrow \delta(\gamma(x), \gamma(y)) = \delta(\gamma(\xi), \gamma(\eta))$$

für alle $x, y, \xi, \eta \in K^2$. Mit

$$\gamma(x_1, x_2) := \frac{1}{2}(x_1 + x_2, x_1 - x_2)$$

folgt dies aber aus

$$d(x,y) = \delta\big(\gamma(x), \gamma(y)\big)$$

für alle $x, y \in K^2$.                                                                    □

Die beiden Abstandsräume (15.1) und (15.2) besitzen also nach A.1.1, Kapitel 2, isomorphe Isometriegruppen. Natürlich wird es bequemer sein, mit der Metrik (15.3) zu arbeiten, als mit der Metrik (15.4). Die Aufgabe allerdings, vor der wir im Falle $K = \mathbb{R}$ stehen, ist die folgende: *Sei $\rho \neq 0$ aus $\mathbb{R}$ fest vorgegeben. Zeige dann, daß jede Abbildung*

$$\sigma : \mathbb{R}^2 \to \mathbb{R}^2,$$

*die*

$$\forall_{x,y\in\mathbb{R}^2}\ \delta(x,y) = \rho\ \Rightarrow\ \delta\big(\sigma(x), \sigma(y)\big) = \rho \tag{15.5}$$

*genügt, Lorentztransformation des $\mathbb{R}^2$ ist.*

Wir wollen nachweisen, daß wir diese Aufgabe gelöst haben, wenn uns der Beweis der folgenden Aussage gelingt:

**A.15.1**: *Ist $f : \mathbb{R}^2 \to \mathbb{R}^2$ Abbildung, die*

$$\forall_{x,y\in\mathbb{R}^2}\ d(x,y) = 1\ \Rightarrow\ d\big(f(x), f(y)\big) = 1 \tag{15.6}$$

*genügt, so ist $f$ affin.*

In der Tat! Für

$$\mu(x_1, x_2) := \left(\frac{1}{4}\rho x_1 + x_2, \frac{1}{4}\rho x_1 - x_2\right)$$

gilt

$$\delta\big(\mu(x), \mu(y)\big) = \rho d(x, y).$$

Ist also $\sigma$ eine Abbildung, die (15.5) genügt, so genügt

$$f := \mu^{-1}\sigma\mu$$

der Aussage (15.6). Also ist $f$ affin nach A.15.1. Wegen (15.6) hat dann $f$ die Gestalt

$$f(x_1, x_2) = \left(ax_1 + b, \frac{1}{a}x_2 + c\right)$$

für alle $x \in \mathbb{R}^2$, oder es hat die Gestalt

$$f(x_1, x_2) = \left(ax_2 + b, \frac{1}{a}x_1 + c\right)$$

für alle $x \in \mathbb{R}^2$, wobei $a \neq 0$ und $b, c$ reelle Konstanten sind. Dann ist aber tatsächlich

$$\sigma = \mu f \mu^{-1}$$

Lorentztransformation des $\mathbb{R}^2$.

Wir wollen nun in diesem Abschnitt 6.15 den folgenden Satz beweisen, von dem A.15.1 ein Spezialfall ist:

**Satz:** *Sei $K$ kommutativer Körper mit einer von $2, 3, 5$ verschiedenen Charakteristik. Sei $f : K^2 \to K^2$ eine Abbildung, die*

$$\forall_{x,y \in K^2} \ d(x, y) = 1 \ \Rightarrow \ d\big(f(x), f(y)\big) = 1 \tag{15.7}$$

*genügt. Dann gibt es einen Monomorphismus $\sigma$ von $K$ und feste Elemente $a \neq 0$ und $b, c$ aus $K$ mit*

$$f(x) = \left( a\sigma(x_1) + b, \frac{1}{a}\sigma(x_2) + c \right) \quad \text{für alle } x \in K^2$$

*oder*

$$f(x) = \left( a\sigma(x_2) + b, \frac{1}{a}\sigma(x_1) + c \right) \quad \text{für alle } x \in K^2.$$

**Bemerkung:** Mehrere Arbeiten von F. Radó und dem Autor dieses Buches führten zum vorstehenden Resultat. H. Schaeffer [3] hat dann einen einheitlichen Beweis gegeben, den wir hier vortragen werden. F. Radó [2] bemerkt, daß der Satz auch für alle endlichen Körper $K, |K| > 5$, der Charakteristik 5 gilt. Weitere Fälle kleiner Ordnung wurden mit dem Computer behandelt. Wir verweisen auf H.J. Samaga [2]. — Daß der angegebene Satz im Falle $K = \mathbb{R}$ zu A.15.1 führt, liegt an der Tatsache, daß id der einzige Monomorphismus von $\mathbb{R}$ ist.

Der Beweis des Satzes erfolgt in mehreren Schritten:

(1) Wir können ohne Einschränkung

$$f(0, 0) = (0, 0) \quad \text{und} \quad f(1, 1) = (1, 1) \tag{15.8}$$

annehmen: Sei nämlich $f : K^2 \to K^2$ Abbildung mit

$$f(0, 0) = (a, b) \quad \text{und} \quad f(1, 1) = (\alpha, \beta).$$

Wegen $d\big(0, (1, 1)\big) = 1$ gilt

$$1 = d\big(f(0, 0), f(1, 1)\big) = (\alpha - a)(\beta - b).$$

Mit

$$\varphi(x) := \Big[(\beta - b)(x_1 - a),\ (\alpha - a)(x_2 - b)\Big]$$

betrachten wir nun anstelle von $f$ die Abstand–1–erhaltende Abbildung $\varphi f$, die $(0,0)$ und $(1,1)$ festläßt. Ist nun $\varphi f$ von der beschriebenen Art des Satzes, so hat auch die Abbildung $f$ selbst diese Gestalt. Für das Weitere gelte also (15.8). Unser Ziel ist damit, $f$ in der Gestalt

$$f(x) = \big(\sigma(x_1), \sigma(x_2)\big) \quad \text{für alle} \quad x \in K \tag{15.9}$$

oder

$$f(x) = \big(\sigma(x_2), \sigma(x_1)\big) \quad \text{für alle} \quad x \in K \tag{15.10}$$

darzustellen.

(2) Eine Abbildung $f : K^2 \to K^2$, die (15.7) und (15.8) genügt, heiße im folgenden 1–Abbildung. Der erste Beweisschritt wird das Problem auf die Frage zurückführen, ob 1–Abbildungen auch den Abstand 0 erhalten. Dann zeigen wir, daß 1–Abbildungen jedenfalls dann den Abstand 0 erhalten, wenn der Abstand 4 unverändert bleibt. Der Nachweis der Invarianz des Abstandes 4 ist der schwierigste Teil des Beweises. Es wird hier, einer schönen Idee von F. Radó folgend, von einer mit dem Computer ermittelten Konfiguration Gebrauch gemacht.

(3) *Sei $f$ 1–Abbildung, die auch den Abstand 0 erhält,*

$$\forall_{x,y \in K^2}\ \overline{xy} = 0 \ \Rightarrow\ \overline{f(x)f(y)} = 0. \tag{15.11}$$

*Dann gibt es einen Monomorphismus $\sigma : K \to K$ mit (15.9) oder (15.10). Dabei steht $\overline{xy}$ wiederum für $d(x,y)$.*

**Beweis:** Da es zu Punkten $x \neq y$ aus $K^2$ einen Punkt $z \in K^2$ mit

$$\overline{xz} = 0 \quad \text{und} \quad \overline{yz} = 1$$

gibt, gilt

$$\overline{f(x)f(z)} = 0 \quad \text{und} \quad \overline{f(y)f(z)} = 1$$

mit Hilfe von (15.7) und (15.11). Also ist $f(x) \neq f(y)$, d.h. es ist $f$ injektiv. Setzen wir $f(1,0) =: (x_1, x_2)$, so folgt

$$(x_1, x_2) \in \{(1,0), (0,1)\}$$

aus $\overline{(0,0),(1,0)} = 0 = \overline{(1,1)(1,0)}$. Im Falle $(x_1, x_2) = (0,1)$ ersetzen wir $f$ durch die 1–Abbildung $\psi \cdot f$ mit

$$\psi(y_1, y_2) := (y_2, y_1),$$

so daß wir ohne Einschränkung noch

$$f(1,0) = (1,0)$$

annehmen können. Dann folgt aber auch

$$f(0,1) = (0,1)$$

mit Hilfe der Injektivität von $f$. Mit einer injektiven Abbildung $\sigma : K \rightarrow K$ mit $\sigma(0) = 0$ und $\sigma(1) = 1$ gilt dann

$$f(x_1, 0) = \big(\sigma(x_1), 0\big)$$

für alle $x_1 \in K$ und außerdem

$$f\left(t, \frac{1}{t}\right) = \left(\sigma(t), \frac{1}{\sigma(t)}\right)$$

für alle $t \neq 0$ aus $K$, wenn wir

$$\overline{(0,0)\left(t, \frac{1}{t}\right)} = 1 \quad \text{und} \quad \overline{(t,0)\left(t, \frac{1}{t}\right)} = 0$$

beachten. Ist $s \neq 0$ aus $K$, so gilt für $t \in K$

$$\overline{\left(0, \frac{1}{s}\right)\left(t, \frac{1}{s}\right)} = \overline{\left(0, \frac{1}{s}\right)\left(s, \frac{1}{s}\right)} = \overline{(t,0)\left(t, \frac{1}{s}\right)} = 0.$$

Also ist

$$f\left(t, \frac{1}{s}\right) = \left(\sigma(t), \frac{1}{\sigma(s)}\right) \tag{15.12}$$

für alle $s, t \in K$ mit $s \neq 0$. Damit ist nur noch zu zeigen, daß $\sigma$ Monomorphismus sein muß.

Mit $s, t \in K$, $s \neq 0$, gilt

$$\overline{\left(s + t, \frac{1}{s}\right)(t, 0)} = 1.$$

Also ist

$$\left[\sigma(s + t) - \sigma(t)\right] \frac{1}{\sigma(s)} = 1.$$

Mit $\sigma(0) = 0$ gilt folglich

$$\sigma(s + t) = \sigma(s) + \sigma(t) \tag{15.13}$$

für alle $s, t \in K$.

11 Benz

Sei $s \in K \setminus \{0, -1\}$. Also ist

$$\overline{(s,1)\left(-1, \frac{s}{s+1}\right)} = 1.$$

Mit $f(s,1) = (\sigma(s), 1)$ wegen (15.12) und

$$f\left(-1, \frac{1}{1+\frac{1}{s}}\right) = \left(-1, \frac{1}{1+\sigma(s^{-1})}\right)$$

wegen (15.12), (15.13) ist also

$$[\sigma(s)+1] \cdot \left[1 - \frac{1}{1+\sigma(s^{-1})}\right] = 1,$$

d.h.

$$\sigma(s)\sigma(s^{-1}) = 1, \tag{15.14}$$

eine Formel, die auch für $s = -1$ gilt. Aus (15.12), (15.14) ergibt sich somit (15.9). Für $s \in K \setminus \{0,1\}$ gilt

$$s^2 = s - \frac{1}{\frac{1}{s} + \frac{1}{1-s}}.$$

Diese Formel, zusammen mit (15.13), (15.14), ergibt

$$\sigma(s^2) = [\sigma(s)]^2, \tag{15.15}$$

was auch für $s \in \{0,1\}$ stimmt. Also ist

$$\sigma([s+t]^2) = [\sigma(s+t)]^2$$

für alle $s, t \in K$, was mit (15.13) und (15.15) zu

$$\sigma(st) = \sigma(s)\sigma(t)$$

führt.                                                                      □

(4) *Sind $A, B, C \in K^2$ Punkte mit $\overline{AB} = \overline{BC} = 1$, so sind folgende Bedingungen äquivalent:*

(i) $\overline{AC} = 4$

(ii) $C - B = B - A$.

(5) *Sei* $n \in \{4, 5, 6, 9, 10, 12\}$ *und gelte* $P, Q \in K^2$. *Dann sind folgende Bedingungen äquivalent:*

(i) $\overline{PQ} = n^2$

(ii) *Es gibt Punkte* $A_0 := P, A_1, \ldots, A_{n-1}, A_n := Q$ *mit*

$$\overline{A_0 A_1} = \overline{A_1 A_2} = \ldots = \overline{A_{n-1} A_n} = 1$$
*und*
$$\overline{A_0 A_2} = \overline{A_1 A_3} = \ldots = \overline{A_{n-2} A_n} = 4.$$

**Beweis:** Sei $P = (p_1, p_2)$, $Q = (q_1, q_2)$ und $\overline{PQ} = n^2$. Dann ist

$$(q_1 - p_1)(q_2 - p_2) = n^2.$$

Mit

$$A_\nu := \left( \frac{q_1 - p_1}{n} \nu + p_1, \; \frac{q_2 - p_2}{n} \nu + p_2 \right),$$

$\nu = 0, 1, \ldots, n$, erhält man gewünschte Punkte. Liegt umgekehrt (ii) vor, so bewirken

$$\overline{A_\nu A_{\nu+1}} = \overline{A_{\nu+1} A_{\nu+2}} = 1$$
$$\overline{A_\nu A_{\nu+2}} = 4$$

mit Hilfe von (4) offenbar

$$A_{\nu+2} = 2 A_{\nu+1} - A_\nu$$

für $\nu = 0, 1, \ldots, n - 2$, d.h.

$$A_\nu = \nu A_1 - (\nu - 1) A_0$$

für $\nu = 1, \ldots, n$. Mit

$$P = A_0 \quad \text{und} \quad Q = n A_1 - (n - 1) A_0$$

gilt also

$$\overline{PQ} = n^2 \overline{A_0 A_1} = n^2. \qquad \square$$

(6) *Für verschiedene Punkte* $P, Q \in K^2$ *sind folgende Bedingungen äquivalent:*

(i) $\overline{PQ} = 0$

*(ii)  Es gibt Punkte $A, B, C, D \in K^2$ mit*

$$\overline{AQ} = \overline{BQ} = 5^2, \quad \overline{AB} = 10^2,$$

$$\overline{AC} = \overline{BC} = 4^2, \quad \overline{CD} = 12^2,$$

$$\overline{CP} = \overline{DP} = 6^2, \quad \overline{QD} = 9^2.$$

**Beweis:** Sei $P \neq Q$ und $\overline{PQ} = 0$. Im speziellen Falle $P_0 = (0,0)$ und $Q_0 = (0, 15)$ erfüllen

$$A_0 = (-5, 10), \ B_0 = (5, 20); \quad C_0 = (3, 12), \ D_0 = (-3, -12)$$

die Aussage (ii). Im allgemeinen Falle sei $\varphi$ eine affine Isometrie von $(K^2, K, d)$ mit

$$P = \varphi(P_0) \quad \text{und} \quad Q = \varphi(Q_0).$$

Dann sind $A := \varphi(A_0), \ldots, D := \varphi(D_0)$ gewünschte Punkte.

Gelte nun umgekehrt (ii) für $P \neq Q$. Analog zu vorhin wählen wir nun ohne Einschränkung $Q = (0, 0)$ und $B = (5, 5)$. Man verifiziert nun leicht

$$
\begin{aligned}
A = (-5, -5) \quad &\text{wegen} \quad \overline{AQ} = 5^2 \text{ und } \overline{AB} = 10^2, \\
\overline{QC} = -9 \quad &\text{wegen} \quad \overline{AC} = 4^2 = \overline{BC}, \\
\overline{PQ} = 0 \quad &\text{wegen} \quad \overline{DC} = 12^2, \ \overline{DQ} = 9^2, \ \overline{DP} = \overline{PC} = 6^2. \qquad \square
\end{aligned}
$$

*(7)  Ist $f$ 1–Abbildung, die den Abstand 4 unverändert läßt, so läßt sie auch den Abstand 0 ungeändert.*

**Beweis:** Wegen (5) erhält $f$ die Abstände $4^2, 5^2, 6^2, 9^2, 10^2, 12^2$. Nach (6) erhält sie dann auch den Abstand 0. $\hspace{1cm}\square$

Für Punkte $A, B, C, D \in K^2$ schreiben wir $r(A, B, C, D)$ genau dann, wenn gilt

$$\overline{AB} = \overline{BC} = \overline{CD} = \overline{DA} = 1 \quad \text{und} \quad A \neq C, \ B \neq D.$$

Für $t \in K \backslash \{0, 1, -1\}$ gilt z.B.

$$r\left(0, (1,1), \left(1 + t, 1 + \frac{1}{t}\right), (t, t^{-1})\right). \tag{15.16}$$

*(8)  Aus $r(A, B, C, D)$ folgt $B - A = C - D$.*

**Beweis**: Sei $A = (0,0)$ und $B = (1,1)$. Wegen $\overline{BC} = 1$ gibt es dann ein $t \neq 0$ in $K$ mit $C = \left(1 + t, 1 + \frac{1}{t}\right)$. Da $A \neq C$ sein muß, gilt $t \neq -1$. Wegen $\overline{CD} = 1$ gibt es ein $s \neq 0$ in $K$ mit

$$D = \left(1 + t + s, 1 + \frac{1}{t} + \frac{1}{s}\right).$$

Wegen $B \neq D$ ist $t + s \neq 0$. Aus $\overline{DA} = 1$ folgt nun noch

$$(1 + t + s)\left(1 + \frac{1}{t} + \frac{1}{s}\right) = 1,$$

d.h.

$$\frac{s + t}{st}(1 + st + s + t) = 0,$$

d.h. $s = -1$ wegen $s + t \neq 0$ und $1 + t \neq 0$. Dies bedeutet

$$B - A = C - D.$$

In (15.16) sind also im Falle $A = (0,0)$ und $B = (1,1)$ alle Beispiele für $r(A, B, C, D)$ notiert. — Gelte nun $r(A', B', C', D')$, und sei $\varphi$ affine Isometrie mit

$$A = \varphi(A') \quad \text{und} \quad B = \varphi(B')$$

unter Beibehaltung der früheren Punkte $A, B$. Also gilt

$$r\big(A, B, \varphi(C'), \varphi(D')\big),$$

was mit dem vorhin Gezeigten

$$\varphi(C') = \left(1 + t, 1 + \frac{1}{t}\right),$$

$$\varphi(D') = \left(t, \frac{1}{t}\right)$$

bedeutet. Also gilt

$$\varphi(B') - \varphi(A') = \varphi(C') - \varphi(D'),$$

d.h. es gilt $B' - A' = C' - D'$. $\qquad\qquad\qquad\qquad\qquad\qquad\quad\square$

Wir wenden uns jetzt der Invarianz des Abstandes 4 zu:

(9) *Für eine 1–Abbildung $f$ gilt*

$$\overline{AC} = 4 \;\Rightarrow\; \overline{f(A)f(C)} = 4$$

*für alle $A, C \in K^2$.*

Der Beweis gründet sich auf die Konstruktion einer Konfiguration $\Gamma$, bestehend aus Punkten

$$A_0, B_0, A_1, B_1, \ldots, A_n, B_n \ (n \geq 2)$$

mit

$$
\begin{array}{ll}
\text{(a)} & A_0 = A, \ B_n = C, \qquad A_n = B_0 =: B, \\
\text{(b)} & r(A_i, B_i, B_{i+1}, A_{i+1}), \\
\text{(c)} & f(A_i) \neq f(B_{i+1}) \quad \text{und} \quad f(B_i) \neq f(A_{i+1}).
\end{array}
$$

Ist es gelungen, eine solche Konfiguration anzugeben, so folgt für die Bildkonfiguration unter $f$ durch wiederholte Anwendung von (8)

$$f(B) - f(A) = f(B_1) - f(A_1) = \ldots = f(B_n) - f(A_n) = f(C) - f(B),$$

was

$$\overline{f(A)f(B)} = 4$$

mit (4) ergibt.

Bevor wir die Existenz von $\Gamma$ nachweisen, stellen wir zwei Aussagen bereit, die im Zusammenhang mit der zu erfüllenden Bedingung (c) stehen.

(I) *Gibt es keine Punkte $U, V, W \in K^2$ mit*

$$\overline{UV} = \overline{VW} = \overline{WU} = 1, \tag{15.17}$$

*so folgt $f(X) \neq f(Y)$ für alle $X, Y \in K^2$ mit*

$$\overline{XY} \in \left\{ -\frac{1}{12}, \frac{49}{12}, -\frac{25}{6}, \frac{49}{6} \right\}.$$

(II) *Gibt es Punkte $U, V, W \in K^2$, die (15.17) genügen, so folgt $f(P) \neq f(Q)$ für alle $P, Q \in K^2$ mit $\overline{PQ} = 3$.*

**Beweis** von (I): Die Charakteristik von $K$ kann nicht 7 sein, da sonst

$$(0,0), (1,1), \left( \frac{3}{2}, 3 \right)$$

paarweise den Abstand 1 besäßen. Gemäß folgender Tabelle gibt es Punkte

$$R := (0,0), \ S, \ T, \ U := (1, d)$$

mit

$$\overline{RS} = \overline{ST} = \overline{TU} = 1 \quad \text{und} \quad \overline{RU} = d.$$

| $d$ | $S$ | $T$ |
|---|---|---|
| $-\frac{1}{12}$ | $\left(\frac{1}{2}, 2\right)$ | $\left(\frac{1}{5}, -\frac{4}{3}\right)$ |
| $\frac{49}{12}$ | $\left(-\frac{9}{7}, -\frac{7}{9}\right)$ | $\left(-\frac{37}{35}, \frac{259}{72}\right)$ |
| $-\frac{25}{6}$ | $\left(\frac{1}{4}, 4\right)$ | $\left(\frac{1}{7}, -\frac{16}{3}\right)$ |
| $\frac{49}{6}$ | $\left(\frac{8}{7}, \frac{7}{8}\right)$ | $\left(\frac{43}{35}, \frac{301}{24}\right)$ |

Sind nun $X, Y$ beliebige Punkte mit $\overline{XY} = d$, so sei $\varphi$ affine Isometrie mit $\varphi(R) = X$ und $\varphi(U) = Y$. Dann ist

$$\overline{X\varphi(S)} = \overline{\varphi(S)\varphi(T)} = \overline{\varphi(T)Y} = 1.$$

Wäre nun $f(X) = f(Y)$ für die 1–Abbildung $f$, so hätten

$$f(X),\ f\varphi(S),\ f\varphi(T)$$

paarweise den Abstand 1. □

**Beweis** von (II): Sei $\overline{PQ} = 3$. Gibt es drei Punkte paarweise vom Abstand 1, so existiert ein $p \in K \backslash \{0, 1\}$ derart, daß die Punkte

$$(0,0), (1,1), \left(p, \frac{1}{p}\right)$$

paarweise den Abstand 1 besitzen. Also gibt es in $K$ ein Element $\tau$ mit $\tau^2 = -3$. Wir zeigen nun, daß Punkte $A, B$ existieren mit

$$\overline{PA} = \overline{AQ} = \overline{PB} = \overline{BQ} = \overline{AB} = 1. \tag{15.18}$$

Dies braucht nur für $P = (0,0)$, $Q = (1,3)$ verifiziert zu werden. Aber hier wähle man

$$A = \left(\frac{1}{2} + \frac{1}{2\tau}, \frac{3}{2} - \frac{3}{2\tau}\right) \quad \text{und} \quad B = \left(\frac{1}{2} - \frac{1}{2\tau}, \frac{3}{2} + \frac{3}{2\tau}\right).$$

Wegen (15.18) gilt $r(P, A, Q, B)$. Wir unterscheiden die Fälle

$$(\alpha)\quad f(P) = f(Q),$$
$$(\beta)\quad f(P) \neq f(Q).$$

Im zweiten Falle trifft auch

$$r\big(f(P), f(A), f(Q), f(B)\big)$$

zu. Bis auf eine affine Isometrie können wir $f(P) = (0,0)$ und $f(A) = (1,1)$ annehmen. Für diesen Fall stehen aber in (15.16) alle Beispiele $r(0,(1,1),\dots)$. Also ist

$$f(Q) = \left(1+t, 1+\frac{1}{t}\right) \quad \text{und} \quad f(B) = \left(t, \frac{1}{t}\right)$$

mit passendem $t \neq 0, 1, -1$. Aus $\overline{f(A)f(B)} = 1$ folgt dann aber $\overline{f(P)f(Q)} = 3$.

*Es fallen also Punkte vom Abstand 3 unter $f$ zusammen oder werden wieder auf solche vom Abstand 3 abgebildet.*

Die erste Möglichkeit kann ausgeschlossen werden: Die Existenz der Punkte

$$X_1 = 0, \ X_2 = \left(-\frac{4}{3}, -\frac{9}{4}\right), \ X_3 = \left(-\frac{8}{3}, -\frac{9}{2}\right), \ X_4 = (-2, 0), \ X_5 = (1,1)$$

mit

$$\overline{X_1 X_2} = \overline{X_2 X_3} = \overline{X_3 X_4} = 3 \quad \text{und} \quad \overline{X_1 X_5} = 1$$

zeigt, daß $s$ mit $3 \leq s \leq 5$ minimal gewählt werden kann mit folgender Eigenschaft: Es gibt verschiedene Punkte $X_1, \dots, X_s$ mit

$$\overline{X_1 X_s} = 1 \quad \text{und} \quad \overline{X_1 X_2} = \overline{X_2 X_3} = \dots = \overline{X_{s-1} X_s} = 3.$$

Wählt man nun solche Punkte mit zusätzlich $P = X_1$ und $Q = X_2$, so sind wegen der Minimalität von $s$ die Punkte $f(X_1), \dots, f(X_s)$ verschieden. Also gilt $f(P) \neq f(Q)$. $\qquad\qquad\qquad\qquad\qquad\qquad\qquad\qquad\qquad\qquad\square$

Um die Existenz der Konfiguration $\Gamma$ nachzuweisen, können wir uns auf den Fall $A = 0$ und $C = (2,2)$ beschränken.

Unter der in (II) angegebenen Voraussetzung sei

$$A_0 = A = 0, \ B_0 = A_2 = (1,1), \ C = B_2 = (2,2).$$

Weiterhin wählen wir $A_1$ so, daß

$$\overline{0 A_1} = \overline{(1,1) A_1} = 1$$

gilt. Schließlich wird $B_1 := A_1 + (1,1)$ gesetzt, was auf $\overline{A_0 B_1} = 3 = \overline{A_1 B_2}$ führt. Wegen (II) haben wir damit ein gewünschtes $\Gamma$ (mit $n = 2$) erhalten.

Unter der in (I) gemachten Voraussetzung ist es nicht so leicht, ein $\Gamma$ anzugeben. Hier beachten wir wiederum char $K \neq 7$, und wir setzen

$$a_1 = a_2 \quad = \dots = a_{36} = \tfrac{4}{3},$$

$$a_{37} = a_{38} \quad = \dots = a_{48} = -6,$$

$$a_{49} = \tfrac{1}{a_1}, \quad a_{50} = \tfrac{1}{a_2}, \dots, a_{96} = \tfrac{1}{a_{48}}.$$

Offenbar gilt

$$\sum_{i=1}^{96} a_i = \sum_{i=1}^{96} \frac{1}{a_i} = 1.$$

Mit

$$\begin{aligned}
A_0 &:= A = 0, \quad B_0 := (1,1), \\
A_i &:= A_{i-1} + \left(a_i, \frac{1}{a_i}\right), \\
B_i &:= B_{i-1} + \left(a_i, \frac{1}{a_i}\right)
\end{aligned}$$

für $i = 1, 2, \ldots, 96$ folgt

$$A_{96} := (1,1) \quad \text{und} \quad B_{96} = (2,2).$$

Wegen

$$\begin{aligned}
\overline{A_{i-1}B_i} &= (a_i + 1)\left(\tfrac{1}{a_i} + 1\right) \quad \in M, \\
\overline{B_{i-1}A_i} &= (a_i - 1)\left(\tfrac{1}{a_i} - 1\right) \quad \in M
\end{aligned}$$

mit

$$M := \left\{ \frac{49}{12}, -\frac{1}{12}, \frac{49}{6}, -\frac{25}{6} \right\}$$

folgt mit (I), daß ein gewünschtes $\Gamma$ (mit $n = 96$) vorliegt. $\qquad\square$

# 6.16 De Sitter–Welt, Einsteinsche Zylinderwelt

Die *Punkte* oder *Ereignisse* der $n$–dimensionalen de Sitter–Welt $\mathfrak{S}^n$, $n \geq 2$, sind die Punkte

$$x = (x_1, \ldots, x_n, x_{n+1}) \in \mathrm{I\!R}^{n+1},$$

die in

$$\mathfrak{S}^n := \left\{ x \in \mathrm{I\!R}^{n+1} \mid x_1^2 + \ldots + x_n^2 - x_{n+1}^2 = 1 \right\}$$

liegen. Die *Punkte* oder *Ereignisse* der $n$–dimensionalen Einsteinschen Zylinderwelt $C^n$, $n \geq 2$, sind die Punkte $x \in \mathrm{I\!R}^{n+1}$, die in

$$C^n := \left\{ x \in \mathrm{I\!R}^{n+1} \mid x_1^2 + \ldots + x_n^2 = 1 \right\}$$

liegen. Bis auf die Hyperebene $x_0 = 0$ ist die de Sitter–Welt die Liequadrik der $(n-1)$–dimensionalen Liegeometrie,

$$-x_0^2 + x_1^2 + \ldots + x_n^2 - x_{n+1}^2 = 0.$$

Für Zusammenhänge zwischen de Sitter–Welt, Einsteinscher Zylinderwelt und Laguerregeometrie, Liegeometrie, projektiver Geometrie verweisen wir auf Arbeiten von U. Graf [1], [2], [3] und H.S.M. Coxeter [1].

Der Lorentz–Minkowski–Abstand war für jedes Punktepaar des $\mathbb{R}^n$ erklärt worden. In der de Sitter–Welt wird nicht jedem Ereignispaar ein Abstand zugeordnet: Ist $x, y \in \mathfrak{S}^n$ mit

$$xy := x_1 y_1 + \ldots + x_n y_n - x_{n+1} y_{n+1} \geq -1,$$

so sei der de Sitter–Abstand von $x, y$ durch

$$d(x, y) := \left\{ \begin{array}{ll} [\text{arc cos } xy]^2 & |xy| \leq 1 \\ & \text{für} \\ -[\text{Ar cosh } xy]^2 & xy \geq 1 \end{array} \right.$$

definiert. Dabei wählen wir arc cos $z$ in $[0, \pi]$; mit Ar cosh $z \geq 0$ bezeichnen wir die Umkehrfunktion von cosh. Punkten $x, y$ mit $xy < -1$ wird in der de Sitter–Welt kein Abstand zugeordnet. Die Bijektionen von $\mathfrak{S}^n$, die in beiden Richtungen alle Abstände erhalten, sind — wie man es erwartet — die Lorentztransformationen des $\mathbb{R}^{n+1}$, die den Ursprung 0 unverändert lassen (J. Lester [4]). Die Gruppe dieser Bijektionen hängt von ebenso vielen Parametern ab, nämlich $\frac{1}{2} n(n + 1)$, wie die Lorentzgruppe des $\mathbb{R}^n$. Hat man zwei verschiedene Punkte $x, y$ der de Sitter–Welt, so haben sie genau dann den Abstand 0, wenn $xy = 1$ gilt.

*Seien $x \neq y$ Punkte aus $\mathfrak{S}^n$ vom Abstand 0. Dann gilt: Die im $\mathbb{R}^{n+1}$ genommene Verbindungsgerade von $x, y$ liegt ganz in $\mathfrak{S}^n$, und je zwei ihrer Punkte haben Abstand 0.*

**Beweis:** Es ist

$$g = \left\{ \alpha x + (1 - \alpha) y \mid \alpha \in \mathbb{R} \right\}$$

diese Verbindungsgerade, die wegen

$$[\alpha x + (1 - \alpha) y]^2 = \alpha^2 + 2\alpha(1 - \alpha) + (1 - \alpha)^2 = 1$$

für alle $\alpha \in \mathbb{R}$ ganz in $\mathfrak{S}^n$ liegt. Sind

$$p = \alpha x + (1 - \alpha) y \quad \text{und} \quad q = \beta x + (1 - \beta) y$$

zwei ihrer Punkte, so gilt tatsächlich

$$pq = 1. \qquad \qquad \Box$$

Die vorhin beschriebenen Geraden $g$, die zwei verschiedene Punkte $x, y \in \mathfrak{S}^n$ vom de Sitter–Abstand 0 enthalten, heißen Nullgeraden oder Lichtgeraden der de Sitter–Welt.

Sind $x, y \in C^n$ Punkte der Einsteinschen Zylinderwelt,

$$x = (x_1, \ldots, x_{n-1}) \quad \text{und} \quad y = (y_1, \ldots, y_{n+1}),$$

so benutzen wir das Produkt

$$xy := x_1 y_1 + \ldots + x_n y_n.$$

Wir beachten dabei, daß in diesem Produkt die letzten Komponenten der Punkte $x, y$ unberücksichtigt bleiben. Unter dem Abstand der Punkte $x, y \in C^n$ wird

$$d(x, y) := [\arccos xy]^2 - (x_{n+1} - y_{n+1})^2$$

verstanden. Auch hier wählen wir $\arccos z$ in $[0, \pi]$. Der Abstand ist für je zwei Punkte aus $C^n$ erklärt wegen

$$(xy)^2 \leq x^2 \cdot y^2 = 1.$$

Die Isometriegruppe des Abstandsraumes $(C^n, \mathbb{R}, d)$ ist gegeben durch die Gruppe der Bijektionen $f : C^n \to C^n$ mit

$$f(x) = x \left( \begin{array}{c|c} A & \begin{matrix} 0 \\ \vdots \\ 0 \end{matrix} \\ \hline 0 \cdots 0 & \varepsilon \end{array} \right) + (0 \ldots 0a),$$

wobei $A$ orthogonale Matrix des $\mathbb{R}^n$ sei, also $AA^T = E$ (Einheitsmatrix) genüge, und wobei $\varepsilon, a$ reelle Zahlen seien mit $\varepsilon^2 = 1$.

Die Punkte $x, y \in C^n$ haben offenbar genau dann den Abstand 0, wenn

$$\cos(x_{n+1} - y_{n+1}) = xy$$

gilt. J. Lester [5] bestimmt alle Bijektionen der Einsteinschen Zylinderwelt, die in beiden Richtungen den Abstand 0 erhalten.

**Bemerkung 1:** Sei $M$ eine $n$–dimensionale differenzierbare Mannigfaltigkeit der Differentiationsordnung $k \geq 3$ mit $n \geq 2$. Ist jedem Punkt $P$ von $M$ ein symmetrischer und zweifach kovarianter Tensor $g_{ij}$ zugeordnet, wobei die Matrix $(g_{ij})$ überall Lorentz–Minkowski–Signatur $(n-1, 1, 0)$ besitze, so heißt $M$ zusammen mit dem Tensorfeld, das wir noch als zweimal stetig differenzierbar voraussetzen, eine Raum–Zeit–Mannigfaltigkeit. Es sind $\mathfrak{S}^n$ und $C^n$ solche $n$–dimensionalen Raum–Zeit–Mannigfaltigkeiten, wenn wir die Metrik

$$ds^2 = dx_1^2 + \ldots + dx_n^2 - dx_{n+1}^2$$

des $\mathbb{R}^{n+1}$ für $\mathfrak{S}^n, C^n \subset \mathbb{R}^{n+1}$ verwenden. Allgemein führt das zweimal stetig differenzierbare Tensorfeld $g_{ij}$ einer Raum–Zeit $M$ in klassischer Weise zu einem stetig differenzierbaren und affinen Zusammenhang

$$\Gamma^k_{ij} := \frac{1}{2} g^{k\nu} \cdot (g_{i\nu,j} + g_{j\nu,i} - g_{ij,\nu}).$$

Hiermit erhält man den Riemannschen Krümmungstensor

$$R^l_{ijk} := \Gamma^l_{ij,k} - \Gamma^l_{ik,j} + \Gamma^\nu_{ij} \Gamma^l_{\nu k} - \Gamma^\nu_{ik} \Gamma^l_{\nu j}$$

von $M$ und den zugehörigen Riccitensor

$$R_{ij} := R^\nu_{ij\nu}.$$

Die de Sitter–Welt genügt der Gleichung

$$R_{ij} = \lambda g_{ij} \qquad (16.1)$$

mit einem Skalar $\lambda$, ist also ein Einsteinscher Raum, da ein solcher als Raum–Zeit definiert ist, die (16.1) genügt. Die Einsteinsche Zylinderwelt genügt erst einer allgemeineren Gleichung als (16.1), in der der sogenannte Materietensor $T_{ij}$ eingeht,

$$R_{ij} = \lambda g_{ij} + \kappa T_{ij}. \qquad (16.2)$$

(16.2) sind die Einsteinschen Feldgleichungen, $\kappa$ ein weiterer Skalar, die Einstein 1915 angab (s. H. Stephani [1]).

**Bemerkung 2**: Ziel ist es, auch geometrische Transformationen anderer Mannigfaltigkeiten unter schwachen Voraussetzungen zu charakterisieren. Wir verweisen auf J. Lester [7] und J. Peleska [1]. Schon Stetigkeitsvoraussetzungen möchte man dabei unter den charakterisierenden Annahmen möglichst vermeiden.

**Bemerkung 3**: Interessant ist es, die Tragweite des Prinzips der Konstanz der Lichtgeschwindigkeit im begrenzten Raum–Zeit–Stück zu untersuchen. A.D. Alexandrov, J. Lester und Popovici–Rădulescu [1] zeigen unabhängig voneinander, daß man hier zu Abbildungen der Minkowskischen Kugelgeometrie oder, in anderer Sprache, zu Lietransformationen gelangt.

**Bemerkung 4**: Die Einsteinsche Zylinderwelt ist ein Abstandsraum, die de Sitter–Welt hingegen nicht. Ordnet man aber je zwei Punkten von $\mathfrak{S}^n$, die keinen Abstand besitzen, den Abstand $\infty$ zu, so wird auch $\mathfrak{S}^n$ zum Abstandsraum, dessen Isometriegruppe die angegebene Gruppe aller Lorentztransformationen des $\mathbb{R}^{n+1}$, die den Ursprung festlassen, verbleibt.

# Literaturverzeichnis

ACZÉL, J. und BENZ, W.:

[1] Kollineationen auf Drei– und Vierecken in der Desargues'schen projektiven Ebene und Äquivalenz der Dreiecksnomogramme und der Dreigewebe von Loops mit der Isotopie–Isomorphie–Eigenschaft. Aequat. Math. 3 (1969) 86–92.

ACZÉL, J. und Mc KIERNAN, M.A.:

[1] On the characterization of plane projective and complex Möbius–transformation. Math. Nachr. 33 (1967) 317–337.

ALEXANDROV, A.D.:

[1] Seminar Report. Uspehi Mat. Nauk. 5 (1950), no. 3 (37), 187.

[2] A contribution to chronogeometry. Canad. J. Math. 19 (1967) 1119–1128.

[3] Mappings of Spaces with Families of Cones and Space–Time–Transformations. Annali di Matematica 103 (1975) 229–257.

ALEXANDROV, A.D. und OVCHINNIKOVA, V.V.:

[1] Notes on the foundations of relativity theory. Vestnik Leningrad. Univ. 11, 95 (1953).

ALPERS, B.:

[1] Note on angle–preserving mappings. Aequat. Math. 40 (1990) 1–7.

[2] On angles and the fundamental theorems of metric geometry. Results in Math. 17 (1990) 15–26.

ARTIN, E.:

[1] Geometric Algebra. Interscience Publishers, Inc., New York–London, 1957.

ARTZY, R.:

[1] Linear Geometry. Addison–Wesley, New York, 1965.

BACHMANN, F.:

[1] Ebene Spiegelungsgeometrie. Eine Vorlesung über Hjelmslev–Gruppen. BI–Wiss.–Verl., Mannheim–Wien–Zürich, 1989.

BAKER, J.A.:

[1] Isometries in normed spaces. Amer. Math. Monthly 78 (1971) 655–658.

306

BATEMAN, H.:

[1] The Transformation of the electrodynamical Equations. Proc. of the London Math. Soc., $2^{nd}$ Series, 8 (1910) 223–264.

BECK, H.:

[1] Eine Cremonasche Raumgeometrie. Journ. reine angew. Math. 175 (1936) 129–158.

BECKMAN, F.S. und QUARLES JR., D.A.:

[1] On isometries of Euclidean Spaces. Proc. Amer. Math. Soc. 4 (1953) 810–815.

BENZ, W.:

[1] An elementary proof of the Theorem of Beckman and Quarles. Elemente d. Math. 42 (1987) 4–9.

[2] Abstandsräume und eine einheitliche Definition verschiedener Geometrien. Math. Sem. ber. 28 (1981) 189–201.

[3] On a functional equation arising from hyperbolic geometry. Aequat. Math. 21 (1980) 113–116.

[4] The functional equation of dilatations on restricted domains. J. Univ. Kuwait (Sci.) 14 (1987) 39–50.

[5] A Conditional Dilatation Equation. Aequat. Math., to appear.

[6] Der Satz von Liouville über räumliche orthogonaltreue (winkeltreue) Abbildungen für beliebige Signatur. Aequat. Math. 21 (1980) 257–282.

[7] Vorlesungen über Geometrie der Algebren. Die Grundlehren der math. Wissensch. in Einzeldarstellungen, Bd. 197, Springer–Verlag, Berlin, New York, 1973.

[8] Zurückführung eines Satzes der Raum–Zeit–Geometrie auf den Fundamentalsatz der Laguerregeometrie. Anzeiger der math.–naturw. Klasse der Österr. Akad. d. Wiss., Jahrgang 1980, Nr. 7, 117–121.

[9] Zur Linearität relativistischer Transformationen. Jahresber. d. DMV 70 (1967) 100–108.

[10] Eine Beckman–Quarles–Charakterisierung der Lorentztransformationen des $\mathbb{R}^n$. Archiv d. Math. 34 (1980) 550–559.

[11] Mappings in Galois planes. Istit. Naz. Alta Mat. Franc. Severi Symp. Math. 28 (1983) 3–13.

[12] A Beckman Quarles type theorem for plane Lorentz transformations. Math. Z. 177 (1981) 101–106.

BENZ, W. und BERENS, H.:

[1] A contribution to a theorem of Ulam and Mazur. Aequat. Math. 34 (1987) 61–63.

BENZ, W. und SCHRÖDER, E.M.:

[1] Bestimmung der orthogonalitätstreuen Permutationen euklidischer Räume. Geom. Ded. 21 (1986) 265–276.

BLASCHKE, W.:

[1] Gesammelte Werke, Band 1. Thales Verlag, Essen, 1982.

[2] Vorlesungen über Differentialgeometrie und geometrische Grundlagen von Einsteins Relativitätstheorie III. Differentialgeometrie der Kreise und Kugeln. Bearbeitet von G. Thomsen. Grundlehren der math. Wissenschaften in Einzeldarstellungen. Bd. 29. Berlin, Springer, 1929.

BLASCHKE, W. und LEICHTWEISS, K.:

[1] Elementare Differentialgeometrie. 5. vollständig neubearbeitete Aufl. von K. Leichtweiss. Springer-Verlag, Berlin, 1973.

BLUMENTHAL, L.M.:

[1] A modern view of geometry. Freeman & Co., San Francisco, 1961.

BOL, G.:

[1] Vlakke Laguerre-Meetkunde. H.J. Paris, Amsterdam, 1928.

BRAUNER, H.:

[1] Eine geometrische Kennzeichnung linearer Abbildungen. Mh. Math. 77 (1973) 10–20.

BRILL, A.:

[1] Das Relativitätsprinzip. Jahresber. DMV 21 (1912) 60–87.

CACCIAFESTA, F.:

[1] An observation about a theorem of A.D. Alexandrov concerning Lorentz transformations. Journ. Geom. 18 (1982) 5–8.

CARTER, D.S. UND VOGT, A.:

[1] Collinearity-preserving functions between Desarguesian planes. Memoirs of the Americ. Math. Soc., Vol. 27, Number 235 (1980) 1–98.

COXETER, H.S.M.:

[1] A Geometrical Background for de Sitter's World. Am. Math. Monthly 50 (1943) 217–228.

308

CUNNINGHAM, E.:

[1] The Principle of Relativity in Electrodynamics and an Extension thereof. Proc. of the London Math. Soc., $2^{nd}$ Series, 8 (1910) 77–98.

FARRAHI, B.:

[1] A characterization of isometries of absolute planes. Resultate Math. 4 (1981) 34–38.

[2] On cone preserving transformations of metric affine spaces. Bull. Iranian Math. Soc. 9 (1978) 50–54.

GIERING, O.:

[1] Vorlesungen über höhere Geometrie. Vieweg–Verlag, Braunschweig, Wiesbaden, 1982.

GRAF, U.:

[1] Über Laguerresche Geometrie in Ebenen mit nichteuklidischer Maßbestimmung und den Zusammenhang mit Raumstrukturen der Relativitätstheorie. Tôhoku Math. J. 39 (1934) 279–291.

[2] Über Laguerresche Geometrie in Ebenen und Räumen mit nichteuklidischer Metrik. Jahresber. DMV 45 (1935) 212–234.

[3] Über eine Darstellung der kosmologischen Struktur mit zeitlich veränderlicher Raumkrümmung in der Laguerreschen Kugelgeometrie. Jahresber. DMV 46 (1936) 20–26.

GRÖBNER, W.:

[1] Algebraische Geometrie II. BI–Wiss.–Verl., Mannheim, Wien, Zürich, 1970.

GUTS, A.K.:

[1] On mappings preserving cones in Lobachevsky space. Mat. Zametki 13 (1973) 687–694.

[2] Axiomatic relativity theory. Russian Math. Surveys 37:2 (1982) 41–89.

HALDER, H.R. und HEISE, W.:

[1] Einführung in die Kombinatorik. Hanser–Verlag, München, Wien, 1976.

HAVLICEK, H.:

[1] Zur Theorie linearer Abbildungen. I, II. Journ. Geom. 16 (1981) 152–167, 16 (1981) 168–180.

HERGLOTZ, G.:

[1] Über die Mechanik des deformierbaren Körpers vom Standpunkt der Relativitätstheorie. Ann. d. Physik (4) 36 (1911) 493.

HERZER, A.:

[1] Chain Geometries. In Handbook of Geometry (ed. F. Buekenhout), North-Holland, to appear.

HÖLDER, E.:

[1] Feynman–Diagramme als Vektorsysteme invariantentheoretisch behandelt (Compton–Streuung, Elektron–Positron–Vernichtung). Math. Meth. Appl. Sciences 7 (1985) 309–331.

HUCKENBECK, U.:

[1] Eine Beckman-Quarles-Aussage für reguläre Metriken vom Index $\leq 2$. Abh. Math. Sem. Univ. Hamb. 56 (1986) 15–33.

KARZEL, H. und SÖRENSEN, K. und WINDELBERG, D.:

[1] Einführung in die Geometrie. UTB Vandenhoeck, Göttingen, 1973.

KLEIN, F.:

[1] Vorlesungen über höhere Geometrie. 3. Aufl. Bearbeitet und herausgegeben von W. Blaschke. Grundlehren der math. Wiss. in Einzeldarstellungen, Bd. 22, Springer–Verlag, Berlin 1926 (Nachdruck 1968).

KUZ'MINYH, A.V.:

[1] Mappings preserving a unit distance. Sibirsk. Mat. Ž. 20 (1979) 597–602.

[2] On a Characteristic Property of Isometric Mappings. Dokl. Akad. Nauk. SSSR, 226 (1976) Nr. 1.

[3] A Minimal Condition that determines a Lorentz–Transformation. Sibirsk Mat. Ž. 17 (1976) 1321–1326.

[4] On the charaterization of isometric and similarity mappings. Dokl. Akad. Nauk. SSSR 244 (1979) 526–528.

LENZ, H.:

[1] Der Satz von Beckman-Quarles im rationalen Raum. Archiv Math. 49 (1987) 106–113.

LESTER, J.:

[1] On Distance Preserving Transformations of Lines in Euclidean Three–Space. Aequat. Math. 28 (1985) 69–72.

[2] Cone preserving mappings for quadratic cones over arbitrary fields. Canad. J. Math. 29 (1977) 1247–1253.

[3] The Beckman–Quarles theorem in Minkowski space for a spacelike square-distance. Archiv. d. Math. 37 (1981) 561–568.

[4] Separation–Preserving Transformations of De Sitter Spacetime. Abh. Math. Sem. Univ. Hamb. 53 (1983) 217–224.

[5] Alexandrov–Type Transformations on Einstein's Cylinder Universe. C.R. Math. Rep. Acad. Sci. Canada IV (3), 1982, 175–178.

[6] Distance–preserving transformations. In Handbook of Geometry (ed. F. Buekenhout), North–Holland, to appear.

[7] Transformations of Robertson–Walker spacetimes preserving separation zero. Aequat. Math. 25 (1982) 216–232.

[8] A Physical Characterization of Conformal Transformations of Minkowski Spacetime. Ann. Discrete Math. 18 (1983) 567–574.

[9] The Causal Automorphisms of de Sitter and Einstein Cylinder Spacetimes. J. Math. Phys. 25 (1984) 113–116.

[10] Transformations Preserving Null Line Sections of a Domain. Resultate Math. 9 (1986) 107–118.

MAZUR, S. und ULAM, S.:

[1] Sur les transformations isométriques d'espaces vectoriels normés. C.R. Acad. Sci. Paris 194 (1932) 946–948.

MODENOV, P.S. und PARKHOMENKO, A.S.:

[1] Geometric Transformations. I, II. Academic Press, New York, 1965.

MÜLLER, E. UND KRAMES, J.L.:

[1] Die Zyklographie. Leipzig–Wien 1929.

NEVANLINNA, R. UND KUSTAANHEIMO, P.E.:

[1] Grundlagen der Geometrie. Birkhäuser, Basel, 1976.

PELESKA, J.:

[1] A characterization for isometries and conformal transformations of pseudo-Riemannian manifolds. Aequat. Math. 27 (1984) 20–31.

PIMENOV, R.I.:

[1] Necessary and sufficient conditions for the linearity of transformations which preserve cones. Mat. Zametki 6 (1969) 361–369.

POPOVICI, I. und RADULESCU, D.C.:

[1] Characterizing the conformality in a Minkowski space. Ann. Inst. H. Poincaré, Nuov. Sér., Sect. A 35 (1981) 131–148.

RADÓ, F.:

[1] Non–injective collineations on some sets in Desarguesian projective planes and extension of non–commutative valuations. Aequat. Math. 4 (1970) 307–321.

[2] Characterization of semi–isometries of the Minkowskian plane over a field $K$. Journ. Geom. 21 (1983) 164–183.

[3] Mappings of Galois planes preserving the unit Euclidean distance. Aequat. Math. 29 (1985) 1–6.

[4] On mappings of the Galois space. Israel J. Math. 53 (1986) 217–230.

RADÓ, F. und ANDREASCU, D. und VÁLCAN, D.:

[1] Mappings of $E^n$ into $E^m$ preserving two distances. „Babeş–Bolyai" University, Faculty of Mathematics, Research Seminars, Seminar on Geometry. Preprint No. 10, 1986, pp. 9–22, Cluj–Napoca.

RÄTZ, J.:

[1] On light–cone–preserving mappings of the plane. General Inequalities 3, edited by E.F. Beckenbach und W. Walter. Birkhäuser Verlag Basel (1983) 349–367.

[2] Zur Definition der Lorentztransformationen. Math. Phys. Semesterber. 17 (1970) 163–167.

[3] Zur Linearität verallgemeinerter Modulisometrien. Aequat. Math. 6 (1971) 249–255.

REŠETNYAK, YU. G.:

[1] On conformal mappings of a space. Soviet Math. Dokl. 1 (1960) 153–155.

SAMAGA, H.–J.:

[1] Über saturierte Mengen. Beitr. zur Geometrie u. Algebra. TU München 10 (1984) 1–4.

[2] Über Abstand 1 erhaltende Abbildungen in Minkowski–Ebenen. Journ. Geom. 22 (1984) 183–188.

[3] Zur Kennzeichnung von Lorentztransformationen in endlichen Ebenen. Journ. Geom. 18 (1982) 169–184.

SCHAEFFER, H.:

[1] Über eine Verallgemeinerung des Fundamentalsatzes in desarguesschen affinen Ebenen. Techn. Univ. München TUM–M8010, Beiträge zur Geometrie und Algebra, Nr. 6 (1980) 36–41.

312

[2] Eine Kennzeichnung der Dilatationen endlicher Desarguesscher Ebenen der Charakteristik $\neq 2, 3, 5$. Journ. Geom. 22 (1984) 51–56.

[3] Der Satz von Benz–Radó. Aequat. Math. 31 (1986) 300–309.

[4] Automorphisms of Laguerre geometry and cone–preserving mappings of metric vector spaces. Lecture Notes in Math. 792 (1980) 143–147.

SCHRÖDER, E.M.:

[1] Eine Ergänzung zum Satz von Beckman und Quarles. Aequat. Math. 19 (1979) 89–92.

[2] Geometrie euklidischer Ebenen. Ferdinand Schöningh, Paderborn, 1985.

[3] Zur Kennzeichnung distanztreuer Abbildungen in nichteuklidischen Räumen. Journ. Geom. 15 (1980) 108–118.

[4] Ein einfacher Beweis des Satzes von Alexandrov–Lester. Journ. Geom. 37 (1990) 153–158.

[5] Zur Kennzeichnung der Lorentztransformationen. Aequat. Math. 19 (1979) 134–144.

[6] Vorlesungen über Geometrie, I, II. BI Wissenschaftsverlag, Mannheim, Wien, Zürich, 1991.

SCHWERDTFEGER, H.:

[1] Geometry of Complex Numbers. Circle Geometry, Moebius Transformation, Non–euclidean Geometry. Dover Publications, New York, 1979.

STEPHANI, H.:

[1] Allgemeine Relativitätstheorie. Deutscher Verlag der Wissenschaften, Berlin, 1988.

TALLINI, G.:

[1] On a theorem by W. Benz characterizing plane Lorentz transformations in Järnefelt's world. Journ. Geom. 17 (1981) 171–173.

TIMERDING, H.E.:

[1] Über ein einfaches geometrisches Bild der Raumzeitwelt Minkowskis. Jahresber. DMV 21 (1912) 274–285.

UNGAR, A.A.:

[1] Weakly associative groups. Results in Math. 17 (1990) 149–168.

[2] The expanding Minkowski space. Results in Math. 17 (1990) 342–354.

VOGT, A.:

[1] On the linearity of form isometries. SIAM J. Appl. Math. 22 (1972) 553–560.

WÄHLING, H.:

[1] Theorie der Fastkörper. Thales Monographs 1, Thales Verlag, Essen, 1987.

WEFELSCHEID, H.:

[1] $K$-loops und die algebraische Struktur der zulässigen Geschwindigkeiten in der speziellen Relativitätstheorie. Preprint Univ. Duisburg.

ZEEMAN, E.C.:

[1] Causality implies the Lorentz group. J. Math. Phys. 5 (1964) 490–493.

# Symbolverzeichnis

### I. Aussagen, Abbildungen, Mengen

| | |
|---|---|
| $A \Rightarrow B$ | Aus der Aussage A folgt die Aussage B. |
| $A \Leftrightarrow B$ | A gilt genau dann, wenn B gilt. |
| $\forall$ | für alle |
| $\exists$ | es gibt |

Beispiel einer komplizierteren Aussage, in der oben erklärte Symbole auftreten: Ist $f$ etwa eine Abbildung des $\mathbb{R}^2$ in sich, und bezeichnet $\overline{xy}$ den euklidischen Abstand von $x, y \in \mathbb{R}^2$, so bedeutet

$$\forall_{x,y \in \mathbb{R}^2} \overline{xy} = 1 \Rightarrow \overline{f(x)f(y)} = 1,$$

daß für alle $x, y$ aus $\mathbb{R}^2$, für die $\overline{xy} = 1$ gilt, auch $\overline{f(x)f(y)} = 1$ erfüllt ist.

| | |
|---|---|
| $fg$ | Produktabbildung $x \to f\big(g(x)\big)$ |
| $f|H$ | Restriktion von $f$ auf $H$ |
| id | identische Abbildung |

Sind mehrere Abbildungen gegeben, so können *Diagramme* eine vorliegende Situation oft eindringlich veranschaulichen: So bedeutet etwa

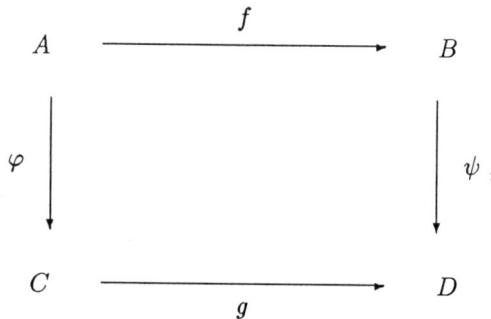

daß $A, B, C, D$ Mengen sind und $f, g, \varphi, \psi$ Abbildungen mit

$$f : A \to B \qquad g : C \to D$$
$$\varphi : A \to C \qquad \psi : B \to D \quad.$$

Das angegebene Diagramm heißt *kommutativ*, wenn $\psi f = g\varphi$ gilt.

| | |
|---|---|
| $f \in C^m(H)$ | $f$ ist auf $H$ $m$–mal stetig differenzierbar |
| $\emptyset$ | leere Menge |
| $A \backslash B$ | Differenzmenge |
| $A \times B$ | Produktmenge |
| $\mathbb{N} = \{1, 2, 3, \ldots\}$ | natürliche Zahlen |
| $\mathbb{Z}$ | ganze Zahlen |
| $\mathbb{Q}$ | rationale Zahlen |
| $\mathbb{R}$ | reelle Zahlen |
| $\mathbb{C}$ | komplexe Zahlen |
| $|M|$ | Kardinalzahl (Mächtigkeit, Anzahl der Elemente) der Menge $M$. In anderem Zusammenhang: Determinante der quadratischen Matrix $M$; Betrag der komplexen Zahl $M$. |

## II. Geometrische Räume, (normierte) Vektorräume

| | |
|---|---|
| $\amalg(V)$ | projektiver Raum über dem Vektorraum $V$ |
| $\Pi^n(K)$ | $n$–dimensionaler projektiver Raum über dem Körper $K$ |
| $(M, W, d)$ | Abstandsraum |
| $d(x, y)$ | Abstand (Entfernung) von $x, y$ |
| $(I^n, \mathbb{R}, h)$ | Cayley–Klein–Modell der $n$–dimensionalen hyperbolischen Geometrie als metrischer Raum |
| $(\mathbb{H}^n, \mathbb{R}, \delta)$ | Poincaré–Modell der $n$–dimensionalen hyperbolischen Geometrie als metrischer Raum |
| $(\mathbb{H}_K^n, K, \chi)$ | $n$–dimensionaler hyperbolischer Abstandsraum über dem Körper $K$ |
| $\mathfrak{H}_K^n$ | Isometriegruppe von $(\mathbb{H}_K^n, K, \chi)$ |
| $(\mathbb{E}^n, \mathbb{R}, e)$ | $(n-1)$–dimensionale elliptische Geometrie als metrischer Raum |
| $(\mathbb{E}^n, \mathbb{R}, \varepsilon)$ | $(n - 1)$–dimensionaler elliptischer Abstandsraum über dem Körper $K$ |
| $\mathfrak{E}_K^n$ | Isometriegruppe von $(\mathbb{E}_K^n, K, \varepsilon)$ |
| $(\mathbb{S}^n, \mathbb{R}, s)$ | $(n - 1)$–dimensionale sphärische Geometrie als metrischer Raum |
| $(\mathbb{S}_R^n, R, \sigma)$ | $(n - 1)$–dimensionaler sphärischer Abstandsraum über dem Ring $R$ |
| $\mathfrak{S}_R^n$ | Isometriegruppe von $(\mathbb{S}_R^n, R, \sigma)$ |
| $(\mathbb{M}_K^n, \mathbb{K}_K^n)$ | Kugelgeometrie (einer Signatur $\varepsilon_1, \ldots, \varepsilon_n$) über dem Körper $K$ als Blockraum |

| | |
|---|---|
| $\Gamma^n = \Gamma_K^n(\varepsilon_1, \ldots, \varepsilon_n)$ | Gruppe der Kugelverwandtschaften von $(\mathbb{IM}_K^n, \mathbb{K}_K^n)$ |
| $\Lambda^n$ | $n$–dimensionale Laguerregeometrie |
| $S^n$ | Menge der Speere von $\Lambda^n$ |
| $Z^n$ | Menge der Zykel von $\Lambda^n$ |
| $\Gamma\Lambda^n$ | Gruppe der Laguerretransformationen von $\Lambda^n$ |
| $\Gamma_0\Lambda^n$ | engere Laguerregruppe von $\Lambda^n$ |
| $B_p(x, y)$ | parabolisches Büschel |
| $B_e(x, y)$ | elliptisches Büschel |
| $B_h(x, y)$ | hyperbolisches Büschel |
| $\mathfrak{B}(B_1, B_2)$ | Bündel |
| $\Sigma^n$ | $n$–dimensionale Liegeometrie |
| $\mathbb{L}^n$ | die $\Sigma^n$ zugeordnete Liequadrik |
| $L^n$ | Menge der Liezykel von $\Sigma^n$ |
| $\Gamma\Sigma^n$ | Gruppe der Lietransformationen von $\Sigma^n$ |
| $\| x \|$ | Norm von x |
| $\{x \in V \mid \| x \| = 1\}$ | Einheitssphäre des normierten Vektorraums $V$ |
| $\dim V = \dim_K V$ | Dimension des Vektorraumes $V$ über dem Körper $K$ |
| $\operatorname{rad} V$ | Radikal von $U$ |
| $A + B$ | Summe der Untervektorräume $A, B$ von $V$ |

## III. Matrizen

| | |
|---|---|
| $A^T$ | die zu $A$ transponierte Matrix |
| $|A|$ | Determinante der quadratischen Matrix $A$ |
| $\hat{A}$ | induzierte Lorentzmatrix der orthogonalen Matrix $A$ |
| $B(p_1, \ldots, p_{n-1}; k)$ | Herglotz–Brill–Matrix |
| $B(p)$ | Lorentzboost |
| $p * q$ | relativistische Summe |

# Sachverzeichnis

318

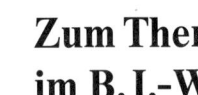

# Zum Thema
# Mathematik
# im B. I.-Wissenschaftsverlag

Brüske, R./Ischebeck,
F./Vogel, F.
**Kommutative Algebra**
Die wichtigsten theoretischen
Grundlagen und alles Wissens-
werte über die kommutative
Algebra. Vom Begriff Primideal
bis zur Theorie der regulären
und COHEN-MACAULAY-
Ringe.
288 Seiten. 1989. Kartoniert.

Storch, U./H. Wiebe
**Lehrbuch der Mathematik
für Mathematiker,
Informatiker und Physiker**
**Band I:** Analysis einer Ver-
änderlichen. Eine ausführliche
Einführung in die Analysis
einer Veränderlichen (Stetigkeit,
Differentation, Integration),
auch unter Berücksichtigung
numerischer Verfahren.
Mit zahlreichen Abbildungen,
Beispielen und Aufgaben.
546 Seiten. 1989. Gebunden.

**Band II:** Lineare Algebra.
Darstellung unter Einschluß der
linearen Differentialgleichungs-
systeme erster Ordnung und
der elementaren Theorie der
normierten Vektorräume.
657 Seiten. 1990. Gebunden.

Walter, R.
**Differentialgeometrie**
Eine Einführung in die
Differentialgeometrie. Neben
klassischen und intuitiven
Aspekten werden aktuelle
Forschungsentwicklungen
berücksichtigt.
342 Seiten. 2., überarbeitete
und erweiterte Auflage 1989.
Kartoniert.

Bandelow, Ch.
**Einführung in die
Wahrscheinlichkeitstheorie**
Einführendes Lehrbuch zur
Wahrscheinlichkeitstheorie für
Studenten der Mathematik,
der Naturwissenschaften und
Wirtschaftswissenschaften.
242 Seiten. 2., vollständig
überarbeitete Auflage 1989.
HTB 789. Kartoniert.

**B·I·**
**Wissenschaftsverlag**
Mannheim/Leipzig/Wien/Zürich